高职高专规划教材

烧结矿与球团矿生产

王悦祥　主编
王筱留　主审

北　京
冶 金 工 业 出 版 社
2024

内容提要

本书系统介绍了高炉冶炼的含铁原料烧结矿、球团矿生产的基本理论、生产工艺和主体设备，以及实验研究和产品质量检验方法，环境保护措施等。此外，根据生产实际要求，在“实训”中介绍了设备操作要点和维护检修知识。

本书可作为高职高专学校钢铁冶金专业的教材和企业在职人员的培训教材，也可作为本科院校相关专业的教学参考书，并可供从事钢铁冶金生产的工程技术人员参考。

图书在版编目(CIP)数据

烧结矿与球团矿生产/王悦祥主编．—北京：冶金工业出版社，2006.7(2024.7重印)

高职高专规划教材

ISBN 978-7-5024-3591-2

Ⅰ.烧… Ⅱ.王… Ⅲ.①烧结矿—生产工艺—高等学校：技术学校—教材 ②球团矿—生产工艺—高等学校：技术学校—教材 Ⅳ.TF046.6

中国版本图书馆CIP数据核字(2006)第050134号

烧结矿与球团矿生产

出版发行 冶金工业出版社　　**电　话** (010)64027926

地　址 北京市东城区嵩祝院北巷39号　　**邮　编** 100009

网　址 www.mip1953.com　　**电子信箱** service@mip1953.com

责任编辑 宋 良 高 娜 美术编辑 彭子赫 版式设计 张 青

责任校对 符燕蓉 李文彦 责任印制 窦 唯

北京虎彩文化传播有限公司印刷

2006年7月第1版，2024年7月第13次印刷

787mm×1092mm 1/16；16.75印张；442千字；254页

定价29.00元

投稿电话 (010)64027932 投稿信箱 tougao@cnmip.com.cn

营销中心电话 (010)64044283

冶金工业出版社天猫旗舰店 yjgycbs.tmall.com

前　言

烧结矿与球团矿生产是现代钢铁生产的重要工艺之一。为了适应钢铁冶炼发展的需要，根据中国钢铁工业协会“十一五”高职高专教材建设规划的要求，受全国钢铁冶金专业课程组的委托，我们编写了本书。

编写过程中，依据教学大纲的要求，合理确定教材的深度和广度，并结合冶金工业的生产实际和发展要求，精选教材内容，既阐明必要的理论知识，也结合生产实际，介绍工艺、设备和操作要点，并力求简明、易懂，便于自学。

本书由四川机电职业技术学院王悦祥主编。王悦祥编写绪论和第1、2章；山西工程职业技术学院侯向东编写第3、9章；贵州冶金职业技术学院詹永红编写第4、7章；山西工程职业技术学院于强编写第5、6、8章。北京科技大学王筱留教授对全书进行了审阅。

在编写过程中，得到四川机电职业技术学院、山西工程职业技术学院、贵州冶金职业技术学院的大力支持和帮助，谨表谢意。

书中的不足之处，恳请读者批评指正。

编　者

2006年4月

目　录

1 烧结原燃料

1.1 概述

所谓烧结，即是将各种粉状含铁原料，按要求配入一定数量的燃料和熔剂，均匀混合制粒后布到烧结设备上点火烧结；在燃料燃烧产生高温和一系列物理化学反应的作用下，混合料中部分易熔物质发生软化、熔化，产生一定数量的液相，液相物质润湿其他未熔化的矿石颗粒；随着温度的降低，液相物质将矿粉颗粒粘结成块。这个过程称为烧结，所得的块矿叫烧结矿。

目前，生产人造富矿的方法主要有烧结法和焙烧球团法。由于烧结矿和球团矿都是经过高温制成的，因此又统称为熟料。

1.1.1 烧结的目的和意义

高炉炼铁冶炼过程中，为了保证料柱的透气性良好，要求炉料粒度均匀，粉末少，机械强度（冷强度和热强度）高。为了降低高炉焦比，要求炉料含铁品位高、有害杂质少，且具有自熔性和良好的还原性能。采用烧结方法后，上述要求几乎能全部达到。

贫矿经过选矿后所得到的细粒精矿，天然富矿在开采过程中和破碎分级过程中所产生的粉矿，都必须经过烧结成块才能进入高炉。含碳酸盐和结晶水较多的矿石，经过破碎进行烧结，可以除去挥发分而使铁富集。某些难还原的矿石，或还原期间容易破碎或体积膨胀的矿石，经过烧结可以变成还原性良好和热稳定性高的炉料。

铁矿石中的某些有害元素，如硫、氟、钾、钠、铅、锌、砷等，都可以在烧结过程中大部分去除或回收利用。通过烧结过程，可以利用工业生产中的副产品，如高炉炉尘、转炉炉尘、轧钢皮、硫酸渣等，使其变废为宝，合理利用资源，扩大原料来源，降低生产成本，并可净化环境。

生产实践证明，高炉使用烧结矿和球团矿之后，高炉冶炼可以达到高产、优质、低耗、长寿的目的。

1.1.2 烧结技术的发展及现状

烧结生产起源于英国和德国。大约在 1870 年，这些国家就开始使用烧结锅，用来处理矿山开采、冶金工厂、化工厂等的废弃物。1892 年美国也出现了烧结锅。世界钢铁工业第一台带式烧结机于 1910 年在美国投入生产。这台烧结机的面积为 8.325 m^2(1.07 m×7.78 m)，当时用于处理高炉炉尘，每天生产烧结矿 140 t。它的出现引起了烧结生产的重大变革，从此带式烧结机得到了广泛的应用。

我国铁矿资源十分丰富。由于历史原因，建国前钢铁工业十分落后，烧结生产更为落后，1926 年 3 月在鞍山建成四台 21.63 m^2(1.067 m×20.269 m)带式烧结机，日产量 1200 t。1935 年，1937 年又相继建成四台 50 m^2 烧结机，每年烧结产量达 19 万 t。

建国后，我国烧结工业有了很大的发展，1952 年鞍钢从苏联引进 75 m^2 烧结设备和技术，这套在当时具有国际先进水平的设备，对新中国的烧结工业起到了示范作用。随着我国钢铁工业的不断发展，一些钢铁公司的烧结厂相继建成投产。

目前国内已拥有 13 m^2、18 m^2、24 m^2、36 m^2、50 m^2、75 m^2、90 m^2、130 m^2、182 m^2、265 m^2、450 m^2 等规格的带式烧结机。年生产能力已超过 1 亿 t。

烧结方法根据使用的烧结设备和供风方式不同，可大致分为如图 1-1 所示的各种方法。

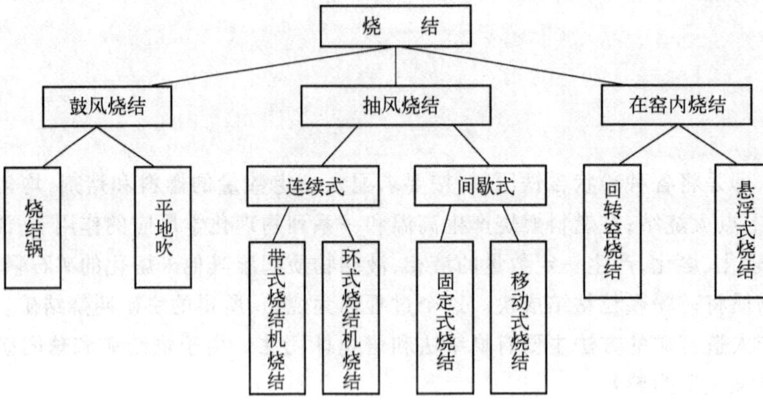

图 1-1　烧结方法分类图

目前广泛采用带式抽风烧结机，因为它的生产率高、原料适应性强、机械化程度高、劳动条件好并便于大型化、自动化，世界上有 90% 以上的烧结矿是用这种方法生产的。间歇式抽风烧结机具有投资少、见效快、易掌握和就地取材等优点，但生产率低、劳动条件差，一些中小型企业采用这种方法。

1.1.3　烧结生产工艺流程与技术经济指标

烧结生产工艺流程通常由下列几部分组成：含铁原料、燃料和熔剂的接受和贮存；原料、燃料和熔剂的破碎筛分；烧结料的配料、混合制粒、布料、点火和烧结；烧结矿的破碎、筛分、冷却和整粒。根据原料条件、工厂生产规律和对产品的要求不同，其流程有比较简单的，有比较完善的。

图 1-2 是上海宝钢烧结厂的工艺流程图，烧结机的面积 450 m^2，建有大型原料场和完整的整粒系统。

图 1-2 所示称为线示流程图，一般只表示烧结过程的主要工序，以带箭头的直线表示物料的流向。

烧结厂技术经济指标主要包括：烧结机生产能力指标、烧结矿品质指标及成本等。

利用系数[$t/(m^2 \cdot h)$]：是指烧结机每平方米有效抽风面积一小时的产量。它用烧结机台时产量和有效抽风面积的比值来表示。

$$利用系数 = Q/F$$

式中　Q——烧结机台时产量，t/h；

　　　F——烧结机有效抽风面积，m^2。

烧结机台时产量：是指一台烧结机一小时的产量，这个指标体现了烧结机生产能力的大小。

$$台时产量 = 烧结机生产总量/烧结机实际运行时间$$

烧结机产量 q(t/h)：$q = 60K\gamma CBL = 60K\gamma BHV$

式中　K——烧结矿产出系数（50% ~70%），$K = K_1K_2K_3$；

　　　K_1——混合料的干料率，K_1 =（单位体积中干混合料质量/单位体积中湿混合料质量）×100%；

K_2——干混合料的烧成率，K_2=(烧成烧结矿的质量/进行烧结的干混合料的质量)×100%；

K_3——烧结矿的成品率，K_3=[成品矿/(成品矿+返矿)]×100%；

γ——烧结矿体积密度(堆密度)，取值范围为1.5～1.9 t/m^3；

C——垂直烧结速度，m/min；

B——烧结机宽度，m；

L——烧结机长度，m；

H——烧结料层高度，m；

V——烧结台车移动速度，m/min。

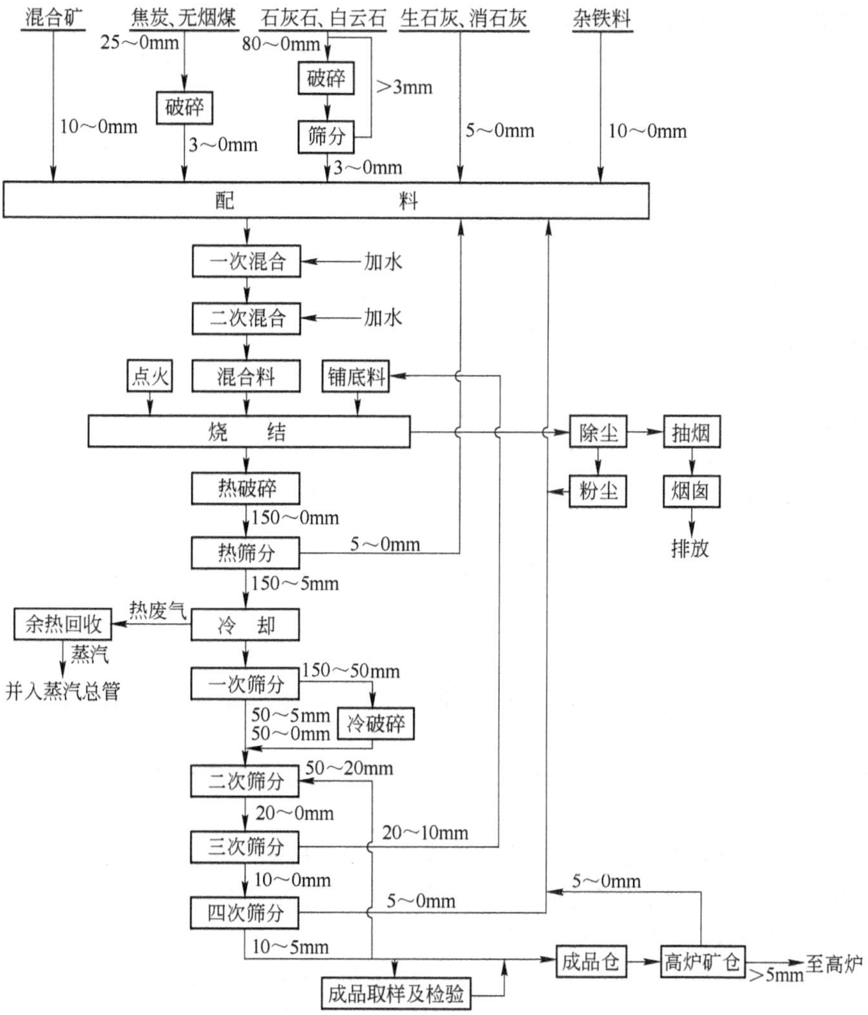

图1-2　烧结生产工艺流程

烧结机作业率：是衡量设备工作状态的指标，用设备运转时间占日历时间的百分数表示，其计算公式如下：

$$作业率=(运转台时/日历台时)\times 100\%$$

运转台时是按台计算的设备运转时间。

日历台时是一个常数，它与台数、时间有关。

$$日历台时 = 台数 \times 24 \times 日历天数$$

事故率：是衡量综合管理水平的指标，用事故停机时间占日历时间的百分数表示：

$$事故率 = (事故台时/日历台时) \times 100\%$$

烧结矿品质指标：烧结矿的化学成分、物理性能和冶金性能符合 YB/T 421—2005 标准的烧结矿叫烧结矿的合格品，不符合该标准的烧结矿叫出格品或叫次品。

转鼓指数（国际转鼓指数）指转鼓后大于 6.3 mm 的烧结矿质量占转鼓装入量的百分数。

抗磨指数、筛分指数的测定按 GB8209 规定。

低温还原粉化指数的测定按 GB/T13242 规定。

还原度指数的测定按 GB/T13241 规定。

生产成本：是指生产 1 t 烧结矿所需的费用。它由原料费和加工费两部分构成。

原料费：主要是含铁原料和熔剂。

加工费：辅助材料费（燃料、水、动力、炉箅、胶带等）、工人工资、车间经费（设备折旧、维修等）。

工序能耗：是指生产 1 t 烧结矿生产和生活（指厂内）所用的全部煤、焦炭、煤气、重油、电、水、蒸汽、压缩空气、氧气等折合标准煤的量（kg/t）。

1.1.4　烧结技术发展趋势

烧结技术自 20 世纪 60 年代起得到迅速发展，主要表现为：

烧结设备向大型化发展，目前已有 600 m^2 的烧结机。烧结机大型化的技术经济效益明显。据德国报道，以 100 m^2 烧结机单位面积基建费用为 1 计算，则 150 m^2、200 m^2、300 m^2 烧结机，分别为 0.9、0.8、0.75。据日本消息，当烧结机面积由 18.8 m^2 增加到 130 m^2 和 500 m^2 时，劳动生产率[t/(人·h)]由 17. 2 提高到 43 和 162，烧结矿成本价格也随之降低。

烧结设备大型化后，生产过程自动化程度也越来越高。目前，先进的烧结生产从烧结配料、返矿与燃料用量、混合料水分、料槽料位、料层厚度、点火温度、台车速度，一直到烧结终点及冷却温度等，都实现了自动控制。

烧结工艺的新特点：

(1) 圆筒混合机向大型化发展，圆筒的直径和长度都在增加，这种大型的混合机都安装在地面上。

(2) 冷却烧结矿是目前国内外烧结技术发展趋向，原因是冷却矿经整粒工艺，满足高炉精料要求，强化高炉生产。

(3) 重视烧结矿的破碎和筛分。烧结矿除采用一段热破碎和热筛分外，经冷却后还要经过 1～2 次破碎和 2～4 次冷筛分，通过整粒后的烧结矿，粒度上限控制在 40 mm 或 50 mm 以下，成品中小于 5 mm 的粒级含量均在 10％以下。

(4) 高料层、大风量、高负压。烧结机风量一般为 90～100 $m^3/(m^2\cdot min)$，料层高度为 400～500 mm，负压为 $(1.3\sim1.6)\times10^4$ Pa（即 1300～1600mmH_2），有些厂料层高度超过 500 mm，负压高达 2×10^4 Pa（2000 mmH_2）。

(5) 加强混合料的点火作业。从发展的趋势看，点火器的面积日益扩大，而且大部分为二段或三段。如日本若松厂点火器分为点火、加热和保温三段，并将冷却前和烧结后的几个风箱 300～400℃ 的热风回收至保温段。这项措施，可以改善液相结晶条件，减少热应力，从而提高烧结矿成品率，提高烧结矿强度，降低成品矿中的 FaO 含量，获得品质较好的烧结矿。

(6) 生产高碱度烧结矿。高碱度烧结矿的特点是烧结矿的粘结相是以还原性好、强度高的铁酸钙为主，从而强化烧结过程，提高烧结矿的产量和品质。

原料准备的新技术：

(1) 重视烧结前的原料准备工作。一般在烧结厂内设有中和料场，以解决原料成分波动及粒度偏析的问题。中和料场造堆方法一般采用八字分层法和棋盘式堆叠法。料堆取料都采用单斗或多斗轮式挖掘机及反铲斗轮机。

(2) 重视环境保护工作。采用静电除尘器，能大大提高除尘效果，除尘效率可达96%以上。减少风机噪声，目前采用隔音、消音、减震等方法或使用低噪声风机等。

总之，大型化、自动化、新工艺、高效率、低消耗、少污染和管理科学化是当前造块工业发展的特点。

1.2　矿物、矿石和岩石的基本概念

1.2.1　矿物

矿物是地壳中天然的物理化学作用和生物作用所产生的天然元素或天然化合物，它们具有均一的化学成分和内部结构，具有一定的物理性质和化学性质。地壳中天然元素极少(如自然金 Au、自然铜 Cu 等)，绝大多数是天然化合物(如黄铁矿 FeS_2、黄铜矿 $CuFeS_2$ 等)。矿物在自然界中多数以固态存在，少数呈胶体(如蛋白石 $SiO_2 \cdot nH_2O$)、液体(如水银 Hg)及气体(如硫化氢 H_2S)。

矿石和岩石都是矿物的集合体，它可由单一矿物或多种矿物组成。

矿石是在现有的技术经济条件下能以工业规模从中提取金属、金属化合物或有用矿物的物质总称。铁元素在地壳中约占5%的数量，地球上无天然金属状态的铁，而是以氧化物、硫化物等矿物存在于地壳中，常见含铁矿物储量较大的有磁铁矿(Fe_3O_4)、赤铁矿(Fe_2O_3)、褐铁矿($2Fe_2O_3 \cdot 3H_2O$)、菱铁矿($FeCO_3$)及黄铁矿(FeS_2)。

在矿石中用来提取金属或金属化合物的矿物称为有用矿物，而那些不含有用矿物或含量过少，不宜以工业规模进行加工提炼的矿物称为脉石矿物，通常在矿石处理过程中被废弃掉。

1.2.2　矿物的形态

自然界矿物的形态是多种多样的，这是由于矿物的化学成分、内部结晶构造以及生产环境不同所造成的。矿物的形态可分为单体形态和集合体形态，矿物呈单体形态出现较少，通常以集合体形态出现。常见的集合体形态有：

葡萄状集合体：由许多圆球状矿物集聚而成，形似葡萄，如硬锰矿。

鲕状集合体：由许多像鱼子一样的颗粒集聚而成，如鲕状赤铁矿。

肾状集合体：由放射状晶群密集而成的外表光滑如肾脏的块体，如肾脏赤铁矿。

豆状集合体：由大小像豆状的球形颗粒聚集而成，如铬铁矿粒状集合体。

致密块状集合体：由极细小的矿物颗粒组成的致密块体。

土状、粉末状集合体：由均匀而细小的物质组成的疏松块体，外形与土壤相似。

针状及柱形集合体：由细长状的矿物组成。

叶片状集合体：由许多片状晶体所组成的集合体。

结核状集合体：球形或瘤形的矿物聚集体。

树枝状集合体：形如树枝的矿物聚集体。

1.2.3　矿物的物理性质

由于不同的矿物具有不同的化学成分和内部构造，因此不同的矿物必然反映出各种不同的

物理性质。根据这些不同矿物的性质来鉴定矿物。

1.2.3.1　矿物的光学性质

矿物的光学性质是矿物对光线的吸收、折射和反射所表现的各种性质。

(1) 颜色　矿物有各种各样的颜色,这是由于矿物的组成部分含有某种色素离子(即有颜色的化学元素)所引起的。如色素离子 Fe^{2+} 为绿色,Fe^{3+} 为褐色或红色。当矿物中含有杂质时,由于杂质的影响,矿物的颜色也会改变。

(2) 条痕　矿物的条痕就是矿物粉末的颜色。矿物的颜色常有变化,但矿物的条痕则较为固定。如磁铁矿的条痕色是铁黑色,赤铁矿的条痕色是砖红色。矿物的条痕也是可靠的鉴定矿物的方法之一。

(3) 光泽　光线投到矿物表面时,一部分光被折射和吸收,而另一部分则从其表面反射出来,这种反射光就构成了矿物的光泽。根据光泽的强弱可分为:

金属光泽:光泽极强,像新的金属制品那样光亮,如自然金、方铅矿。

半金属光泽:较金属光泽弱,像用久了的金属制品那样,如磁铁矿、赤铁矿。

非金属光泽:反光的能力很弱,具有此种光泽的矿物多为透明和半透明矿物,如云母、金刚石。

(4) 透明度　矿物透光的能力叫透明度,根据矿物透光的能力不同可分为:

透明矿物:能允许绝大部分光线通过,隔之可以清晰地透视另一物体,如水晶、萤石。

半透明矿物:光可以部分通过,但隔之不能透视另一物体,如闪锌矿、砷砂。

不透明矿物:光不能透过,如磁铁矿。

1.2.3.2　矿物的力学性质

矿物在外力作用下所呈现的性质称为矿物的力学性质。

(1) 解理与断口　矿物被敲打后,如果沿着一定方向有规则地裂开成光滑平面的性质叫解理,另外也有一些矿物敲打后呈无规则的裂开,叫断口。

(2) 硬度　矿物的软硬程度叫硬度。

(3) 密度　矿物的质量与其体积的比值。

(4) 韧性　受压轧、切割、锤击、弯曲或拉引等外力作用时,矿物所呈现的抵抗性能,叫做矿物的韧性。

1.2.3.3　矿物的磁学性质

矿物的磁性是矿物可被磁铁吸引或排斥的性质。绝大多数磁性物质与其中的铁、钴、锰、铬等元素有关。按磁性来说,一般矿物可分为两类,一类称为顺磁性矿物,即能为磁石所吸引;一类为抗磁性矿物,能为磁石所排斥,如自然银。

矿物磁性的强弱以磁化系数的大小来表示,按磁化系数大小可将矿物分以下四类:

(1) 强磁性矿物　磁化系数大于 3000×10^{-6},此类矿物在较弱的磁场中容易与其他矿物分离(磁场为 72～96 kA/m),如磁铁矿、磁黄铁矿。

(2) 中磁性矿物　磁化系数为 $300\times10^{-6}\sim3000\times10^{-6}$,要选此类矿物磁场需要 128～320 kA/m,如假象赤铁矿。

(3) 弱磁性矿物　磁化系数低于 $25\times10^{-6}\sim300\times10^{-6}$,选此类矿物磁场需高至 1280 kA/m,如赤铁矿、褐铁矿、菱铁矿。

(4) 非磁性矿物　磁化系数低于 25×10^{-6},如石英、方解石、萤石。

利用矿物的磁性不仅可以鉴定矿物,还可以进行磁力选矿和磁力探矿。

1.2.3.4　矿物的膨胀性和润湿性

(1) 膨胀性　指矿物受热后体积长大的性质,如石英。

(2) 润湿性　指矿物能被液滴所润湿的性质，易被水润湿的称亲水性矿物，如方解石、石英；不易被水润湿的称疏水性矿物，如自然硫。

1.3 含铁矿石的种类及作用

1.3.1 铁矿石

烧结生产使用部分富铁矿粉，不宜直接使用贫铁矿石，但贫铁矿石是选取精矿粉的原料，因此，铁矿石的种类、品质对烧结生产十分重要。自然界中含铁矿物很多，但能利用的只有 20 余种。其中主要是磁铁矿石，赤铁矿石、褐铁矿石和菱铁矿石四种类型。

1.3.1.1 *磁铁矿石*

磁体矿石俗称黑矿，含有的主要矿物为磁铁矿，其化学式为 Fe_3O_4，也可看作 $FeO \cdot Fe_2O_3$，其中 Fe_2O_3 为 69%，FeO 为 31%，理论含铁量为 72.4%。磁铁矿石具有强磁性，晶体呈八面体，组织结构致密坚硬，它的外颜色和条痕色均为黑色，半金属光泽，密度 4.9～5.2 t/m^3，硬度 5.5～6.5，无解理。脉石主要成分为石英、硅酸盐、碳酸盐，还原性差，含有害杂质磷、硫较高。这种矿石有时含有 TiO_2 及 V_2O_5 组成复合矿石，分别称钛磁铁矿和钒钛磁铁矿。在自然界中纯磁铁矿很少，常常由于地表氧化作用使部分磁铁矿转变为半假象赤铁矿和假象赤铁矿。所谓假象赤铁矿，就是磁铁矿（Fe_3O_4）氧化成赤铁矿（Fe_2O_3），但它仍保留原来磁铁矿外形，所以叫假象赤铁矿。

为衡量铁矿的氧化程度，通常用磁性率来表示，即用 $w(Fe/FeO)(\%)$比值（磁性率）来分类：

$$\frac{w(Fe_{全})}{w(FeO)} = \frac{72.4\%}{31\%} = 2.33 \quad 为纯磁铁矿矿石$$

$$< 3.50 \quad 为磁铁矿矿石$$

$$= 3.5 \sim 7.0 \quad 为半假象赤铁矿矿石$$

$$> 7.0 \quad 为假象赤铁矿矿石$$

式中　$w(Fe_{全})$——矿石中全铁含量，%；

$w(FeO)$——矿石中 FeO 含量，%。

一般开采出来的磁铁矿石含铁量为 30%～60%，当含铁量大于 45%，粒度大于 10 mm，可供炼铁厂使用，粒度小于 10 mm 的作烧结原料。当含铁量低于 45%，或有害杂质含量超过规定时，必须经过选矿处理。通常采用磁选法，所得到的高品位磁选精矿，是烧结矿的主要原料。

1.3.1.2 *赤铁矿*

赤铁矿俗称红矿，为无水氧化铁矿石，化学式为 Fe_2O_3，理论含铁量 70%，这种矿石在自然界中常成巨大矿床，从埋藏量和开采量来说，它都是工业生产的主要矿石品种。

赤铁矿的组织结构是多种多样的，由非常致密的结晶组织到很松散的粉状，赤铁矿根据其外表形态及物理性质的不同可分以下几种：

晶形多为片状和板状。片状表现有金属光泽，明亮如镜的叫镜矿石。

外表呈细小片状的叫云母赤铁矿。

红色粉末状，没有光泽的叫红土状赤铁矿。

外表形状像鱼子、一粒一粒粘在一起的集合体，称为鱼子状、鲕状、肾状赤铁矿。

结晶的赤铁矿外表颜色为钢灰色和铁黑色，其他为暗红色，但条痕均为暗红色。

赤铁矿有原生的、也有再生的，再生的赤铁矿是磁铁矿经过氧化后失去磁性，但仍保存着磁铁矿结晶形状的假象赤铁矿。在假象赤铁矿中经常含有一些残余的磁铁矿，有时赤铁矿中也含有一些赤铁矿的风化产物，如褐铁矿（$2Fe_2O_3 \cdot 3H_2O$）。

赤铁矿具有半金属光泽，密度为 4.8～5.3 t/m^3，硬度则不一样，结晶赤铁矿硬度 5.5～6.0，土状和粉末状赤铁矿硬度很低，无解理，仅有弱磁性，较磁铁矿易还原和破碎。赤铁矿石有害杂质硫、磷、砷较磁铁矿石、褐铁矿石少，冶金性能也比它们优越。赤铁矿主要脉石分别为 SiO_2、Al_2O_3、CaO、MgO 等。

赤铁矿石在自然界中大量存在，但纯净的较少，常与磁铁矿、褐铁矿共生。实际开采出来的赤铁矿石含量在 40%～60%，含铁量大于 40%，粒度小于 10 mm 的粉矿作为烧结原料。一般来说，当含铁量小于 40%或含有杂质过多时，须经选矿处理。一般采用重选法、磁化焙烧－磁选法、浮选法或采用联合流程来处理，处理后获得的高品位赤铁精矿作为烧结原料。

1.3.1.3 褐铁矿

褐铁矿是含水氧化铁矿石，是由其他矿石风化后生成的，在自然界中分布很广，但埋藏量大的并不多见，其化学式为 $nFe_2O_3 \cdot mH_2O$（$n=1\sim3$，$m=1\sim4$），从分子式中可以看出铁氧化的水化程度，也就是说与氧化铁成化合状态存在的结晶水的数量是不同的。按结晶水含量及生成情况和外形的不同，有以下各类：

水赤铁矿 $2Fe_2O_3 \cdot H_2O$

针赤铁矿 $Fe_2O_3 \cdot H_2O$

水针铁矿 $3Fe_2O_3 \cdot 4H_2O$

褐铁矿 $2Fe_2O_3 \cdot 3H_2O$

黄针铁矿 $Fe_2O_3 \cdot 2H_2O$

黄赭石 $Fe_2O_3 \cdot 3H_2O$

自然界中褐铁矿绝大部分含铁矿物以 $2Fe_2O_3 \cdot 3H_2O$ 的形式存在。褐铁矿的富矿很少，一般含铁量在 37%～54%，含有害杂质硫、磷、砷较高，其结构松软、密度较小、吸水强，焙烧后可去掉游离水和结晶水，矿石的气孔率增加，从而大大提高了矿石的还原性，同时去掉水分，相应地提高了矿石的含铁量。

褐铁矿石的矿物常成葡萄状、肾状和钟乳状集合体，其外表颜色为黄褐色和黑色，密度为 3.1～4.2 t/m^3，硬度 1～4，无磁性，脉石主要为黏土和石英等。

褐铁矿含铁量低于 35%时，需进行选矿。目前主要采用重力选矿和磁化焙烧－磁选法。

1.3.1.4 菱铁矿

菱铁矿为碳酸盐铁矿石，化学式为 $FeCO_3$，理论含铁量为 48.2%，其矿物形态有结晶及集合体两种，结晶者为菱面体，集合体常随其形成条件不同而异，由内生成作用的多为结晶粒状；外生成作用形成的为隐晶状、放射状的球形结核或鳞状集合体。外表颜色为灰色和褐色，风化后变为深褐色，条痕为灰色或带绿色，具有玻璃光泽，密度 3.8 t/m^3，硬度 3.5～4.0，无磁性，含硫低，但含磷高，脉石含碱性氧化物。

自然界中有工业开采价值的菱铁矿比上述三种矿石都少，其含铁量在 30%～40%。但经焙烧后，因分解放出 CO_2，使其含铁量提高，矿石也变得多孔而易破碎，还原性好。

1.3.2 铁矿石的评价

决定铁矿石品质的因素，主要是它的化学成分、物理性质和冶金性能等。

1.3.2.1 含铁量（矿石品位）

矿石含铁量的高低，是评价铁矿石品质的主要指标。它决定了矿石的开采价值和冶金价值。

含铁量高,可以提高高炉产量和降低吨铁燃料消耗;含铁量低,生产率下降并增加燃料消耗。因此,铁矿石的含铁量愈高愈好。

1.3.2.2 脉石成分

脉石中的 SiO_2、Al_2O_3 叫酸性脉石,CaO、MgO 叫碱性脉石,绝大多数矿石的脉石是酸性脉石。当矿石中$\frac{CaO+MgO}{SiO_2+Al_2O_3}\left(或\frac{CaO}{SiO_2}\right)$的比值(称矿石碱度)接近高炉渣碱度时,叫做自熔性矿石。因此,矿石中 CaO 含量多,冶金价值高;相反,SiO_2含量高,矿石的冶金价值下降。适当的 MgO 含量有利于提高烧结矿品质和改善炉渣的流动性,但过高会降低其脱硫能力和炉渣流动性。Al_2O_3在高炉渣中为酸性氧化物,渣中浓度超过 18%~22% 时,炉渣难熔,流动性差。因此,矿石中 Al_2O_3 要加以控制,一般矿石中 SiO/Al_2O_3的比值不小于 2~3。

包钢铁矿石中含有 CaF_2 脉石,它使熔点降低,流动性增加并腐蚀设备和污染环境;攀钢铁矿石中含有 TiO_2 脉石,它使炉渣变黏,而导致渣铁不分、炉缸堆积和生铁含硫升高等。

1.3.2.3 有害杂质含量

铁矿石中常见有害杂质硫、磷、砷以及铅、锌、钾、钠、铜、氟等。

硫在钢铁中以 FeS 形态存在于晶粒接触面上,熔点低(1193℃),当钢被加热到 1150~1200℃时,被熔化,使钢材沿晶粒界面形成裂纹,即所谓的“热脆性”。烧结和炼铁过程中可除去部分硫。

磷和铁结合成化合物 Fe_3P,此化合物与形成二元共晶的 Fe_3P-Fe,聚集于晶界周围减弱晶粒的结合力,使钢材在冷却时发生所谓“冷脆性”,烧结和炼铁过程都不能除去磷。

砷在铁矿石中常以硫化合物即毒砂(FeAsS) 等形态存在,它能降低钢的机械性能和焊接性能。烧结过程只能去除小部分,它在高炉还原后溶于铁中。

铜在铁砂中主要以黄铜矿($FeCuS_2$)等形态存在。烧结过程中不能除去铜,高炉冶炼过程铜全部还原到生铁中。钢中含少量的铜可以改善钢的抗腐蚀性能,但含量超过 0.3% 时会降低其焊接性能并产生“热脆”现象。

铅在铁矿中常以方铅矿 PbS 形态存在,普通烧结过程不能除去铅,高炉冶炼中铅易还原并不溶于生铁中,沉在铁水下面,渗入炉底砖缝起破坏作用。冶炼含铅矿石的高炉易结瘤。

锌在铁矿石中常以闪锌矿(ZnS)形态存在,普通烧结过程不能去锌,高炉冶炼中,锌易还原并且不溶于生铁中,易挥发、破坏炉衬、导致结瘤,甚至堵塞管道。

钾和钠在铁矿石中常以铝硅酸盐(钾钠长石 $K[AlSi_3O_8\text{-}Na(AlSi_3O_8)]$)等形态存在,钾钠在高炉冶炼中易还原、易挥发,破坏炉衬导致结瘤,烧结过程中可以除去少部分钾钠。

铁矿石中有害杂质含量愈少愈好。

1.3.2.4 矿石的还原性

铁矿石还原性是指矿石被还原性气体 CO 或 H_2 还原的难易程度,还原性愈高的矿石愈易还原。矿石的还原性与矿物组成、结构致密程度、粒度及气孔率有关。磁铁矿难还原,赤铁矿易还原,人造富矿的还原性比天然矿石好。

1.3.2.5 矿石的软化性

铁矿石的软化性是指矿石软化温度和矿石软化区间两个方面。软化温度是指矿石在一定的荷重下加热开始变形的温度;软化温度区间是指矿石开始软化到软化终了的温度范围。对高炉冶炼来讲,矿石软化温度高、软化区间窄,则矿石软化性能好。

1.3.2.6 矿石的粒度、强度及气孔度

矿石强度高,粒度均匀大小适中、气孔度高则高炉料柱透气性好,矿石易还原。矿石的气孔

度分体积气孔度和面积气孔度，体积气孔度是矿石中气孔所占体积相当于矿石总体积的百分比，面积气孔度是单位矿石体积内气孔表面的绝对值。气孔分开口和闭口两种。

1.3.2.7 各项指标稳定性

高炉冶炼、烧结生产都要求有一个相对稳定的原料条件。不但要有足够数量，还要求原料的理化性能相对稳定。特别是矿石的含铁量、脉石成分和数量、有害杂质等指标的波动，都会影响生产过程的正常进行和产品品质的波动。

1.3.3 铁精矿粉

铁精矿粉是选矿厂的最终产品。铁精矿粉含铁量高、有害杂质少、粒度细，是我国烧结矿生产的主要含铁原料。

1.3.3.1 铁精矿粉的含铁量

铁精矿粉的含铁量是衡量铁精矿粉品质的主要指标。精矿粉含铁量愈高，生产出的烧结矿含铁量也高，经济价值就愈高，铁精矿粉含铁量一般为60%～68%，当然愈高愈好。

精矿脉石矿物 SiO_2 应尽量低，Al_2O_3/SiO_2 应控制在0.1～0.3，CaO 和 MgO 含量高一点，经济价值高；有害杂质 P、S、As、Pb、Zn、Cu、K、Na、F 等愈少愈好；精矿还原性能和熔化性能要好。

1.3.3.2 铁精矿粉的粒度

精矿粒度很细，小于200目的占60%以上，精矿粒度粗细与矿石的晶粒大小有关，与磨矿工艺有关。精矿粒度除用网目表示外，还经常用比表面积表示。所谓比表面积是指单位质量或单位体积精矿粉所具有的表面积，单位为 cm^2/g 或 cm^2/cm^3。

1.3.3.3 铁精矿粉的矿物组成

精矿主要含铁矿物是磁铁矿（Fe_3O_4）、赤铁矿（Fe_2O_3）；脉石矿物主要是石英（SiO_2），其次是白云石（$CaCO_3 \cdot MgCO_3$）、云母、角闪石等。包头铁精矿矿物组成复杂，除上述矿物外，脉石矿物还有萤石（CaF_2）、霓石（$NaFeSi_2O_6$）、独居石（CeLa）PO_4、氟碳铈矿等。

1.3.3.4 铁精矿粉的烧结性能

铁精矿粉的烧结性能对烧结过程和烧结矿的产量、品质都有十分重要的影响。了解各种精矿石性能，选择和搭配使用烧结性能不同的铁精矿粉，合理掌握烧结因素，是充分利用资源，达到优质高产的有效措施。

对烧结过程影响较明显的铁精矿粉的理化性能，主要包括精矿石种类，化学成分、粒度、水分、亲水性和成球性，以及软化—熔融特性等。

这些因素往往互相交错，从而对烧结过程表现出不同程度的影响。例如，粒度粗的磁铁矿粉，较致密、成球性差、软化和熔化温度区间较窄，一般属于难烧结的精矿；而细磨磁铁矿粉较容易烧结。赤铁矿一般成球性较好，当加入大量熔剂时，熔点也较低，易于烧结；但浮选赤铁精矿又常因为难脱水，呈泥团状，使烧结产生困难。其他如褐铁矿和菱铁矿烧结时由于结晶水和 CO_2 分解出来，不但要多耗燃料，而且影响烧结矿的强度。

脉石的类型和数量对铁精矿粉的烧结也有显著的影响。例如，用含 SiO_2 超过15%的铁精矿粉生产自熔性烧结矿时强度差；但经过精选，把铁精矿粉 SiO_2 含量降低到4%～5%以下，又会出现烧结时液相量太少的问题，必须相应采取其他措施才能使烧结矿的强度得到保证。精矿含 Al_2O_3 过多时，熔点高，难烧结。另外，铁精矿的软化温度低，软化温度区间越宽，越容易生成液相，这种矿石的烧结性能好。

我国各地铁精矿化学成分及粒度、熔化温度及区间、矿石组成分别见表1-1、表1-2、表1-3。

表 1-1 各地铁矿精矿化学成分 $w/\%$

成　　分	TFe	FeO	SiO_2	CaO	MgO	Al_2O_3	R_xO_y	S	P	F	烧损	<200 目
鞍钢浮选	67.14	25.70	5.24	0.36	0.44	0.30		0.024	0.01		0.80	62.46
大孤山细精矿	65.75	28.40	7.18	0.36	0.36	0.19		0.026	0.02		1.09	86.07
弓长岭	63.45	25.40	9.92	0.81	1.09	0.074		0.032	0.012		1.32	70.8
大孤山磁选	63.28	25.66	9.69	0.20	0.33			0.036	0.029		1.22	81.8
包头精矿	58.71	20.08	4.92	3.40			1.35	0.38	0.13	1.7		86.15
南　芬	61.71	26.32	12.46	0.80				0.043				77.39
迁　安	59.83	22.05	12.10	2.25				0.192				59.04
武　钢	64.65	27.66	3.44	1.10				1.03				64.91

表 1-2 各地铁精矿熔化温度及区间

产　地	开始熔化温度/℃	大部分熔化时温度/℃	最终熔化温度/℃	熔化区间/℃
包　头	1390	1500	1550	160
武　钢	1460	1560	1575	115
迁　安	1435	1480	1550	115
南　芬	1455	1490	1510	55
弓长岭	1470	1480	1490	20
大孤山	1460	1479	1495	35
	1240	1280	1490	250

表 1-3 各地铁精矿矿石组成(%)

矿 物 名 称	包钢 白云鄂博 富矿粉	包钢 白云鄂博 精矿粉	首钢 迁安 精矿粉	本钢 南芬 精矿粉	武钢 精矿粉	鞍钢 弓长岭 精矿粉	鞍钢 大孤山 精矿粉
铁矿石	45	60	75～80	80	80～85	80	65
赤(褐)铁矿	45	10～15	5	2	5	3	10～15
石　英	2	2	10	10	3～5	10	15
独居石+氧碳铈矿	3～5	3					
重晶石	少	少					
磷灰石	少	少					
白云石+方解石	2～2	2～3	1～2	少	3	少	2
云　母	少	少		1	少	少	少
角闪石			2	3	少	3	2
石榴子石					少		
钠闪石	5	3					
霓　石	10	5～10					
黄铜矿					少		
绿泥石				1～2	2	1	1
辉　石			少	少		少	1

1.3.4　其他含铁原料

1.3.4.1　富矿粉

化学成分符合高炉冶炼要求的天然富矿，在入炉前要经过多段破碎和筛分，使其粒度下限达到 8～10 mm，也就产生了小于 8～10 mm 的粉矿。这些矿粉，在烧结生产时参加配料，即可提高料层透气性又可合理利用这些富矿粉。

1.3.4.2　高炉炉尘

高炉炉尘是从高炉煤气系统中回收的高炉瓦斯灰，它主要由矿粉、焦粉及少量石灰石粉组成。含 Fe:30%～55%，含 C:8%～20%。目前高炉每炼 1 t 生铁炉尘量为 30～50 kg。

炉尘可作烧结原料，能节约熔剂和焦炭（燃烧）消耗，降低生产成本。高炉尘亲水性较差，但对黏性大、水分高的烧结料，添加部分高炉尘能降低烧结料水分并提高其透气性。

1.3.4.3　氧气转炉炉尘

氧气转炉炉尘是从氧气转炉的炉气中经除尘器回收的含铁原料，含铁量为 60%～70%，并含有钢渣和石灰粉末，粒度小于 0.1 mm。每炼 1 t 钢炉尘量达 20～50 kg。

1.3.4.4　轧钢皮

轧钢皮是轧钢过程剥落下来的氧化铁皮。轧钢皮一般占总钢材的 2%～3%，含铁 60%～75%，并且有害杂质少、密度大，是很好的烧结原料。

1.3.4.5　硫酸渣

硫酸渣是化工厂黄铁矿制硫酸的副产品。硫酸渣有两种，一种是红色的，粒度粗（3～0.1 cm），含铁低（＜35%），主要是赤铁矿；另一种是黑色的粒度细（＜0.1 mm）、含铁高（50%左右），主要是磁铁矿。高炉尘、转炉尘、轧钢皮及硫酸渣的化学成分见表 1-4。

表 1-4　国内一些含铁物料的化学成分 w(%)

成　分		Fe	FeO	CaO	MgO	SiO_2	Al_2O_3	MnO	S	P	烧损
高炉灰	鞍钢	41.5	10.10	11.27	1.70	12.62	1.25	0.19	0.23	0.013	12.60
	首钢	33.40	4.48	6.60	2.95	10.60	0.63	2.18	0.33	0.043	19.00
	太钢	41.25	8.6	8.34	2.17	13.90	7.81		0.222	0.03	15.05
轧钢皮	鞍钢	71.31	63.80	0.08	0.031	2.18			0.031	0.04	12.30
	武钢	63.00				7.25			0.25		
硫酸渣	本钢	56.56	7.24	2.11	0.52	9.15	1.35		2.11		
	四川	47～57	0.64～1.26	0.3～2.8	10～14.0	1.0～2.5		1.3～2.7			
转炉炉尘		68.8	67.5	7.17	0.72	2.08		0.187	0.07	0.04	

1.4　烧结生产所用的熔剂、燃料及其作用

1.4.1　熔剂

1.4.1.1　熔剂的作用

熔剂是高炉冶炼过程中的造渣物质。在烧结生产中加入熔剂，不仅可改善烧结过程，强化烧结，提高烧结矿产量、品质，而且可以向高炉提供自熔性和高碱度的烧结矿。

熔剂与矿石中的高熔点脉石能生成熔化温度较低的易熔体；能造成一定数量和一定物理化学性能的炉渣，达到去除有害杂质的目的(如去硫)。

1.4.1.2 熔剂的种类

熔剂按其性质可分为中性、碱性和酸性三类。我国铁矿石的脉石多数是酸性氧化物，如 SiO_2，所以普遍使用碱性熔剂。

碱性熔剂是含 CaO 和 MgO 高的矿物，常用石灰石、白云石、消石灰 $Ca(OH)_2$ 及生石灰 CaO 等。熔剂物理化学性质见表 1-5。

表 1-5 熔剂物理化学性质(%)

种类	产地	TFe	CaO	MgO	SiO_2	Al_2O_3	MnO	S	P	烧损	水分	体积密度 $/t\cdot m^{-3}$	粒度组成 (<3 mm) /%
石灰石	武钢	2.74	48.4	3.71	1.69	0.738	0.035	—	0.069	41.14			88.03
	密云	0.37	51.30	2.11	1.15	0.41		0.01		42.77			91.48
	攀枝花	2.8	49.79	0.27	2.84	1.07		0.034		40.40	3.8	1.4	86.00
	本钢	3.48	49.00	1.77	4.92	0.94				39.55			
	鞍钢甘井子	0.56	51.4	2.52	1.70	1.02	0.032	0.003	0.009	42.65	3.8	1.4	
生石灰	鞍钢		72.7	3.98	3.00	0.84	0.023	0.087	0.018	16.18		1.41	<5 mm 77
消石灰	鞍钢		60.04	4.89	5.02	1.06	0.03	0.20	0.025	24.83			
	武钢	1.63	64.39	1.625	2.23	0.939	0.063	0.02	0.02	29.23			
菱镁石	鞍钢大石桥		5.50	42.3	0.80		0.044	0.08	0.042	49.34			
	鞍钢海北		8.51	37.55	1.22	0.24	0.06	0.03	0.026	48.54			
白云石	水钢	1.26	36.40	11.7	2.40			SO_2	P_2O_5	41.40			
	本钢	1.10	30.40	21.7	1.50			0.06	0.04	44.70			

(1) 石灰石　主要化学成分 $CaCO_3$，纯石灰石含 CaO 56%，CO_2 44%，按其矿物结晶的不同，又分三种：白色粒状具有明显的菱形解理面的叫方解石；结晶良好、结构致密的叫大理石；青灰色、致密隐晶质叫石灰石。烧结生产中常用的是后者。

(2) 白云石和菱镁石　白云石的主要成分是碳酸钙和碳酸镁，化学式：$CaMg(CO_3)_2$，理论上含 CaO 30.4%，MgO 21.7%，CO_2 47.9%。通常呈粒状结晶、灰白色，有时呈浅黄、褐或绿色。菱镁石分子式 $MgCO_3$，纯菱镁石理论含 MgO 47.6%，CaO 65%，外表呈白黄色。

(3) 生石灰　是石灰石经高温煅烧后的产品，主要成分为 CaO。利用生石灰代替部分石灰石作为烧结熔剂，可强化烧结过程。这是因为生石灰遇水后，发生消化反应生成消石灰，并放出热量可以提高料温，减少烧结过程的过湿现象。

(4) 消石灰　是生石灰消化后的热石灰，其化学式：$Ca(OH)_2$，含 CaO 65%左右，含水 15%～20%。消石灰表面呈胶体状态，吸水性强，黏结力大，可以改善烧结混合料的成球性。

1.4.1.3 对熔剂性的品质要求

对碱性熔剂的要求是：有效成分含量高，酸性氧化物及有害杂质 P、S 少。粒度和水分适宜。

(1) 有效熔剂性高　即碱性氧化物 CaO + MgO 含量要高，而酸性氧化物 SiO_2 含量要低。评价熔剂品质的重要标准，是根据烧结矿碱度要求，扣除本身酸性氧化物所消耗的碱性氧化物成分，所剩余的碱性氧化物的含量而确定的。即：

$$有效熔剂性 = w(CaO + MgO)_{熔剂} - w(SiO_2)_{熔剂}\cdot R$$

当熔剂中 MgO 很少时，上式可简化为：

$$有效熔剂性 = w(CaO_{熔剂} - SiO_{2熔剂}) \cdot R$$

(2) 有害杂质P、S要低　熔剂中的有害杂质要低，含S一般为0.01%～0.08%，含P一般为0.01%～0.03%。

(3) 粒度和水分　从有利于烧结过程中各种成分之间的化学反应迅速和完全这一点来看，熔剂粒度越细越好，熔剂粒度粗，反应速度慢，生成的化合物不均匀程度大，甚至残留未反应的CaO“白点”，对烧结矿强度有很坏的影响。但是，熔剂破碎过细，不仅提高生产成本，而且烧结料透气性变坏。熔剂粒度控制在0～3 mm即可。

生石灰进厂应尽量不含水或少含水。

1.4.2　燃料

燃料在烧结过程中主要起发热作用和还原作用，它对烧结过程及烧结矿产量、品质影响很大。烧结生产使用的燃料分点火燃料和烧结燃料两种。

1.4.2.1　点火燃料

点火燃料有气体燃料、液体燃料、固体燃料。一般常采用焦炉煤气(15%)与高炉煤气(85%)的混合气体，其发热值5860 kJ/m^3(即1400 kCal/m^3)。而实际生产中不少厂只用高炉煤气点火。

1.4.2.2　烧结燃料

烧结燃料是指混入烧结料中的固体燃料。一般采用的固体燃料主要是碎焦粉和无烟煤粉。对烧结所使用的固体燃料总的要求是：固体燃料碳含量高，挥发分、灰分、硫含量要低。

1.4.2.3　各种燃料简介

A　固体燃料

(1) 无烟煤　煤的成分复杂，主要由有机元素C、H、O、N、S等组成，无烟煤是所有煤中固定碳最高，挥发分最少的煤。它是很好的烧结燃料。

生产上，要求无烟煤的发热量大于25116 kJ/kg，挥发分小于10%，灰分小于15%，硫小于2.5%，进厂粒度小于40 mm，使用前应破碎到3 mm以下，挥发分高的煤不宜做烧结燃料，因为它能使抽风系统挂泥结垢。一些烧结厂常用的无烟煤理化性质见表1-6。

表1-6　一些烧结厂所用无烟煤的理化性质

厂　别	固定碳/%	灰分/%	挥发分/%	硫/%	水分/%	发热值/kJ·kg^{-1}	配料粒度(<3 mm)/%	备　注
新余钢厂	83.88	13.54	2.88					淮北无烟煤
新余钢厂	86.71	7.68	3.61					安源无烟煤
首　钢	76.74	17.36	5.91			26903	89.46	
水　钢	71.25	18.85	7.45				75.60	
新抚钢厂	66.53	24.61	7.74	0.45				
鞍　钢	75.05	17.42	5.84		1.69(内水)		785	朝鲜煤
焦作洗净煤		9.60	4.35	0.38～0.45		32898		

(2) 碎焦粉　焦炭是炼焦煤在隔绝空气的条件下高温干馏的产品。碎焦粉是焦化厂筛分出来的或是高炉用的焦炭中筛分出来的焦炭粉末。具有固定碳高、挥发分少、含硫低等优点，发热值在33488 kJ/kg。焦炭硬度比无烟煤大，破碎较困难，但使用前必须破碎到3 mm以下。一些烧结厂使用的焦末理化性质见表1-7。

表 1-7 一些烧结厂所用焦末的理化性质

厂 别	固定碳/%	灰分/%	挥发分/%	硫/%	水分/%	发热值/kJ·kg^{-1}	配料粒度(<3 mm)/%	备 注
新余钢厂	84~86	14.01	0.67	0.95	8.04		75.36	
包 钢	75.90						93.71	
首 钢	81.88	15.65	2.49				93.00	
宣化钢厂	70.00	26.00	5.80	0.60				
济 钢	77.00	15.80	7.50	0.85	5.80		80.00	
水 钢	69.80	25.00	4.09	1.78			49.50	
攀 钢	78~84	14~17	2~4				71.64	
鞍 钢	83.43	14.26	2.17	058	015(内水)			

B 液体燃料

液体燃料发热量比固体燃料高,可完全燃烧,几乎无残渣,便于运输。

石油是天然的液体燃料,也称原油,它基本上由 C、H、N、O、S 等元素组成。烧结厂常用的液体燃料是重油。

重油是石油加热分馏后的残留物,呈黑褐色的黏稠液体,密度 0.9~0.96 g/cm^3,具有发热值高 37674~46046 kJ/kg,粘性大等特点。重油成分及品质指标见表 1-8 和表 1-9。

表 1-8 重油的近似成分 w(%)

C	H	H+O	S	灰 分	水 分	$Q_{高}/Q_{低}$/kJ·kg^{-1}
86.65	12.7	0.5	0.15	0.15	2.0	45312/41316

表 1-9 重油质量指标

指 标	重油标号				备 注
	20	60	100	200	
闪点(>)/℃	80	100	120	130	闪点:闪点又称燃点,是指液体表面上蒸汽和空气的混合物与火接触而初次发生蓝色火焰的闪光时的温度
凝固点/℃	15	20	25	36	
灰分/%	0.3	0.3	0.3	0.3	
水分/%	1.0	1.5	2.0	2.0	
硫分/%	1.0	1.5	2.0	3.0	
机械杂质/%	1.5	2.0	2.5	2.5	

重油在烧结生产过程中常用作点火燃料。重油的黏度对油泵、喷油嘴的工作效率和耗油量都有影响。黏度太大,则油泵、喷油嘴的效率低,喷出的油速度慢,雾化不好烧不完全,影响喷油嘴使用寿命,增加耗油量。

C 气体燃料

气体燃料是几种简单气体的混合物,可燃成分为 H_2、CO、CH_4(及各种碳氢化合物)等,非可燃成分分为 CO_2、N_2 等。气体燃料包括天然气及人造煤气:

(1) 天然气 天然气是由地下开采出来的可燃气体,发热值很高,主要成分甲烷(CH_4)含

90％左右，发热值 33488～376774 kJ/m^3 便于远距离运输。

(2) 高炉煤气　高炉煤气是高炉炼铁过程中的副产品，可燃成分主要是 CO，其次是 CH_4、H_2。每炼 1 t 生铁可产 2000～3000 m^3 煤气，其发热值在 3000～4000 kJ/m^3。高炉煤气具有毒性，使用时务必注意安全；煤气中含有灰尘需经洗涤除尘后方可使用，一般情况下，送往烧结厂的煤气压力在 2.45～9.94 kPa(250～300 mmH_2O)。

(3) 焦炉煤气　焦炉煤气是炼焦过程的副产品，可燃成分主要是 H_2、CH_4 等，含量大约 75％，发热值在 15466～18810 kJ/m^3，经清洗过滤后焦炉煤气中焦油的含量为 0.005～0.02 g/m^3，煤气温度为 25～30℃。

(4) 混合煤气　混合煤气一般由焦炉煤气和高炉煤气混合而成，它的发热值大小取决于高炉、焦炉煤气的混合比例，一般在 5016～12540 kJ/m^3。

各种气体燃料成分的波动范围参见表 1-10。

表 1-10　各种气体燃料成分波动范围

成分 w/%	CO_2	CO	CH_4	C_2H_4	C_2H_6	C_mH_n	H	N	O
焦炉煤气	1.5～2.5	25～31	23～28			2～3	54～59	3～5	0.3～0.7
高炉煤气	14～22	20～26	0.3～0.5				2～3	55～58	
			2.8～816.8						
混合煤气	11.5～5.5						7.8～38.6	23～52.7	
			96.7						
天然气			95.13	0.63	0.26				
天然气		0.13	84.36	0.64	2.11		0.07	1.3	
天然气				8.86	4511			0.12	

复习思考题

1. 阐述烧结目的和意义。
2. 名词解释：利用系数、台时产量、烧结机产量、烧结机作业率、成品率、生产成本。
3. 简述烧结技术发展趋势。
4. 名词解释：矿物、脉石、解理、同质异象、假象赤铁矿、还原性、有效熔剂性。
5. 矿物和矿石有什么区别，为什么说矿石的概念是相对的？

2 烧结过程的基本理论

2.1 抽风烧结过程概述

目前各烧结厂所使用的烧结机，几乎都是从下部抽风的带式烧结机。

抽风烧结是将准备好的含铁原料、燃料、熔剂，经混匀制粒，布到烧结台车上，台车沿着烧结机的轨道向排料端移动，台车移动的同时用点火器在烧结料面点火并开始抽风，于是烧结反应便开始。点火时和点火后，下部风箱强制抽风，通过料层的空气和烧结料中燃料燃烧所产生的热量，使烧结混合料经受物理和化学的变化，生成烧结矿。到达排料端时，烧结料层中进行的烧结反应即告终结。

烧结过程是复杂的物理化学反应的综合过程。在烧结过程中进行着燃料的燃烧和热交换，水分的蒸发和冷凝，碳酸盐和硫化物的分解和挥发，铁矿石的氧化和还原反应，有害杂质的去除，以及粉料的软化熔融和冷却结晶等。其基本现象是：混合料借点火和抽风使其中的碳燃烧产生热量，并使烧结料层在总的氧化气氛中，又具有一定的还原气氛，因而，混合料不断分解、还原、氧化和脱硫等一系列反应，同时在矿物间产生固液相转变，生成的液相冷凝时把未熔化的物料粘在一起，体积收缩，得到外观多孔的块状烧结矿。

按烧结料层中温度的变化和烧结过程中所产生的物理化学反应，烧结料层可分为五个带（或五层）点火后，从上往下依次出现烧结矿层、燃烧层、预热层、干燥层、过湿层。这些反应层随着烧结过程的发展而逐步下移，在到达炉箅后才依次消失，最后只剩下烧结矿层，如图 2-1 所示。

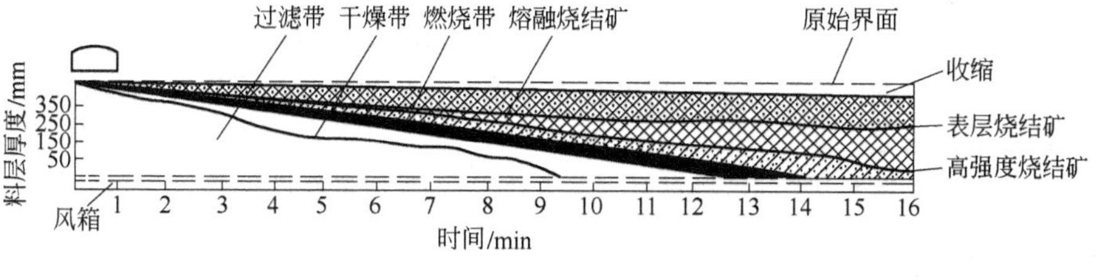

图 2-1　带式烧结机烧结过程进行情况

2.1.1 烧结矿层

在烧结料中燃料燃烧放出大量热量的作用下，混合料中的脉石和部分含铁矿物在固相下形成低熔点的矿物，在温度提高后熔融成液相。随着燃烧层的下移及冷空气的通过，物料温度逐渐下降，熔融液相被冷却凝固成多孔结构的烧结矿。高温熔体在凝固过程中进行结晶，析出新矿物。烧结矿层透气性较混合料好，因此，烧结矿层的逐渐增厚使整个料层的透气性变好，真空度变低。

烧结矿层的主要变化是，高温熔融物凝固成烧结矿，伴随着结晶和析出新矿物。同时，抽入的空气被预热，烧结矿被冷却，与空气接触的低价氧化物可能被再氧化。

2.1.2　燃烧层

又称高温带，该层燃料激烈燃烧，产生大量的热量，使烧结料层温度升高，部分烧结料熔化成液态熔体。燃烧层温度一般为1300～1500°C，该层厚度为15～50 mm，其厚度决定于燃料用量、粒度和通过的空气量。由于熔融物液相对空气穿透阻力很大，所以，为强化烧结过程，人们总设法减弱该层厚度。

燃烧层是烧结过程中温度最高的区域。这里除碳的燃烧、部分烧结料熔化外，还伴随着碳酸盐的分解，硫化物和磁铁矿的氧化，部分赤铁矿的热分解、还原等。燃料燃烧和上部下来的空气显热一起产生的热量，将烧结料加热到一定温度，同时供给下层料以热的气体。

2.1.3　预热层

空气通过燃烧层参加反应后即携带一部分热量进入下部料层，在燃烧排出的热废气作用下，料层中的水分被蒸发，并使烧结料被加热到燃料的着火温度(700°C)，这一区域称为预热层。

预热层的厚度较薄，一般为20～40 mm，与燃烧层紧密相连，温度一般为400～800℃。在预热层中由于高温的发展，开始发生碳酸盐的分解、硫化物的分解和着火氧化、结晶水分解、燃料中挥发物的分解和固体碳的着火、部分低价铁氧化物的氧化，以及组分间的固相反应。

2.1.4　干燥层

从预热带进入下层烧结料的热废气，迅速将物料加热到100℃以上，因此烧结料中水分激烈蒸发，这一区域称为干燥层，干燥层的厚度一般为5～25 mm。

在实际烧结过程中预热层与干燥层难于截然分开，因此有时统称干燥预热层，干燥层虽然很薄，但由于水分激烈蒸发，成球性差的物料团粒易被破坏，使整个料层透气性变差。

2.1.5　过湿层

从烧结开始，通过烧结料层中的气体含水量就开始逐渐增加，这是因为点火后部分烧结料所蒸发的水汽进入气流中。当下部烧结料温度低于“露点”温度(一般为60～65℃)时，气流中的水汽冷凝。因此，这部分的烧结料含水量就超过了原始水分而出现了过湿现象，所以这一区域称为过湿层，它位于干燥层之下。

由于水汽冷凝，使得料层的透气性恶化，对烧结过程产生很大的影响。

2.2　燃料的燃烧与热交换

烧结过程中，固体燃料燃烧所获得的高温和CO气体，为液相生成和一切物理化学反应的进行，提供了所必需的热量和气氛条件。燃料燃烧所产生的热量占全部热量的90%以上。燃烧带是烧结过程中温度最高的区域，也是一些主要反应的策源地。因此，碳的燃烧是决定烧结产量和品质的重要条件，也是影响其他一系列过程的重要因素。

2.2.1　燃烧反应的一般规律

所谓燃烧反应就是在着火温度下，燃料中的可燃成分被激烈氧化的过程，并放出大量热量。

烧结生产所用的固体燃料焦粉和无烟煤燃烧的一般原理如下：

固体碳反应是属于多相反应，其基本形式为：

$$\text{固体碳} + \text{气体}_{(1)} = \text{气体}_{(2)} + Q$$

燃烧反应的结果是固体碳消失而形成气体，并放出热量，这种类型的反应过程可以概括为下列五个连续进行的步骤：

(1) 气体$_{(1)}$分子扩散到固体碳表面；

(2) 气体$_{(1)}$分子被固体碳表面吸附；

(3) 被吸附的气体$_{(1)}$和碳发生化学反应，形成中间产物；

(4) 中间产物断裂，形成反应产物气体$_{(2)}$(CO 和 CO_2)；

(5) 反应产物(气体$_{(2)}$)脱附，离开碳表面向气相扩散。

上述吸附、化学反应、脱附这三个环节是连续进行不可分割的，通常称它们为吸附—化学反应。

固体碳的燃烧过程所发生的化学反应按下列反应式进行：

$$C + O_2 = CO_2 + 33034\ kJ/kg \tag{2-1}$$

$$2C + O_2 = 2CO + 9797\ kJ/kg \tag{2-2}$$

$$CO_2 + C = 2CO - 13816\ kJ/kg \tag{2-3}$$

$$2CO + O_2 = 2CO_2 + 23614\ kJ/kg \tag{2-4}$$

式(2-1)和式(2-2)称为初级反应或一次反应，式(2-3)和式(2-4)称为次级反应或二次反应。哪一种产物是初级产物，到目前为止还没有统一的认识，近年来比较新的说法是：碳和氧作用时，氧被吸附在赤热的炭粒表面，形成结构不稳定的复合物 C_xO_y，当温度升高时，在新的分子冲击下或由于热作用使这些复合物分解，并按一定比例放出 CO_2 和 CO。

$$C_xO_y \rightarrow MCO_2 + NCO \tag{2-5}$$

在其他条件不变的情况下，反应产物中 CO/CO_2 比值与温度有关。据试验测定，当温度低于1200～1300℃时，反应产物中 CO/CO_2 比值等于1；反应按下式进行：

$$4C + 3O_2 = 2CO_2 + 2CO \tag{2-6}$$

当温度大于1450℃时，反应产物中 CO/CO_2 比值等于2，反应按式(2-7)进行：

$$3C + 2O_2 = 2CO + CO_2 \tag{2-7}$$

烧结过程中，燃烧层的理论燃烧温度一般在1300～1500℃，故反应处于中间过渡状态，燃烧产物 CO/CO_2 比值在1～2之间。

固体碳燃烧反应速度取决于两个因素：固体碳与气体$_{(1)}$的化学反应速度和气体$_{(1)}$向固体碳表面扩散的速度。燃烧过程的总速度取决于两者之间最慢的一个过程，如果过程主要是受前一个因素的影响，则称为"动力学燃烧区域"，反之则称为"扩散燃烧区域"。

当燃烧处于动力学燃烧区域时，过程的速度主要受温度的影响，反应速度随温度增加而增加；当反应温度增高一定值时，反应速度主要决定于扩散燃烧区域的气体$_{(1)}$的扩散速度。凡是影响气体扩散的因素，如固体燃料的粒度、气流速度和压力都影响反应过程的总速度。烧结过程是在高温下进行的，故其反应基本上是在扩散区域内进行，即扩散阻力阻碍着燃烧反应速度的进一步加快，直接影响烧结速度。

为了提高燃烧速度，加速烧结过程的进行，就要求改善固体燃料配加方式如外配碳和烧结料层中的流体力学条件，如减少漏风率，加大抽风速度及改善烧结料层的透气性等。

2.2.2 烧结料层中碳的燃烧反应

烧结料层中的燃烧特点：一是料层中燃料较少而分散，按质量计燃料只占总料重的3%～5%，按体积计不到总体积的10%；小颗粒的炭分布于大量矿粒和熔剂之中，致使空气和炭接触比较困难，为了保证完全燃烧需要较大的空气过剩系数(通常为 1.4～1.5)。二是燃料燃烧从料层上部向下部迁移，料层中热交换集中，燃烧速度快，燃烧 层温度高。并且燃烧带较窄(15～50 mm)，料层中既存在氧化又存在还原区，炭粒表面附近 CO 浓度高，O_2 及 CO_2 浓度低；同时铁的氧化物参与了氧化还原反应，燃烧废气离开料层时还存在着自由氧等，这些燃烧特点，决定着料层的气氛；而不同的气氛组成对烧结过程将产生极大的影响。

2.2.2.1　烧结料层中的废气成分

烧结料中碳含量少且分散，高温区集中，热交换激烈，当废气离开燃烧带时温度急剧降低，因此，烧结废气中既有 CO、CO_2、N_2，也有自由氧及少量的氢等，表 2-1 是在不同烧结条件下燃烧带的废气组成。

表 2-1　不同烧结条件下燃烧层的废气成分

配料组成	废气成分 w/%				$w(CO)/w(CO_2)$	$w(CO)/w(CO+CO_2)$	空气过剩系数
	CO_2	CO	O_2	N_2			
湿石英＋焦粉	9.3	10.6	3.7	76.4	1.14	0.53	1.22
焦粉为 5% 的非熔剂性赤铁矿	17.8	5.0	2.8	74.4	0.231	0.219	1.16
赤铁矿＋25% $CaCO_3$，焦粉用量 3.75%	17.7	2.8	6.9	72.6	0.159	0.137	1.55
4.00%	19.8	3.0	5.4	71.8	0.151	0.132	1.27
4.50%	20.1	3.9	4.7	71.3	0.194	0.162	1.33
5.00%	21.9	4.5	2.6	70.9	0.210	0.174	1.16
6.00%	23.9	5.2	1.2	69.7	0.217	0.178	1.07

从表 2-1 中可以看出，燃烧废气的成分与烧结原料、燃料用量以及抽入空气的过剩系数有关。

A　原料条件

不同的烧结原料，其废气组成也不同。通常用 $w(CO)/w(CO_2)$之比值或指数 $w(CO)/w(CO+CO_2)$来评价废气组成。为排除烧结过程中的氧化、还原及分解反应的影响，采用湿石英代替矿粉进行烧结，经测定燃烧带来的废气组成中 $w(CO)/w(CO_2)=1.0\sim1.5$，基本符合上述分析。但是，当用赤铁矿生产非熔剂性烧结矿时，废气中 CO_2 升高，CO 下降，$w(CO)/w(CO_2)$明显地减小。这是因为 Fe_2O_3 在燃烧带高温作用下，会发生下列分解反应

$$3Fe_2O_3 = 2\ Fe_3O_4 + 1/2\ O_2$$

及 CO 氧化为 CO_2，反应如下：

$$3Fe_2O_3 + CO = 2\ Fe_3O_4 + CO_2$$

$$Fe_3O_4 + CO = 3\ FeO + CO_2$$

随着原料条件的改变，烧结的废气组成也发生变化。在一般情况下，烧结非熔剂性烧结矿时(焦粉用量 4.5%～7.5%)，$w(CO)/w(CO_2)=0.2\sim0.3$，而指数 $w(CO)/w(CO+CO_2)$在这种条件下通常为 0.22；当烧结熔剂性烧结矿时，因 $CaCO_3$ 分解放出 CO_2，使废气中 CO_2 增加，$w(CO)/w(CO_2)$ 比值也随着下降。例如，当烧结含碳 5% 的非熔剂性混合料时，其变化见表 2-1。

B　燃料用量

当配料中燃料用量增加时，废气中 CO 和 CO_2 都会增加。这是由于，当抽入空气量不变的情

况下,燃料用量增加,则空气过剩系数降低,结果是燃烧层温度升高和还原区扩大,故 $w(CO)/w(CO+CO_2)$的比值升高。说明烧结过程中还原反应加强。

C 空气过剩系数

计算固体碳燃烧,空气过剩系数 a 具有重大作用,空气过剩系数不但影响 CO 和 CO_2 的相对含量,也可使 $w(CO)/w(CO_2)$的比值发生变化。空气过剩系数可按下式计算:

$$a = V_a/V_0 \tag{2-8}$$

式中 V_a——进入燃烧层的实际空气量;

V_0——按燃烧反应方程式 $C+O_2+3.76N_2=CO_2+3.76N_2$,使碳完全燃烧理论上所需最小空气量。

由于空气中 N_2 不参与化学反应,固体燃料挥发分中的 N_2 可以忽略不计,生产中可根据废气中 N_2 量计算空气过剩系数 a:

$$a = w(N_2)/[w(N_2) - 3.76w(O_2)] \tag{2-9}$$

式中 $w(N_2)$,$w(O_2)$——废气中 N_2,O_2 的含量;3.76=0.79/0.21,为干空气中氮氧之比。

根据多次测定,通过烧结料层的空气过剩系数 $a=1.4\sim1.5$,当考虑烧结机的漏风损失时,a 值增大到 2.7~3.0。

此外,当空气中含有水分及烧结料中含有结晶水时,将发生下列反应:

$$H_2O + C = CO + H_2$$

$$2H_2O + C = CO_2 + 2H_2$$

因此,废气中常含有少量的 H_2(一般为 2.5%~3.0%)。

2.2.2.2 料层中的气氛性质

烧结料层中废气成分表明,自由氧含量一般 2%~6%,可以认为是弱氧化性或氧化性气氛。但对磁铁矿来说,在上述气氛中,可能被氧化,也可能被还原。因此,在评价废气的气氛性质时,不仅要看废气的成分,还要考虑烧结的具体条件以及某些局部区域的气氛。我们知道,固体燃料是在炭粒表面进行的,燃烧反应为:

$$C + O_2 = CO_2$$

$$2C + O_2 = 2CO$$

第一个反应为碳的完全燃烧反应,产物为 CO_2。当供氧充足时,将发生碳的完全燃烧反应;第二个反应为碳的不完全燃烧反应,产物为 CO。当供氧不足时将发生碳的不完全燃烧反应。

在炭粒附近,由于燃料燃烧反应的连续进行,可能供氧不足,碳按第二个反应式燃烧的可能性大,同时可能发生 $CO_2+C=2CO$ 反应。因此,炭粒附近 CO 浓度较高,呈现还原气氛;在远离炭粒的地区,自由氧较高,呈现氧化性气氛。还原大小的相对量取决于单位体积烧结料中燃料的表面积,所以,燃料用量的增加和燃料粒度愈细,则还原区相对大些。这就是随着燃料用量增加烧结矿中 FeO 含量高的原因。因此,适宜的燃料用量和燃料粒度是改善烧结矿品质的重要因素。

综上所述,宏观讲烧结料层的气氛是氧化性气氛,但在炭粒附近存在局部还原性气氛。

2.2.3 烧结料层中的温度分布和热交换

2.2.3.1 烧结料层中的温度分布特点和热交换

燃料燃烧的结果直接影响烧结料层的温度,燃烧过程不是等温过程,所谓烧结温度只反应烧结料层中某一点所能达到的最高温度。

图 2-2 表示点火烧结后，在不同的时间内沿料层高度的温度分布曲线。由图可知，不管料层高度、混合料性质以及其他因素如何，这些温度曲线的形状、变化趋势都是相似的。

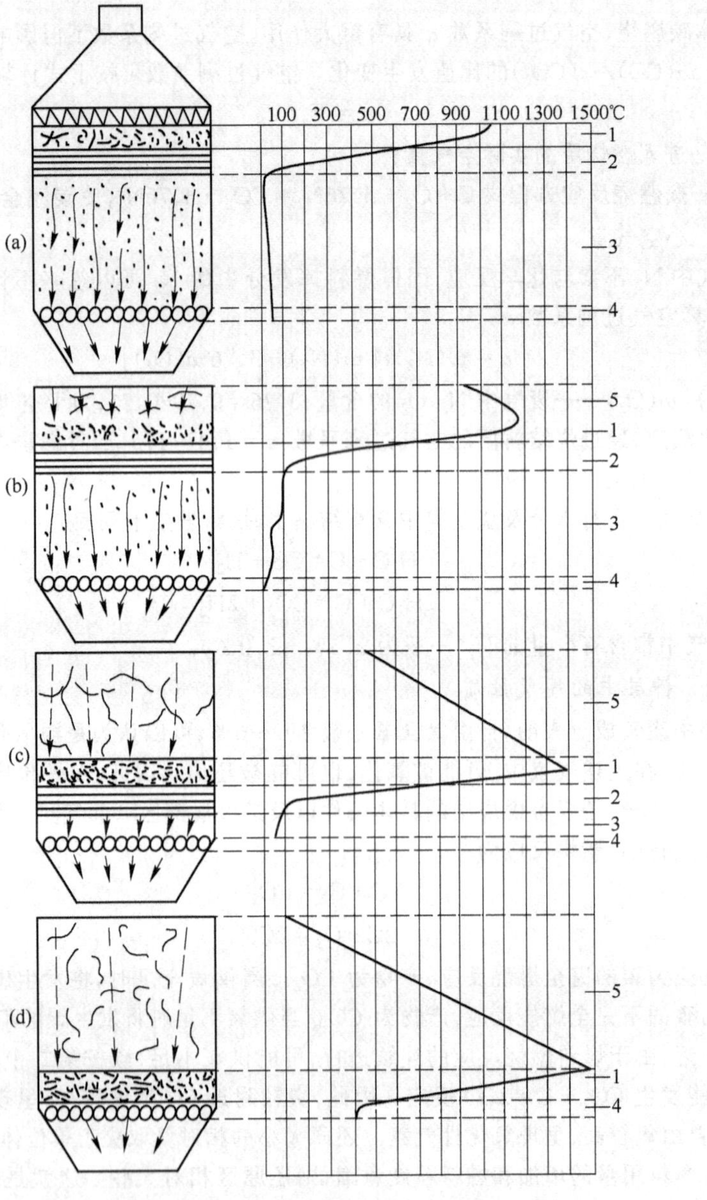

图 2-2　沿料层高度温度的分布曲线

a—点火完毕；b—点火完毕后 2 min；c—烧结开始后 8～10 min；d—烧结终了前

1—燃烧带；2—干燥和预热带；3—水分冷凝和过湿带；4—床层；5—烧结矿固结和冷却带

燃烧带是温度最高区域，其温度水平主要取决于固体燃料燃烧放出的热量，同时与空气在上部被预热的程度有关。因而，在烧结过程中，随着燃烧带下移，由于上层烧结矿层具有“自动蓄热”作用，最高温度逐渐升高。据试验测定，当燃烧带上部的烧结矿层达 180～220 mm 时，上层烧结矿层的“自动蓄热”作用可提供燃烧层总热量的 35%～45%，所以燃烧层的最高温度是沿料层高度自上而下逐渐升高的。但是，当上部烧结矿层超过 200 mm 以后，换热量的增长速度变慢,此时从上部空气带进燃烧带的热量达到接近恒值的最高水平。因此,从烧结的经济性和节约燃料用量的观点看来,采用高料层烧结是有利的,亦能改善产品的品质,这是当今发展高料层烧结的理论依据。或者采用上层配碳多,下层配碳少的双层烧结工艺。

从温度分布规律可以看出烧结过程热交换特性,在燃烧带的上部区域主要是对流传热,烧结矿的热量与自上而下的冷空气进行热交换,此时,温差、传热面积是对流传热的决定因素。烧结料孔隙度高,总表面积大,热交换进行得十分激烈,使气体温度升高很快;在燃烧带下部区域炽热的气体将热量传给下层烧结料,使之预热干燥,由于热交换面积大,气体温度很快降低,预热干燥料层温度升高,主要是靠对流传热。燃烧带温度高,颗粒因熔融而密集以及空气通过等特点,所以三种热交换形式,对流、传导、辐射都有发生。

总之,烧结料层中热交换是非常激烈的,废气通过极短的路程(一般小于 40 mm),温度从 1300～1400℃迅速下降到 50～60℃;而混合料温度迅速升高,如预热带的升温速度最高可达 1700～2000℃/min,干燥带物料的升温速度最高可达 500℃/min。因此,烧结过程可在较短时间内完成,当料层小于 300 mm 时,烧结时间一般为 12～16 min。

2.2.3.2　高温区的温度水平和厚度

高温区的温度水平和厚度对烧结矿的产量、品质影响很大。高温区温度高生成液相多,可提高烧结矿的强度;但温度过高,又会出现过熔现象,恶化烧结料层的透气性,气流阻力大,从而影响产量,同时烧结矿的还原性变差。高温区的厚度过大同样会增加气流阻力,也易造成烧结矿过熔;但厚度过小,则不能保证各种高温反应所必须的时间,当然也会影响烧结矿的产量和品质。

因此,获得适宜的高温区温度和厚度,是改善烧结生产的重要问题。一般说来,高温区的温度水平和厚度,既取决于高温区的热平衡,也取决于固体碳的用量、燃烧速度、传热速度和粘结相的熔点等。

图 2-3 是烧结料层高温区热平衡示意图,从中我们可以看出下列平衡关系:

$$Q + Q_T = Q_1 + Q_2 + Q_3 + Q_4 \tag{2-10}$$

$$Q_2 = mct_{高} \tag{2-11}$$

即:

$$t_{高} = Q_2/(mc) = (Q + Q_T - Q_1 - Q_3 - Q_4)/(mc) \tag{2-12}$$

式中　Q——外部热源的总热量;

Q_T——高温区料层中内部热源的总热量(包括燃料燃烧在内的各种放热和吸热反应的总效应);

Q_1——用于加热高温区上层烧结矿的热量;

Q_2——用于加热高温区混合料(干)的热量;

Q_3——用于加热高温区下层料的热量;

Q_4——离开料层的废气带走的热量;

m——高温区料重,kg;

c——混合料比热容,kJ/(kg·℃);

$t_{高}$——高温区最高温度,℃。

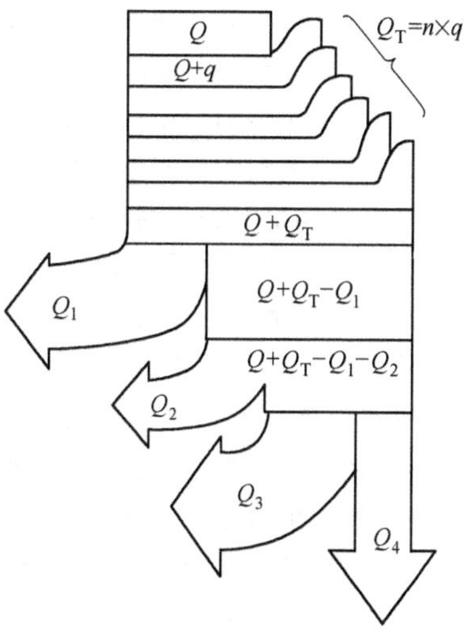

图 2-3　烧结料层高温区热平衡

由公式(2-12)得知,凡增加料层中的放热反应,及减少吸热反应的一切措施,均有助于提高高温区的温度水平。

增加燃料用量是增加高温区料层中内部热源的总

热量Q_T的重要手段，可有效地提高燃烧层的温度水平。图2-4表示燃料用量对料层中最高温度的影响。当燃料用量低时(如曲线1、2)，烧结料层的热量主要来源于外部热源Q，而Q通过每个水平料层又将热量传给物料，Q就不会不断减少。在$Q_T<Q_1$的情况下，就会出现高温区的温度水平将随烧结过程向下发展而发生不断降低的趋势。随着燃料用量的增加(曲线3、4)，由于固体燃料燃烧所产生热量Q_T增大，$Q_T=Q_1$时，即热量达到平衡时，不同料层高度的最高温度稳定在同一水平线上。当燃料用量继续增加到某一值时，$Q_T>Q_1$(曲线5)，这时由于上部烧结矿层的"自动蓄热作用"，使进入燃烧层的空气温度升高，所以随着烧结过程的向下发展，高温区的温度水平就不断上升。在烧结生产实践中，绝大多数处于$Q_T>Q_1$的情况。但必须注意到，由于燃料在布料时的偏析现象，使下料层含碳量高于上部料层，造成温度不均，上下料层的温差是引起烧结矿品质不均的直接原因。

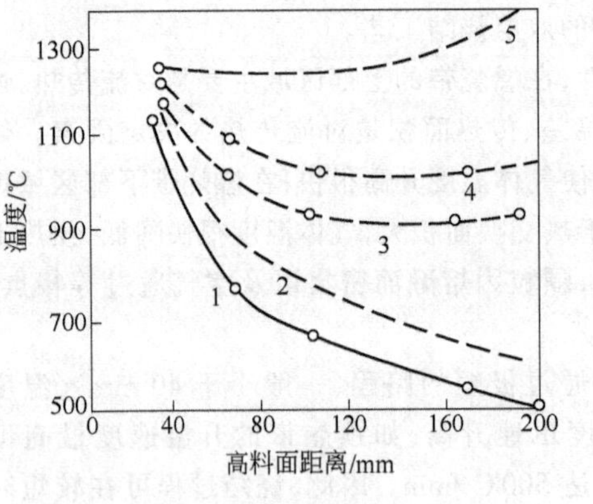

图2-4　燃料用量对各层最高温度的影响

曲线1～5的配碳量分别为0.0%；0.5%；1.0%；1.5%；2.5%

物料粒度3～5 mm；空气耗量79.5 $m^3/(m^2\cdot min)$

此外，增加燃料用量，也增加了高温区的厚度。这是由于燃料用量增加后，通过高温区的气流中含氧量相对降低，使燃烧速度降低，高温区厚度随之增加。并且在其他条件相同时，愈向下，高温区愈厚，温度愈高，结果烧结矿质量不均的现象更严重，上层强度差，而下层还原性不好。

燃料粒度对高温区温度的影响如图2-5所示。燃料粒度小，比表面积大，与空气接触条件好，燃烧速度快。因此，高温区温度水平高、厚度小；当燃料粒度增加时，可以降低燃烧速度和改善料层透气性，使燃烧层变厚和高温区温度降低。因此，适宜的燃料粒度组成，既要考虑燃料的燃烧速度，又要考虑其他物料的粒度组成，导热性能和烧结矿强度，通常由试验来确定。在精矿粉烧结时，适宜的焦粉粒度为0.5～3.0 mm，小于0.5 mm的焦粉，会降低料层的透气性，易被气流吹动而产生偏析，同时燃烧难以达到需要的高温和足够的高温保持时间。但当焦粉粒度大于3 mm时，易造成布料偏析，将使燃烧层变厚及烧结矿强度下降等不良后果。

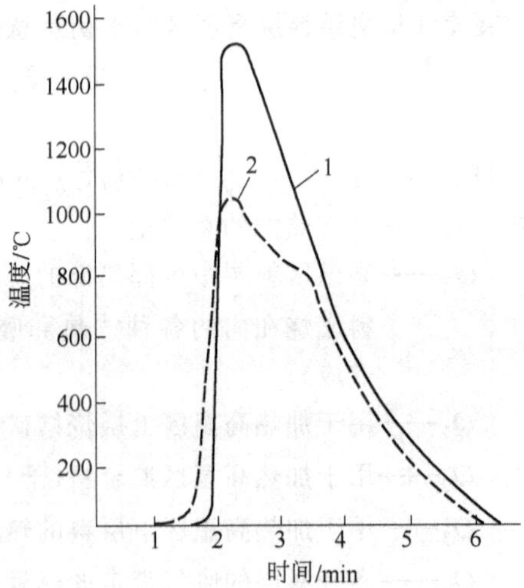

图2-5　燃料粒度对料层中最高温度的影响

1—0～1 mm；2—3～6 mm

固体燃料的燃烧性能，也会影响料层高温区的温度水平和厚度。无烟煤与焦粉相比，孔隙度小得多，其反应能力和可燃性差，故用大量无烟煤代替焦粉时，烧结料层中会出现高温区温度水平下降和厚度增加的趋势，从而导致烧结垂直速度下降。如某烧结厂使用无烟煤粉代替焦粉，成品烧结矿产出量从53.5%下降到41.0%。但无烟煤来源充足，价格便宜，试验证明用无烟煤粉代替20%～25%焦粉时，对烧结矿的产量、品质没有影响。当使用无烟煤粉作燃料时，必须注意改善料层的透气性，把燃料粒度降低一些，同时还要适当增加固体燃料的总用量。

当增加返矿用量时，由于它能减少吸热反应，有助于提高燃烧温度。在燃料用量相同的情况下，生产熔剂性烧结矿时，由于加入石灰石的分解吸热而使 Q_T 降低，会导致燃烧层温度下降。如生产碱度 $w(CaO)/w(SiO_2)=1$ 的熔剂性烧结矿时，燃烧层的最高温度下降 150℃ ~180℃。热风烧结时，烧结过程总的速度是由燃烧速度和传热速度决定的。在低燃料条件下，燃烧速度较快，烧结速度决定于传热速度；在正常或较高燃料条件下，烧结速度决定于燃烧速度。当燃烧速度与传热速度相差大时，高温区的温度水平和厚度皆受二者的影响，如图 2-6 所示。在传热速度大大慢于燃烧速度情况下（区域Ⅲ）这时上部的大量热量不能用于提高下部燃料的燃烧速度，燃烧和传热过程不能“同步”进行。因此，高温区最高温度降低，高温区厚度增大。当传热速度大大超过燃烧速度时（区域Ⅰ），燃烧反应放出的热量是在该层通过大量的空气之后，因此，二者皆使高温区增厚和温度水平降低。只有当燃烧速度与传热速度“同步”时（区域Ⅱ），上层积蓄的大量热量被用来提高的燃烧层燃料的燃烧温度，此时可以获得最高的燃烧温度和最低的高温区厚度。燃烧与传热是密切相关的，因此温度达到一定水平才能燃烧，而燃烧又放出大量热量，若传热速度过快或过慢，以至达不到燃料的着火温度时，皆会中断燃烧。所以，在实际生产中所遇到的情况，多是燃烧与传热速度相近的。

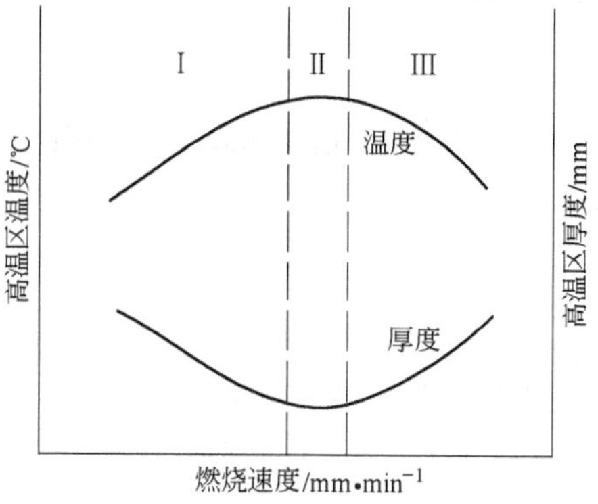

图 2-6 燃烧速度与高温区温度和高温区厚度关系

使用富氧空气可以加快碳的燃烧速度，但对传热速度影响不大，在燃烧性和料层透气性好的情况下，富氧抽风可以提高烧结速度和烧结温度。但在相反情况下，富氧抽风对烧结速度影响不大，而烧结温度还可能降低。

高温区厚度计算（即燃烧带大小的计算）可采用 C.T. 布拉塔可夫及 B.U. 杜卡什提出的新方法，其计算公式如下（烧结料内燃料与惰性料组成并两者不发生化学反应）：

$$E_0 = Ut_0 = \frac{nwdl_nC_0/C_H}{6\sqrt{2(1-m)}(a_{1f}+a_{2f})(1-\sqrt{b}\cot(1/\sqrt{b}))} \tag{2-13}$$

式中 E_0——燃烧带的宽度；

U——燃烧带的移动速度；

t_0——焦粒完全燃烧时间（燃料的燃烧反应以扩散区为主）；

a_{1f}、a_{2f}——在燃料表面形成 CO 及 CO_2 的速度常数：

$$a_{1f}=3.02\times10^3e^{-41600/RT},\quad a_{2f}=0.2\times10^3e^{-28000/RT}$$

T——赤热燃料粒表面的平均温度，由区域热平衡计算得到；

w——料层水平面上一定温度时的气流速度；

m、n——料层的透过系数（气孔度）；

d——燃料粒度直径；

C_H——氧开始的浓度；

C_0——碳完全燃烧时的浓度；

b——系数。

系数 b 决定于燃料比表面积（a_T）、惰性物料比表面积（a_m）及混合料中燃料的体积（V），b

可由下式计算：

$$b=\frac{a_{\mathrm{m}}}{a_{\mathrm{T}}}\left(\frac{1-V}{V}\right) \tag{2-14}$$

当燃料粒度与惰性物料粒度相同时：

$$b=\frac{1-V}{V}$$

公式(2-13)表明：燃烧带的宽度是由燃料粒度直径、煤气速度、原始气体中氧的浓度、料层透气性及系数 b 来决定的。计算结果与实验室测定结果很接近，但由于计算式的假定条件与实际生产条件有差别，计算结果与实际总是有误差，其值不超过30%～40%。

2.2.3.3 高温区的移动速度

烧结料层中的高温区移动速度，一般是指燃烧带温度最高点的移动速度，即垂直燃烧速度，用 v(mm/min)来表示：

$$U=\frac{H}{t} \tag{2-15}$$

式中 H——烧结料层高度，mm；

t——自点火开始到烧结终了的时间，min。

垂直烧结速度是决定烧结矿产量的重要因素，产量同垂直烧结速度基本上成正比关系。但是，当烧结速度过快时，因不能保证烧结料进行物理化学反应必须的高温保持时间，会使烧结矿强度下降，从而影响烧结矿的成品率。因此，只有成品率不降低或是降低不多的情况下，提高垂直烧结速度才是有利的。

烧结料层中温度最高点的移动速度，实际上反映了燃烧带的下移速度和传热速度。实验证明，当烧结配料中碳量较低时（如3%～4%）烧结过程的总速度由传热速度决定；当配碳适宜和较高时，烧结过程的总速度取决于碳的燃烧速度。而碳的燃烧速度与供氧强度、化学反应速度有关。提高通过料层的风量，一方面供氧充足，使碳燃烧加快，另一方面增加风量可改善气流与物料之间的传热条件。因此，凡是增加通过料层风量的因素，都可加快高温区的移动速度。

此外，烧结料的性质也影响传热速度，具有热容量大、导热性好、粒度小及化学反应吸热量大的烧结料，其烧结速度变小。但在混合料中配入水分和石灰石后，虽然增加了吸热反应，但同时又改善了料层透气性，料层风量增大，总的结果是使高温区的移动速度加快。

2.3 烧结料层中的气流运动

烧结过程必须向料层中送风，固体燃料的燃烧反应才得以进行，混合料层才能获得必要的高温，烧结过程才能顺利实现。下面就应用气体力学基本理论来讨论烧结料层的透气性与各种工艺参数的关系，以分析提高烧结矿产量的因素。

2.3.1 透气性概念

在一定的压差条件下，透气性按单位时间内通过单位面积和一定高度的烧结料层的气体量来表示：

$$G=\frac{Q}{tF}$$

式中 G——透气性，$m^3/(m^2\cdot min)$；

Q——气体流量，m^3/min；

t——时间，min；

F——抽风面积，m^2。

即在一定压差下、单位时间内，通过单位面积烧结料层的气体流量的大小，表示料层透气性的高低。显然，在抽风面积一定时，单位时间内通过料层的空气量愈大，则说明烧结料层的透气性愈好。

此外，也可以在一定料层厚度的抽风量不变的情况下，以气体通过料层时的压头损失 Δp 来表示料层的透气性，亦即按真空度（负压）大小来表示，真空度愈高，透气性愈差，反之亦然。由此可见，在料层透气性改善后，风机能力即使不变，也可增加通过料层的空气量。

研究烧结料层的透气性，应考虑两个方面，一是烧结料层的原始透气性；二是点火后，烧结过程中料层透气性。前者在一定生产条件下变化不大，而后者由于烧结过程的特点，如料层被抽风压紧密实，烧结料层因温度升高产生软化、熔融、固结等，使透气性发生变化。因此，烧结料的透气性对烧结生产的影响，主要取决于烧结过程的透气性，它的好坏，决定着垂直速度的大小。

2.3.2 透气性的变化

烧结过程中烧结料层透气性的变化规律如图 2-7 所示。可以看出，在点火初期，料层被抽风压紧，气体温度骤燃升高和液相开始生成，使料层阻力增加，负压升高。烧结矿层形成后烧结矿层的阻损失出现一个较平稳的阶段。随着烧结矿层的不断增厚及过湿层的逐渐消失，整个矿层阻力减小，透气性变好，所以负压又逐渐消失。

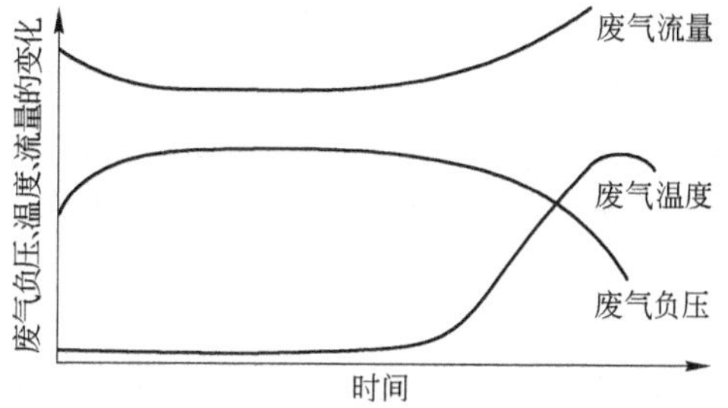

图 2-7 烧结过程中废气负压、温度及流量的变化

废气流量的变化规律，和负压的变化相呼应。当料层阻力增加，在相同的压差作用下，废气流量降低，反之则废气流量增加。

而温度的变化规律，是和燃料燃烧及烧结矿层的自动蓄热作用相关的。

烧结过程的透气性同各层的阻力有关。表 2-2 是在真空度 5884 Pa（即 600 mmH_2O）的烧结条件下，烧结过程中料层各带阻力的测定结果。

表 2-2 烧结料层透气性和各层阻力的变化

原料名称	进气速度/$m^3\cdot s^{-1}$		真空度/Pa	各层阻力/$Pa\cdot mm^{-1}$				
	点火前	烧结终点		原始料层	烧结矿层（>1100℃）	燃烧层（800～1100℃）	干燥预热层（100～800℃）	过湿层（<100℃）
理想小料球（水分 8.75%）	0.56	0.65	5884	2.4	5.7	55	21.5	4.9
普通料（水分 10.5%）	0.41	0.68	5884	5.5	2.5	44.5	22.0	9.2

测定数据表明，烧结料每一层的透气性，是相差很大的。烧结料的原始透气性都比较好，特别是小球烧结料更好。

熔化带即燃烧带，与其他各带比较，阻力最大、透气性最差，因为这一带燃料燃烧，料层温度最高，并生成一定数量的液相，所以燃烧带气流阻力最大。显然，温度愈高，液相量愈多，熔化带厚度的增大，都会促使该层阻力增加。

预热带和干燥带虽然厚度较小（本测定理想小料球为 17.5 mm，普通料为 24.0 mm），但其单位厚度的气流阻力较大。这是因为湿料球干燥预热时会发生碎裂，料层空隙度变小，同时，预热带温度高，通过此层实际气流速度增加，从而增加了气体运动的阻力。

过湿层气流阻力与原始料层比较，增大一倍左右。这是由于料层过湿，导致粒料的破坏，彼此粘结或堵塞孔隙，使料层空隙度减小，增加了气流运动阻力。特别是烧结未经预热的细精矿时，过湿现象及其影响更为显著。

烧结矿带即冷却带，由于烧结矿具有气孔多阻力小，所以透气性好。随烧结过程自上而下进行，烧结矿层变厚，这一层的增加有利于改善整个料层中的透气性。但在烧结料过熔时，烧结矿气孔率下降，结构致密，透气性变差。

在烧结过程中，由于各带的厚度相应发生变化，故料层的总阻力是变化的。在开始阶段，由于烧结矿层尚未形成，料面点火温度高，抽风造成料层压紧以及过湿层的形成等原因，料层阻力升高，与此同时，固体燃料燃烧，熔融物的形成，以及预热带、干燥带混合料粒的破裂，也会使料层阻力增加，故点火后2～4 min，料层透气性激烈下降，随后，由于烧结矿层的形成和增厚，以及过湿带的逐渐消失，料层阻力逐渐下降，透气性增加。据此可以推论，垂直烧结速度并非固定不变，而是愈向下速度愈快。

除此以外，应该指出气流在料层各处分布的均匀性，对烧结生产有很大影响。不均匀的气流分布会造成不同的垂直烧结速度，而料层各处的不同垂直烧结速度又会加重气流分布的不均匀性。这就必然产生料层中有些区域烧得好，有些区域烧得不好，势必产生烧不透的夹生料。这不仅减少了烧结矿成品率，而且也降低了返矿品质，容易破坏正常的烧结过程。因此，均匀布料和减少粒度偏析是保证透气性均匀的必要手段。

2.3.3 透气性与烧结矿产量的关系

前面已经讲过，烧结机产量 q[t/(台·h)]可用下式表示：

$$q = 60KF\gamma C \tag{2-16}$$

显然，烧结机产量与抽风面积 F、烧结料容积密度 γ、烧结矿产出系数 K、垂直烧结速度均成正比。上式中 K、F、γ 在特定烧结机上烧结某种烧结料时基本上是一个定值，烧结机的生产率只同垂直烧结速度成正比，而垂直烧结速度 C 与单位时间内通过料层的空气数量成正比，即

$$C = K'W_0^n \tag{2-17}$$

式中 W_0——气流速度，m/s；

K'——决定于原料性质的系数；

n——系数，为0.8～1.0。

可见，提高通过料层的气流速度，可提高垂直烧结速度，即可成正比的提高烧结矿产量。拉姆辛对散料阻力损失提出下面公式：

$$\Delta p = AHW_0^n \tag{2-18}$$

式中 W_0——气流通过料层的流速，m/s；

Δp——真空度，Pa；

H——料层高度，mm；

A、n——决定料层形状尺寸的系数，参见表2-3。

表2-3 料层形状尺寸系数

粒级/mm	3～5	1～3	0.5～1	0.3～0.5	0.1～0.3
系数 A	0.30	0.66	1.43	3.40	6.50
n	1.77	1.51	1.39	1.30	1.16

由公式(2-18)可以看出,随着抽风负压的增大(即真空度 Δp)、料层厚度 H 的降低,以及烧结料颗粒变大,料层透气性得到改善,通过料层风量增加,烧结矿产量提高。

后来沃依斯提出的散料阻力损失公式 $p = Q/A(h/\Delta p)^{0.6}$ 更为人们所接受并得到广泛应用。

2.3.4 改善烧结料层透气性的主要措施

加强原料、燃料、熔剂准备,减少烧结料层各带的气流阻力,改进烧结设备减少漏风和提高抽风机能力等是改善烧结料层透气的主要措施。

2.3.4.1 加强烧结料准备

烧结料粒度大小对透气性的影响如图 2-8 所示。图中曲线表明,随着矿石粒度的增加,透气性显著改善,而且这种改善随抽风能力增加而加强。因此,选用适当粗粒度矿石烧结,以增加物料的空隙率,是改善透气性的重要措施:

(1) 加强二次混合机的制粒作用,提高烧结料粒度,改善烧结料粒度组成。烧结料粒度与成球效果,和烧结矿产质量关系如图 2-9 所示。该图表示大孤山精矿混合料成球的效果,对烧结矿产质量的影响,混合料 3～0 mm 粒度增加,垂直烧结速度降低,烧结生产率降低、烧结矿强度也下降。研究表明,成球效果最好的烧结料粒度组成,应是 3～0 mm 粒级含量小于 15% ,3～5 mm 含量小于 30% ,大小于 10 mm 的不超过 10% 。

总之较好的粒度组成,尽量减少 3～0 mm 粒级及大于 10 mm 粒级的颗粒,增加 3～10 mm 粒级的含量。

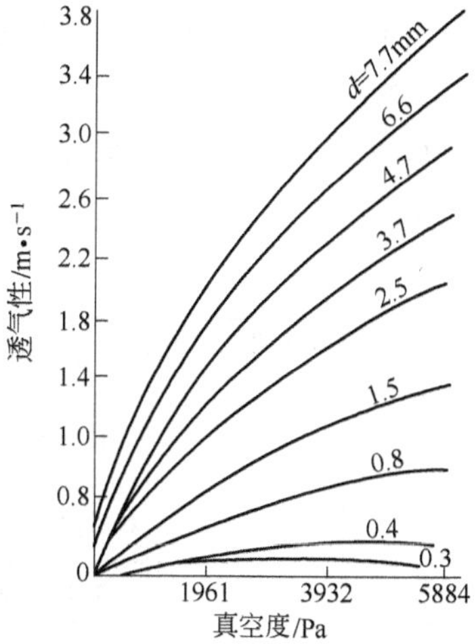

图 2-8 不同粒度矿石层的透气性

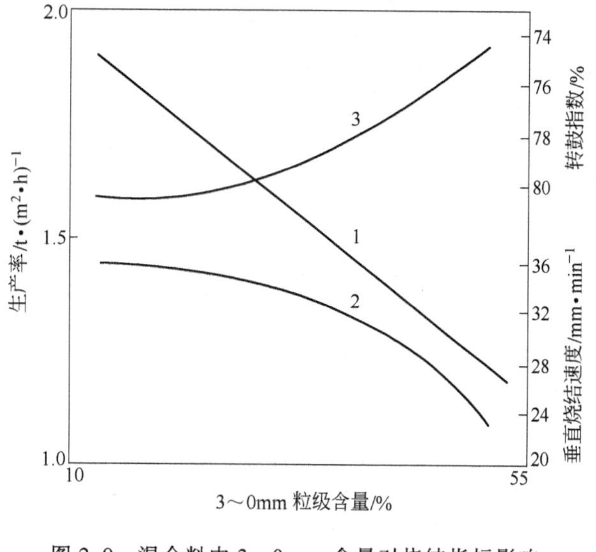

图 2-9 混合料中 3～0 mm 含量对烧结指标影响

1—生产率;2—垂直烧结速度;3—转鼓指数

(2) 配加富矿粉、返矿。在实际生产中,常往精矿中配加部分富矿粉和适当增多返矿加入量,以改善料层透气性。

返矿是筛分烧结矿的筛下物,它由小颗粒的烧结矿和少部分未烧透的夹生料所组成。由于返矿粒度粗,具有疏松多孔的结构,其颗粒是湿混合料造粒时的核心。此外,返矿中已含有烧结时生成的低熔点物,增多可烧结液相,所以添加返矿可提高烧结矿的产量和品质。

实验研究表明，随着返矿添加量的增加，烧结矿的强度和产量都得到提高。当返矿添加量超过一定限度时，大量的返矿会使混合料的均匀和制粒效果变差、水和碳波动大，透气性过好，又会反过来影响燃烧层温度达不到烧结时的必需温度。其结果使烧结矿强度变坏、生产率降低。同时，还必须看到，返矿是烧结生产的循环物，它的增加就意味着烧结生产率的降低。换句话说，烧结料中添加的返矿超过一定数量后，透气性及垂直烧结速度的任何增加都不能补偿烧结矿成品率的减少。

合适的返矿添加量，由于原料的性质不同而有差别。一般来说，烧结以细磨精矿为主要的原料时，返矿量可多加一些，可达 30%～40%；烧结以粗粒富矿粉为主要的原料时，返矿量可少些，一般返矿加入量小于 30%。

返矿的加入对烧结生产的影响，还与返矿本身的粒度组成有关。一般说来，返矿中 1～0 mm 的粒级应小于 20%，返矿的粒度上限不应超过烧结料中矿粉的最大粒度（10 mm）。某厂实际证明，将返矿粒度由 20～0 mm 降至 10～0 mm 时，烧结矿产量增加 21%。

对于燃料和熔剂的粒度，一般控制在 3～0 mm 为宜，不能片面提高。因为对烧结过程而言添加剂的目的主要是为了在燃料消耗较低的情况下，使烧结料能生成足够多的低熔点的液相；而粗粒度的熔剂由于反应不完全，游离的 CaO 存于烧结矿中，会使烧结矿在储存或遇水时自行粉碎。燃料粒度同样不能过粗，这主要是为了避免烧结料层中局部出现过还原气氛，燃烧速度低，燃烧带过宽和燃烧带温度分布不均匀等缺陷。

（3）使用小球烧结。鉴于烧结料粒度及粒度组成对改善烧结生产有重大影响，所以目前加强混合造球和用粒度较大的小球料进行烧结引起了广泛的注意。

我国许多烧结厂，强化混合料造球作业，把混合料制成一定粒度的小球进行烧结。其球粒上限一般为 6～8 mm，下限要大于 1.2～1.5 mm。由于小球料粒度均匀，粉末少，强度高，烧结料层的原始透气性较普通烧结料高 28%～35%，而且在烧结过程中仍能保持良好的透气性，从而强化了烧结过程。表 2-4 是首钢烧结厂对普通烧结料和小球料进行烧结对比实验的结果。可以看出，小球料烧结比普通烧结料烧结，成品率提高了 38%，其他实践也表明，小球烧结是行之有效的增产方法。

表 2-4　小球料与普通料烧结指标比较

指标 \ 原料	料层厚度 /mm	成品率 (>15 mm)/%	转鼓指数 (<5 mm)/%	垂直烧结速度 /$mm \cdot min^{-1}$	烧结机生产率 /$t \cdot (m^2 \cdot h)^{-1}$	附注
普通烧结料	350	73.03	21	16.49	1.21	从二次混合机后取出混合料二次
小球烧结料	350	77.20	18	25.73	1.67	混合后取混合料制小球

（4）适宜的混合料水分。水分对烧结料层透气性的影响主要取决于原料的成球性，水对气流通过的润滑作用和原料对水分的储存能力。

烧结混合料的成球性与物料的亲水性和水在物料表面的迁移速度，以及物料粒度组成和机械力的大小等诸因素有关。

亲水性表示物料被水润湿的难易程度，亲水性大的物料则易被水润湿，其水分的迁移速度也大。铁矿石的亲水性依下列顺序递增：磁铁矿→赤铁矿→菱铁矿→褐铁矿。试验表明，物料遇水时，水的迁移速度较快，以后就逐渐减慢；随物料粒度变大，水的迁移速度也变小，但在外力作用下可以提高水的迁移速度。因此,物料亲水性愈强,水的迁移速度愈大,物料粒度适宜,并在较大的机械力作用下,对小球的形成和长大,都是有利的。

水分变化使混合料体积密度发生变化,据测精矿含水在4%~10%范围内,体积密度最小,水分大于或小于此值,体积密度都增加。体积密度愈小,孔隙愈大,其透气性就愈好。

经过加水润湿的混合料,由于颗粒表面为一层水分子所覆盖,此时水起到了一种类似润湿作用,气流通过颗粒孔隙时,所需克服的阻力减小,从而改善了烧结料层的透气性。此外,烧结料中水分的存在,可以限制燃烧带在比较狭窄的区间内,这对改善烧结过程的透气性和保证燃烧达到必要的高温,也有促进作用。

水对物料的润湿,与水的性质有关。实验表明,加入预先磁化处理的水造球,可以改变水的表面张力及黏度,有利于混合料造球。

从表2-5可以看出,预先磁化的工业水造球时大于5 mm的粒级比一般工业造球增加15%~19%,从而使透气性提高了10% 。相对的缩短了在造球机中的停留时间,提高了生产率。

研究者还指出,当水的pH=7时,其润湿性最差,因此,要求用水的pH值尽可能向大或小的方向改变,避免使用pH=7的水。

表2-5 磁化水对混合料成球效果的影响

润湿用水性质	混合料粒级/mm		透气性/$m^3\cdot(m^2\cdot min)^{-1}$
	>5/%	<1.6/%	
一般工业水	31.0	26.0	70.0
	26.4	28.0	69.0
	35.5	28.6	70.0
磁化工业水	49.8	28.7	77.0
	38.1	28.6	78.0
	40.0	28.0	77.0

添加物的作用:在生产中往混合物料里加入消石灰、生石灰、皂土、水玻璃、亚硫酸盐溶液、氯化钠、氯化钙及丙烯酸酯等有机黏结物质,对改善混合料的透气性有良好的作用。这些微粒添加物是一种表面活性物质,可以提高混合料的亲水性,在许多场合下都具有胶凝性能。因此混合料的成球性可借此类添加物的作用而大大提高。

如生石灰打水消化后,呈粒度极细的消石灰$Ca(OH)_2$胶体颗粒,其表面能选择地吸收溶液中的Ca^{2+}离子,在其周围又相应地聚集一群电性相反的OH^-离子,构成了胶体颗粒的扩散层,使$Ca(OH)_2$胶团持有大量的水,构成一定厚度的水化膜。由于这些广泛分散在混合料内强亲水性$Ca(OH)_2$颗粒持有的能力远大于铁矿等物料,将夺取矿石颗粒间的表面水分,是矿石颗粒向消石灰颗粒靠近,把矿石等物料联系起来形成小球。含有$Ca(OH)_2$的小球,由于消石灰胶体颗粒具有大的比表面,可以吸附和持有大量的水分而不失去物料的疏散性和透气性,即可增大混合料的最大湿容度。例如鞍山细磨铁精矿加入6%消石灰,混合料的最大分子湿容量的绝对值增大4.5%,最大毛细湿容量增大13%。因此,在烧结过程中料层内少量的冷凝水,将为这些胶体颗粒所吸附和持有,即不会引起料球的破坏,亦不会堵塞料球间的气孔,使烧结料仍保持良好的透气性。含有消石灰胶体颗粒的料球强度高。这是因为,它不像单纯铁精矿制成的料球完全靠毛细力维持,一旦失去水分很容易碎裂;消石灰颗粒在受热 干燥过程中收缩,使其周围的固体颗粒进一步靠近,产生分子结合力,料球强度反而有所提高。同时由于胶体颗粒持有水分的能力强,受热时水分蒸发不如单纯铁矿物那样猛烈,料球的热稳定性好,料球不易炸裂。这也是加消石灰料层透气性提高的原因之一。

加入的生石灰，在混合料遇水时消化，能放出大量热量，其反应如下：

$$CaO + H_2O \rightarrow Ca(OH)_2 + 64.8\ kJ$$

每克摩尔 CaO 消化放热 64.8 kJ，如果生石灰含 CaO 85%，当加入量为 5%时，设混合料的平均比热容为 1.0 kJ/(kg·℃)，则放出的消化热全部被利用后，理论上可以提高料温 50℃左右。实际生产中由于热量不可能全部利用，料温可提 10～15℃。由于料温的提高。可使烧结过程水气冷凝大大减少，减少过湿现象，从而提高了料层的透气性。此外，在添加熔剂生产熔剂性烧结矿时，更易生成熔点低、流动性好，易凝结的液相，它可以降低烧结带的温度和厚度，从而提高了烧结速度。

应该指出，烧结料中配加生石灰和消石灰对烧结过程是有利的，但用量要适宜，如果用量过高除不经济外，还会使料层过分疏散，混合料体积密度降低，料球强度反而变坏。

2.3.4.2　增加通过烧结料层的有效风量

在烧结生产中，通常所说的烧结风量是指抽风机进口处的工作状态的风量，所以在工程上用抽风机额定风量与有效抽风面积的比值来表示($m^3/(m^2·min)$)。

在一定条件下，烧结机产量与垂直烧结速度成正比，而垂直烧结速度则随通过料层的风量增加而增加。因此加大风量可以提高产量。首钢烧结厂的实验也指出，垂直烧结速度和产量与通过料层的风量近似地成正比关系，见表 2-6。

表 2-6　风量与各项烧结指标的关系

真空度 /Pa	风量		垂直烧结速度		成品率 /%	转鼓指数 /%	单位面积生产率		烧结矿成分 w/%			过剩空气系数
	$m^3·(m^2·min)^{-1}$	%	$mm·min^{-1}$	%			$t·(m^2·h)^{-1}$	%	TFe	FeO	S	
5884	70	100	23.4	100	74.4	18.9	1.34	100	37.73	10.50	0.09	3.0
6433	75	107	23.2	99	73.7	18.4	1.03	130	37.38	9.90	—	—
6963	78	112	271	116	74.5	18.1	1.12	112	37.27	10.71	0.10	3.2
8433	87	124	29.3	125	75.5	18.5	1.25	125	37.37	10.01	0.10	3.2
9953	95	136	29.2	125	71.0	18.8	1.21	121	37.03	9.43	0.10	3.0
10787	100	143	28.2	120	76.0	18.6	1.28	128	37.50	9.41	—	—
11768	105	150	32.5	136	73.5	18.0	1.39	139	37.90	10.78	—	—
12552	109	156	33.7	144	71.1	20.1	1.37	137	36.70	9.87	0.12	3.1

从表 2-6 可以看出，抽风真空度提高，风量增加，垂直烧结速度、单位面积生产率也近似成正比增加。风量提高后，成品率有下降趋势，这是因为垂直烧结速度提高后，料层有局部未烧结好，产生夹生物所致。烧结矿强度变化很小。

为了增加通过料层的风量，目前生产中总的趋势是在改善混合料透气性的同时，提高抽风机的能力，即增加单位烧结面积的抽风量以及减少漏风损失和采取其他技术措施。理论计算及生产实践证明，每吨烧结矿所需风量波动在 2200～4000 m^3/t 之间，其平均值可取 3200 m^3/t，按烧结机单位面积的风量计算为 70～90 $m^3/(m^2·min)$。目前国内外新设计的烧结机普遍采用 90～100 $m^3/(m^2·min)$，最大的已接近 120 $m^3/(m^2·min)$。目前国外烧结用的最大风机是 30000 m^3/min，抽风负压为 14～16 kPa(即 1400～1600 mmH_2O)，最大负压高达 20 kPa(即 2000 mmH_2O)。

正如公式(2-18)所表明的，在一定物料及料层厚度条件下，增大抽风真空度 Δp，就可提高通过料层的风量，增加烧结矿产量。但是风机负压提高的幅度，远远超过产量增加的幅度，同时电耗增加基本成一次方关系，而产量的增加同负压增加成 0.4～0.5 次方关系。因此，提高真空度后单位烧结矿的电耗急剧增加，所以增大真空的措施，应综合考虑单位烧结矿的经济效果，如图 2-10 和表 2-7 所示。还应指出，过大的提高抽风负压，会导致烧结机漏风率的增加。例如，某厂真空度从 11～10 kPa(即 1100～1000 mmH_2O)提高到 13～12 kPa(即 1300～1200 mmH_2O)时，烧结机漏风率从 60%～70%增加到80%～85%。

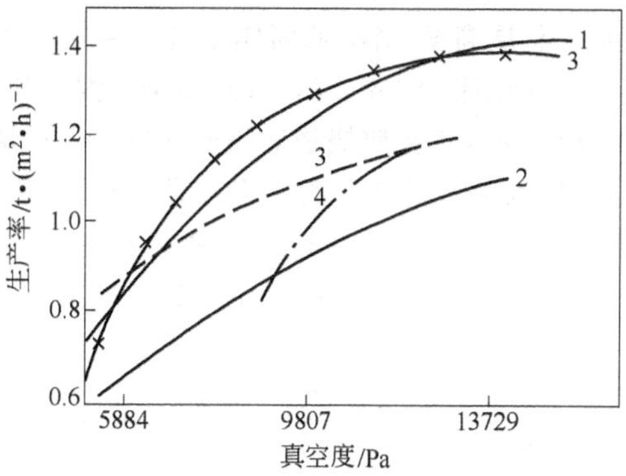

图 2-10 真空度对烧结生产率的影响
1—含碱性脉石的褐铁矿；2—含酸性脉石的褐铁矿；
3—碱度为 1.0 的磁选精矿；4—浮选精矿

表 2-7 抽风负压与烧结生产指标的关系

抽风机负压		烧结机单位生产率		单位烧结矿电耗		转鼓指数
Pa	%	t/(m^2·h)	%	kW·h/t	%	(5 mm)/%
5884	100	1.21	100	8.4	100	15.6
9806	167	1.5	130	15.5	185	15.5
14709	250	1.97	163	23.2	276	17.55

为了克服上述缺点，国外实验了加压烧结，即在真空度不变时，用空气压缩机提高料面上的压力，相应的增大了 Δp，提高了气流通过料层的风量。实验表明，料层上面的空气压力提高 6.0×10^5 Pa(0.6 atm)时，烧结生产率增加 2 倍。但是，由于加压烧结工艺使烧结设备和操作复杂化，因此在烧结机上进行仍有困难，需进一步研究改进。

实践表明，烧结生产的漏风率很高，通常达 50%～60%。各烧结厂尽管增大了抽风机能力，但实际抽过料层的有效风量，仍然很少，这不仅严重浪费电力，而且严重影响烧结生产。因此，积极减少漏风，在风机能力不变的情况下，提高通过料层的实际风量，是一项极为重要的技术措施。

烧结机抽风系统漏风主要是设备和生产操作缺陷造成的，其中有：台车车体使用长久后发生变形和磨损；首尾风箱隔板与台车之间密封不严，间隙较大；弹性滑道结构不够合理以及润滑不良造成磨损严重；台车布料不均，出现空洞；除尘系统集灰管，放灰阀密封不严等。据测定，风箱漏风率占 90%，风箱至抽风机前仅占 10%。我国各烧结厂为减少烧结机漏风，采取了一些措施，取得了一定效果。如武钢烧结厂将密封改为金属弹簧滑道，机尾安装了楔形风隔板，并将台车加焊，使漏风率由 64.1%减少到 46.8%；马钢一烧采用水封拉链机排灰，使大烟道的漏风率由 7.28%减少到 0.69%。

为了增加通过料层的风量提高烧结机生产能力，国外采用了料面耙沟的烧结工艺，即在点火器前用齿轮或耙齿周期地插进混合料，使料面形成一定宽度和深度的沟槽，如果沟槽的数量、深度、宽度选配适当，就较好地改善整个烧结层的透气性。此外，烧结时燃烧带的总面积大大超过了通常烧结时的燃烧带面积，不仅具有沿气孔表面的垂直烧结速度，而且沿水平方向发展，这一切都能加快碳的燃烧速度，因而提高了烧结机的生产率。另一方面料层中有沟槽的烧结工艺，能大大提高料层高度，对降低固体燃料用量提供了可能性。如德国在 210 m^2 烧结机上，用犁在台车料面上开出深 150 mm 的纵沟，使烧结混合料层高度从 320 mm 提高到 450 mm，烧结机生产率增加 20%，而且不会使烧结矿品质变坏。这一烧结新工艺目前仍在不断实验、改进中。

此外，在采用富氧空气烧结的情况下，当通过料层气体体积不变时，由于空气中含氧量增加，也相当于增加了风量，达到提高烧结机生产率的目的。表 2-8 所列数据，是在混合料碱度为 1.25，焦粉用量 5.8% 时，抽过烧结料层的空气含氧量从 21% 增加到 95% 的试验结果。

表 2-8 富氧空气烧结结果

富氧空气中含氧量/%	废气中 $w(CO/CO_2)$	废气中 O_2 的含量/%	O_2 的利用率/%	垂直烧结速度 /mm·min^{-1}	合格烧结矿产率/%
21	0.215	3.00	83.30	28.71	100.00
35.5	0.205	9.51	69.15	31.72	113.00
43.2	0.196	11.94	67.50	34.75	120.45
50.1	0.180	14.40	66.20	37.58	129.56
58.4	0.163	16.81	65.60	40.55	141.10
73.1	0.142	21.15	64.40	44.34	153.12
95.2	0.124	26.60	64.24	47.21	169.27

试验表明：空气中含氧量由 21% 增加到 30%～40% 时，平均每增加 1% 的氧，烧结机生产率提高 1.9%～2.8%，转鼓指数由 24.4% 降到 20.7%。烧结矿品质改善的原因是空气中的含氧量增加加速了碳的燃烧，提高了燃烧带的温度；另一方面，按单位烧结矿计算的气体体积减少了，从而降低了熔融物和烧结矿的冷却速度，烧结矿中玻璃质减少，烧结矿强度提高。

但是，随着富氧空气中含氧量的增加，氧的利用率降低，因此最经济的富氧浓度，要根据实际情况来定。

2.4 水分的蒸发、分解与冷凝

水分是影响烧结过程的又一因素。烧结混合料中水的来源有两个方面，一是物料自身带入的，二是烧结料混合制粒时加入的。一定数量的水分在烧结过程中的作用是：

(1) 在粉状的烧结料中加入，有助于混合料的成球，改善料层的透气性，使烧结过程得以顺利进行。

(2) 由于烧结料中有水的存在，提高了烧结混合料的传热能力。这是因为水的导热系数远远超过矿石的导热系数，水的导热系数为 126～419 kJ/(m^2·h·℃)，矿石导热系数为 0.63 kJ/(m^2·h·℃)，改善了料层的热交换条件，促进了燃烧带限制在较窄的范围内，减少了料层的气流阻力。同时，保证了在较少燃料消耗的情况下，获得必要的高温区。

(3) 水分子覆盖在矿粉颗粒表面，起类似润滑剂作用，降低表面粗糙度，减少气流阻力。

当然，从热平衡的观点看，去除水分要消耗热量。因此烧结料含水要适宜，不能过多。由于烧结料的性质和组成的差异，一般混合料含水在 6%～8% 之间。

当烧结过程开始后，在料层的不同高度和不同的烧结阶段水分含量将发生变化，出现水分的蒸发和冷凝现象。

水从液态转变为气态是以蒸发或沸腾的方式进行的。依据分子运动理论，各物质的分子处于不同的运动状态，其各分子运动速度不同。在液体表面上，由于力场不均衡，运动速度大的水分子能克服内部的引力，离开液面飞到气相中去变成蒸气，这个过程就是蒸发。与此同时，不停运动的蒸气分子，当接近液面时，可能被液面分子吸引回来，这就是蒸气的液化。在一定温度下，当液体分子的蒸气数与蒸气液化的分子数相等时，蒸气与液体便达到平衡。则称液面上的蒸气为饱和蒸气，而饱和蒸气所具有的压力称为饱和蒸气压，饱和蒸气压与温度有关。

烧结过程中的水分蒸发的条件是：气相中的水蒸气的实际压力(p_{H_2O})小于该温度下水的饱和蒸气压(p'_{H_2O})，即 $p_{H_2O} < p'_{H_2O}$；饱和蒸气压随温度升高而增大，在热气体与湿料接触的开始阶段，水蒸气蒸发缓慢，物料含水量无大的变化。废气的热量主要用于预热物料，使它的温度明显升高。当物料温度升到100℃时，饱和蒸气压 p'_{H_2O}可达 1.013×10^5 Pa(即 1 atm)。物料中水分迅速蒸发到废气中去，当物料的饱和蒸气压 p'_{H_2O}等于总压 $p_{总}$时，即 $p'_{H_2O} = p_{总}$，水分便激烈蒸发，出现沸腾现象。烧结过程中，废气压力约为 0.912×10^5 Pa(即 0.9 atm)。在温度为 100℃时，$p'_{H_2O} > p_{H_2O}$，所以应在小于 100℃完成水分的蒸发过程。但实际上，在温度高于 100℃的混合料中仍有水分存在。原因是废气对混合料的传热速度快(最快可达 1700～2000 ℃/min)当料温达到水分蒸发的温度时水分还来不及蒸发；此外，少量的分子水和薄膜水同固体颗粒的表面有巨大的结合力，不易逸去。影响水分蒸发速度的因素有：

(1) 蒸发速度与蒸发的表面积成正比，混合料比表面积大，水分蒸发强度大，可达 30～35 g/(m^2·min)。

(2) 蒸发速度与 $p'_{H_2O} - p_{H_2O}$之差值有关，随着温度的升高，物料中饱和蒸气压 p'_{H_2O}增大，蒸发加快。

(3) 改善烧结料层的透气性，可增加通过料层的风量，蒸发速度加快。

烧结过程中从点火时起，水分就开始受热蒸发，转移到废气中去，废气中的水蒸气的实际分压 p_{H_2O}不断升高。当含有水蒸气的热废气穿过下层冷料时，由于存在着温度差，废气将大部分热量传给冷料，而自身的温度将大幅度下降使物料表面饱和蒸气压 p'_{H_2O}也不断下降。

当实际分压 p_{H_2O}等于饱和蒸气压 p'_{H_2O}时，蒸发停止，当 $p'_{H_2O} < p_{H_2O}$时，废气中的水蒸气就开始在冷料表面冷凝，水蒸气开始冷凝的温度叫"露点"。水蒸气冷凝的结果，使下层物料的含水量增加。当物料含水量超过物料原始水量时称为过湿。这就是烧结时水分的再分布现象，表 2-9 说明了沿料层高度水分再分布的情况。

表 2-9　沿料层高度水分再分布的情况

矿　种	混合料原始水分/%	与燃烧层不同距离的料层中含水/%				
		紧　靠	50 mm	100 mm	150 mm	靠炉箅
赤铁矿	6.1	3.1	7.3	7.2		7.8
磁铁矿	8.5	0	5.5	8.3	9.5	10.8

整个料层过湿完成的时间可根据炉箅下废气温度来判断。图 2-11 就是烧结过程中废气温度变化的一般规律特性曲线。在烧结料不预热的情况下，点火后 2～3 min 内废气温度总是从 15～20℃一下子升高到 50～60℃(曲线 *abc*)，即达到了露点温度。在这段时间内完成了全料层的过湿过程，这个温度一直保持 10 min 左右，直到干燥层接近炉箅时为止。就是说料温达到露点后，废气中水分不再冷凝。水蒸气的冷凝与过湿仅发生在刚开始的 2～3 min 内。水蒸气冷凝后就放出热量(相变热)使该层烧结料层很快升温到露点温度。水蒸气的冷凝终止，并转移到下一层进行，在抽风过程中，冷凝过湿现象是自上而下的连续地通过全部料层。

烧结料的过湿现象，还可以从烧结开始后的短时间内料层的温度变化情况看出，图 2-12 所示的是安装在不同料层高度的四个温度计实测的结果(1,2,3,4 为温度计编号，间隔距离相等，4 号靠近炉箅)。在点火后的 2 min 内，每个温度计依次从 20℃升到 52～53℃。这显然与料层的过湿有关。料温随着过湿的同时很快被加热到露点 T_a、t_1、t_2、t_3、t_4 分别表示各安装温度水平面完成过湿的时间。在两分钟末温度计 4 达到 T_a，这说明在床层以上的全部料层已经完成了过湿过程。

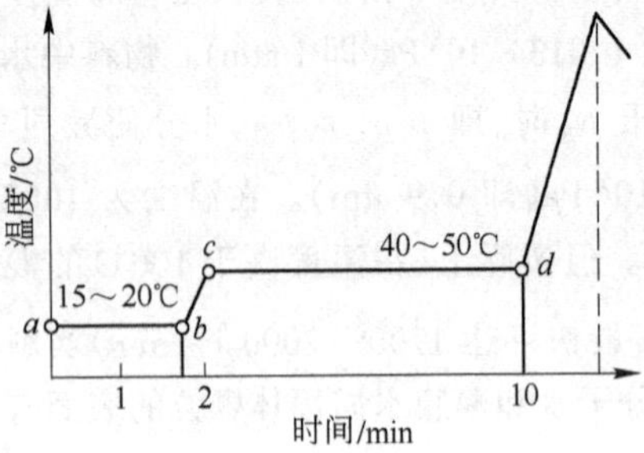

图 2-11　烧结废气温度变化曲线

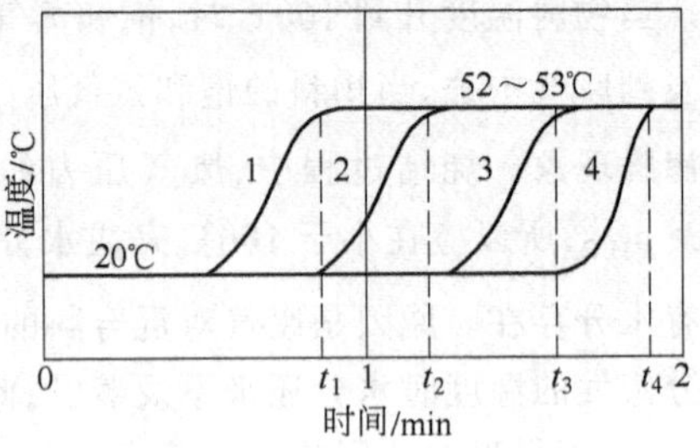

图 2-12　料层中最初 2 min 温度变化曲线

过湿层冷凝水量与 $p_{H_2O}-p'_{H_2O}$之差值有关，此差值愈大，冷凝水分量愈多；气中实际分压 p_{H_2O}大，则 $p_{H_2O}-p'_{H_2O}$之差值大，冷凝水量就多。此外，冷凝水量还与物料性质有关，如细粒精矿比表面积大，亲水性强、湿容量大、烧结时冷凝水量大。实验证明，一般讲过湿层的最大含水量为原始水分的 120%～135%，增加混合料的含水量，过湿现象将更加严重。

在过湿层，冷凝水充塞料粒之间的空隙中使料层过湿，增加了气流阻力，而且过湿现象会破坏下部料层松散的小料球，过湿严重时甚至会变成糊状，进一步恶化了料层的透气性，影响烧结过程的正常进行。为此，目前采取了预热混合料及降低水分等措施，减缓过湿的不良影响。添加一定数量的热返矿，蒸气预热混合料、加生石灰预热混合料、使混合料温度达到露点以上(一般 50～60℃)，可以显著减少料层的过湿现象、改善料层的透气性、强化烧结过程。曾对磁选精矿进行测定，当料温由 18℃提高到 70℃时，过湿层水分的凝结量由 6.8%降到 0.9%。

近年来采用低水分烧结收到了一定的效果。所谓低水分烧结，就是将装入台车前的混合料水分尽量降低，在点火以前，均匀地向料面喷洒约为料重 0.1%～0.5%的水分，这样可以改善上部层料的透气性，增大料层密度，有利于提高烧结矿产量和品质，即避免了下部料层过湿，同时还因减少了水的蒸发热而节省燃料。有实验表明把混合料水分降到 5.5%，料面补充洒水 0.3%时，烧结矿产量提高 2.7%。

生产实际中，为了减轻过湿现象的影响，往往控制混合料的水分，使其比原始透气性最好时的含水量低 1.0%～1.5%，因为过湿增添的冷凝水量介于 1%～2%之间。此外，往混合料加生石灰以吸收过湿层的冷凝水。生石灰消化使体积膨胀，改善了料层的透气性，同样地起到强化烧结的作用。

2.5　碳酸盐分解及氧化钙的矿化作用

烧结料常常配入石灰石($CaCO_3$)、白云石($MgCO_3 \cdot CaCO_3$)等，尤其生产熔剂性烧结矿配入的熔剂就更多。这些碳酸盐类矿物在烧结过程中被逐渐加热，当温度达到一定值时，碳酸盐发生分解，并进入渣相。如果没有分解或者分解后没有造渣，烧结矿带有“白点”影响烧结矿的品质。所以要研究碳酸盐的分解过程及其控制因素。

2.5.1 碳酸盐分解

碳酸盐受热温度达一定值时,发生分解反应,以石灰石为例,其分解反应如下:

$$CaCO_3 = CaO + CO_2 - 178kJ$$

分解反应的平衡常数 $K_p = p_{CO_2}$,显然,在一定温度下 p_{CO_2},是常数,p_{CO_2}是分解反应达到平衡状态时,气相产物 CO_2 的平衡压力,称 p_{CO_2}为碳酸盐的分解压。

分解压是衡量化合物稳定程度的尺度。分解压力大,分解反应平衡时,气体产物多,说明化合物容易分解,则化合物稳定性差。反之分解压小时,化合物稳定性强。

分解压与温度有关。温度升高,分解压增大,如 $CaCO_3$:750℃时 $p_{CO_2} = 0.1317 \times 10^5$ Pa(即 0.13 atm),900℃时 $p_{CO_2} = 1.0132 \times 10^5$ Pa(即 1 atm),可见温度对碳酸盐分解的影响之大。碳酸盐分解的开始温度是其分解压 p_{CO_2} 等于外界气相中 CO_2 的分压 p_{CO_2} 时的温度。碳酸盐分解压与温度关系如图 2-13 所示。

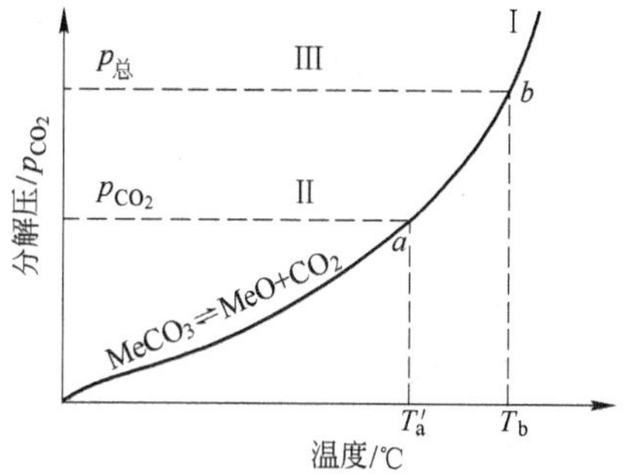

图 2-13 碳酸盐分解与温度的关系

图中曲线Ⅰ是 $MeCO_3 = MeO + CO_2$ 反应的平衡曲线,若气相中 CO_2 分压为 p'_{CO_2},过 p'_{CO_2}引水平线Ⅱ与Ⅰ相交于 a,所对应的温度是 T_a 时,$p_{CO_2} < p'_{CO_2}$,碳酸盐不能分解,反应将向左进行,MeO 和 CO_2 化合生成碳酸盐;当 $p_{CO_2} = p'_{CO_2}$,分解反应处于平衡状态。当温度高于 T_a 时,碳酸盐将进行分解反应。因此,T_a 是碳酸盐开始分解的温度。各种碳酸盐开始的分解温度是不同的,当然也与气相中 CO_2 分压有关。在大气压中 CO_2 的含量为 0.3%,可计算 $CaCO_3$ 的开始温度为 530℃。

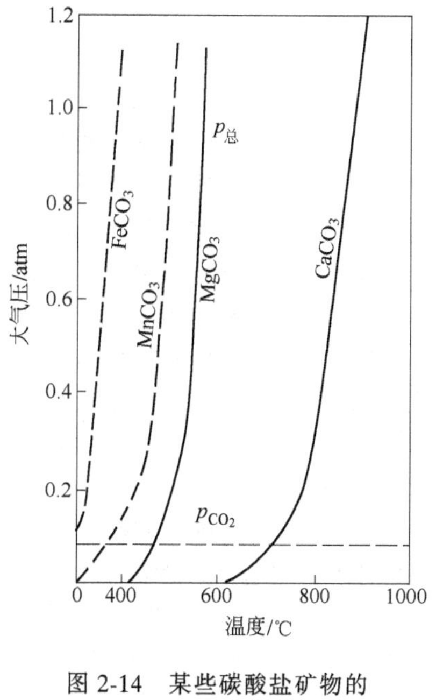

图 2-14 某些碳酸盐矿物的分解压与温度的关系

碳酸盐的分解条件是:当碳酸盐的分解压力 p_{CO_2}大于气相中 CO_2 的分压 p'_{CO_2}时,即开始分解。升高温度,分解压 p_{CO_2}增大,即 $p_{CO_2} > p'_{CO_2}$时,分解速度加快。当碳酸盐分解压等于外界总压时,即 $p_{CO_2} > p_{总}$,碳酸盐进行激烈的分解,这叫化学沸腾,此时的温度叫化学沸腾温度,图中 T_b 便是碳酸盐的化学沸腾温度。当碳酸钙在大气中分解时,其化学沸腾温度为 910℃。

图 2-14 是烧结料中常见的四种碳酸盐的分解压力与温度的关系。$p_{总}$ 为烧结料中气相总压力,p'_{CO_2}为废气中的 CO_2 分压力,在四种碳酸盐中,$FeCO_3$ 最易分解,$MnCO_3$ 次之,$CaCO_3$ 最难分解,要求较高的温度条件。在烧结过程中,由于燃料燃烧废气中 CO_2 浓度增大,故碳酸盐开始分解温度有所升高,但烧结生产中 $p_{总}$约等于 0.9119×10^5 Pa (即 0.9 atm),化学沸腾温度又有所降

低。实际烧结时，$CaCO_3$ 开始分解的温度约 750℃，而化学沸腾温度约为 900℃。其他碳酸盐开始分解温度较低，可在预热带进行；石灰石的分解反应主要在燃烧带进行。

在生产熔剂性烧结矿时，石灰石的分解不同于纯 $CaCO_3$ 的分解。烧结时石灰石分解产物 CaO 可与其他矿物作用生成化合物，这样就使得烧结料中石灰石的分解压力在相同的温度下相应地增大，使其分解反应较容易进行。

碳酸盐分解反应从矿块表面开始向中心进行。因此，分解反应速度与碳酸盐矿物的粒度大小有关，粒度愈小，分解反应速度愈快。实验研究表明，将小于 10 mm 的石灰石加热到 1000℃，并通过 10% CO_2 气体造成类似烧结料层中的气氛，结果在 1～1.5 min 就完全分解。显然，一般烧结料层中高温停留时间可以达到上述要求。但是，在实际烧结层中，可能由于碳酸盐分解吸收大量热量，使得给热速度小于吸热速度，结果石灰石颗粒周围的料温下降；或者由于燃料偏析使高温区温度分布不均匀，常常出现石灰石不能完全分解的现象。据实验测定，烧结添加石灰石熔剂，由于分解反应吸收大量热量，使得燃烧带的温度下降 200～300℃。因此生产中要求石灰石的粒度必须小于 3 mm，同时，应使用稍高的燃料用量。

2.5.2　氧化钙的矿化作用

生产熔剂性烧结矿时，不仅要求添加的石灰石完全分解，而且分解产物 CaO 与矿石中的某些矿物应很好的化合。这就是说不希望在烧结矿中存在着游离的 CaO，否则游离的 CaO 与水消化；$CaO + H_2O = Ca(OH)_2$，其结果使体积膨胀一倍，致使烧结矿粉化。

$CaCO_3$ 的分解产物 CaO 与 SiO_2、Fe_2O_3、Al_2O_3 等矿化作用分别形成 $CaO·SiO_2$、、$CaO·Fe_2O_3$、$CaO·2Fe_2O_3$、$2CaO·Fe_2O_3$、$CaO·Al_2O_3$。反应生成新的化合物，使石灰石的开始分解温度降低。

其矿化程度与烧结温度、石灰石粒度、矿粉粒度有关。温度愈高。粒度愈小则矿化程度愈高。实验表明，在同一温度下，石灰石粒度对矿化作用影响最大。

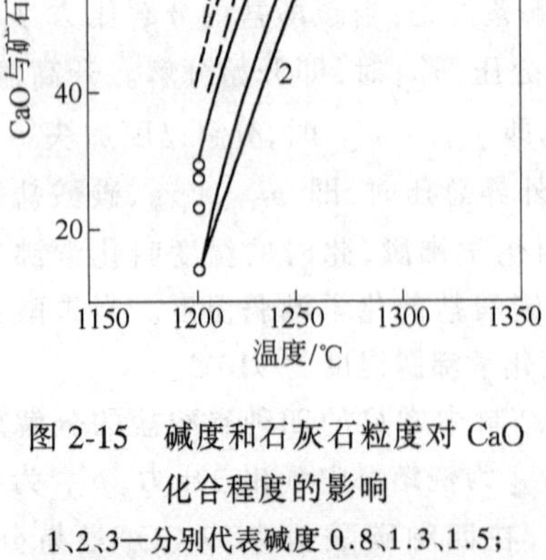

图 2-15　碱度和石灰石粒度对 CaO 化合程度的影响

1、2、3—分别代表碱度 0.8、1.3、1.5；
虚线—石灰石粒度为 0～1 mm；
实线—石灰石粒度为 0～3 mm

如图 2-15 所示，石灰石粒度 0～1 mm，温度在 1250℃ 的条件下，CaO 的化合程度可达 85%～95%；当石灰石粒度在 0～3 mm 时，CaO 的化合程度仅为 55%～74%，一般碱度低，CaO 的矿化程度高。

温度对 CaO 矿化作用的影响如图 2-16 所示。从图中可以看出，当温度为 1200℃，石灰石粒度虽然小于 0.6 mm，CaO 矿化程度不超过 50%；但是，当温度升高到 1350℃ 时，石灰石粒度增大到 1.7～3.0 mm，而矿化程度接近 100%。显然，温度升高，CaO 的矿化程度高。但温度过高会使烧结矿过熔，对烧结矿的还原性不利，应尽量避免。

图 2-17 表明，矿石或精矿粒度对 CaO 矿化作用影响也很大。当粒度为 0～0.2 mm 的磁铁精矿粉与 0～3 mm 的石灰石混合后，在温度 1300℃ 实验持续 1 min，CaO 几乎完全矿化。如果矿粉粒度增大，则矿化作用大为降低，如磁铁矿的上限粒度到 6 mm 时，CaO 矿化作用下降到 87%。由此可知，烧结时石灰石的适宜粒度与矿石粒度有关，当用细磨精矿粉时，石灰石的粒度可适当粗些（一般

0～3 mm)，而对于粗粒度粉矿烧结时石灰石的粒度应小些(0～1 mm)。

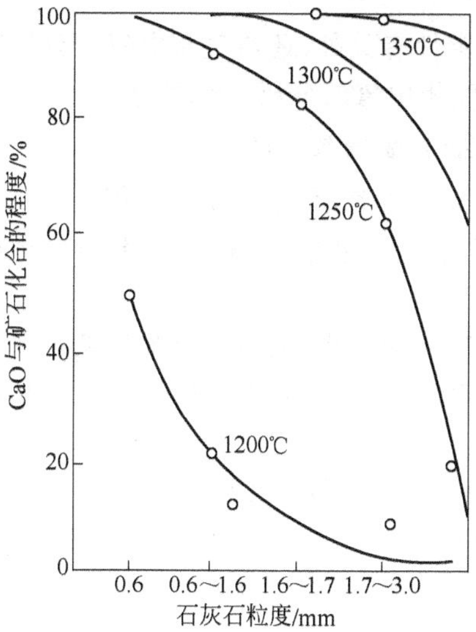

图 2-16 石灰石粒度温度对 CaO 矿化程度的影响

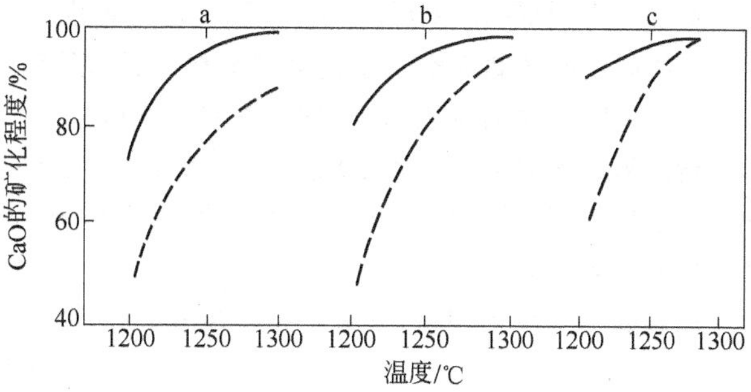

图 2-17 温度和磁铁矿粒度对石灰石 CaO 化合程度的影响

a、*b*、*c*—磁铁矿粒度，分别为 6～0 mm、3～0 mm、0.2～0 mm；虚线—石灰石粒度为 3～0 mm；实线—石灰石粒度为 1～0 mm

烧结过程中石灰石的分解度和 CaO 的矿化程度可以根据烧结的某些数据计算得出。

[例] 某厂生产碱度为 2.6 的高碱度烧结矿时，由于石灰石的粒度粗和热制度不合适，烧结矿中游离 $CaO_{游}$ 为 10%，未分解的 $CaCO_3$ 高达 9.58%，在烧结矿中石灰石带入的 CaO 总量为 26%，求石灰石的分解度和矿化程度。

[解]

$$石灰石的分解度=\frac{w[CaO_{总}-CaO_{(CaCO_3)}]}{w(CaO_{总})}\times 100\%$$

$$=\frac{26-9.58\,\frac{56}{100}}{26}\times 100\%=79\%$$

$$CaO 的矿化程度=\frac{w[CaO_{总}-CaO_{游}-CaO_{(CaCO_3)}]}{w(CaO_{总})}\times 100\%$$

$$=\frac{26-10-9.58\times\frac{56}{100}}{26}\times 100\%=41\%$$

2.6 烧结过程中金属氧化物的分解、还原与氧化

在烧结过程中，由于温度和气氛的影响，金属氧化物要发生热分解、还原与氧化反应，这些反应的发生对烧结熔体的形成，烧结矿的强度和冶金性能关系极大。

2.6.1 金属氧化物的分解

金属氧化物的分解可按下式进行：

$$2MeO=2Me+O_2$$

式中，Me、MeO 分别表示二价金属及其氧化物。

在一定温度下，分解反应达平衡时，氧的平衡压力称金属氧化物的分解压，用 p_{O_2} 表示，反应

平衡常数 K_P 等于其分解压：

$$K_P = p_{O_2}$$

分解压与温度有关，金属氧化物是否分解与本身的稳定性有关外，还与气相中氧的分压有关。金属氧化物分解条件是氧化物的分解压 p_{O_2} 必须大于气相中氧的分压 p'_{O_2}，即 $p_{O_2} > p'_{O_2}$，氧化物分解；若 $p_{O_2} = p'_{O_2}$，分解反应处于平衡状态；当 $p_{O_2} < p'_{O_2}$ 时，金属被氧化。

在空气中，氧的分压 $p'_{O_2} = 0.21278 \times 10^5$ Pa（即 0.21 atm）。而铁、锰氧化物的分解压均小于此值。所以这些金属在空气中逐渐被氧化，而铁锰氧化物在空气中能稳定存在。铁、锰与氧生成一系列氧化物。铁的氧化物有 FeO、Fe_3O_4、Fe_2O_3。

锰的氧化物有 MnO、Mn_3O_4、Mn_2O_3、MnO_2。在同一金属氧化物中，高价氧化物比低价氧化物的分解压大，就是说高价氧化物稳定性差，容易分解。实验测定和计算的一些铁、锰氧化物的分解压列于表 2-10 。

在铁的三个氧化物中，只有 Fe_2O_3 在冶金温度下可以分解，其分解反应为：

$$3Fe_2O_3 = 2Fe_3O_4 + 1/2\ O_2$$

从表 2-10 可以看出，在 1383℃ 时，$(p_{O_2})_{Fe_2O_3} = 0.21278 \times 10^5$ Pa（即 0.21 atm）。高于这一温度，分解反应就可以发生；当温度达到 1452℃ 时，$(p_{O_2})_{Fe_2O_3} = 1.01325 \times 10^5$（即 1 atm），分解反应可激烈进行。铁的其他几个氧化物（Fe_3O_4、FeO）在冶金温度下分解压很小，一般是不分解的。

在烧结矿层和燃烧层中离开燃料颗粒的混合料周围，气体中的 O_2 的分压 p'_{O_2} 为 0.18～0.19 $\times 10^5$ Pa（即 0.18～0.19 atm），进入预热带的废气含氧量一般为 8%～10%，其氧化物的分解压在（0.07～0.097）$\times 10^5$ Pa（即 0.07～0.097 atm）之间。将表 2-10 中各氧化物的分解压与废气中氧的分压力作比较，可以看出，烧结时 Fe_2O_3 是能分解的，但由于烧结物料在高温区停留时间短及 Fe_2O_3 大量被还原，因此 Fe_2O_3 分解率小；而磁铁矿在烧结温度下理论上是不可能进行热分解的，但有 SiO_2 存在的条件下，大大的改善了分解条件，Fe_3O_4 的分解压接近于 Fe_2O_3 的分解压，在高于 1300℃ 温度时，分解有可能进行：

$$2Fe_3O_4 + 3\ SiO_2 = 3(2FeO \cdot SiO_2) + O_2$$

在烧结条件下，FeO 的分解是不可能的。烧结中有少量金属铁出现是铁氧化物被还原的结果。

从表 2-10 还可以看出，MnO_2 和 Mn_2O_3 在 1100℃ 具有较大的分解压。因此，在燃烧带是可以分解的：

$$2MnO_2 = Mn_2O_3 + 1/2\ O_2$$

$$3Mn_2O_3 = 2Mn_3O_4 + 1/2\ O_2$$

表 2-10　铁锰氧化物的分解压力（Pa）

温度/℃	$(p_{O_2})_{Fe_2O_3}$	$(p_{O_2})_{Fe_3O_4}$	$(p_{O_2})_{FeO}$	$(p_{O_2})_{MnO_2}$	$(p_{O_2})_{Mn_2O_3}$
460	—	—	—	21278	—
550	—	—	—	101325	37.5
927	—	2.2×10^{-8}	$10^{-11.2}$	—	21278
1100	2.6	—	—	—	101325
1200	3.2	—	—	—	—

续表 2-10

温度/℃	$(p_{O_2})_{Fe_2O_3}$	$(p_{O_2})_{Fe_3O_4}$	$(p_{O_2})_{FeO}$	$(p_{O_2})_{MnO_2}$	$(p_{O_2})_{Mn_2O_3}$
1300	199.6	—	—	—	—
1327	—	3.7×0^{-3}	$10^{-5.6}$	—	—
1383	21278	—	—	—	—
1400	28371	—	—	—	—
1452	101325	—	—	—	—
1500	303975	10^{-25}	$10^{-3.2}$	—	—

2.6.2 金属氧化物的还原

烧结料层中由于碳的燃烧，在炭粒周围具有还原气氛，铁氧化物还原是以碳的质点为中心进行的。料层的固体碳及 CO 是很好的还原剂，C、CO 能够夺取铁氧化物中的氧，使其变成低价氧化物或金属铁。铁的三种氧化物 Fe_2O_3、Fe_3O_4、FeO 的还原顺序是从高价氧化物到低价氧化物逐级进行的。当温度高于 570℃时，用 CO 还原铁的各级氧化物反应如下：

$$3Fe_2O_3 + CO = 2Fe_3O_4 + CO_2 \qquad +63011J$$

$$Fe_3O_4 + CO = 3FeO + CO_2 \qquad -22399J$$

$$FeO + CO = Fe + CO_2 \qquad +13188J$$

当温度低于 570℃时，由于 FeO 不能稳定存在，Fe_3O_4 被直接还原成金属铁：

$$3Fe_2O_3 + CO = 2Fe_3O_4 + CO_2 \qquad +63011J$$

$$\frac{1}{4}Fe_3O_4 + CO = \frac{3}{4}Fe + CO_2 \qquad +17165J$$

用 C 作还原剂还原铁的各级氧化物的反应如下：

温度高于 570℃：

$$3Fe_2O_3 + C = 2Fe_3O_4 + CO \qquad -109007J$$

$$Fe_3O_4 + C = 3FeO + CO \qquad -194393J$$

$$FeO + C = FeCO \qquad -158805J$$

温度低于 570℃：

$$1/4Fe_3O_4 + C = 3/4Fe + CO \qquad -167702J$$

上述各反应中，用 CO 作还原剂，还原铁的各级氧化物，其气体产物为 CO_2 的称间接还原，间接还原的各反应以放热为主。而用固体碳作还原剂的，其气体产物为 CO 的称直接还原，直接还原均匀为吸热反应。

铁氧化物的还原与气相组成有关。Fe_2O_3 分解压大，是极易还原的氧化物。在气相中有微量的 CO 存在，就可以使 Fe_2O_3 还原成 Fe_3O_4，基本是不可逆反应。因此，在燃烧带、预热带均可以发生 Fe_2O_3 的还原反应。

与 Fe_2O_3 相比，Fe_3O_4、FeO 是较难还原的氧化物。对于 Fe_3O_4 还原成 FeO 的反应：在 700℃平衡气相中 $\frac{CO_2}{CO}=1.84$；1300℃平衡气相中 $\frac{CO_2}{CO}=10.67$。而对于 FeO 还原成金属铁的反应：700℃时，平衡气相组成 $\frac{CO_2}{CO}=0.67$；1300℃时 $\frac{CO_2}{CO}=0.297$。温度升高，比值下降，即要求更高的 CO 含量。在烧结料层中，燃料燃烧的产物中 $\frac{CO_2}{CO}$ 一般介于 0.76～1.0 之间，因此，从热力学观点

看 Fe_3O_4 可能被还原成 FeO,而 FeO 是不可能还原成金属铁的。但应该指出,在烧结料层中气体组成的分布是不均匀的,在燃料颗粒周围$\frac{CO_2}{CO}$比值可能很小,而在远离燃料颗粒的区域$\frac{CO_2}{CO}$比值可能很大,并且有一定数量的自由氧。在前一种情况下,铁的氧化物可能被还原为金属铁,特别是焦粉的量大,还原气氛增加,能获得相当数量的金属铁。在后一种情况下,Fe_3O_4、FeO 可能被氧化。因此,在一般烧结条件下,即使易还原的 Fe_2O_3 也不可能全部被还原。

另外,在有 SiO_2 存在的条件下,可进行反应:

$$2Fe_3O_4 + 3SiO_2 + 2CO = 3(2FeO \cdot SiO_2) + 2CO_2$$

将有利于 Fe_3O_4 的还原。当有 CaO 存在时,影响铁橄榄石 $2FeO \cdot SiO_2$ 的生成,所以提高烧结矿碱度会使 FeO 含量降低。

FeO 与 SiO_2、CaO 能生成多种低熔点液相,这些物质的生成,不利于 FeO 还原,但有利于提高烧结矿的强度。

Mn_3O_4 的分解压低、分解难,但易被 CO 还原,其还原反应式如下:

$$Mn_3O_4 + CO = 3MnO + CO_2$$

MnO 在烧结条件下是难还原的物质,与 SiO_2 等组成难还原的硅酸盐。

2.6.3 铁氧化物的氧化

烧结料层总的气氛是弱氧化性的,特别是远离炭粒的混合料处和在烧结矿的冷却过程中,都会发生 Fe_3O_4 和 FeO 的再氧化现象,其反应如下:

$$2\ Fe_3O_4 + \frac{1}{2}\ O_2 = 3\ Fe_2O_3$$

$$3\ FeO + \frac{1}{2}\ O_2 = Fe_3O_4$$

再氧化反应在高温下进行得很快,在温度低时,反应速度减慢甚至停止。烧结矿中 Fe_3O_4 和 FeO 的再氧化,提高了烧结矿的还原性,因此在保证烧结矿强度条件下,发展氧化过程是有利的。烧结矿的氧化程度,可用氧化度 Ω 来表示:

$$\Omega = \left(1 - \frac{w(Fe_{FeO})}{w(3Fe_{全})}\right) \times 100\% \tag{2-19}$$

式中 $w(Fe_{FeO})$——烧结矿中以 FeO 形态存在的铁量,%;

$w(Fe_{全})$——烧结矿中全部铁量,%。

由公式(2-19)可以看出,在烧结矿含铁相同的情况下,烧结矿含 FeO 愈少,则烧结矿的氧化度愈高。试验表明,氧化度高,还原度也高。因此,在保证烧结矿强度的条件下,生产高氧化度的烧结矿,对于改善烧结矿还原性也有重要意义。

烧结配料中的燃料用量是影响 FeO 含量的主要因素。从表 2-11 得知,随含碳量增加,FeO 增加,还原度降低。原因是燃料增加后,烧结料层中还原气氛增加。因此,控制燃料用量是控制 FeO 的含量的重要措施。但最恰当的燃料用量应兼顾烧结矿的强度和还原度,当矿石性质不同时,适宜的燃料用量是不同的。磁铁精矿烧结,一般燃料用量为 5%～6%;而赤铁矿烧结时,燃料用量要高 2%～3% 。因前者存在 Fe_3O_4 的氧化放热,后者则无。菱铁矿和褐铁矿烧结时,因碳酸盐和氢氧化物分解耗热。需要增加燃料用量,但分解产物 CO_2 和 H_2O,可以加强氧化气氛,有助于 FeO 的降低。

表 2-11 混合料中含碳量与烧结矿中 FeO 含量关系

混合料含碳量/%	碱　度	FeO/%	还原率/%
5.0	1.05	34.41	53.3
4.5	1.04	29.44	43.6
3.0	1.09	24.57	53.3

2.7 固相之间的反应

20 世纪初,一般认为“物质不是液态则不发生反应”。后来证明,无液态存在也能发生化学反应,在一定的条件下,固相之间也发生反应。固相反应广泛应用在矿石烧结、粉末冶金、陶瓷水泥和耐火材料等工业部门。

所谓固相反应是指物料在没有熔化前。两种固体在他们接触面上发生的化学反应。反应产物也是固体。

烧结过程中,固相反应是在液相生成前进行。固相反应和液相生成是烧结粘结成块并具有一定强度的基本原因,任何物质间的化学反应都与分子或离子的运动有关。固体分子与液体和气体分子一样,都处于不停的运动状态之中。只是因为固体物质质点间结合力较强,其质点只能在平衡位置上做小范围的振动。因此,在常温下,固相间的化学反应即使发生,反应速度也是很缓慢的。但是,随着温度升高,固体表面晶格的一些离子(或原子)获得愈来愈多的能量而激烈运动起来。温度愈高,就愈易于取得进行位移所必需的能量(或化学能)。当温度高到使质点(离子或原子)具有参加化学反应所必需的能量时,这些高能量质点就能够向所接触的其他固体表面扩散。这种固体质点扩散过程,就导致了固相反应的发生。

根据实际测定,固体质点开始位移的温度为:

金　属:$T_{移}=(0.3\sim0.4)T_{熔化}$

盐　类:$T_{移}=0.57\ T_{熔化}$

硅酸盐:$T_{移}=0.9\ T_{熔化}$

$T_{熔化}$为该物质的熔化温度(K),当固体物质被加热到可位移温度($T_{移}$)时其质点具有可移动性,可以在晶格内进行位置交换——内扩散;也可能扩散到晶格表面,并进而扩散到与之相接触的其他物质晶格内进行化学反应——外扩散。

对于固相反应,反应物质颗粒大小具有重要意义,反应速度常数(K)与颗粒半径 r 的平方成反比,其公式如下:

$$K=C\frac{1}{r^2} \tag{2-20}$$

式中,C 为比例系数。

烧结所用的铁精矿粉和熔剂都是粒度较细的物质,它们在被破碎时固体晶体受到严重破坏,而破坏严重的晶体具有较大的自由表面能,因而质点处于活化状态。活化质点都具有降低自身能量的倾向,表现出激烈的位移作用。其结果是晶格缺陷逐渐得到校正,微小晶体也将聚集成较大晶体,反应产物也就具有了较为完整的晶格。

已经证实,固相中只能进行放热反应。而且两种物质间反应的最初产物,无论如何只能形成同一种化合物,它的组成通常与反应物的浓度不一致。要想得到组成与反应物质量相当的最终产物,往往需要很长时间。在烧结过程中,烧结料处于 500～1500℃ 的高温区间一般不超过 3 min。因此,对烧结具有观察意义的是固相反应开始的温度以及最初形成的反应产物。

现在以 SiO_2 和 CaO 的混合料为例，将过量的 SiO_2 与 CaO 混合，在空气中加热到 1000℃。两种物质固相反应的进程如图 2-18 所示。

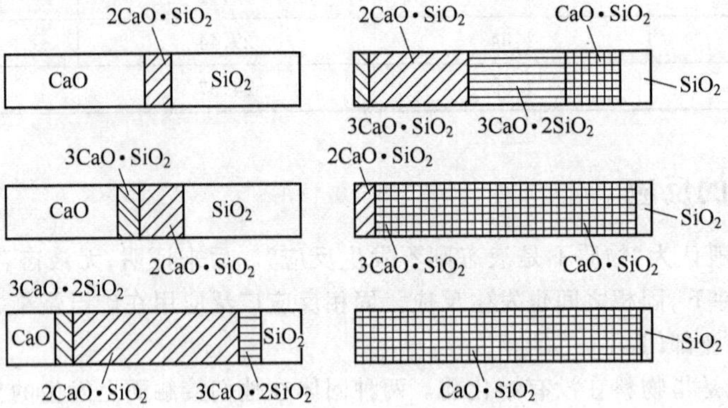

图 2-18 CaO 与 SiO_2 固相反应示意图

固相接触面的初始产物是 $2CaO·SiO_2$，继而沿着 $2CaO·SiO_2$-CaO 界面形成一层 $3CaO·SiO_2$，含 CaO 最少的 $CaO·SiO_2$ 仅在过程的最后才出现。

表 2-12 列出了固体组分不同配比时，有关固相反应的实验数据。从表 2-12 可以看出，不论混合料中的 CaO 和 SiO_2 的比例如何变化，固相中的最初产物总是 $2CaO·SiO_2$。同样，在烧结条件下 $2CaO+Fe_2O_3$ 及 CaO 与 Fe_2O_3 的反应，在固相反应中只能得到最初产物 $CaO·Fe_2O_3$。

表 2-12 固相反应的最初产物

固 相 反 应	混合物中分子比例	反应的最初产物
$CaO—SiO_2$	3∶1；2∶1；3∶2；1∶1	$2\ CaO·SiO_2$
$MgO—SiO_2$	2∶1；1∶1	$2MgO·SiO_2$
$CaO—Fe_2O_3$	2∶1；1∶1	$CaO·Fe_2O_3$
$CaO—Al_2O_3$	3∶1；5∶3；1∶1；1∶2；1∶6	$CaO·Al_2O_3$
$MgO—Al_2O_3$	1∶1；1∶6	$MgO·Al_2O_3$

在研究固相化学反应机理时，我们看到，固相反应只有在与该物质完全一致的温度条件下才有可能。表 2-13 列举了在烧结过程中，常见到的某些固相反应产物开始出现的温度。

表 2-13 固相反应产物开始出现的温度

反 应 物	固相反应产物	反应产物开始出现的温度/℃
$SiO_2+Fe_2O_3$	Fe_2O_3 在 SiO_2 中的固熔体	575
$SiO_2+Fe_3O_4$	$2FeO·SiO_2$ 铁橄榄石	990，995
$CaO+Fe_2O_3$	$CaO·Fe_2O_3$ 铁酸一钙	500，600，610，650
$2CaO+Fe_2O_3$	$2CaO·Fe_2O_3$ 铁酸二钙	400
$CaCO_3+Fe_2O_3$	$CaO·Fe_2O_3$ 铁酸一钙	590
$2\ CaO+SiO_2$	$2\ CaO·SiO_2$ 正硅酸钙	500，610，690
$2\ MgO+SiO_2$	$2\ MgO·SiO_2$ 镁橄榄石	680
$MgO+Fe_2O_3$	$MgO·Fe_2O_3$ 铁酸镁	600
$CaO+Al_2O_3·SiO_2$	$CaO·SiO_2+Al_2O_3$ 偏硅酸钙 + Al_2O_3	530

从表 2-13 可以看出，Fe_2O_3 和 SiO_2 混合后没有生成化合物。从 575℃开始，Fe_2O_3 溶于 SiO_2 中形成少量的固溶体。因此，在缺乏还原气氛时（如燃料用量少于或远离燃料的区域），非熔剂性烧结料中的 Fe_2O_3 不可能与 SiO_2 相互作用。这就使得 Fe_2O_3 在开始分解（温度约 1350℃）以前，不可能形成液相。要它产生液相——铁橄榄石型（$2FeO\cdot SiO_2$），必须创造还原性气氛使 Fe_2O_3 还原或分解为 Fe_3O_4 才能形成。铁橄榄石生成反应为：

$$2Fe_3O_4 + 3SiO_2 + 2CO = 3(2FeO\cdot SiO_2) + 2CO_2$$

如果燃烧用量较大时，SiO_2 与 FeO 可直接形成铁橄榄石，但是，在燃料普通用量条件下，烧结料层中游离的 FeO 不多，这种反应几乎没有发生。

CaO 与 Fe_2O_3 反应生成铁酸一钙（$CaO\cdot Fe_2O_3$），在固相中，反应开始温度为 500～700℃，$CaO + Fe_2O_3 = CaO\cdot Fe_2O_3$。在烧结时，$Fe_2O_3$ 与烧结料中的石灰石、石灰接触机会很多，有利于铁酸钙的生成。Fe_3O_4 不与 CaO 发生固相反应，只有 Fe_3O_4 被氧化成 Fe_2O_3 才能出现固相反应。在正常燃料用量时，烧结赤铁矿生产熔剂性烧结矿以及在较低燃料用量，在氧化性气氛中烧结磁铁矿生产熔剂性烧结矿时都有利于铁酸钙的形成。

图 2-19 是烧结料中主要矿物之间的固相反应图。除了上述铁橄榄石、铁酸钙固相化合物生成外。当温度在 500～600℃时，在 SiO_2 与 CaO 的接触处有正硅酸钙出现，其反应：

$$2CaO + SiO_2 = 2CaO\cdot SiO_2$$

在赤铁矿生产熔剂性烧结矿时，烧结料中，SiO_2 与 CaO 的接触数目比起 Fe_2O_3 与 CaO 的接触数目要少得多。虽然 SiO_2 对 CaO 的化学亲和力比 Fe_2O_3 对 CaO 的亲和力大得多，但在相同的温度下，铁酸钙（$CaO\cdot Fe_2O_3$）的生成速度快。固相中铁酸钙的数量就多些。

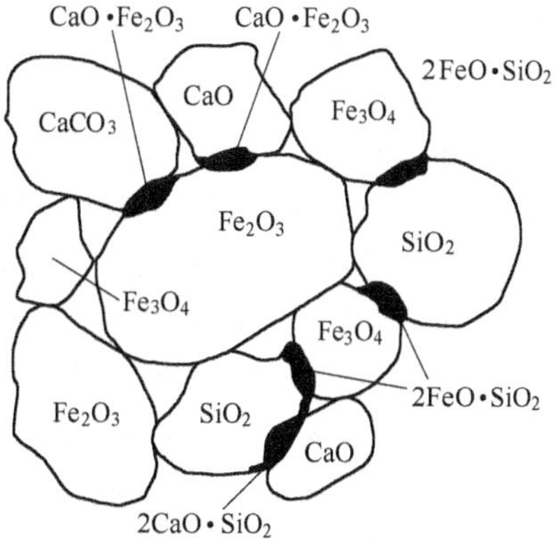

图 2-19 烧结料中各矿物间固相反应示意图

影响固相反应的主要因素为：

(1)固相反应速度随着原始物料分散度的提高而加快，因为它活化了反应物的晶格。

(2)升高温度和延长时间均有助于固相反应速度的增加，反应物内晶格质点活动增强。

(3)添加活性物质，促进固相反应，可以解决难以烧结的矿粉。表 2-14 列举了烧结粉末及亚铁酸盐混合物对烧结指标及烧结矿品质的影响。

表 2-14 添加亚铁酸盐混合物对烧结指标的影响

指标 \ 添加物	普通混合料	添加 15% $CaO\cdot FeO\cdot SiO_2$ 烧结粉末	添加 15% $CaO\cdot 3Fe_2O_3\cdot SiO_2$ 烧结粉末	添加 15% $CaO\cdot Fe_2O_3$ 烧结粉末	添加赤铁矿与石灰石（共同细磨，固相为 $CaO\cdot Fe_2O_3$）
垂直烧结速度 /$mm\cdot min^{-1}$	22.2	24.7	24.7	29.2	29.2
成品量/%	76.3	81.5	78.0	79.2	80.5
转鼓指数(<5 mm)/%	26.0	17.0	17.5	18.5	18.0

注：老式转鼓指数，百分数愈低愈好。

表 2-14 数据表明，烧结料中加 15% 的亚铁酸盐与烧结粉末混合物，垂直烧结速度提高 10%～12%，产量增加了 15%～20%，烧结矿强度提高 9%～8%。制备亚铁酸盐混合物费用不高，某

厂是在锤式破碎机制取的，用60%返矿及40%石灰石组成的混合物破碎制取。在这种情况下，改善返矿品质具有特别重要的意义。

(4) 增大接触面有助于固相反应速度的提高，过分松散的烧结料采用压紧的方法，能促进固相反应发展，有效地提高烧结矿强度。

固相反应的发生保证了原始烧结料中所没有的易熔物质的形成。当这种反应进行得足够快时，就能形成较多的易熔物，其结果就能获得高强度的烧结矿。因此，在烧结矿的生产中应尽量创造条件使固相反应得到充分发展，这就要按照前边所指出的影响固相反应速度的四个因素去组织生产。

在固相反应中形成的复杂化合物，在烧结料熔化时大部分分解成较简单的化合物组分。烧结矿是熔融物结晶的产物，成品烧结矿的最终矿物组成，在燃料用量一定的条件下，仅仅取决于烧结矿的碱度。因此，碱度是熔融结晶时的决定因素。在固相反应时，即使形成了铁酸钙，如果碱度不高，也得不到含铁酸钙的烧结矿。相反，当碱度足够高时，不论固相反应是否有铁酸钙生成，最后总能得到含铁酸钙的烧结矿。只有当烧结配碳较低时，料层温度低，生成液相少，一般固相中产物可转到烧结矿中，在这种情况下，尽管碱度较低，也可得到含铁酸钙的烧结矿。因此。低燃料用量，高碱度烧结，不仅在固相中形成的铁酸钙可转移到成品烧结矿中，而且熔融物再结晶时作为另外的相也形成铁酸钙，可明显提高烧结矿强度。

综上所述，烧结时经常遇到的铁矿物为赤铁矿(Fe_2O_3)和磁铁矿(Fe_3O_4)，这些矿物中的脉石成分主要是石英(SiO_2)。当生产熔剂性烧结矿时，还需要添加石灰石($CaCO_3$)、石灰(CaO)和消石灰($Ca(OH)_2$)，在燃料用量适宜或较高的情况下，烧结料中所进行的固相反应流程分述如下：

(1) 赤铁矿非熔剂性烧结料：烧结赤铁矿非熔剂性烧结料时，赤铁矿被分解、还原成Fe_3O_4、FeO或Fe。FeO与SiO_2进行固相反应生成铁橄榄石($2FeO \cdot SiO_2$)。铁橄榄石熔化后所形成的熔融物将烧结料中的大部分Fe_3O_4、FeO溶解，同时烧结料中的SiO_2也转入熔融物中。其矿物形成过程见图2-20。

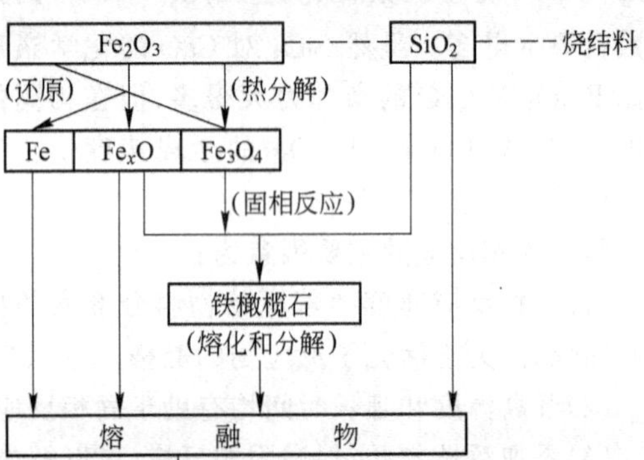

图2-20　赤铁矿非熔剂性烧结料固相中矿物形成过程

(2) 赤铁矿熔剂性烧结料：赤铁矿混合料中添加熔剂后，固相反应比较复杂。

从图2-21中可以看出，除存在图2-19同样的过程外，还有SiO_2与CaO反应生成正硅酸钙($2CaO \cdot SiO_2$)；CaO与Fe_2O_3反应生成铁酸钙($CaO \cdot Fe_2O_3$)。剩余的SiO_2则转到熔融物中去。熔融物为多种矿物组成。

(3) 磁铁矿非熔剂性烧结料：烧结磁铁矿非熔剂性烧结料时，部分Fe_3O_4氧化成Fe_2O_3，没有氧化的Fe_3O_4和已还原的FeO和SiO_2形成铁橄榄石。铁橄榄石熔化后，能够溶解Fe_2O_3、Fe_3O_4、FeO等，剩余的SiO_2则转移到熔融物中，其固相反应见图2-22。

(4) 磁铁矿熔剂性烧结料：磁铁矿熔融剂性烧结料的固相反应复杂。Fe_3O_4和还原的FeO，与SiO_2形成铁橄榄石；部分Fe_3O_4氧化成Fe_2O_3；并与CaO形成铁硅酸钙；CaO与SiO_2反应生成正硅酸钙，除此以外，还有更多的矿物如Al_2O_3、MgO参加反应。上述固相反应产物在熔化时，部分分解，其固相反应过程见图2-23。

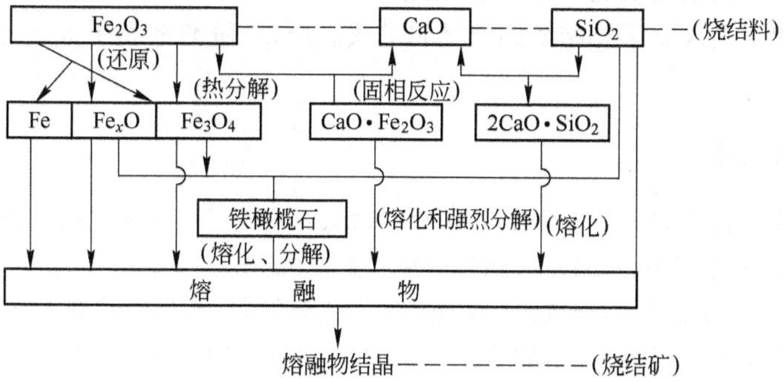

图 2-21　赤铁矿熔剂性烧结料固相中矿物形成过程

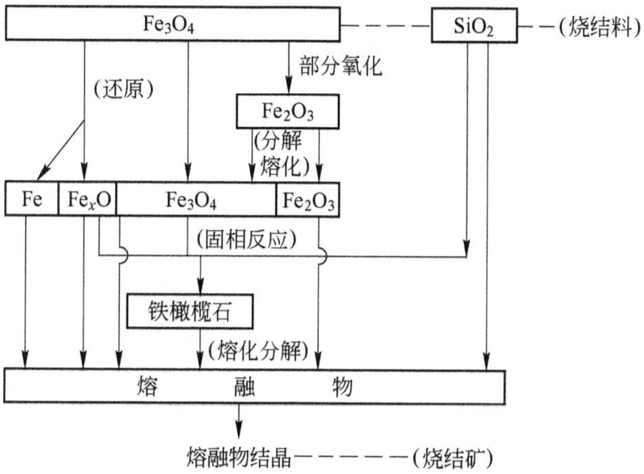

图 2-22　磁铁矿非熔剂性烧结料固相中矿物形成过程

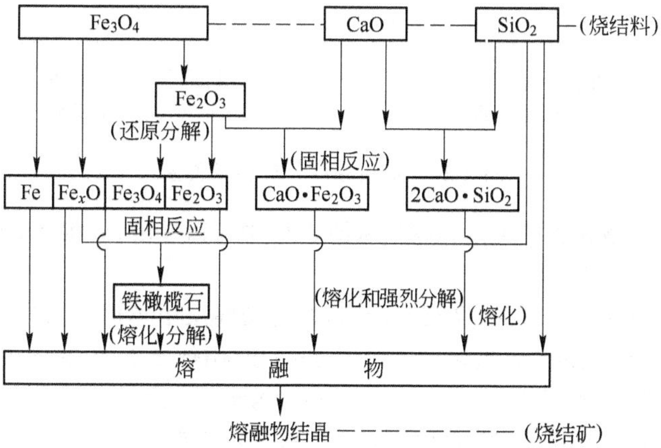

图 2-23　磁铁矿熔剂性烧结料固相中矿物形成过程

2.8　液相生成与冷却结晶

固相反应速度慢，其反应产物晶格发展不完善，结构疏松，烧结矿强度差。因此，对铁矿粉来说，属于液相型烧结，也就是说烧结过程中，液相生成是烧结料固结成型的基础。液相的组成、性质和数量在很大程度上决定了烧结矿的产量和品质。所以，研究液相生成条件及其性质具有十分重要的意义。

2.8.1 液相生成概念

固相反应生成的化合物，其熔点要比单体矿物低。例如 Fe_3O_4 的熔点 1597℃，SiO_2 的熔点 1713℃，而固相反应产物 $2FeO·SiO_2$ 的融化温度只有 1205℃ 。这有利于液相的生成。

在烧结过程中，由于燃料燃烧放出大量热量，加热烧结料，当其温度超过固相反应的温度时，就有低熔点化合物生成、低熔点共熔物生成，如 $2FeO·SiO_2$，$CaO·Fe_2O_3$ 等。矿物的熔点低，首先熔化，较早形成液相。由于液相的存在，固体颗粒被一层液相所包围，在液相表面张力的作用下，使颗粒互相靠紧。因此，烧结料密度增加、空隙缩小、颗粒变形、冷凝时颗粒质点重新排列，生成具有一定强度的烧结矿。随着烧结过程的发展，烧结温度迅速提高，初期形成的液相不断扩大，与此同时，又形成新的化合物继续熔化；液相量不断增加，使液相区进一步扩大，各液相区互相合并连通成为黏接相。影响液相生成量的重要因素有：

(1) 烧结温度与液相量的关系：图 2-24 为 SiO_2 含量分别为 4%、6%，不同碱度 CaO/SiO_2 (0.8,1.2,1.5,1.8,2.2,3.0)时，烧结温度与液相量的关系。可以看出，随着烧结温度提高，液相量不断增加。

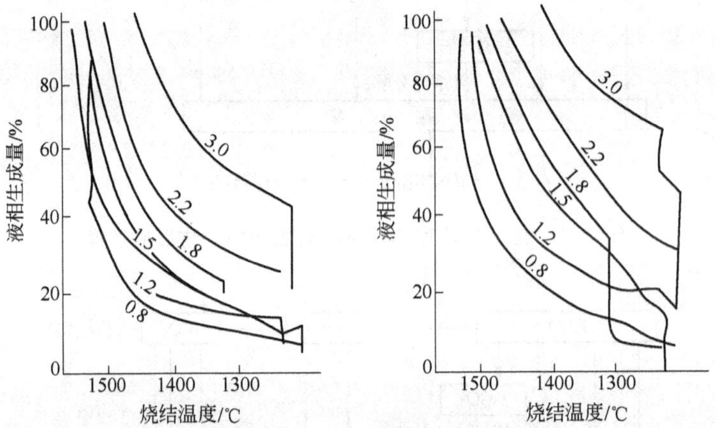

图 2-24 烧结温度与液相量关系

(2) 烧结料碱度与液相量的关系：同样，从图 2-24 中可以看出，液相量随碱度提高而增加，换句话说碱度越高，烧结越容易。

(3) FeO 含量与液相量的关系：烧结配碳增加，烧结料层中还原气氛有所增加，铁的氧化物逐级还原的机会也就多了，FeO 量就多。一般讲，FeO 多，则熔点下降，易于生成液相。

(4) SiO_2、Al_2O_3 和 MgO 含量与液相量的关系：SiO_2 含量一般烧结要求 5% 左右，过高液相量太多，过低则液相量不足。Al_2O_3、MgO 的影响尚待进一步研究。

2.8.2 烧结过程的主要液相

烧结过程中主要液相有：铁－氧体系、硅酸铁体系、硅酸钙体系、铁酸钙体系、钙铁橄榄石体系等。

(1) 铁－氧体系(FeO-Fe_3O_4):富矿粉和铁精矿主要是含铁氧化物的矿物,因此,烧结过程中液相生成的条件,在某种程度上可由铁-氧体系的状态图表示出来。由图 2-25 可以看出,在 Fe 含量为 72.5%～78%时,即 FeO 与 Fe_3O_4 组成的浮氏体区间内,形成的液相是最低共熔物 N(45% FeO 和 55% Fe_3O_4),它们的熔点只有 1150～1220℃。

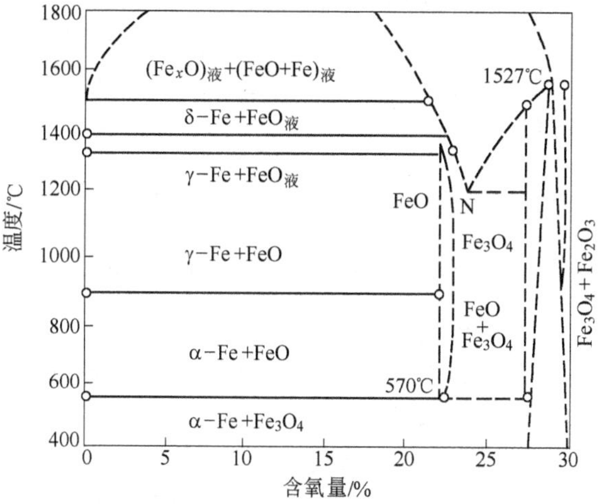

图 2-25 铁－氧体系状态图

而纯赤铁矿或纯磁铁矿的熔点都大于 1500℃,在 1150～1220℃时,纯磁铁矿是不能熔化的,液相量为零。但当磁铁矿部分还原成 FeO,并随 FeO 量的增加,Fe_3O_4 与 FeO 混合物的熔化温度逐渐下降,而体系中的液相量逐渐增多,当 FeO 含量增加到 45%时,达到了低熔点成分,Fe_3O_4、FeO 全部熔化成液相。由此可见,磁铁矿的部分分解或还原成 FcO 将有利于液相生成。这是很有实际意义的,这说明在铁精矿缺乏成渣物质时,如烧结纯磁铁矿非熔剂性烧结矿,在一般烧结温度下(1300～1350℃),在烧结料层中靠近炭粒附近存在还原气氛,FeO 形成,这就可能形成一定数量的低熔点液相,成为烧结矿的主要黏结相,从而保证烧结矿的强度。

(2) 硅酸铁体系(FeO-SiO_2) 富矿粉和铁精矿粉的脉石中总是含有一定数量的 SiO_2。从图 2-26 中可以看出,FeO 与 SiO_2 生成低熔点的化合物是铁橄榄石($2FeO \cdot SiO_2$),含 FeO 70.5%、SiO_2 29.5%,其熔化温度是 1205℃。$2FeO \cdot SiO_2$ 分别与 FeO 和 SiO_2 形成两个共熔混合物,其一是 $2FeO \cdot SiO_2$-SiO_2,含 FeO 62%,SiO_2 38%,熔化温度 1178℃。此外,铁橄榄石还与磁铁矿组成低熔点的共晶混合物,共晶点的液相成分为 17% Fe_3O_4,83% $2FeO \cdot SiO_2$,共晶点为 1142℃,如图 2-27 所示。

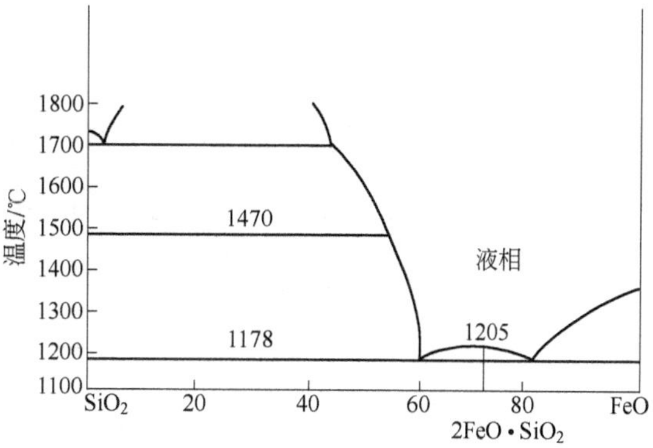

图 2-26 FeO-SiO_2 系相图

从图 2-27 可以看出,铁橄榄石熔化后,混合料中的磁铁矿 Fe_3O_4 被溶解,随着 Fe_3O_4 溶解量的增加,这种含铁硅酸盐熔融物的熔化温度将逐渐升高。

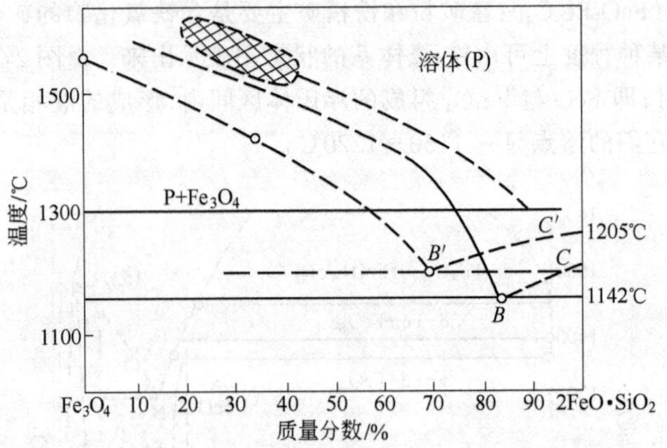

图 2-27　Fe_3O_4-2FeO·SiO_2 系统相图

硅酸铁体系化合物在烧结过程中是经常见到的液相之一，尤其烧结非熔剂烧结矿时，硅酸铁体系液相是烧结矿固结的主要黏结相。铁橄榄石在烧结过程中形成数量的多少与烧结料中的 SiO_2 含量和加入或还原 FeO 量的多少有关。增加燃料用量，烧结料层的温度提高，还原气氛加强，有利于 FeO 的还原，铁橄榄石也就多，液相量增加，可提高烧结矿强度。应注意的是，燃料量过高，液相量过多，制成的 2FeO·SiO_2 就愈多，而铁橄榄石的还原性差，从而使烧结矿难还原。因此，在烧结矿强度足够的情况下不希望铁橄榄石过分发展。

(3) 硅酸钙体系(CaO-SiO_2)：在生产熔剂性烧结矿时，通常需添加石灰石或石灰。石灰石中 CaO 与烧结料中 SiO_2 作用可形成一系列化合物。所以，熔剂性烧结矿中常存在硅酸钙矿物，如图 2-28 所示。

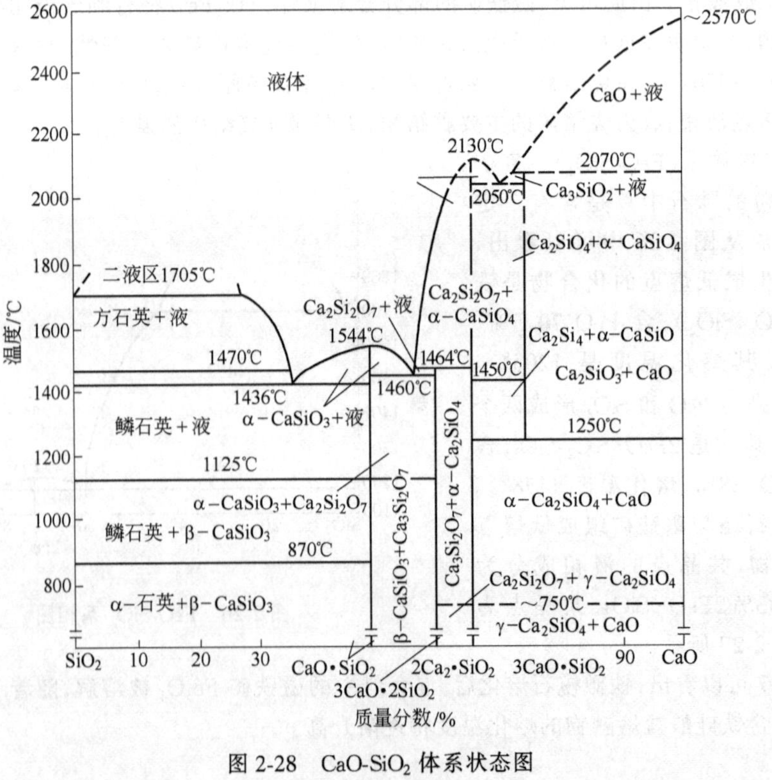

图 2-28　CaO-SiO_2 体系状态图

从 $CaO-SiO_2$ 体系状态图可以看出，该体系有：$CaO·SiO_2$，$3CaO·2SiO_2$，$2CaO·SiO_2$ 和 $3CaO·SiO_2$ 等化合物。其中 $CaO·SiO_2$ 的熔点为 1544℃，并与 α-鳞石英在 1436℃ 形成低熔混合物，与 $3CaO·SiO_2$ 也形成一个低熔点混合物，温度为 1455℃。硅钙石 $3CaO·2SiO_2$ 是不稳定化合物，在熔化前分解，分解温度为 1464℃：

$$2CaO·2SiO_2 = 2CaO·SiO_2 + 液相$$

所以当温度降到 1464℃ 时，$2CaO·SiO_2$ 就会重新进入液相而代之出 $3CaO·2SiO_2$。

正硅酸钙 $2CaO·SiO_2$ 熔化温度是 2130℃，是该体系化合物熔点最高的。这样，在烧结温度下，$2CaO·SiO_2$ 体系液相极少。正硅酸钙熔点虽高，但它却是固相反应的最初产物，开始形成时温度也低。因此在烧结矿中可能存在正硅酸钙矿物，它的存在将影响烧结矿的强度。这是由于 $2CaO·SiO_2$ 在冷却时，发生晶形转变。正硅酸钙在不同温度下有 α、α′、β、γ 四种晶形，它们的密度（g/cm^3）依次为：3.07、3.31、3.28、2.97。正硅酸钙冷却时晶形变化：

$$\alpha\text{-}2CaO·SiO_2 \xrightarrow{1436℃} \alpha'\text{-}2CaO·SiO_2 \xrightarrow{1234℃} \beta\text{-}2CaO·SiO_2 \rightarrow \gamma\text{-}2CaO·SiO_2$$

上述的正硅酸钙晶形变化中，影响最坏的是 β-$2CaO·SiO_2$ 向 γ-$2CaO·SiO_2$ 的晶形转化，因为这一晶形转变可使其体积增大 10%，从而发生体积膨胀，导致烧结矿在冷却时自行粉碎。

为了防止或减少正硅酸钙 $2CaO·SiO_2$ 的破坏作用，在生产中可以采用如下措施：

1）使用粒度较小的石灰石、焦粉、矿粉加强混合作业，改善 CaO 与 Fe_2O_3 的接触，尽量避免石灰石和燃料的偏析。

2）提高烧结矿的碱度。实践证明当烧结矿碱度提高到 2.0～5.0 时，剩余的 CaO 有助于形成 $3CaO·SiO_2$ 和铁酸钙。当铁酸钙中的 $2CaO·SiO_2$ 含量不超过 20% 时，铁酸钙能稳定 β-$2CaO·SiO_2$ 晶形。此外，添加少量 MgO、Al_2O_3 和 Mn_2O_3 对 β-$2CaO·SiO_2$ 晶形转变也有稳定作用。

3）在 β-$2CaO·SiO_2$ 晶体中，加入少量的磷、硼、铬等元素以取代或填隙方式形成固溶体，可以使其稳定。如烧结迁安铁精矿，配入 1.5%～2.0% 的磷灰石，能有效地抑制烧结矿的粉化。

4）燃料用量要低，严格控制烧结料层的温度不能过高。

（4）铁酸钙体系（$CaO-Fe_2O_3$）：铁酸钙是一种强度高、还原性好的粘结相。当用赤铁矿生产熔剂性烧结矿时燃料用量要较低；用磁铁矿生产熔剂性烧结矿都可产生铁酸钙体系化合物。

从图 2-29 可看出，该体系有 $CaO·Fe_2O_3$、$2CaO·Fe_2O_3$、$CaO·2Fe_2O_3$ 三种化合物，它们的熔化温度分别是 1216℃、1449℃、1226℃。$CaO·Fe_2O_3$ 和 $CaO·2Fe_2O_3$ 形成的低共熔混合物的熔点是 1195℃，而 $CaO·2Fe_2O_3$ 只有在 1150～1226℃ 范围内才稳定存在。

$CaO-Fe_2O_3$ 体系中各化合物熔点均较低，特别是铁酸钙 $CaO·Fe_2O_3$ 对生产熔剂性烧结矿有实际意义。铁酸钙是固相反应的最初产物，从 500～600℃ 开始，Fe_2O_3 和 CaO 就形成铁酸钙，温度升高，反应加快。当温度升高到烧结液相生成时，已形成的铁酸钙将分解熔于熔融体中，熔融体中的 CaO 与 SiO_2 及 FeO 的化学亲和力比 CaO 和 Fe_2O_3 等的化学亲和力大得多。这就是低碱度（碱度<1.0）烧结矿中，几乎不存在铁酸钙粘结的原因。因此，只有当 CaO 含量大到 CaO 与 SiO_2、FeO 等结合后还有多余的 CaO 时，CaO 才能与 Fe_2O_3 化合成铁酸钙的生成，使自由的 CaO 减少，提高了烧结矿强度和贮存强度，同时也减少了 Fe_2O_3、Fe_3O_4 的分解和还原，从而减少了铁橄榄石的生成，改善了烧结矿的还原性。所以，在生产高碱度烧结矿时，铁酸钙才是主要胶结相。

有人认为，烧结过程形成 $CaO·Fe_2O_3$ 体系的液相不需要高温和多用燃料，就能获得足够的液相，改善烧结矿强度和还原性，这就是所谓“铁酸钙理论”。

（5）钙铁橄榄石体系（$CaO-FeO-SiO_2$）：生产熔剂性烧结矿时，如燃料用量大，料层温度高，还原性气氛强，就可以生成钙铁橄榄石体系的胶结相。这一体系的主要化合物为钙铁橄榄石（CaO

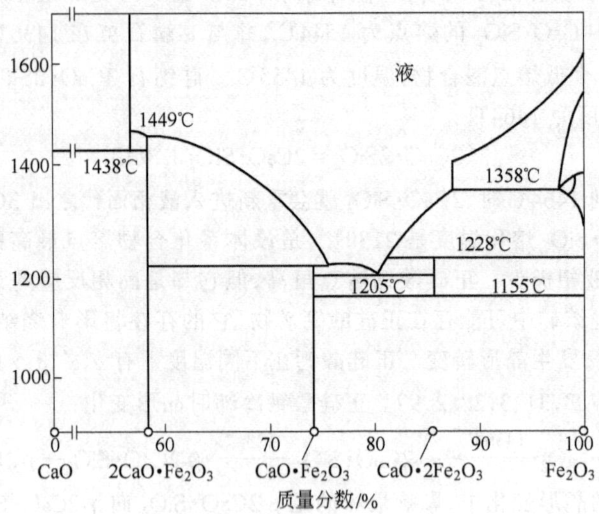

图 2-29　CaO-Fe_2O_3 体系状态图

·$FeO·SiO_2$)、钙铁辉石($CaO·FeO·2SiO_2$)及铁黄长石($2CaO·FeO·SiO_2$)。这些化合物的特点是能够形成一系列的固溶体,并在固溶体中产生复杂的化学变化和分解作用。

从图 2-30 可以看出,这些化合物的熔点 随 FeO 含量增加而降低。当加入 10%CaO 到 FeO 的硅酸盐中($FeO/SiO_2=1$)时,体系熔化温度降至 1030℃,但当 CaO 含量大于 10%时,体系 熔化温度趋于升高。围绕最低共融点的宽广区域(混合物中 CaO 在 17%以下)等温线限制在 1150℃左右。

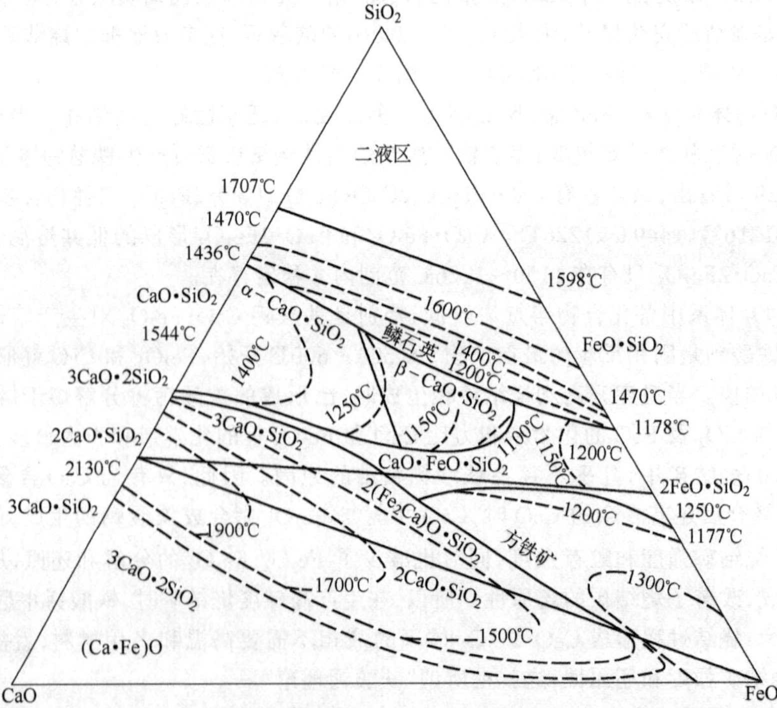

图 2-30　CaO-FeO-SiO_2 体系状态图

钙铁橄榄石与铁橄榄石属于同一晶系，构造相同，生成的条件也相同。要求较高温度和还原气氛，在铁橄榄石中增加石灰石用量，则形成钙铁橄榄石，并且熔化温度下降，最低熔点为1170℃。钙铁橄榄石液相黏度小，较铁橄榄石具有好的透气性，利于强化烧结过程。但易形成粗孔的烧结矿宏观构造，影响烧结矿强度。

研究证明，我国一些以磁铁矿为主要原料的烧结厂生产碱度为1～1.3烧结矿时，烧结矿的液相组成中钙铁橄榄石体系化合物占14%～16%。可见，该体系对熔剂性烧结矿的固结起很大作用。

(6) 钙镁橄榄石体系($CaO-MgO-SiO_2$)：在生产实践中，有些烧结厂在烧结料配入少量的白云石($MgCO_3 \cdot CaCO_3$)代替部分石灰石生产熔剂性烧结矿，这种作法的目的就是生成钙镁橄榄石体系化合物。

MgO 与 SiO_2 可以形成两种化合物，镁橄榄石($2MgO \cdot SiO_2$)和偏硅酸镁($MgO \cdot SiO_2$)，它们的熔化温度分别为1890℃和1557℃。$MgO \cdot SiO_2$ 可形成共熔混合物，其熔点为1543℃。

这三个体系化合物中有钙镁橄榄石($CaO \cdot MgO \cdot SiO_2$)、透辉石($CaO \cdot MgO \cdot 2SiO_2$)、镁蔷薇辉石($3CaO \cdot MgO \cdot 2SiO_2$)、镁黄长石($2CaO \cdot MgO \cdot 2SiO_2$)和钙镁酸盐($5CaO-2MgO-6SiO_2$)。其中透辉石在1391℃、镁黄长石在1454℃时熔融，镁蔷薇辉石在1575℃时分解为 MgO 和 $3CaO \cdot 2SiO_2$。

当烧结矿碱度为1.0时，在烧结料中添加一定数量的 MgO(10%～15%)，可降低硅酸盐的熔点，液相流动性好，而且 MgO 的存在可以阻碍 $2CaO \cdot SiO_2$ 的形成并抑制其晶型转变。这不仅对提高烧结矿强度有良好作用，而且由于 MgO 的加入生成钙镁橄榄石，而阻碍了难还原的铁橄榄石形成，使烧结矿的还原性能得到提高。

除上面谈到的烧结矿经常出现的6个体系液相外，还有：

(1) 铁钙铝的硅酸盐体系($CaO-Al_2O_3-FeO-SiO_2$)。当烧结料中含有适当数量的 Al_2O_3 时，有助于生成低熔点(1030℃～1050℃)的该体系四元化合物，增加烧结矿的液相量，并能减少 $2CaO \cdot SiO_2$ 的生成，使烧结矿强度提高。

(2) 钛钙硅酸盐体系($CaO-SiO_2-TiO_2$)。烧结含钛铁矿的熔剂性烧结矿时，可产生这个体系的化合物。$CaO-SiO_2-TiO_2$ 的熔化温度为1382℃，它与 $CaO \cdot SiO_2$、$CaO \cdot TiO_2$、$SiO_2 \cdot TiO_2$ 的混合物的最低共熔点分别为1353℃、1375℃、1373℃，这种温度水平在烧结过程中是可以达到的。

(3) $MnO-SiO_2$ 和 $MnO-FeO-SiO_2$ 体系。烧结锰矿石或烧结含锰的铁矿石可生成这个体系的化合物。$MnO-SiO_2$ 二元体系中有锰橄榄石($2MnO \cdot SiO_2$)和蔷薇辉石($MnO \cdot SiO_2$)，它们的熔点分别是1365℃和1285℃，而 $2MnO \cdot SiO_2$ 与 $MnO \cdot SiO_2$ 形成的最低共熔点为1170℃。当添加石灰石生产熔剂性烧结矿时可生成 $2CaO \cdot SiO_2-2MnO \cdot SiO_2$，其最低共熔点为1170℃，可见它们都是一些易熔化合物，有利于在较低温度下烧结。

根据体系状态图，我们较为详细地讨论了烧结过程能出现的液相。但由于烧结料中的组分多种多样，其数量也是各不相同的，烧结料层的温度和气氛也是变化的。因而形成的化合物和液相组成也是极为复杂的。

液相的数量和性质，密切关系着烧结矿的产量和品质。显然，为了获得强度好的烧结矿，就必须具有足够数量的液相作为烧结过程中的胶结相。研究表明，在相同燃料消耗下，熔剂性烧结料生成的液相，比非熔剂性烧结料多。而在燃料增多时，液相生成也普遍增多，但液相过多，烧结矿呈粗孔蜂窝结构，强度反而不好。这说明烧结过程中的液相量要有一个合适的量。由于原料条件不同，各烧结厂烧结的合适液相量也不同，这要通过试验和生产实践去求得。此外，液相的性质也直接影响矿物的胶结状况，液相的表面张力愈小，愈易润湿周围的固体颗粒，起到良好的胶结作用。钙铁橄榄石和铁酸钙比钙橄榄石[$(CaO)_{0.5} \cdot (FeO)_{1.5} \cdot SiO_2$]润湿性好，但温度升高到

1350～1400℃时，这一差异就缩小了。若熔融物中有少量的 NaCl 和 MnO，也可改善润湿性。烧结料组分不同，受液相的润湿程度也不同，CaO、MgO 的润湿性最好，SiO_2 次之、Fe_2O_3、Fe_3O_4 最差。液相的黏度影响液相润湿烧结料的速度，黏度应适宜，过大过小对烧结矿强度皆不好。对亚铁酸盐熔融物的润湿速度，依 $CaO\cdot FeO\cdot SiO_2$、$(CaO)_{0.5}\cdot(FeO)_{1.5}\cdot SiO_2$ 和 $2FeO\cdot SiO_2$ 次序递减。铁矿石烧结时可能形成的易熔化合物的易熔体的有关数据参见表 2-15。

表 2-15 铁矿石烧结产生的易熔化合物

体系组成	熔融相特性	熔化温度/℃
Fe_3O_4-FeO	共熔混合物	1200
FeO-SiO_2	$2FeO\cdot SiO_2$	1205
	$2FeO\cdot SiO_2$-SiO_2共熔混合物	1178
	$2FeO\cdot SiO_2$-FeO	1177
	2 FeO· SiO_2-FeO	1142
MnO-SiO_2	$2MnO\cdot SiO_2$ $MnO\cdot SiO_2$共熔混合物	1251
	$MnO\cdot SiO_2$异成分熔化	1291
	2MnO-SiO_2异成分熔化	1323
CaO-Fe_2O_3	$CaO\cdot Fe_2O_3$→熔体+$2CaO\cdot Fe_2O_3$ 异成分熔化	1216
	$CaO\cdot Fe_2O_3$-$CaO\cdot 2Fe_2O_3$ 共熔混合物	1205
	$2CaO\cdot Fe_2O_3$	1449
FeO-Fe_2O_3-CaO	(18%CaO+82%FeO)-$CaO\cdot Fe_2O_3$ 固溶体的共熔混合物	1140
$CaO\cdot SiO_2$-$2CaO\cdot Fe_2O_3$	$CaO\cdot SiO_2$-$2CaO\cdot Fe_2O_3$ 共熔混合物	1185
$2FeO\cdot SiO_2$-$2CaO\cdot SiO_2$	$(CaO)\cdot(FeO)_{2-x}\cdot SiO_2$ 钙镁橄榄石 $x=0.19$	1150
$2CaO\cdot SiO_2$-FeO		1280
Fe_3O_4-Fe_2O_3-$CaO\cdot Fe_2O_3$	Fe_3O_4-{$CaO\cdot Fe_2O_3$, $2CaO\cdot Fe_2O_3$}共熔混合物	1180
Fe_2O_3-SiO_2-CaO	$CaO\cdot SiO_2$-2 CaO· Fe_2O_3 共熔混合物	1180
	2 $CaO\cdot SiO_2$-$CaO\cdot Fe_2O_3$-CaO·2 Fe_2O_3 共熔混合物	1192
$4CaO\cdot Al_2O_3\cdot Fe_2O_3$-2 $CaO\cdot SiO_2$	4 $CaO\cdot Al_2O_3\cdot Fe_2O_3$-2 $CaO\cdot SiO_2$ 共熔混合物	1340
FeO- Al_2O_3	FeO-FeO· Al_2O_3 共熔混合物	1305
FeO- SiO_2- Al_2O_3	FeO· Al_2O_3- SiO_2-3 Al_2O_3·2 SiO_2 共熔混合物	1205
	2 FeO·Al_2O_3- FeO- Al_2O_3- SiO_2 共熔混合物	

2.8.3 液相冷却结晶

随着燃烧带下移，料层上部烧结矿便开始冷却结晶。烧结矿在冷却过程中仍发生许多物理化学变化，冷却过程对烧结矿品质影响很大。

随着烧结矿层的温度降低，其液相中的各种化合物开始冷却结晶。结晶的原则是：熔点高的矿物首先开始结晶析出，所剩液相熔点依次越来越低，然后才是低熔点矿物析出。因此，矿物组成就是在高熔点矿物周围出现低熔点矿物。

2.8.3.1 冷却强度(每分钟温度下降的度数)

冷却强度是影响冷却过程的主要因素。烧结矿层温度下降速度,在表层是120~130℃/min,下层冷却过程只有40~50℃/min。冷却速度过快,液相不能将其潜能释放出来,就形成易破碎的玻璃质,这是烧结矿强度降低的重要因素。根据研究,烧结矿由烧结温度缓冷(冷却速度10~15℃/min)到800℃,烧结矿再结晶进行完全,其强度高。但在800℃以下降低冷却速度,并不能得到好的效果,因缓冷有助于$2CaO·SiO_2$的低温相变,使烧结矿强度有所下降。冷却太慢也降低烧结机产量,造成烧结矿卸下温度太高,给运输胶带带来困难。抽风速度、抽风量、料层透气性等都影响冷却强度。

2.8.3.2 冷凝与结晶

液相随温度降低而逐渐冷凝,各种化合物开始结晶。未熔融的烧结料中的Fe_2O_3、Fe_3O_4颗粒,以及从烧结料中随抽风带来的结晶碎片、粉尘等,都可充当晶核,然后围绕晶核,依各种矿物熔点高低先后结晶。晶核沿着传热方向,呈片状、针状、长条状和树枝状不断长大。因各处冷却条件不同,晶粒发展也不一样。一般说来,表面层冷却速度快,结晶发展不完整,易形成无一定结晶形状、易碎的玻璃质。下部料层冷却缓慢,结晶较完整,这是下部烧结矿层品质好的主要原因。液相冷凝速度过快,大量晶粒同时生成而互相冲突排挤,又因各种矿物的膨胀系数不同,结晶过程中烧结矿内部晶粒间产生的内应力不易消除,甚至使烧结矿内产生细微裂纹,降低了烧结矿强度。此外,空气通过热烧结矿时,其气孔边缘的磁铁矿可被氧化成赤铁矿。这种再生赤铁矿加剧了烧结矿的低温还原粉化现象,影响烧结矿的热强度。从胶结角度看,烧结矿的主要胶结相如为铁酸钙,则强度最好,铁橄榄石、钙铁橄榄石次之。

2.8.3.3 再结晶

已经凝固结晶了的物质,继续冷却时发生晶形转变,称为再结晶。正硅酸钙($2\ CaO·SiO_2$)在675℃时的低温晶形转变β-$2\ CaO·SiO_2 \rightarrow \gamma$-$2\ CaO·SiO_2$,使烧结矿体积增大10%,是影响烧结矿品质的主要因素,应注意加以避免。

2.9 烧结矿的矿物组成、结构及其对品质的影响

烧结矿是烧结过程的最终产物。在烧结料层中,随着燃料燃烧结束,温度逐渐降低,液相开始冷凝,各种化合物陆续从液相熔融物中析出晶体,即内部质点呈规则排列的固体。结晶按其完整程度分为自形晶(有完整的结晶外形)、半自形晶(部分结晶面完好)和他形晶(形状不规则且没有任何良好的晶面)三种晶形,来不及结晶的熔融物,则转变成玻璃质而进入烧结矿中。

烧结矿的矿物成分和结构,由烧结过程熔融体成分和冷却速度决定。而烧结矿的矿物组成和结构,在很多方面决定着烧结矿的冶金性能。因此,对烧结矿物组成、结构的研究,对控制和研究烧结矿的品质,有十分重要的意义。

在烧结过程中,任何燃料消耗量下(燃料量适中,或过高或过低)所形成的烧结矿的构造是不均匀的,这是由于烧结矿配料成分和固体燃料的分布不均匀所致。同时,通常烧结矿的结晶过程是不平衡的,烧结矿中总含有来不及结晶的玻璃体。当熔融体快速冷却时,影响晶体完好生成,并促成熔融体内热能和浓度分布不均匀,以致形成各种骨架状和树枝状晶体。但是矿物的结晶顺序不取决于冷却速度,而决定于固液相线的曲线形状。因此,烧结矿物的晶出顺序,可应用相图来解释。

由于烧结矿的矿物是在短时间内快速加热和急速冷却条件下得到的产物,因此常达不到平衡状态,故矿物的外形、光学性质和组织结构变得非常复杂。目前对烧结矿矿物及其结构研究的

方法很多,用显微镜观察,根据矿物晶形和光学性质不同,借以鉴定烧结矿的矿物组成和结构,是重要的方法之一。

2.9.1　烧结矿的矿物组成

烧结矿的矿物组成,因烧结原料的矿物成分和操作条件不同而异,见表 2-16。

表 2-16　我国一些钢铁企业烧结矿矿物组成(%)

厂　名	磁铁矿	赤铁矿	铁酸钙	硅酸钙	玻璃相	浮氏体	橄榄石	钙钛矿	钙铁辉石	钛榴石	钛酸钙	枪晶石	萤石	镁黄长石	碱度
鞍钢一烧	56.3	6.8	3.0	3.3	11.0	5.5	30.8								1.2
本　钢	60.0	10.0	8.0		10.0	3.0	4.0								1.2
首钢一烧	63.0	5.0	5.0	2.0	21.0	3.0	<1								1.01
首钢二烧	58.0	14.0	11.0	1.0	13.0	1.0	2.0								1.39
攀　钢	35.5	38.5	3.0		0.8			7.0	6.0	1.0	3.0				1.78
包　钢	53.5	15.0	14.2	少	少		少					25.5	2.4		1.76
包钢高 MgO	65~70	2~3	7~8	少	少		少					15.0	1.0	6~7	1.74
酒　钢	8.0		5.0	5~7	8~10										1.38
马钢一烧	60.0	8.0	15.0	3.0	10.0										1.49
马钢二烧	63.0	3.0	20.0	8~5	3.0										1.69
重　钢	20.3	0.8	28.4	5.8	22.8	金属 Fe	19.1								2.49

非自熔性烧结矿含铁矿物主要有磁铁矿(Fe_3O_4)、浮氏体(FeO)、赤铁矿(Fe_2O_3);黏结相矿物有铁橄榄石($2\ FeO\cdot SiO_2$),钙铁橄榄石[$(CaO)_x\cdot(FeO)_{2-x}\cdot SiO_2$, $x=0.5\sim1.5$],铁酸钙($CaO\cdot Fe_2O_3$)、硅钙石($3\ CaO\cdot 2\ SiO_2$)、石英(SiO_2)、玻璃体、金属铁等。主要的黏结物是铁橄榄石及少量的钙铁橄榄石、玻璃体等。

自熔性烧结矿含铁矿物主要有磁铁矿、浮氏体、赤铁矿;黏结相矿物有钙铁橄榄石、玻璃体、金属铁、橄榄石类(铁橄榄石、钙镁橄榄石的固溶体)。硅酸钙($CaO\cdot SiO_2$、β-$2\ CaO\cdot SiO_2$、α-$2\ CaO\cdot SiO_2$、$3\ CaO\cdot 2\ SiO_2$),铁酸钙($CaO\cdot Fe_2O_3$、$2\ CaO\cdot Fe_2O_3$、$3\ CaO\cdot FeO\cdot 7\ Fe_3O_4$、$4\ CaO\cdot FeO\cdot Fe_2O_3$、$CaO\cdot FeO\cdot Fe_2O_3$、$CaO\cdot 3\ FeO\cdot Fe_2O_3$),钙铁辉石($CaO\cdot FeO\cdot 2\ SiO_2$),钙铁辉石－钙镁辉石固溶体,石英、石灰,如含氧化铝脉石的磁铁矿烧结时,还含有铝黄长石($2\ CaO\cdot Al_2O_3\cdot SiO_2$)、铁黄长石($2\ CaO\cdot Fe_2O_3\cdot 3\ SiO_2$)、铁铝酸四钙($4\ CaO\cdot Al_2O_3\cdot Fe_2O_3$),钙铁榴石($3\ CaO\cdot Fe_2O_3\cdot 3\ SiO_2$),如 MgO 含量较多时,还有钙镁橄榄石($CaO\cdot MgO\cdot 2\ SiO_2$)等。主要黏结物为钙铁橄榄石、玻璃体等。

高碱度烧结矿(如碱度>2.0)的矿物,主要是磁铁矿、钙质浮氏体;黏结相矿物有铁酸钙、硅酸三钙($3\ CaO\cdot SiO_2$)、硅酸二钙($2\ CaO\cdot SiO_2$)。主要黏结物是铁酸钙。

上述矿物组成,对于某一烧结矿来说,不一定全部矿物都有,而且矿物数量有多有少。磁铁矿和浮氏体是各种烧结矿的主要矿物。磁铁矿物从熔融体中最早结晶出来,形成完好的自形晶。浮氏体的含量随烧结料中含碳量增加而增加,烧结矿冷却时,浮氏体局部氧化为磁铁矿,或分解成磁铁矿与金属铁。烧结矿中非铁矿物以硅酸盐类矿物为主。

从表 2-17 可以看出:赤铁矿、磁铁矿、铁酸一钙、铁橄榄石等均具有较好的强度,而钙铁橄榄石,当 $x=0.25\sim1.0$ 时强度较好,铁酸二钙强度差,玻璃质强度最差(抗压强度只有 460 kPa。要得到强度好的熔剂性烧结矿,就要使烧结矿的黏结相矿物中具有较多的低氧化钙的钙铁橄榄石

(如 $x=0.5$)和铁酸一钙、铁酸半钙等。

表 2-17 烧结矿主要矿物及黏结相的性能

矿 物	熔化温度/℃	抗压强度/kPa	还原率/%
赤铁矿 Fe_2O_3	1536(1566)	2670	49.9
磁铁矿 Fe_3O_4	1590	3690	26.7
铁橄榄石 $2FeO\cdot SiO_2$	1205	2000	1.0
钙橄榄石 $CaO_{0.25}\cdot FeO_{1.75}\cdot SiO_2$	1160	2650	2.1
$CaO_{0.5}\cdot FeO_{1.5}\cdot SiO_2$	1140	5660	2.7
$CaO\cdot FeO_{1.5}\cdot SiO_2$(结晶相)	1208	2330	6.6
$CaO\cdot FeO\cdot SiO_2$(玻璃相)		460	3.1
$CaO_{1.5}\cdot FeO_{0.5}\cdot SiO_2$		1020	1.2
铁酸一钙 $CaO\cdot Fe_2O_3$	1216	3700	40.1
铁酸二钙 $2\ CaO\cdot Fe_2O_3$	1436	1420	28.5
二铁酸钙 $2\ CaO\cdot 2\ Fe_2O_3$	1200		58.4
三元铁酸钙 $CaO\cdot 2\ Fe_2O_3$	1380		59.6
枪晶石 $3\ CaO\cdot 2\ SiO_2\cdot CaO$ 硅灰石	1410	672.8	
$CaO\cdot SiO_2$	1540	1135.8	
镁黄长石 $2\ CaO\cdot MgO\cdot 2\ SiO_2$	1590	2382.7	
铝黄长石 $2\ CaO\cdot Al_2O_3\cdot 2\ SiO_2$	1451～1596	1620.4	
钙镁辉石 $CaO\cdot MgO\cdot 2\ SiO_2$	1390	580.2	
镁蔷薇辉石 $3\ CaO\cdot MgO\cdot 2\ SiO_2$	1598	1981.5	
正硅酸钙 $2\ CaO\cdot SiO_2$	2130		
钙镁橄榄石 $CaO\cdot MgO\cdot SiO_2$	1490		

表 2-17 中所列的烧结矿强度是在常温下测定的各种矿物机械强度。但是，从一些高炉解剖中发现，即使是优质的烧结矿在冶炼状态下其粉化率比入炉前要高出 2～3 倍，严重时甚至影响高炉正常生产。

一些实验确定，烧结矿的最大粉化率多发生在 500～550℃ 的温度范围内。这固然与碳的沉积有关，但与烧结矿本身的矿物结构、固结强度的关系更为密切。当烧结矿的固结强度不足以克服 Fe_2O_3 还原膨胀所产生的内应力时，烧结矿便发生碎裂粉化。然而，并不是所有 Fe_2O_3 还原时都粉化，Fe_2O_3 有多种形态，造成粉化的是骸晶状菱形赤铁矿(烧结矿中大约 9.8%，其低温还原粉化率为 46.5%)。

各种矿物的机械强度和还原性并不是完全一致的。铁橄榄石和某些钙铁橄榄石虽有较好的强度，但还原性都差，只有铁酸一钙机械强度和还原性都好。铁酸一钙属于低级晶系，晶格能小，易于分解和还原，而玻璃质的机械强度和还原性都最差。

2.9.2 影响烧结矿矿物组成的因素

在烧结时，铁精矿粉(含铁原料)的组成是决定烧结矿中不同矿物组成的内在因素，而配加熔剂和燃料的品种和用量、其他少量添加剂品种和用量以及烧结过程中的工艺条件，则是影响烧结矿矿物组成的外在因素。

2.9.2.1 烧结原料的含铁量与脉石成分对烧结矿矿物组成的影响

同样是高碱度但由于含铁品位不同，烧结矿的矿物组成相差较大，见表 2-18～表 2-21。

表 2-18 烧结矿化学成分(低品位)

烧结矿成分 w/%	TFe	FeO	CaO	MgO	SiO_2	Al_2O_3	S	碱度	原料情况
韶关钢铁厂	37.45	10.70	24.88	3.60	12.2	2.51	0.206	2.24	大宝山褐铁矿粉
南京钢铁厂	48.5	15.00	15.00	4.80	10.5	—	—	1.90	冶山精矿＋原矿粉
太钢－3(实验室)	44.82	13.16	18.79	2.82	11.0	2.30	-	1.71	峨口精矿＋杂矿粉

表 2-19 烧结矿矿物含量及冶金性能(低品位)(%)

矿物与冶金性能	Fe_3O_4	Fe_2O_3	铁酸钙	硅酸钙	玻璃质	橄榄石	黄长石	其他	还原率	低温粉化率	软化温度/℃
韶关钢铁厂	35～40	—	3～5	3～5	3～5	3～5	2～3	2～3	—	—	
南京钢铁厂	50～55	2～3	6	10	3	30	—	浮氏体 7～8	—	—	1225～1300
太钢－3(实验室)	40～45	1～2	5	15	30	—	—	1	48.88	9.91	1164～1212

表 2-20 烧结矿化学成分(高品位)

成分 w/%	TFe	FeO	SiO_2	CaO	MgO	Al_2O_3	碱度	配碳	原料配比
太－1(实验室)	50.84	11.77	8.60	14.30	2.82	2.55	1.765	3.5	60%澳矿＋40%峨矿
太－8(生产)	55.19	8.44	6.78	10.66	2.02	1.56	1.572	4.2	38%利精矿＋20%峨矿＋42%澳矿
宝钢(实验室)	57.39	7.0	5.98	10.09	1.53		1.65		

表 2-21 烧结矿矿物含量及冶金性能(高品位)(%)

性能	Fe_3O_4	Fe_2O_3	铁酸钙	硅酸盐	玻璃质	其他	还原率	低温粉化率	软化温度/℃
太－1(实验室)	50～55	3	20～25	5～10	15	1	59.57	20.51	1133～1232
太－8(生产)	45	10	35～40	2	5	1	67.76	32.80	1081～1257
宝钢(实验室)	17	10～20	30～35	10～15	7	4	76.37	31.36	1225～1260

从上述四个表的比较可以看出：

含铁 37.5%～48.5%的低品位烧结矿，其 FeO 含量大都高于 10%，Fe_2O_3 1%～3%，烧结矿中含铁矿物主要是磁铁矿，而含铁 50%～57%的高品位烧结矿 Fe_2O_3 含量 10%～15%。

含硅量在 10%～13.3%的低品位烧结矿，黏结相是以硅酸矿物为主，铁酸钙含量仅有 3%～6%，而含量在 6%～9%的高品位烧结矿，黏结相是以铁酸钙为主。

矿石脉石成分对烧结矿矿物组成的影响，以 SiO_2 含量影响最大。如表 2-22 所示，用含 12.9% SiO_2 的鞍山精矿和 1.7% SiO_2 的马钢凹山精矿烧结，在相似的烧结条件下，矿物组成有很大差别。鞍山烧结矿主要黏结相为钙铁橄榄石和玻璃质，它将均匀分散的磁铁矿晶粒粘结起来，强度尚好。在相似条件下，马钢烧结矿只有磁铁矿、赤铁矿和玻璃质，烧结矿由大面积磁铁矿集合体组成，强度不好。由此可见，脉石中含有一定数量的 SiO_2 以生成相当数量的液相，是提高烧结矿强度的有利因素。

表 2-22 不同烧结矿的矿物组成

名称	烧结条件		烧结矿矿物组成/%							
	混合料含碳/%	碱度 $w(CaO/SiO_2)$	磁铁矿	赤铁矿	铁酸钙	玻璃质	钙铁橄榄石	硅酸钙	游离CaO	高温石英
鞍山烧结矿	3.5	1.20	48.5	16.4	1.3	12.5	11.6	4.5	3.5	1.8
马钢凹山烧结矿(一)	4.0	1.17	86.4	7.0	—	7.0	—	—	—	—
鞍山烧结矿	4.0	1.55	47.5	7.5	3.3	15.6	23.5	2.6	—	—
马钢凹山烧结矿(二)	4.8	1.52	88.8	5.0	—	7.2	—	—	—	—

脉石中 Al_2O_3 数量比较多，它在烧结过程中进入熔融体，使烧结矿结构复杂化。Al_2O_3 含量大于7%时，铝铁盐增多，并随 Al_2O_3 含量的增加，$CaO·Al_2O_3·2Fe_2O_3$ 增多，$4CaO·Al_2O_3·Fe_2O_3$ 减少，硅酸盐胶结物中有多种黄长石(如铁黄长石 $2CaO·Fe_2O_3·SiO_2$，铝黄长石 $2CaO·Al_2O_3·SiO_2$)这就减少了 $2CaO·SiO_2$ 的生成。同时，由于 Al_2O_3 生成铝酸钙和铁酸钙固溶体($CaO·Al_2O_3-CaO·Fe_2O_3$)，降低了烧结料熔化温度，且 Al_2O_3 能增加液相表面张力。降低氧离子扩散，有利于高氧化度烧结矿生产。

2.9.2.2 燃料用量和影响

烧结矿的矿物组成是随着烧结料中固定碳的不同用量而变化的，图 2-31 是烧结非熔剂性赤铁矿时，矿物组成的变化。当燃料量过少时(含碳 3.5%～4%)，不能保证赤铁矿充分还原和分解。原生及次生赤铁矿增加，晶粒细小，磁铁矿结晶程度差，料层中液相量少，铁橄榄石和钙铁橄榄石含量少，甚至仅呈固相反应。这种橄榄石分布在磁铁矿和石英接触处，不起连接作用。黏结相主要是玻璃质、孔洞多，烧结矿强度低，这就是燃料不足时，非熔剂性烧结矿强度差的原因之一。在正常燃料用量情况下，烧结矿矿物主要由磁铁矿和铁橄榄石组成，含有少量的浮氏体。原生赤铁矿及石英，磁铁矿结晶程度高，黏结相主要为钙铁橄榄石，孔洞少，烧结矿强度提高。当燃料用量高时(>7%)，浮氏体和橄榄石增多，磁铁矿相应减少，还可能出现金属铁，烧结矿因过熔造成大孔薄壁或气孔很少的烧结矿，烧结矿的产量、品质都不好。

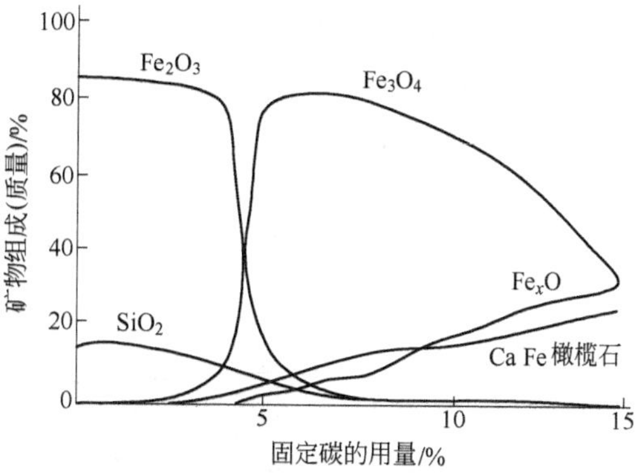

图 2-31 烧结矿矿物组成与固定碳的关系

图 2-32 是某厂用磁铁矿精矿烧结，碱度为 1.25 时，不同配碳量烧结矿的矿物组成情况。从图中可以看出，配碳量低(3.2%)，烧结矿中浮氏体极少或几乎没有，硅酸钙和其他硅酸盐矿物也少，烧结矿不粉化。但由于硅酸盐黏结相少，所以烧结矿强度差。图 2-33 的曲线表明，随着配碳量增加，烧结温度升高，还原气氛加强，烧结矿中浮氏体显著增加，硅酸盐黏结相矿物也有所增多，赤铁矿和铁酸钙明显下降，烧结矿强度好。当配碳量达到 11%时，烧结矿中的铁酸钙接近消失，硅酸盐黏结相增加，强度虽好，但由于发生 $\beta-2CaO·SiO_2 \rightarrow \gamma-2CaO·SiO_2$ 的相变，烧结矿的粉化严重。

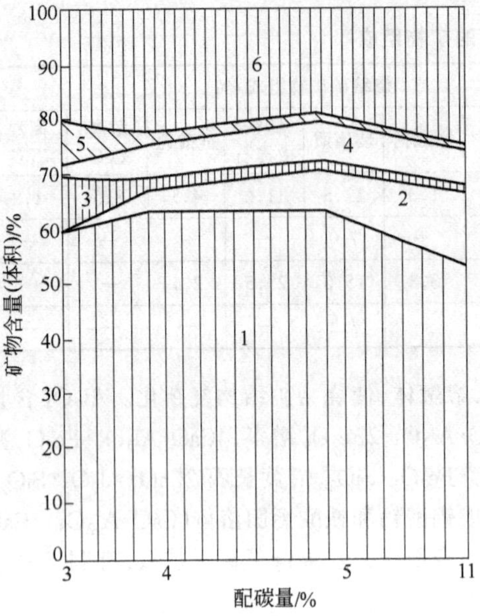

图 2-32　不同配碳量对烧结矿矿物组成的影响

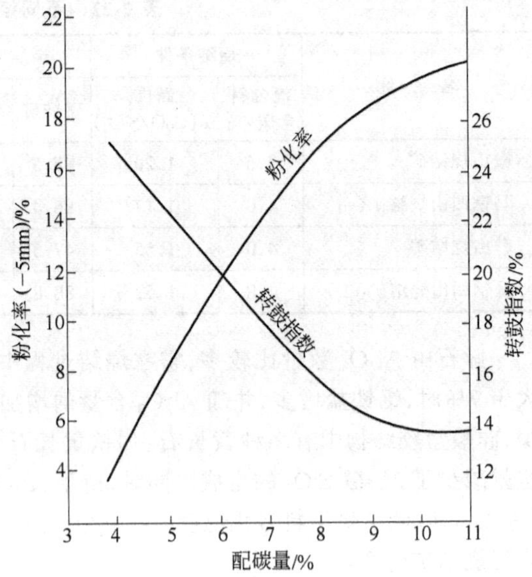

图 2-33　不同配碳量对烧结矿的强度和粉化率的影响

2.9.2.3　烧结矿碱度的影响

在燃料用量一定的情况下，烧结矿的最终矿物组成，仅取决于烧结矿的碱度，如图 2-34 所示。从图中可以看出，用磁铁精矿烧结时，碱度小于 1 的酸性烧结矿，主要矿物为磁铁矿及少量浮氏体和赤铁矿，主要黏结相为铁橄榄石及少量玻璃质。磁铁矿结晶程度较完全，多为自形晶及半自形晶，并与黏结相形成均匀的粒状结构，烧结矿强度好，冷却时几乎无粉化现象，但还原性差。

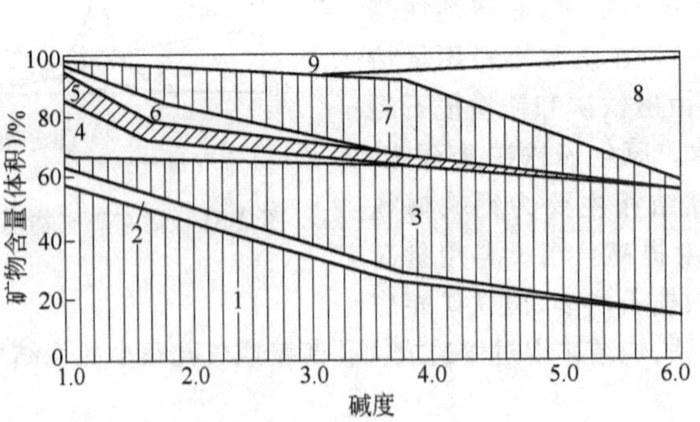

图 2-34　烧结矿矿物组成与碱度的关系

1—磁铁矿(有少量浮氏体)；2—赤铁矿；3—铁酸钙；4—钙铁橄榄石；5—玻璃体；6—硅灰石；7—硅酸二钙；8—硅酸三钙；9—游离石灰、石英及其他硅酸盐矿物

碱度(CaO/SiO_2)为 1～1.5 时，黏结相矿物主要有钙铁橄榄石及少量的硅酸一钙、硅酸二钙、铁酸钙和玻璃质，烧结矿强度下降，冶金性能也不太好。随着碱度的提高，硅酸二钙、硅

酸钙明显增加，而钙铁橄榄石和玻璃质则逐渐减少。磁铁矿以他形晶为主，晶粒细小，与铁酸钙形成熔融结构，烧结矿强度和还原性都好，且因过剩的 CaO 有稳定 β-2 CaO·SiO_2 作用，烧结矿不粉化。

2.9.2.4 其他添加物的影响

我国有些烧结厂在配料中添加部分白云石代替石灰石。结果发现随着 MgO 含量的增加，烧结矿的粉化明显下降，使烧结矿强度大为改善，这是因为烧结料中含 MgO 时，形成了新的黏结相矿物。如钙镁橄榄石（CaO·MgO·SiO_2）、镁蔷薇辉石（3CaO·MgO·SiO_2）等，这些矿物熔点较高，但其混合物在 1400℃ 可以熔融。烧结矿中的 MgO 有稳定 β-2CaO·SiO_2 的作用。因此，适当添加白云石作熔剂可以提高烧结矿强度，减少粉化，也提高了还原性。这是因为 MgO 阻碍或减少了难还原的铁橄榄石、钙铁橄榄石的形成。

在烧结配料中加入少量的磷灰石或少量含磷铁矿也能起到防止烧结矿粉的作用。如有烧结厂的烧结矿含磷达 0.04％时，烧结矿较少粉化。这是因为磷在烧结矿中能与 2CaO·SiO_2 形成固溶体，使其不发生相变。

另外，在烧结含酸性脉石的磁铁精矿时，配加一定的赤铁矿粉或含 Al_2O_3 的铁矿粉，有利于形成铁酸钙、铁黄长石、钙铁榴石、铝黄长石等矿物，以减少或消除硅酸二钙的形成。

2.9.2.5 烧结操作制度的影响

烧结过程的温度和气氛等，对烧结矿矿物也有一定的影响。除燃料外，点火温度、冷却速度、料层高度都有直接影响。如烧结料表层温度低，冷却快、化合反应不充分、矿物以赤铁矿为主、主要黏结相为玻璃质，强度差，在往下的料层中，温度升高、还原气氛增强、玻璃质逐渐减少、橄榄石、铁酸钙等矿物增多，浮氏体广泛出现，磁铁矿逐渐增加，赤铁矿逐渐减少，烧结矿强度提高。

2.9.3 烧结矿的结构

随着生产实践和科学技术的发展，烧结工作者逐渐认识到：烧结矿的组织结构不但支配着烧结矿的物理机械性能，还支配着冶金性能。因此，对烧结矿组织结构的研究，是改善和提高烧结品质、产量的重要方面。

2.9.3.1 烧结矿的宏观结构

宏观结构指肉眼能看见孔隙的大小、孔隙的分布状态和孔壁的厚薄等。烧结矿的宏观结构可分以下三种：

(1) 疏松多孔、薄壁结构：疏松多孔薄壁的烧结矿强度差、易破损、粉末多，但易还原。这种结构的烧结矿，一般是在配碳低、液相量少、液相黏度小的情况下出现。

(2) 中孔、厚壁结构：中孔厚壁结构的烧结矿强度高，粉末少，还原性一般。这种结构的烧结矿是我们所希望的，一般在配碳适当，液相量充分的情况下出现。

(3) 大孔、厚壁：大孔厚壁结构的烧结矿强度较好，但还原性差。当配碳过高、过熔时，常出现大孔薄壁结构的烧结矿，其强度、还原性都差。

2.9.3.2 烧结矿的微观结构

微观结构指借助于显微镜观察矿物的结晶情况，含铁矿物与液相矿物数量和分布情况、微气孔的种类、数量及分布情况，单个相的界面种类和大小等。

(1) 多孔结构：烧结矿呈海绵状多孔构造。一般来说，烧结反应进行越充分，气孔越少；固结加强，气孔壁加厚。因此，气孔率达到一定值也是烧结矿固结的要求之一，其值与烧结矿性质有密切的关系。图 2-35、图 2-36 表示气孔率与强度和还原性关系。可以看出，烧结矿气孔率越低，粘结情况好,烧结矿强度也越高;相反,气孔率越低,与煤气接触面越小,烧结矿的还原性越差。因此,气孔率过大、过小都不好,有一最佳值。

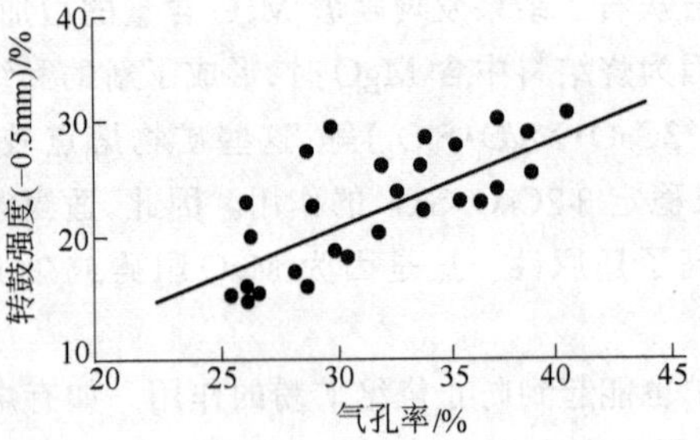

图 2-35　烧结矿气孔率与强度关系

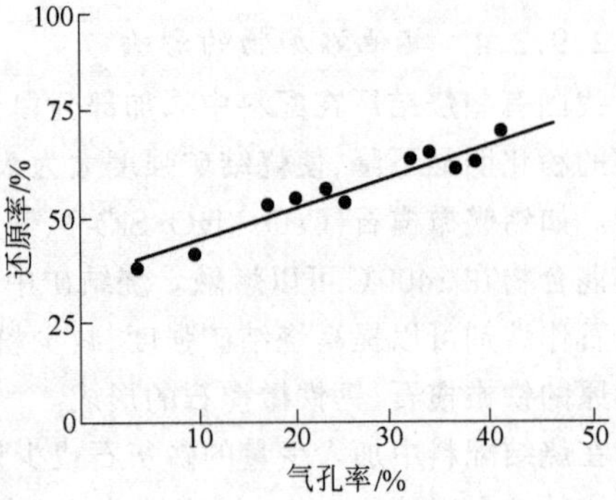

图 2-36　烧结矿气孔率与还原性的关系

(2) 组织不均匀:从微观上看,烧结矿组织不均匀,除相当于烧结矿平均成分的矿物组织外,一般在局部区域不分散地存在于平均成分不同的矿物组织。这种组织上的不均匀性造成烧结矿性质不稳定。一般烧结矿中均含有比平均成分(例如 CaO/SiO_2 为 1.4,2.0)碱度高或低的组织以及未同化而残留的原来的矿石。烧结矿成分越是不均匀,其品质(低温还原粉化性)越差。烧结矿越接近平均成分,其品质越好越稳定。

(3) 生成矿物:烧结矿品质与构成烧结矿的矿物种类及性质直接相关。因此,在某种意义上说烧结生产本质就是制造矿物。根本问题在于如何在短时间内,高效率地形成液相并进行固结,以及如何更多的生产出品质良好的矿物。

2.9.3.3　熔剂性烧结矿常见的显微结构

(1) 粒状结构　当熔融体冷却时磁铁矿首先析晶出来,形成完好的自形晶粒状结构,这种磁铁矿也可以是烧结矿配料中的磁铁矿再结晶而产生的。有时由于熔融体冷却速度较快,则析晶出来的磁铁矿为半自形晶和他形晶粒状结构分布均匀,烧结矿强度好。

通常磁铁矿晶体中心部分是被熔融的原始精矿粉颗粒,而外部是从熔融体中结晶出来的。即在原始精矿粉周围又包上薄薄一层磁铁矿。

(2) 共晶结构　磁铁矿呈圆点状存在于橄榄石的晶体中,磁铁矿圆点状晶体是 Fe_3O_4-$Ca_xFe_{(2-x)}SiO_4$ 系统共晶部分形成的。磁铁矿呈圆点状存在于硅酸二钙晶体中,这些矿物共生,是 Fe_3O_4-Ca_2SiO_4 系统共晶区形成的。

赤铁矿呈细粒状晶体分布在硅酸盐晶体中,是 Fe_3O_4-$Ca_xFe_{(2-x)}SiO_4$ 系统共晶体被氧化而形成的。

(3) 斑状结构　烧结矿中含铁矿物与细粒黏结相组成斑状结构,强度较好。

(4) 骸晶结构　早期结晶的含铁矿物晶粒发育不完全,只形成骨架,中间由黏结相充填,可看到含铁矿物结晶外形和边缘呈骸晶结构。这是强度差的一种结构。

(5) 交织结构　含铁矿物与黏结相矿物(或同一种矿物晶体)彼此发展或交叉生长,这种结构强度最好。高品位和高碱度烧结矿中,此种结构较多。

(6) 熔融结构

烧结矿中磁铁矿多为熔融残余他形晶,晶粒较小,多为浑圆状,与黏结相形成熔融结构,在熔剂性液相量高的烧结矿中常见,含铁矿物与黏结相接触紧密,强度最好。

2.10 烧结过程中某些有害元素的脱除

烧结过程中能去除部分有害元素:硫、氟、钾、钠、铝、锌、砷等。这是烧结生产很重要的优点。烧结料中的这些有害元素,是通过生成气态物质而被挥发除去的。

2.10.1 硫的去除

硫是钢铁中的主要有害元素之一,钢中含硫量超过一定的数量后,在进行热加工时会出现热脆现象;铸铁中含硫,铸件容易产生气孔并难以车削。因此,钢铁冶炼的各个阶段都力图最大限度地去硫,以达到国家所规定的标准。在钢铁冶炼过程中,虽然能去除硫,但将大大降低设备生产率,也会使冶炼的技术经济指标变差。如去除高炉炉料中 1 kg 硫,需要 26.5 kg 焦炭。因此,在烧结时除去大部分硫是经济合理的,也是烧结生产的一大优点。高炉要求铁矿的含硫量小于 0.3%,一级入炉矿石的含硫量不大于 0.06%,烧结矿的含硫量不大于 0.08%。

烧结料中的硫主要来自矿粉,少量来自燃料。矿粉中的硫以硫化物状态存在为主,如黄铁矿中的 FeS_2,个别情况也有黄铜矿($CuFeS_2$),蓝铜矿(CuS),闪锌矿(ZnS);此外还有部分硫酸盐,如硫酸钙($CaSO_4$),硫酸钡($BaSO_4$),硫酸镁($MgSO_4$)。燃料中的硫以有机硫形式存在。硫的存在形式不同,去除方式也有别。

黄铁矿(FeS_2)是铁矿石中经常遇到的也是主要的含硫矿物,它具有较大的分解压,也易于氧化,在空气中加热到 565℃ 时很容易分解出一半的硫,因此,在烧结的条件硫是较易去除的。黄铁矿氧化,甚至在更低的温度(280℃)就开始了,当温度低时,从黄铁矿着火(366~437℃)至 565℃ 硫的分解压还较小。在 280~437℃ 温度下,黄铁矿 FeS_2 的氧化(燃烧)反应按下列方程式进行:

$$2FeS_2 + 5\frac{1}{2}O_2 = Fe_2O_3 + 4SO_2 \qquad +1668900\ kJ$$

$$3FeS_2 + 8O_2 = Fe_3O_4 + 6SO_2 \qquad +2380238\ kJ$$

当温度高于 565℃ 时,黄铁矿分解,其产物 FeS 和 S 同时燃烧,反应式如下:

$$FeS_2 = FeS + S \qquad -56982\ kJ$$

$$2FeS + 3\frac{1}{2}O_2 = Fe_2O_3 + 2SO_2 \qquad +1230961\ kJ$$

$$3FeS + 5O_2 = Fe_3O_4 + 3SO_2 \qquad +1723329\ kJ$$

$$S + O_2 = SO_2 \qquad +296886\ kJ$$

$$SO_2 + \frac{1}{2}O_2 = SO_3$$

上述硫的氧化反应中,在温度低于 1250~1300℃ 时,FeS 燃烧主要生成 Fe_2O_3。当温度更高(超过 1350℃),FeS 燃烧主要生成 Fe_3O_4,在有催化剂(Fe_2O_3)存在的情况下,SO_2 可能进一步氧化成 SO_3。在 500~ 1383℃,铁的硫化物与高价氧化铁的直接反应起着重要的作用:

$$FeS_2 + 16Fe_2O_3 = 11Fe_3O_4 + 2SO_2$$

$$FeS + 10Fe_2O_3 = 7Fe_3O_4 + SO_2$$

$$FeS + 3Fe_3O_4 = 10FeO + SO_2$$

烧结料中其他一些硫化物、硫酸盐的分解和氧化反应列于表 2-23。

表 2-23　空气中硫化物和硫酸盐的分解和氧化反应

矿　物	化学式	分解和氧化反应	开始温度/℃		附　注
			热分解	氧　化	
焦粉中有机硫	S有机	$S_{有机} + O_2 = SO_2$			焦粉燃烧温度>700℃
		$SO_2 + 1/2O_2 = SO_3$			有接触剂时<600℃
磁黄铁矿	Fe_xS $x=0.8\sim0.9$	$Fe_{0.8}S = 4/5Fe + 1/10S_2$			
		$4FeS + 7O_2 = 2Fe_2O_3 + 4SO_2$		250	250～1383℃氧化
		$3FeS + 5O_2 = Fe_3O_4 + 3SO_2$			>1383℃氧化
		$FeS + 3Fe_3O_4 = 10FeO + SO_2$			>1100℃氧化
黄铜矿	$CuFeS_2$	$2CuFeS_2 = Cu_2S + 2FeS + 1/2S_2$	550	—	
		$2CuFeS_2 + 6O_2 = CuO + Fe_2O_3 + 4SO_2$	—	500	从 600～1383℃
辉铜矿	Cu_2S	$Cu_2S + 2O_2 = 2CuO + SO_2$	—	250	
蓝铜矿	CuS	$4CuS = 2Cu_2S + S_2$	400		
闪锌矿	ZnS	$2ZnS + 3O_2 = 2ZnO + 2SO_2$		450	
方铅矿	PbS	$2PbS + 3O_2 = 2PbO + 2SO_2$		360	
石　膏	$CaSO_4·2H_2O$	$CaSO_4·2H_2O = CaSO_4 1/2H_2O + 3/2H_2O$	120～170		
		$CaSO_4·1/2H_2O = CaSO_4 + 1/2H_2O$	170		
硬石膏	$CaSO_4$	$CaSO_4 = CaO + SO_2 + 1/2O_2$	>975		1375℃分解剧烈
重晶石	$BaSO_4$	$BaSO_2 + O_2 = BaO + SO_2 + 1/2O_2$	>1185		

从表 2-3 中可以看出，FeS_2、ZnS、PbS 中的硫是易于去除的。而 $CuFeS_2$、CuS 等化合物由于较稳定，需要在高温下才能氧化，因此从含铜硫化物的烧结料中去除硫是较困难的。硫酸盐的分解则要更高些的温度，但是当有 Fe_2O_3、SiO_2、Al_2O_3 存在时改善了 $CaSO_4$、$BaSO_4$ 分解的动力学条件，脱硫反应相对容易些。

$$6CuFeS_2 + 39\frac{1}{2}O_2 = 6CuO + 3Fe_2O_3 + 12SO_2$$

$$Cu_2S + 2O_2 = 2CuO + SO_2$$

$$CaSO_4 = CaO + SO_2 + \frac{1}{2}O_2$$

$$BaSO_4 = BaO + SO_2 + \frac{1}{2}O_2$$

$$CaSO_2 + Fe_2O_3 + \frac{1}{2}O_2 = CaO·Fe_2O_3 + SO_2$$

$$BaSO_4 + SiO_2 = BaO·SiO_2 + \frac{1}{2}O_2 + SO_2$$

燃料中有机硫的着火温度比焦粉低，烧结时多以 SO_2 形式逸出，

$$S_{有机} + O_2 = SO_2$$

但当还原气氛强，温度水平低，扩散条件差时，则有部分有机硫不能去除。

从以上分析可知，烧结过程中，黄铁矿和有机硫的去除，主要是氧化放热反应，是按气体氧和 FeS_2 或 FeS 进行吸附扩散和 SO_2 进行脱附扩散的过程。硫酸盐的硫是分解和还原过程，是吸热反应，烧结过程因高温区停留时间短，不能保证硫酸盐脱硫反应充分进行。一般情况下，硫化物的去硫率在90%以上，有机硫可达94%，而硫酸盐去硫率只有70%～85%。在烧结过程中，烧结料中的硫沿料层高度发生再分布。燃烧带气化了的 S、SO_2 和 SO_3 逐渐进入干燥带和过湿带，气体中的含硫量向下逐渐降低，烧结料中的含硫量向下而逐渐增加。这是因为在较低温度下，硫蒸气发生了沉积，SO_2 和 SO_3 溶于水，以及石灰石、石灰等与 SO_2 反应，吸收了硫。

$$CaO + \frac{1}{2}H_2O + SO_2 = CaSO_3 \cdot \frac{1}{2}H_2O$$

$$Ca(OH)_2 + SO_2 = CaSO_3 + H_2O$$

$$CaCO_3 + SO_2 + H_2O = CaSO_3 \cdot H_2O + CO_2$$

$$CaO \cdot Fe_2O_3 + SO_2 + H_2O = CaSO_3 \cdot H_2O + Fe_2O_3$$

当温度达到150℃时亚硫酸钙脱水：

$$CaSO_3 \cdot H_2O = CaSO_3 + H_2O$$

当温度更高时，在有氧存在的情况下：

$$CaSO_3 + \frac{1}{2}O_2 = CaSO_4$$

石灰石的硫酸化在400～500℃时进行得较快，铁酸钙和石灰转化为硫酸盐的反应一直进行到900～1000℃。烧结料的硫酸化，使得它的脱硫率平均降低5%～7%。

试验证明，当燃烧带向下进行迁移到料层高度的1/3处时，停止烧结过程，对料层中的烧结矿和烧结料进行分析。当料层高度从170 mm增加到270 mm时，预热带烧结料的含硫量由原始的6%增加到37%，过湿层的含硫量超过原始烧结料含硫量的40%～50%，但因烧结过程逐渐向下推进，预热层和过湿层最终消失，硫的再分配对产品的影响就不大了。

从脱硫反应分析得知，适宜的烧结温度，大的反应表面、良好的扩散条件和充分的氧化气氛是保证烧结过程顺利脱硫的主要因素。这些因素包括烧结温度、矿石的物理化学性质、烧结矿的碱度和熔剂添加物的性质、燃料用量和性质以及返矿的数量。

2.10.1.1 烧结温度

烧结温度低脱硫率低，提高烧结温度可以使脱硫率增加。但温度过高，以致烧结矿表面熔化，FeO 与 FeS 易形成低熔点(940℃)物质，恶化了 O_2 及 SO_2 的扩散条件，反而使烧结脱硫率降低。适当的烧结温度，取决于不同条件下的最佳配碳量。使用高硫矿石烧结时，因硫化物的氧化是放热反应，应减少配碳量，一般经验是增加1%的硫，相应减少0.5%的焦粉。适宜的烧结温度因各厂原料条件不同而有差异，应通过科学试验确定。

2.10.1.2 矿石的物理化学性质

矿石粒度大小影响着料层的透气性及矿石内部气体的扩散速度，从而影响脱硫效果。矿石粒度较小时，矿石中硫化物和硅酸盐的氧化和分解产物易于从内部排除，粒度小比表面积大，硫化物和硅酸盐暴露在表面的机会大，氧也容易向颗粒内部渗透，但粒度过小时，烧结料层透气性变差，抽入的空气量减少，不能充分供给氧气，同时硫的透气性好，外扩散条件改善了，但内扩散条件就变得困难了，也不利于脱硫。从表2-24可以看出矿石粒度从8～0 mm增加到12～0 mm时，脱硫率下降2%～10%，根据某些研究表明，脱硫率较适宜的粒度在1～0 mm与6～0 mm之间(图2-37)。但考虑生产上破碎筛分条件的经济合理性，采用6～0 mm或8～0 mm粒度是较为合理的。矿石含铁量高、脉石低，一般软化和熔化温度较高，有利于脱硫。

表 2-24　矿石粒度和烧结碱度对脱硫率的影响

指　标	矿石粒度/mm							
	8～0				12～0			
	烧结矿碱度							
	0.4	1.0	1.2	1.4	0.4	1.0	1.2	1.4
烧结料含硫量/%	0.450	0.400	0.382	0.362	0.450	0.400	0.382	0.362
烧结矿含硫量/%	0.040	0.042	0.043	0.050	0.042	0.068	0.070	0.086
脱硫率/%	91.2	89.4	88.8	86.2	89.2	83.2	81.7	76.3

2.10.1.3　烧结矿的碱度和熔剂添加物的性质

烧结料随着碱性熔剂的加入、碱度的提高、脱硫率相继降低，见图 2-38 及表 2-24。因为加入熔剂后，混合料软化温度降低，液相量增加，恶化了扩散条件，同时烧结温度降低亦不利于去硫。此外，高温下石灰石的吸硫作用强烈。

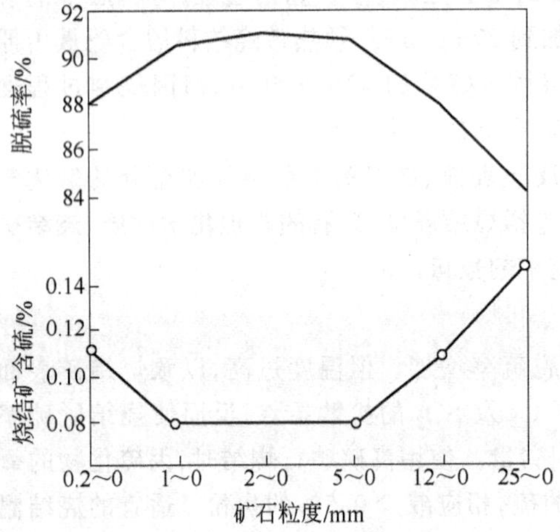

图 2-37　矿石粒度对脱硫的影响
（烧结矿碱度为 1.25；碳的用量为 4%）

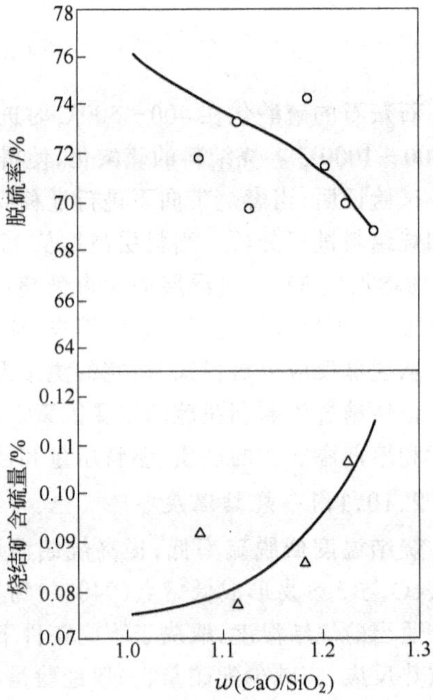

图 2-38　烧结矿碱度和脱硫率的关系

实际生产中发现，去硫率随原料含硫量的增加而提高，因此可以采用高硫原料生产低碱度烧结矿，而低硫原料生产高碱度烧结矿的方法，这样配合使用可以提高总的脱硫率。

熔剂性质对脱硫的影响是，消石灰和生石灰对废气中 SO_2、SO_3 吸收能力强，不利于脱硫；白云石和石灰石粉粒度较粗，比表面积小在预热带分解出 CO_2，妨碍了对气体中的硫的吸收，有利于脱硫。在烧结料中添加 MgO 可提高烧结矿的软化温度，将有利于脱硫。

2.10.1.4 燃料用量和性质

燃料用量的多少直接影响到烧结料层中的最高温度水平和气氛性质。因此,关系到去硫效果。FeS 在 1179～1190℃时熔化,当有 FeO 存在时,FeO-FeS 组成易熔共晶组织,940℃就可以熔化。烧结料层中配碳量高时,料层温度高还原气氛增强,烧结料层中被还原出的 FeO 就多,形成 FeO～FeS 易熔共晶组织就愈多,从而液相量增多而妨碍脱硫。空气中的氧主要为燃料燃烧而消耗,不利于硫的氧化。相反,燃料用量不足时,料层温度低,达不到硅酸盐分解的温度,脱硫条件也不好,所以烧结时燃料用量要适宜,燃料的配比要精确。适宜的燃料用量,通过科学试验和生产实践去求得。

燃料用量,一般来说对硫化物的氧化和硫酸盐的分解是相矛盾的,硫化物的氧化不需要过高的温度,需要氧化性气氛,即燃料用量相对少而硫酸盐的分解则要足够高的温度及中性或弱还原性气氛。如果同一烧结料既有硫化又有硫酸盐存在时,就应考虑含硫矿物是以哪一种为主,以便合理调节燃料用量,提高脱硫效率。如我国某铁矿是一个高硫铁矿石,其含硫量高达 2.81%,各种含硫矿物的大致相对含量见表 2-25,燃料用量对烧结脱硫的影响见表 2-26。

表 2-25 铁矿中各种含硫矿物的相对含量

<table>
<tr><th colspan="2" rowspan="2">含硫矿物</th><th colspan="2">硫化物</th><th colspan="2">硫酸盐</th><th rowspan="2">合计/%</th></tr>
<tr><th>黄铁矿
FeS_2</th><th>黄铜矿
$CuFeS_2$</th><th>石膏
$CaSO_4 \cdot 2H_2O$</th><th>黄钾铁
$KFe_3(OH)_6 \cdot (SO_4)_2$</th></tr>
<tr><td colspan="2" rowspan="2">体积/%</td><td>6</td><td>1</td><td>82</td><td>11</td><td>100</td></tr>
<tr><td colspan="2">7</td><td colspan="2">93</td><td>100</td></tr>
<tr><td colspan="2" rowspan="2">质量/%</td><td>8</td><td>2</td><td>74</td><td>16</td><td>100</td></tr>
<tr><td colspan="2">10</td><td colspan="2">90</td><td>100</td></tr>
<tr><td rowspan="4">矿物
总含硫量</td><td rowspan="2">分布百分比/%</td><td>21</td><td>3</td><td>66</td><td>10</td><td>100</td></tr>
<tr><td colspan="2">24</td><td colspan="2">76</td><td></td></tr>
<tr><td rowspan="2">分布量/%</td><td>0.59</td><td>0.08</td><td></td><td>0.28</td><td>2.81</td></tr>
<tr><td colspan="2">0.67</td><td colspan="2">2.14</td><td>2.81</td></tr>
</table>

表 2-26 燃料用量对烧结脱硫的影响

烧结料含碳/%	3.0	3.5	4.0	4.5	5.0	5.5	6.0
脱硫率/%	89.75	95.36	95.31	96.02	95.02	96.1	94.22
烧结矿中残硫/%	0.31	0.17	0.15	0.12	0.16	0.13	0.18
烧结矿中 FeO/%	11.73	11.73	15.64	18.5	21.08	24.76	21.48

从表 2-25 中可以看出,该铁矿石中的硫主要是由石膏,其次是黄铁矿带进来的。根据烧结矿的矿相鉴定,当烧结料的固定碳用量为 3%时,硫以硬石膏形式存在,呈不规则的粒状嵌布于连成茎质的磁铁矿晶体中,并处于孔洞边缘。当碳增加到 4%时,上述现象比 3%时大为减少;当含碳 4%、5%时,呈零星分散微晶,当增加到 6%时,几乎找不到硬石膏。相反,硫化物的残硫量(硫化铁)随碳的增加而减少,当含碳量 4.5%时,残硫量最低。所以烧结料中碳的含量选用 4.5%是比较恰当的。这就同时考虑了硫化物和硫酸盐中硫的有利去除。另外在考虑合适的燃料用量时,必须估计到硫化物中的硫氧化时所产生的热量。当 1 kg 黄铁矿的硫氧化成 SO_2 时,热效应相当于等品质(含碳 80%)的焦粉 0.23 kg,在配料时大致可以用 1 kg 黄铁矿代替 0.3 kg

焦粉。

燃料中的硫大都以有机硫的形态存在,有机硫的分解在较高温度下进行。因焦粉中的硫含量较无烟煤低并都是有机硫,所以生产中都选用焦粉作为烧结用燃料。

烧结过程能大量去硫,但烧结废气对环境影响很大。如梅山铁厂用高硫原料烧结,其废气含SO_2浓度达到0.4%~0.5%(国家卫生标准规定:SO_2浓度不大于0.05%)。如不做好去SO_2的处理工程,任其污染大气,势必危及人民健康和农作物的生长。

2.10.1.5　*返矿的数量*

返矿对脱硫有两个互相矛盾的影响,一方面使用返矿可改善烧结料的透气性,对脱硫是有利的;另一方面由于使用返矿促进烧结液相更多更快地生成,致使一部分硫转入烧结矿中。所以,适宜的返矿用量要根据具体情况由试验确定。试验指出,返矿从15%的用量增到25%时,烧结矿中的含硫增加,脱硫率降低。当返矿进一步增加到30%时,烧结矿中含硫降低,脱硫率相应增加。这可能是由于返矿增加到25%时,后一种因素起了主导作用,对脱硫不利;当返矿增加到30%时,矛盾发生转化,前者居于主导地位,而后者退居次要地位,所以有利于脱硫。

2.10.2　氟的去除

铁矿石中的氟给烧结、炼铁生产会带来极大的危害。使用含氟铁精矿烧结时,易产生以枪晶石为主的液相。枪晶石($3CaO·2SiO_2·CaF_2$)强度只有钙铁橄榄石($CaO·FeO·SiO_2$)的1/3。生产的烧结矿薄壁多孔,强度极差,<40 mm占40%,转鼓为25%~30%,台时产量40~50 t(利用系数0.53~0.66 t/(m^2·h)),同时腐蚀烧结设备和污染环境。用含氟矿石和含氟烧结矿炼铁时,给炼铁带来一系列的问题:易产生炉瘤,风口、渣口、铁口难于维护、易破损,出铁场空气污染严重,高炉产量低,利用系数很难达到1。生产实践证明,当铁精矿含氟量降至10%以下,氟对烧结生产影响不大,枪晶石显著降低而强度好的铁酸钙生成15%~20%,烧结矿转鼓为20%~25%,利用系数提高近一倍,达到1.2左右。铁矿石或烧结矿中含氟降到1%时,氟对高炉冶炼影响基本消失,炉况变好,高炉三口破损明显减少,高炉产量提高。

氟的去除途径:改进选矿工艺,除去铁矿脉石中的萤石。烧结过程去氟,一般为20%,最多可去氟50%。

氟在矿石中以CaF_2形态存在,含氟矿石烧结时,在1200~1300℃的温度条件下,由于SiO_2存在可发生下列反应:

$$2CaF_2 + 3SiO_2 = 2CaSiO_3 + SiF_4\uparrow$$

$$2CaF_2 + SiO_2 = 2CaO + SiF_4\uparrow$$

在有水存在的条件下,可进行下列反应:

$$CaF_2 + H_2O = CaO + 2HF\uparrow$$

$$CaF_2 + SiO_2 + H_2O = CaSiO_3 + 2HF\uparrow$$

易挥发的SiF_4在下部料层中,可能部分被吸收,或在过湿层中遇H_2O进行如下反应:

$$SiF_4 + 2H_2O = 4HF + SiO_2$$

一般情况下,烧结矿中碱度高去氟率低。实验指出,石灰石加入量由9.18%增加到13.7%时,烧结矿含氟从0.95%增加到1.25%,而在同样条件下,石英加入量从0.89%增加到4.5%时,烧结矿含氟从1.35%下降到1.00%。同时熔剂种类不同去氟率也有差别,如使用石灰比使用石灰石去氟率要低。此外,用蒸汽预热烧结料可显著提高去氟率(提高1~5倍)。

氟是一种有害气体,危害人体、腐蚀设备,在烧结生产中应净化回收。包钢在抽风系统中增设喷石灰水去除废气中氟的设备，效果良好，大大减少了对环境的污染及对人们健康的危害。

2.10.3 钾、钠的去除

使用含碱金属的铁矿石、烧结矿炼铁时，由于碱金属在高炉内循环积蓄，数量增加，成为高炉结瘤、降低焦炭强度及炉墙受侵蚀的重要因素，并使高炉难于操作。因此，早已为冶金工作者所重视，对烧结过程中如何去除碱金属化合物，以减少其危害，做了不少实验研究。

包钢所用的铁精矿主要以白云鄂博铁矿石为原料。白云鄂博铁矿石中含钠闪石、钠辉石、黑云母、碱长石等含钾、钠的矿物。在烧结过程中钾钠等化合物基本不能去除，继而又转到烧结矿中。为达到每吨生铁的碱负荷不超过 2 kg 的要求，我国进行了在烧结料加入 $CaCl_2$ 排除钠的研究实验。含钠矿物在烧结的温度条件下分解成 K_2SiO_3 和 Na_2SiO_3 与加入的 $CaCl_2$ 发生下列反应：

$$Na_2SiO_3 + CaCl_2 = CaSiO_3 + 2NaCl$$

$$K_2SiO_3 + CaCl_2 = CaSiO_3 + 2KCl$$

$$NaSiO_3 + CaCl_2 + CaO = CaSiO_4 + NaCl$$

$$K_2SiO_3 + CaCl_2 + CaO = CaSiO_4 + 2KCl$$

上述反应生成的 KCl、NaCl 是较稳定的物质，而且由于其蒸气压均较高，可在高温的燃烧层蒸发，一直排到反应区外，初期被下部的过湿层部分吸收，因此排入烟气的钾钠数量减少。但是随着烧结过程的发展，过湿层变薄，而且挥发的碱金属量多了，料层的吸收能力下降，这时挥发到烟气中的碱金属增多。上述情况说明，在燃烧层生成的 NaCl、KCl 一边排出，一边为下层湿料吸收，一边向下移动，逐渐挥发到废气中去。

实验证明，碱金属排出率与配加的 $CaCl_2$ 有关。加入 $CaCl_2$ 愈多，排碱率愈高，可以排除钾、钠 50%～60%，K 的排出率高于 Na 的排出率。实验结果见表 2-27。

表 2-27 脱碱率与配加 $CaCl_2$ 的关系

$CaCl_2$ 加入量/%	原料中碱金属含量/%				Na_2O+K_2O/%	去除率/%
	Na_2O	去除率	K_2O	去除率		
0	0.34		0.16		0.5	
0.4	0.31	8.52	0.057	64.38	0.367	26.6
0.6	0.26	23.53	0.045	71.87	0.305	39.00
0.8	0.21	38.24	0.019	88.13	0.229	54.20
1.0	0.15	55.88	0.019	88.13	0.169	66.2
1.2	0.15	55.88	0.013	91.88	0.163	67.4

2.10.4 砷、铅、锌、铜的去除

砷使钢的焊接性能变坏。当钢中含砷大于 0.15% 时，钢的物理—机械性能变坏（钢中的锰、钒可抑制砷的影响）。

铁矿石中的砷矿物有：雌黄（As_2S_3）、雄黄（AsS）、砷黄铁矿（FeAsS）、斜方砷铁矿（$FeAsS_2$）、含水砷酸铁（$FeAsO_4·2H_2O$）及含水亚砷酸铁（$FeAsO_3·nH_2O$）等。

含砷矿物在430～500℃时易分解：

$$2FeAsS + 5O_2 = Fe_2O_3 + As_2O_3 + 2SO_2$$

$$2FeAsS_2 + 7O_2 = Fe_2O_3 + As_2O_3 + 4SO_2$$

含水砷酸铁和亚砷酸铁，在200～300℃先失去一个 H_2O，而到400～500℃失去全部结晶水而变为无水砷酸铁。在1000℃以上时，无水砷酸铁激烈分解：

$$4FeAsO_4 = 2Fe_2O_3 + 2As_2O_3 + 2O_2$$

在烧结条件下不可能出现元素砷，只有 As_2O_3 转移到气相中去。所以烧结过程中将砷还原到三价时，As_2O_3 在275～320℃发生升华作用，从烧结料转移到废气中，其反应式如下：

$$As_2O_5 + 2CO = As_2O_3 + 2CO_2$$

$$As_2O_5 + 2C = As_2O_3 + 2CO$$

无水砷酸铁在600℃左右，可按下式还原：

$$4FeAsO_4 + 4CO = 2Fe_2O_3 + 4CO_2 + 2As_2O_3$$

$$2FeAsO_4 + 2C = Fe_2O_3 + 2CO + As_2O_3$$

As_2O_3 在生成和升华过程中，温度降低，有部分冷凝下来，沉积在烧结料中，在氧化气氛中 As_2O_3 可能部分被氧化成 As_2O_5，在CaO存在的条件下，能生成稳定的不挥发的砷酸钙。

$$As_2O_3 + CaO + O_2 = CaO \cdot As_2O_5$$

所以生产熔剂性烧结矿时，对砷的脱除是很不利的，在有 SiO_2 存在的条件下，可以减弱CaO的不利的影响。

$$CaO \cdot As_2O_5 + SiO_2 = CaO \cdot SiO_2 + As_2O_5$$

As_2O_5 不易去除，这是烧结生产中去砷不高（一般30%～40%）的原因。但若烧结配碳适当增加后 As_2O_5 可以还原成 As_2O_3，砷的去除率可以提高。试验表明，烧结料中加入少量的氯化物如 $CaCl_2$、NaCl等，可生成易挥发的氯化砷，脱砷率可达59%～60%。

As_2O_3 为剧毒物质，工业卫生标准规定烟气含砷不大于0.3 mg/m^3，所以含砷废气的处理，要给予足够的重视。

铁矿石中铅锌的主要矿物是闪锌矿（ZnS）和方铅矿。它们的氧化产物ZnO和PbO需要再用还原剂还原为金属锌和金属铅，才能挥发，它们的沸腾温度分别为906℃和1717℃。锌挥发后，很可能又被氧化成ZnO而沉积在料层中。因此，烧结过程中去锌是不容易的，而铅是不可能去除的。但在烧结料中加入氯化物（如2%～3% $CaCl_2$）后，将发生下列反应：

$$ZnS + CaCl_2 = CaS + ZnCl_2 \uparrow$$

$$PbS + CaCl_2 = CaS + PbCl_2 \uparrow$$

在正常燃料用量情况下，加入2%～3%的 $CaCl_2$ 可以去除烧结料中70%的锌、80%的铜、90%的铅。

2.11 烧结理论配料计算

2.11.1 烧结配料计算方法与基本原则

烧结厂使用的原料种类繁多，而且成分波动大，在充分利用国家资源的情况下，必须根据炼铁对烧结矿化学成分和冶金性能的要求进行配料计算，以保证烧结矿的含铁量、碱度、FeO 含量及硫等有害物杂质的含量等主要指标控制在标准规定的范围内，获得化学成分和物理性能都很稳定的烧结矿，并使烧结矿具有足够的透气性。这就需要把各种不同成分的含铁原料、熔剂和燃料等，根据烧结矿品质的要求进行精确的配料，确定各种原料的合适比例。一般烧结矿的含铁量取决于原料品位，要尽量提高烧结矿的含铁量；烧结矿碱度，主要取决于高炉和烧结强化的要求，而配入的燃料数量，主要通过试验来确定。

目前，常用的配料方法有两种，即质量配料法和容积配料法。容积配料法是基于原料的容积密度不变，原料的质量和体积成正比这一前提条件下进行的。实际上原料的容积密度是不稳定的。因此，这种配料方法准确性较差。为弥补这一缺点，常采用定期称重检查，以便根据实测质量调整给料量。此配料法所用设备简单，机械化程度高，操作简便，处理量大，国内外广泛采用。

质量配料法分间歇式和连续式两种，间歇式是由人工分别称量各种原料进行配料，劳动强度大，连续式配料实际上是质量法和容积法的结合。如国内一些烧结厂使用电子秤和调速圆盘进行自动质量配料，大大提高了准确性和实现了自动化操作。国外采用了 X 射线分析仪分析原料化学成分，并通过电子计算机控制原料化学成分的波动，实现了按化学成分配料的先进科学方法。

烧结配料的基本原则是根据“物质不灭”原理，按不同化学成分的平衡，列出一系列方程式，然后求解。

按铁平衡可列出方程式(以单位质量烧结矿计算)：

$$w(\mathrm{Fe}_{烧}) = \sum w(\mathrm{Fe}_i) \tag{2-21}$$

按碱度平衡可列方程式：

$$\frac{\sum w(\mathrm{CaO}_i) \times i}{\sum w(\mathrm{SiO}_{2i}) \times i} = R$$

按 MgO 平衡可列方程式：

$$w(\mathrm{MgO}_{烧}) = \sum w(\mathrm{MgO}_i) \times i$$

式中 $w(\mathrm{Fe}_{烧})$、$w(\mathrm{MgO}_{烧})$——分别为烧结矿中 Fe、MgO 的含量，%；

R——烧结矿碱度；

i——单位质量烧结矿的有关原料用量(如矿石粉、石灰石、白云石及燃料等)；

$w(\mathrm{Fe}_i)$、$w(\mathrm{SiO}_{2i})$、$w(\mathrm{CaO}_i)$、$w(\mathrm{MgO}_i)$——各原料中相应成分的含量，%。

列出的方程式数目应同求解的未知数相等。为了简化计算，有些原料用量可事先确定，如燃料、白云石、高炉灰等。

2.11.2 简易理论配料计算

配料计算就是根据已知原料化学成分、原料供应量及对烧结矿要求，确定原料配比及配料皮带每米上料的千克数。在进行计算前，必须有各种原料的全分析，并对分析数据进行必要的核算，务必使各成分之和达到 100%。

烧结配料计算示例：

(1) 计算条件：

1) 各种原料的全分析见表 2-28。

表 2-28　原料化学成分计算表

原　料	原料化学成分 w/%								
	TFe	Mn	S	P	Fe_2O_3	FeO	MnO	SiO_2	Al_2O_3
精矿粉	62.81	0.085	0.079	0.019	62.50	24.50	0.110	11.85	0.58
富矿粉	56.25	0.280	4.140	0.135	64.33	3.45	0.360	15.67	3.35
混合矿	62.13	0.108	0.084	0.030	62.62	22.34	0.140	12.26	0.87
石灰石粉	0.595	0.040		0.031	0.85		0.052	1.71	0.47
炉　尘	46.57	0.124	0.102		50.00	12.30	0.016	19.43	0.77
焦　粉	1.04		0.800			1.34		7.83	6.73

原　料	原料化学成分 w/%								
	CaO	MgO	P_2O_5	SO_3	$C_{固}$	烧损	挥发	Σ	水
精矿粉	0.055	0.14	0.044	0.198				100	9.0
富矿粉	0.770	1.38	0.310	0.350		10.02		100	3.0
混合矿	0.130	0.27	0.070	0.210		1.06		100	8.0
石灰石粉	52.06	1.84	0.072			42.25		100	3.0
炉　尘	6.000	0.21		0.256	10.87			100	2.0
焦　粉	0.390	0.24			80.9		2.17	100	8.0

2）配料计划：精矿粉与富矿粉的配比为 9:1，每 100 kg 烧结矿配入炉尘 8 kg，焦粉 8 kg。

3）烧结矿的成分要求：碱度 $\frac{CaO}{SiO_2}=1.8$，FeO = 10%，烧结脱硫率按 90% 计算。

(2) 配料要求：计算 100 kg 烧结矿应配入多少精矿粉、富矿粉、石灰石粉（确定干料用量）。计算烧结矿化学成分。

(3) 计算过程：根据原料成分，确定混合料成分。

设混合矿用量为 x(kg)，石灰石用量为 y(kg)。

由于在烧结过程中，碳燃烧、硫氧化、水分蒸发、碳酸盐分解等原因烧结料要减重，设总减重为 a(kg)，各种原料的减重量分别为：

混合矿减重：$a_x = 0.084\times0.9+1.06\% = 1.14\%$

石灰石减重：$a_y = 42.25\%$

炉尘减重：$a_{尘} = 10.87\% + 0.102\% \times 0.9 = 10.96\%$

焦粉减重：$a_{焦} = 80.9\% + 0.8\% \times 0.9 + 2.17\% = 83.7$

总减重：
$$
\begin{aligned}
a &= x\cdot a_x + y\cdot a_y + 8\cdot a_{尘} + 8\cdot a_{焦}\\
&= 0.114x + 0.4225y + 0.88 + 6.7\\
&= 0.114x + 0.4225y + 7.58
\end{aligned}
$$

设烧结过程中，由于还原和氧化作用，烧结料中含氧量发生变化，设氧的改变量为 $w(O_{变})$

则：

$$
\begin{aligned}
w(O_{变}) &= x + y + 8 + 8 - 100 - a\\
&= x + y + 16 - 100 - 0.0114x - 0.4225y - 7.58\\
&= 0.989x + 0.578y - 91.58 \qquad (2\text{-}22)
\end{aligned}
$$

此外，按下列反应还可以列出一个计算 $w(O_{变})$ 的公式：

$$Fe_2O_3 + CO = 2FeO + CO_2$$

$$2FeO + \frac{1}{2}O_2 = Fe_2O_3$$

不论是还原，还是氧化，对于 1 kg FeO 来说，氧的改变量为 10/2·72 = 5/72 kg。

因此，可根据原料中 FeO 量的差值计算 $w(O_变)$

$$w(O_变) = \frac{5}{72}(10 - 0.2234x - 0.123\times8 - 0.0134\times8)$$

$$= 0.6187 - 0.0155x \qquad (2\text{-}23)$$

式(2-22)与式(2-23)相等，可列出方程：

$$0.989x + 0.578y - 91.58 = 0.6187 - 0.0155x$$

$$1.0045x + 0.578y - 92.2 = 0$$

根据所规定烧结矿碱度可列方程：

$$R = \frac{0.0013x + 0.5206y + 8\times0.06 + 8\times0.0039}{0.1226x + 0.0171y + 8\times0.1943 + 8\times0.07832} = 1.8$$

整理得出：

$$0.2194x + 3.41 - 0.49y = 0$$

解联立方程组：

$$1.0045x + 0.578y - 92.1987 = 0$$

$$0.2194x + 3.41 - 0.49y = 0$$

$$x = 69.8; \qquad y = 38.21$$

精矿粉用量：$69.8\times0.9 = 62.82$ kg

富矿粉用量：$69.8\times0.1 = 6.98$ kg

石灰石用量：38.21 kg

炉尘用量：8 kg

焦粉用量：8 kg

烧结矿成分计算结果见表 2-29。

表 2-29 烧结矿成分计算表

原料	用量/kg	Fe		Mn		P		S		Fe_2O_3	FeO
		%	kg	%	kg	%	kg	%	kg	kg	kg
混合矿	69.8	62.13	43.36	0.108	0.075	0.03	0.021	0.084	0.058		
石灰石	38.21	0.595	0.22	0.04	0.015	0.031	0.012	—	—		
炉尘	8.0	46.57	3.73	0.124	0.01	—	—	0.102	0.008		
焦粉	8.0	1.04	0.08	—	—	—	—	0.800	0.064		
合计	124.01										
烧结矿			47.39		0.10		0.033		0.13	56.58	10.0

原料	用量/kg	SiO_2		Al_2O_3		CaO		MgO		MnO	P_2O_5	FeS	烧结矿
		%	kg	%	kg	%	kg	%	kg	kg	kg	kg	kg
混合矿	69.8	12.26	8.56	0.87	0.61	0.13	0.09	0.27	0.19				
石灰石	38.21	1.71	0.65	0.47	0.18	52.1	19.9	1.84	0.70				

续表 2-29

原　　料	用　量 /kg	SiO_2		Al_2O_3		CaO		MgO		MnO	P_2O_5	FeS	烧结矿
		%	kg	%	kg	%	kg	%	kg	kg	kg	kg	kg
炉　尘	8.0	19.43	1.55	0.77	0.06	6.00	0.48	0.21	0.02				
焦　粉	8.0	7.83	0.63	6.73	0.54	0.39	0.03	0.24	0.02				
合　计	124.01												
烧结矿			11.39		1.39		20.5		0.93	0.13	0.07	0.33	101.32

注：$w(FeO)=10\%$（按配料成分要求）。

$w(Fe_2O_3)$量计算：$w(Fe_{FeO})=10\times\frac{56}{72}=7.78\ kg$

$$w(Fe_{Fe_2O_3})=47.39-7.78=39.61\ kg$$

$$w(Fe_2O_3)=39.61\times\frac{160}{112}=56.58\ kg$$

$$w(MnO)=0.10\times\frac{71}{55}=0.13\ kg$$

$$w(P_2O_5)=0.033\times\frac{142}{62}=0.07\ kg$$

脱硫率 90%，脱除的硫 $=0.13\times0.9=0.12$ kg

$$w(FeS)=0.12\times\frac{88}{32}=0.33\ kg$$

（4）配料皮带的上料量计算：已知四台 75 m^2 烧结机，每台烧结机台时产量为 130 t，配料皮带运行速度为 96 m/min，每 100 kg 烧结矿用湿料重为：

$$\frac{69.8}{0.91}+\frac{6.98}{0.97}+\frac{38.21}{0.97}+\frac{8}{0.98}+\frac{8}{0.92}=76.7+7.19+39.39+8.16+8.70$$

$$=112.95\ kg$$

配料皮带的上料量为：

$$\frac{130\times4}{60}\times1.1295\times\frac{1}{96}=0.102\ t/m$$

每米皮带的上料量：

精矿粉：$\frac{76.7}{112.95}\times102=69.26$ kg，或 67.9%

富矿粉：$\frac{7.19}{112.95}\times102=6.49$ kg，或 6.36%

石灰料：$\frac{39.39}{112.95}\times102=35.57$ kg，或 34.87%

炉　尘：$\frac{8.16}{112.95}\times102=7.37$ kg，或 7.22%

焦　粉：$\frac{8.7}{112.95}\times102=7.85$ kg，或 7.69%

2.12　烧结物料平衡与热平衡计算

2.12.1　烧结物料平衡的计算与编制

物料平衡是建立在物质不灭定律的基础上进行的，即进入烧结过程的物料总量必须等于该过程排出的各种产物的总量。计算内容如下：

(1) 生产单位质量烧结矿各种原料需要的计算：计算方法见上节配料计算。

(2) 返矿的计算：生产单位质量烧结矿，其返矿量按下式求得：

$$A_{返} = \frac{X_{返}}{Q_{料} + X_{返}} \times 100\% \tag{2-24}$$

式中 $A_{返}$——返矿量百分数，一般为30%～50%；

$X_{返}$——返矿质量，kg；

$Q_{料}$——生产单位质量烧结矿，所需原料总质量，kg。

(3) 加水量计算：由试验得出烧结最适宜的水分，然后按下式求得：

$$W = \frac{Y_W}{X_{返} + Q_{料} + Y_W} \times 100\%$$

式中 W——烧结最适宜水分，%；

Y_W——加入水量，kg。

(4) 点火所需煤气量，空气及组成的计算：计算时，必须有下列数据与资料：

1) 煤气成分与密度；

2) 煤气发热量；

3) 单位质量烧结矿所需的点火热量；

4) 点火器中煤气燃烧适宜的过剩空气利用系数；

5) 煤气燃烧的主要化学反应。

(5) 烧结过程所需空气量计量：

1) 烧结料中固定碳燃烧所需的氧量；

2) 碳酸盐的分解，燃料中挥发的气体量；

3) 铁氧化物还原或再氧化所放出的、吸收的氧量（FeO的变化）；

4) 硫化物氧化所需氧量；

5) 烧结料中水分的蒸发量。

由以上五项可算出，烧结过程中所需氧气的总量以及生成CO_2、CO、SO_3等气体的组成含量，再考虑过剩空气利用系数，就可算出总的空气量和废气组成含量，从而可以编制出烧结物料平衡表。

现以配料计算的数据为例计算出物料平衡。

煤气化学成分、发热量和煤气组成的单位体积质量见表2-30。

表2-30 点火煤气特性数据

特性 \ 组成	CH_4	C_6H_6	CO	H_2	N_2	CO_2	合计
点火煤气化学成分/%	6.2	0.4	20.6	17.9	44.5	10.4	100
1 m^3 气体发热量/$kJ \cdot m^{-3}$	35965	140216	12703	10810	—	—	
混合气体中各气体发热量/$kJ \cdot m^{-3}$	2230	561	2617	1935	—	—	7344
1 m^3 混合气体和各种气体质量/kg	0.0443	0.0139	0.2575	0.0161	0.5563	0.2038	1.092

点火煤气是高炉煤气和焦炉煤气的混合煤气，焦炉煤气占20%，高炉煤气占80%，煤气压力不低于61318Pa(460 mmHg)。

各种气体在0℃、1.013×10^5 Pa(760 mmHg)，即标准状态下的单位体积质量见表2-31。

表 2-31 标准状态下各种气体的单位体积质量

气体种类	CH_4	C_6H_6	CO	H_2	N_2	CO_2	SO_2	水蒸气	O_2
体积质量/$kg\cdot m^{-3}$	0.714	3.482	1.25	0.09	1.25	1.96	2.86	0.8	1.429

2.12.2 计算实例

2.12.2.1 点火煤气与空气量计算

以 100 kg 烧结矿为计算单位。

实践证明生产每吨烧结矿需点火煤气发热量 167200 kJ,生产 100 kg 烧结矿则需 16720 kJ 的热量。则 100 kg 烧结矿需点火煤气：

$$\frac{16720}{7344}=2.28\ m^3$$

点火煤气的质量为：

$$1.092\times2.28=2.49\ kg$$

点火需要的理论空气量 L_0 的计算：

(1) 一氧化碳燃烧所需氧气量：

$$CO + \frac{1}{2}O_2 = CO_2$$

1　　0.5　　1　　　$X'_1=20.6\times1.0=20.6\ m^3$

20.6　　X_1　　X'_1　　　$X_1=20.6\times0.5=10.3\ m^3$

(2) 氢燃烧所需氧气量：

$$H_2 + \frac{1}{2}O_2 = H_2O$$

1　　0.5　　1　　　$Y_2=17.9\times1.0=17.9\ m^3$

17.9　　X_2　　Y_2　　　$X_2=17.9\times0.5=8.95\ m^3$

(3) 甲烷燃烧所需氧气量：

$$CH_4+2O_2=CO_2+2H_2O$$

1　　2　　1　　2　　　$X'_3=6.2\times1.0=6.2\ m^3$

6.2　　X_3　　X'_3　　Y_3　　　$X_3=6.2\times2=12.4\ m^3$

$Y_3=6.2\times2=12.4\ m^3$

(4) C_6H_6 燃烧所需氧气量：

$$C_6H_6+\frac{15}{2}O_2=6CO_2+3H_2O$$

1　　7.5　　6　　3　　　$X'_4=0.4\times6=2.4\ m^3$

0.4　　X_4　　X'_4　　Y_4　　　$X_4=0.4\times7.5=3\ m^3$

$Y_4=0.4\times3=1.2\ m^3$

1 m^3 煤气燃烧所需理论空气量 L_0：

$$L_0=\frac{X_1+X_2+X_3+X_4}{21}=\frac{10.3+8.95+12.4+3}{21}=1.65\ m^3$$

取过剩空气系数为 1.4,则 1 m^3 煤气所需空气量：

$$L_n=1.65\times1.4=2.31\ m^3$$

所以，100 kg 烧结矿点火所需空气量：

$$V_n = 2.31 \times 2.28 = 5.267\ m^3$$

$$空气质量 = 1.293 \times 5.267 = 6.81\ kg$$

其中：

氧气(O_2) = 5.267×0.21 = 1.1 m^3，质量 = 1.429×1.1 = 1.57 kg

氮气(N_2) = 5.267×0.79 = 4.16 m^3，质量 = 1.25×4.16 = 5.2 kg

2.12.2.2 煤气燃烧后产生的气体量

(1) 产生 CO_2：

$$V_{CO_2} = \frac{X'_1 + X'_3 + X'_4 + 10.4}{100} \times 2.28 = \frac{20.6 + 6.2 + 2.4 + 10.4}{100} \times 2.28$$
$$= 0.903\ m^3$$

二氧化碳(CO_2)质量 = 1.96×0.903 = 1.77 kg

(2) 产生水汽：

$$V_{H_2O} = \frac{Y_2 + Y_3 + Y_4}{100} \times 2.28 = \frac{17.9 + 2 \times 6.2 + 3 \times 0.4}{100} \times 2.28$$
$$= 0.718\ m^3$$

水汽质量 = 0.8×0.718 = 0.547 kg

(3) 燃烧废气中的 N_2：

$$V_{N_2} = \frac{44.5 + 79 \times 2.31}{100} \times 2.28 = 5.175\ m^3$$

氮气(N_2)的质量 = 1.25×5.175 = 6.47 kg

(4) 燃烧废气中剩余 O_2 量：

$$V_{O_2} = \frac{(L_n - L_0) \times 21}{100} \times 2.28 = \frac{(2.31 - 1.65) \times 21}{100} \times 2.28 = 0.316\ m^3$$

废气中剩余氧(O_2)的质量 = 1.4290×0.316 = 0.452 kg

2.12.2.3 燃烧过程中碳燃烧所需空气量

生产 100 kg 烧结矿时，烧结料中固定碳含量：

$$0.809 \times 8 + 0.1087 \times 8 = 7.342\ kg$$

(1) 原料中碳燃烧需氧量及产生 CO_2 量：

$$\begin{array}{lllll} C & + & O_2 & = & CO_2 \\ 12 & & 32 & & 44 \\ 7.342 & & X_{O_2} & & X_{CO_2} \end{array}$$

则需氧量 $X_{O_2} = \dfrac{32 \times 7.342}{12} = 19.58$ kg

产生 CO_2 量 $X_{CO_2} = \dfrac{44 \times 7.342}{12} = 26.92$ kg

(2) 考虑 Fe_2O_3 分解释放的氧量：

$$氧(O_2) = \frac{1}{9}\left(FeO_{烧} - \frac{X \cdot FeO_{混}}{100} - \frac{8FeO_{尘}}{100} - \frac{8FeO_{焦}}{100}\right)$$
$$= \frac{1}{9}\left(10 - \frac{62.15 \times 22.34}{100} - \frac{8 \times 12.3}{100} - \frac{8 \times 1.34}{100}\right) = -0.55$$

炭燃烧实际需要氧量：19.58 − (−0.55) = 20.13 kg

取过剩空气系数为 1.5，则所需空气量：

$$\frac{20.13}{0.21} \times 1.5 = 143.79\ \text{kg}$$

其中：

$$氮(N_2) = 143.79 \times 0.79 = 113.60\ \text{kg}$$

剩余氧(O_2) = 143.79 − 113.60 − 20.13 = 10.06 kg

2.12.2.4　其他计算

(1) 返矿量 Q 取干料量的 35%：

$$\frac{Q}{124.0 + Q} = 0.35$$

$$Q = 67.0\ \text{kg}$$

其中：8%为垫底料，27%为返矿

则返矿 $Q_1 = \frac{67.0}{35} \times 27 = 51.68\ \text{kg}$

(2) 水分 w：设混合料水为 8%：

$$\frac{W}{124.0 + 51.68 + W} = 0.08$$

$$W = 15.27\ \text{kg}$$

(3) 混合矿烧结过程中产生的 CO_2：

$$1.06\% \times 69.8 = 0.74\ \text{kg}$$

(4) 石灰石分解产生 CO_2：

$$42.25\% \times 38.21 = 16.22\ \text{kg}$$

(5) 焦炭挥发分：

$$2.17\% \times 8 = 0.17\ \text{kg}$$

(6) 硫化物中硫氧化的 $SO_2 = (0.084\% \times 69.8 + 0.102\% \times 8 + 0.8\% \times 8) \times 0.9 \times \frac{64}{32} = 0.24\ \text{kg}$

根据上述计算整理得出烧结物料平衡表 2-32。

表 2-32　烧结过程物料平衡表

收入项			支出项			
项目	kg	%	项目		kg	%
混合矿	69.8	20.9	烧结矿		100	29.65
石灰石	38.21	11.33	返矿		51.68	15.32
炉尘	8	2.37	焦炭挥发分		0.17	0.05
焦粉	8	2.37	废气	CO_2	43.88	13.01
返矿	51.68	15.32		H_2O	15.67	4.64
水	15.27	4.53		O_2	10.46	3.10
煤气	2.49	0.73		N_2	116.33	34.49
空气	143.79	42.63		SO_2	0.25	0.07
合计	337.24	100	合计		338.44	100

2.12.3　烧结热平衡计算

烧结过程的热平衡计算，是研究、编制烧结过程中热能的供应和分配状况。在决定一种烧结方法或设备热效率及燃料消耗时,热平衡计算是一种很有用的工具。由于至今对烧结过程的许多物理化学变化缺乏深入的研究,因此,目前对烧结过程热平衡的认识还不够充分。

2.12.3.1 烧结时的供热项目

(1) 燃料燃烧放出的热量,可根据燃料的消耗量和发热值进行计算。

(2) 原料带入的物理热量,可根据原料的消耗量、热容和进入烧结时的温度进行计算。对于不进行预热的冷料由于温度低,带入热量可以忽略不计。

(3) 空气带入物理热,可根据空气供应数量、热容和进入烧结时的温度进行计算。

(4) 烧结过程中各种放热反应放出的热量。

2.12.3.2 烧结过程中热量支出项目

(1) 各种吸热的热量。

(2) 水分蒸发所需的热量,根据烧结料的含水量与水的汽化热进行计算。

(3) 废气带走热量,可根据废气量、热容及废气温度进行计算。

(4) 烧结矿带走的热量,根据烧结矿数量、热容、温度进行计算。

(5) 热损失,由于传热作用,散失到周围大气的热量无法计算,通常用热平衡中热的收入总和减去前四项热支出之差。

2.12.3.3 编制热平衡所需资料

(1) 计算燃料发热量的资料。

(2) 物质的分子量和热容。

(3) 物质的熔化热和气化热。

(4) 化合物的生成热和分解热。

2.12.3.4 热平衡计算

编制热平衡是建立在能量守恒的基础上,即过程的供热总和应等于消耗热量的总和,而编制热平衡的依据是盖斯定律,即化学反应的热效应只与反应的始末状态有关,与中间反应途径无关。

以配料计算的数据为基础,进行热平衡计算。

已知条件:烧结时过剩空气系数 1.5,100 kg 烧结矿烧结点火热量为 16747 kJ。

计算步骤如下:

(1) 热量收入项:

1) 碳燃烧成 CO、CO_2 放出的热量(q_1)

设废气中 $CO_2/CO=4$,即 80%的碳(C)生成 CO_2,20%的碳(C)生成 CO。

使用无烟煤时发热量为:

$$C+\frac{1}{2}O_2=CO+11510\ kJ/kg$$

$$C+O_2=CO_2+34947\ kJ/kg$$

使用焦粉时发热值为:

$$C+\frac{1}{2}O_2=CO+9797\ kJ/kg$$

$$C+O_2=CO_2+33411\ kJ/kg$$

$$q_1=8\times0.809\times(9797\times20\%+33411\times80\%)=185668\times10^3\ J$$

2) 点火热量(q_2):

$$q_2 = 16720\ \text{kJ}$$

3）空气带入物理热（q_3）：

设空气温度为20℃，比热容 $c_{空} = 1.3 \times 10^3\ \text{J/(℃·m}^3)$

碳燃烧需要的氧量：

$$8 \times 0.809 \times 0.8 \times \frac{22.4}{12} + 8 \times 0.809 \times 0.2 \times \frac{22.4}{144} = 10.87\ \text{m}^3$$

Fe_2O_3 分解成 FeO 放出的氧量：

$$Fe_2O_3 \rightarrow 2Fe + \frac{1}{2}O_2$$

$$\{16 - [76.75 \times 22.34\% + 8 \times (12.3\% + 1.34\%)]\} \times \frac{11.2}{144}$$

$$= -0.17\ \text{m}^3$$

硫化物中去硫需要氧，但硫少，可不计。

则空气需要量：

$$\frac{10.87 - (-0.17)}{0.21} \times 1.5 = 78.86\ \text{m}^3$$

$$q_3 = 78.86 \times 1.3 \times 20 = 2051\ \text{kJ}$$

4）烧结料带入物理热（q_4）

设料温60℃，烧结料比热容0.837 kJ/(kg·℃)（烧结料平均比热容为0.67～1.047 kJ/(kg·℃)），烧结料水分8%。

$$q_4 = 119.35 \times 60 \times 0.837 + \frac{119.35}{0.92} \times 0.008 \times 60 \times 4.187 = 8603\ \text{kJ}$$

5）化学反应热效应（q_5）

计算 FeO 的氧化热及硅酸盐的生成热，必须知道烧结矿的矿物组成，本例根据经验估计，一般此项热量占热收入的2%左右。

$$q_5 = (q_1 + q_2 + q_3 + q_4) \times \frac{0.02}{0.98} = (185668 + 16747 + 2051 + 8603) \times \frac{0.02}{0.98} = 4348\ \text{kJ}$$

总热量收入：

$$Q = q_1 + q_2 + q_3 + q_4 + q_5 = 185668 + 16747 + 2051 + 8603 + 4348 = 217416\ \text{kJ}$$

（2）热量支出项目：

1）水分蒸发消耗热 q'_1

已知水的汽化热为2261 kJ

$$q'_1 = 119.35 \times \frac{0.08}{0.92} \times (100 - 60) \times 4.187 + \frac{119.35}{0.92} \times 0.08 \times 2261 = 25200\ \text{kJ}$$

2）碳酸盐分解消耗热 q'_2

已知 $CaCO_3$ 的分解热为3182 kJ，$MgCO_3$ 的分解热为2772 kJ：

$$q'_2 = 13.85 \times 3182 + 0.49 \times 2772 = 45427\ \text{kJ}$$

3）烧结矿带走的热 q'_3：

设烧结矿卸矿温度为800℃，比热容为0.92 kJ/(kg·℃)，返矿量按30%考虑，则烧结矿带走热量为：

$$q'_3 = (100 + 30) \times 0.921 \times 800 = 95794\ \text{kJ}$$

4）废气带走热量 q'_4：

废气量的计算：

N_2 的体积 $=78.86\times0.79=62.30\ m^3$

燃烧生成 CO_2 体积 $=8\times0.809\times0.8\times\frac{22.4}{12}=9.66\ m^3$

碳酸盐分解生成 CO_2 的体积 $=(26.6\times0.4225+76.65\times0.0106)\frac{22.4}{12}=6.19\ m^3$

合计产生 CO_2 的体积 $=9.66+6.19=15.85\ m^3$

燃烧生成 CO 的体积 $=8\times0.809\times0.2\times\frac{22.4}{12}=2.42\ m^3$

假定焦炭挥发全部为 CO，则焦炭挥发 CO：

CO 的体积 $=8\times0.0217\times\frac{22.4}{28}=0.14\ m^3$

合计生成 CO 的体积 $=2.42+0.14=2.56\ m^3$

废气中氧量 O_2 的体积 $=78.86\times0.21-$ 碳燃烧用 O_2 量 $=17.56-10.87=5.69\ m^3$

废气中 H_2O 的体积 $=\frac{119.35}{0.92}\times0.08\times\frac{22.4}{18}=12.92\ m^3$

废气中总体积 $=N_2+CO_2+CO+O_2+H_2O=62.3+15.85+2.56+5.69+12.92=99.32\ m^3$

废气成分	N_2	CO_2	CO	O_2	H_2O	$\sum$
体积	62.3	15.85	2.56	5.69	12.92	99.32
%	62.73	15.96	2.58	5.72	13.01	100

根据生产实际情况，设 30% 的废气温度为 400℃，70% 废气温度为 60℃ 时，废气热容为 1.373 kJ·℃，400℃ 时废气热容为 1.475 kJ·℃。则废气带走热量 q'_4：

$$q'_4=99.32\times0.7\times60\times1.373+99.32\times0.3\times400\times1.457$$
$$=5708+17365$$
$$=23094\ kJ$$

5）外部损失热量 q'_5

$$q'_5=\sum_{收入}-前四项支出之和(q'_1+q'_2+q'_3+q'_4)$$
$$=217416-(25200+45427+95794+23094)$$
$$=27905\ kJ$$

根据上述计算，制定热平衡表 2-33。

表 2-33 烧结过程热平衡表（100 kg 烧结矿）

热 收 入			热 支 出		
项 目	kJ	%	项 目	kJ	%
q_1 炭燃烧放热	185668	85.40	q'_1 水分蒸发耗热	25200	11.59
q_2 点火热量	16747	7.7	q'_2 碳酸盐分解耗热	45427	20.89
q_3 空气带入物理热	2051	0.94	q'_3 烧结矿带走热量	95794	44.06
q_4 烧结料物理热	8303	3.96	q'_4 废气带走热量	23094	10.62
q_5 化学反应热	4348	2.00	q'_5 热损失	27905	12.84
合 计	217416	100	合 计	217416	100

复习思考题

1. 概述抽风烧结过程，按烧结料层自上而下分哪几带？并指出各带的主要特点。
2. 何谓碳的完全燃烧和不完全燃烧？
3. 烧结料中为什么必须含有一定的水分，指出烧结过程水分蒸发的条件及影响水分蒸发的因素。
4. 烧结过程中为什么存在过湿层，它的存在对烧结生产有什么影响？如何减少和最大限度地消除过湿层？
5. 写出碳酸盐分解通式，并指出分解的基本条件；何谓氧化钙的矿化作用？矿化程度与什么因素有关？
6. 在烧结料层有哪些金属氧化物分解（写出反应式），写出并掌握用CO、C逐渐还原铁氧化物的反应式，说明烧结矿中金属铁含量为什么很少？
7. 正确理解掌握透气性概念及烧结料层中透气性变化规律；透气性与烧结矿产量成什么关系？改善烧结料层透气性有哪些措施？
8. 何谓固相反应？固相反应对烧结过程有何作用？如何促进固相反应？
9. 烧结矿在生产过程中是靠什么黏结成块的？指出普通烧结矿、熔剂性烧结矿、高碱度烧结矿的主要黏结相。
10. 以硅酸钙为主黏结相的熔剂性烧结矿为什么易碎裂？生产中可采取哪些措施防止硅酸钙的破坏作用？
11. 简要说明烧结矿在冷却过程中凝固和结晶的一般规律。
12. 掌握碱度为0.5～5.0的烧结矿的主要矿物（写出化学分子式），并说明影响烧结矿矿物组成的因素。
13. 写出烧结过程中脱硫反应式，并说明影响脱硫的主要因素。
14. 写出烧结过程中钾、钠、氟、铝、锌、砷去除的反应式。

3 球团矿生产过程的基本理论

球团矿是细磨铁精矿和少量添加剂(生石灰、消石灰、膨润土等)的混合料通过造球机滚动成 9～16 mm 的圆球,再经干燥、焙烧、固结而成的具有一定强度和冶金性质的球形含铁原料。它不仅是高炉炼铁、直接还原和熔融还原的原料,而且还可供炼钢作为冷却剂使用。

铁精矿用球团方法造块是 1912 年由瑞典人最早提出的,1947 年在美国正式投入生产。50 年代由于贫铁矿被大量采用和选矿工业的发展,细磨铁精矿的产量大增,球团矿的生产迅速发展,产量增长很快。我国对球团矿的研究和应用始于 20 世纪 50 年代,70 年代后,随着"高碱度烧结矿配加酸性球团矿"这种合理炉料结构的推广,我国球团工业的发展进入稳定发展时期,球团矿的产量已由 2001 年的 1500 万 t 左右发展到 2003 年的近 3000 万 t。

通常球团矿的生产工艺流程包括原料的准备、配料、混合、造球、干燥预热焙烧、成品与返矿的处理等环节,如图 3-1 所示。

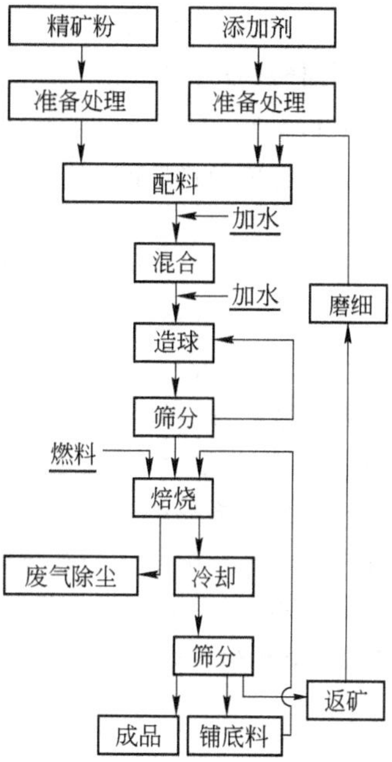

图 3-1 球团矿的生产工艺流程

3.1 细磨物料的造球原理

造球,又称滚动成型。细磨物料的成球是细磨物料在造球设备中被水润湿并在机械力及毛细力的作用下滚动成圆球的一个连续过程。同时,毛细力、颗粒间摩擦力及分子引力等作用使生球具有一定的机械强度。各种物料成球性能的好坏不尽相同,主要与物料表面特性以及与水的亲和能力有关。

3.1.1 细磨物料的表面特性

经过细磨的干物料表面都具有较大的自由能。粒度越细,比表面积越大,其表面自由能也越大,从而使之处于不稳定状态。因此,细磨物料具有吸引其他物质,使颗粒相结合,减小其自由能,力求达到稳定的倾向。对于造球的物料,特别是精矿粉和添加剂,由于都磨得很细,比表面积很大,常在 1500～2000 cm^2/g 范围内,过剩的表面能也很大。这种表面能量过剩的不平衡状态,使其表面具有非常大的活性,能吸附周围的介质,从而为生球的形成提供了条件。

细磨物料与水作用的能力也是不同的。那些表面与水的作用力很小,不易被水润湿的物质成为疏水性物质;而表面与水具有很大的结合力,易被水润湿的物质称为亲水性物质。物料的这种性质与它本身的化学成分、晶格类型以及表面状态有关。凡具有完全或部分金属键的结晶物质(如全部金属或硫化物)和具有层状结构的物质(如云母、石墨等)都是疏水性的;而具有离子键和共价键的物质是亲水性的。铁矿粉和添加剂就属于这种亲水性物质,它们被细磨后表面带有电荷,易形成静电引力场,具有吸引偶极构造的极性水分子的能力。水分子的构造见图 3-2。

3.1.2　水分在造球过程中的形态与作用

水分在矿粉成球过程中起着重要的作用。干燥的细磨矿粉是不可能滚动成球的,如果水分过多或不足,同样也会影响造球的效率和生球的质量。保持适宜的水分是矿粉成球的重要条件。

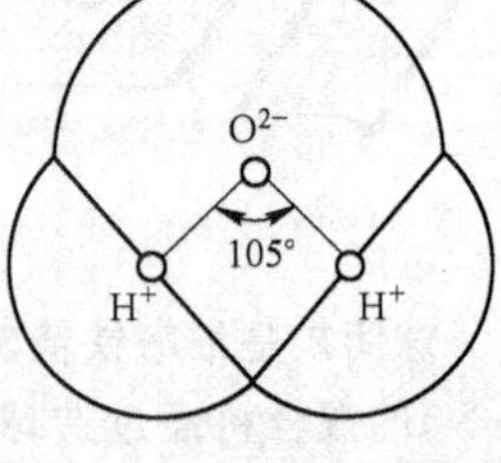

图 3-2　水分子的偶极构造

干燥的矿粉被水润湿后,按水在矿物表面活动能力的不同有四种存在形态,即吸附水、薄膜水、毛细水和重力水。它们在成球过程中各显示不同的作用。

3.1.2.1　吸附水

当具有偶极构造的水分子与干燥矿粉颗粒表面接触时,便在静电引力场的作用下被牢固地吸附在矿粒表面,并呈定向排列,如图 3-3 所示。这种被矿粒表面静电引力所吸引的水层成为吸附水(或强结合水)。吸附水的形成是物料润湿的开始,但它的形成不一定要将矿粉颗粒直接与水接触,当干燥颗粒在自然条件下与大气接触时,就会吸引大气中的气态水分子而形成吸附水。吸附水很薄,一般只有几个水分子的厚度,它与矿粒的亲水性及环境介质中的相对蒸汽压有关。物料亲水性愈强,料层中相对蒸汽压愈高,吸附水层就愈厚。当料层中相对蒸汽压达到 100%时,吸附水达到最大值,此时称为最大吸附水。吸附水与矿粒表面的作用力是极大的,直接吸附在矿粒固体表面的第一层水分子,其作用力相当于 1013.32 MPa,因此吸附水又称为固态水,具有不可移动性。吸附水还有较大的密度(1.2～2.4 g/cm^3)和很低的冰点(－78℃),不导电。要去掉吸附水,只有对其加热蒸发才行。一般认为适宜于造球的细磨物料中仅存在吸附水时,仍为散沙状,不能结合成团,成球过程尚未开始。

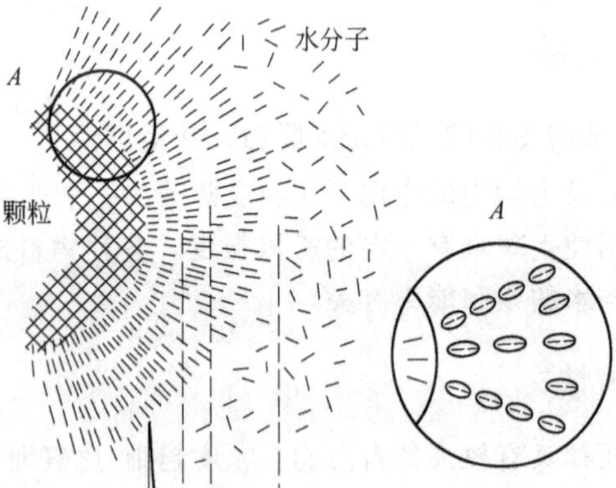

图 3-3　矿粒表面极化分子的排列及电分子力的分布情况

3.1.2.2 薄膜水

矿粉颗粒表面达到最大吸附水后，其表面还有未被平衡掉的分子力，进一步加水润湿时，还可吸附更多的极性水分子，在吸附水外围形成的一层水膜，称为薄膜水。薄膜水距离颗粒表面较远，所受的引力也小，因此，薄膜水与颗粒的结合力比吸附水弱得多，其分子具有一定的滚动性。薄膜水的主要特征是在分子力的作用下，薄膜水可从水膜较厚的颗粒表面迁移到较薄的颗粒表面直到水膜厚度相同为止。这种迁移不受重力的影响，可在任何方向的分子力作用下进行。其次，薄膜水因受电分子引力的吸引，具有比普通水更大的黏滞性。矿粒间的距离越小，薄膜水的黏滞性就越大，矿粒就越不容易发生相对移动，对生球来说，其强度就提高；相反，薄膜水厚度变大，矿粒便易于相对移动。因此，薄膜水厚度的变化影响细磨物料的物理力学性质（如成球性、压缩性、可塑性等），也影响生球的机械强度。

吸附水和薄膜水合起来组成了结合水（或称水化膜），其数量称为分子湿容量。结合水由于受到静电引力和分子力的作用，使相邻的矿粉颗粒不容易发生相对移动，而且当矿粉颗粒相距很近时，可以形成公共的水化膜。从力学角度分析，分子结合水可以看作是矿粒的外壳，在外力的作用下与颗粒一起变形，而且分子水化膜使颗粒彼此粘结，这就是矿粉成球后具有强度的原因之一。

当细磨物料表面润湿达到最大的分子结合水后，在揉搓时将表现出塑性性质。此时，在造球机中成球过程才明显地开始进行。

矿粉越细，孔隙度越小，比表面积越大，亲水性越强，则分子结合力越大，生球的机械强度越好。

3.1.2.3 毛细水

在细磨物料中，存在着许许多多大小不一、曲曲弯弯的连通孔隙所形成的复杂通道，可视为大量的毛细管。当物料润湿达到最大湿容量后，继续增加水量，便会在物料孔隙中形成毛细水。毛细水是矿粉的电分子作用力范围以外的水分，是靠表面张力的作用形成的。根据水在物料孔隙中充满情况的不同，毛细水可分为触点态毛细水、蜂窝状毛细水和饱和毛细水，如图 3-4 所示。

(a) (b) (c)

图 3-4 物料颗粒间的毛细水

a—触点态毛细水；b—蜂窝状毛细水；c—饱和毛细水

触点态毛细水又称环膜状或悬着态毛细水，是仅仅存在于颗粒接触点周围的水分。这种毛细水虽然不能以液滴状态移动，但在毛细力的作用下，能把颗粒联系起来，成为松散的球核。继续增加水分便出现蜂窝状毛细水，又称网状毛细水。这时有些空隙被水充满，水开始具有连续性，能在毛细管内迁移，能传递静水压力和呈毛细压力。若料层空隙完全被水充满时，则出现饱和毛细水。这时物料达到最大毛细水含量。各类铁矿石及常用添加物的分子结合水、毛细水含量见表 3-1。

表 3-1　各类铁矿石及常用添加物的分子结合水、毛细水含量

项　目	磁　铁　矿			赤　铁　矿			褐 铁 矿		皂 土	消石灰	石灰石
粒度/mm	1～0	0.15～0	0.074～0	1～0	0.15～0	0.074～0	1～0	0.15～0	0.2～0	0.25～0	0.25～0
最大分子结合水含量/%	4.9	6.4	6.0	5.2	7.4	7.3	21.2	21.3	45.1	30.1	15.3
最大毛细水含量/%	9.3	14.3	17.6	11.0	16.5	17.5	37.3	36.8	91.8	66.7	36.1
全水量/%		14.8	7.6	11.0	16.9	7.5	37.3	37.5			

对于造球来说，物料最适宜的含水量介于触点态和蜂窝态毛细水之间。毛细水在细磨物料的成球过程中起主导作用。只有将物料润湿到毛细水阶段，成球过程才开始明显地进行。因为毛细水在毛细压力的作用下，可将物料颗粒拉向水滴中心而形成小球，如图 3-5所示。

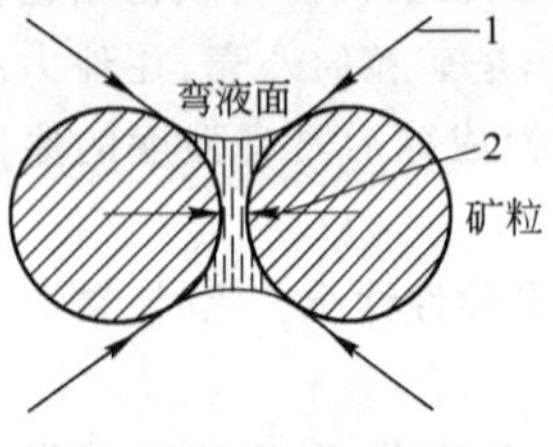

图 3-5　毛细压力示意图

1—表面张力；2—毛细压力

毛细压力可用下式表示：

$$h=\frac{2\sigma\cos\theta}{\gamma\rho g}$$

式中　h——毛细管中液面的高度，标志毛细压力之大小；

σ——水的表面张力；

θ——润湿角；

γ——毛细管的平均半径；

ρ——水的密度；

g——重力加速度。

由此可见，水的表面张力愈大，液体密度愈小，物料颗粒接触愈紧密时，毛细力愈大，物料越易成球，其生球的强度也愈高。矿粉成球速度还取决于毛细水的迁移速度，迁移速度愈快，成球速度就愈快。而毛细水的迁移速度与物料的亲水性及毛细管直径有关。物料愈亲水，且毛细管直径越小，毛细力越大，毛细水的迁移速度就越快。

3.1.2.4　重力水

矿粉完全被水饱和后，再继续润湿就会出现重力水。重力水是处于矿粒本身吸引力以外，能在重力场和压力场的作用下发生移动的自由水。由于重力是向下的，所以重力水具有向下运动的性能；同时重力水对矿粉又具有浮力作用，因此重力水在成球过程中起着有害作用，易使生球变形和强度降低。所以，只有当水分处于毛细水含水量的范围时，细磨物料的成球过程才具有实际意义。在造球过程中，不允许有重力水出现。

造球时物料所含吸附水、薄膜水、毛细水、重力水的总含量称为全水量。

3.1.3　铁矿粉的成球过程

铁矿粉的成球过程大致可分为三个阶段：母球的形成、母球的长大、生球的密实。

3.1.3.1　母球形成

经配料后送来的造球混合料通常含水 8%～10%，矿粒之间仍处于比较松散的状态，各个颗粒为吸附水和薄膜水层覆盖，毛细水仅存在于各个颗粒的接触点上，颗粒间的其余空间为空气所填充，这种状态的精矿粉一方面由于颗粒接触不太紧密，薄膜水不能起作用；另一方面，由于毛细水数量太少，毛细管尺寸过大，毛细作用力较小，使得颗粒间结合力较弱，成球很困难。若造球机内的混合料一面随机转动、一面适量加水进一步进行不均匀润湿，则在颗粒结合处形成毛细水。在毛细水的作用下，周围的矿粉颗粒将连接起来形成小的聚集体；继续润湿时，聚集体中的颗粒将在机械力的作用下重新排列，逐渐紧密，毛细管尺寸与形状随之变化，颗粒间的结合力得以增强，从而形成较为坚实稳定的小球，称为母球或球核。

3.1.3.2 母球的长大

已经形成的母球随造球机的转动而继续滚动的过程中将受到挤压、碰撞、揉搓等机械力的作用，其内部颗粒不断压紧，毛细管尺寸变小，形状改变，会把多余的毛细水挤到母球表面上来，这样过湿的母球表面在运动过程中就很容易粘上一层周围湿度较低的矿粉，如此往复运动，母球将逐渐长大。一旦母球的水分低于适宜的毛细水含量后，母球就停止长大。为了使母球达到所需的粒度，必须向母球表面补加水分，但喷水量要适当，以免喷水过大而产生重力水。显然，母球是依靠毛细粘结力和分子粘结力的作用而长大的。

3.1.3.3 生球密实

长大的母球其强度仍然不能满足冶炼的要求，因此当生球达到规定的尺寸后应停止补充润湿，并继续在造球机中滚动，这种滚动和搓动的机械作用会使生球颗粒发生选择性的按最大接触面排列，彼此进一步靠近压紧，毛细管尺寸不断缩小，毛细水不断地被挤压出来，以至生球内矿粉颗粒排列更紧密，使薄膜水层有可能相互接触，形成公共水化膜而加强结合力。这样生球内各颗粒之间便产生强大的分子粘结力、毛细粘结力和内摩擦阻力，从而使生球具有更高的机械强度。所以在操作到这一阶段时，往往让湿度较低的精矿粉去吸收生球表面被挤出的多余水分，以免因为生球表面水分过大而发生粘结现象，使生球降低强度。

需要指出的是以上三个阶段通常是在同一造球机中一起完成的，在造球过程中很难截然分开。第一阶段具有决定意义的是润湿，第二阶段除了润湿作用以外，机械作用也有着重要影响，而在第三阶段，机械作用成为决定性因素。这样我们就可以根据物料在造球前和造球过程中被润湿的情况，决定加水、加料等操作，也可进一步改进造球设备的结构，加强其产生的机械作用力，以保证造球生产高产、优质地完成。

3.1.4 影响矿粉成球的因素

3.1.4.1 精矿粉的性质

在精矿粉的性质中对造球过程起作用的是矿粉颗粒表面的亲水性、颗粒形状、孔隙度、湿度和粒度组成。

(1) 矿粉颗粒表面的亲水性　矿粉表面的亲水性愈好，被水润湿的能力愈大，毛细力愈大，毛细水与薄膜水的含量就愈高，毛细水的迁移速度就愈快，成球速度亦就越快。物料的成球性常用成球性指数 K 表示，其公式为：

$$K = \frac{W_f}{W_m - W_f}$$

式中 W_f——细磨物料的最大分子水含量，%；

W_m——细磨物料的最大毛细水含量，%。

根据成球性指数的大小可将细磨物料的成球性作如下划分：

$K<0.2$	无成球性
$K=0.2\sim0.35$	弱成球性
$K=0.35\sim0.6$	中等成球性
$K=0.6\sim0.8$	良好成球性
$K>0.8$	优等成球性

几种常用造球物料的成球性列于表 3-2。

表 3-2 几种常用造球物料的成球性参数

序号	原料名称	粒度/mm	W_t/%	W_m/%	K	成球性
1	磁铁矿	0.15~0	5.30	18.60	0.4	中等
2	赤铁矿	0.15~0	7.40	16.50	0.81	优等
3	褐铁矿	0.15~0	21.30	36.80	1.37	优等
4	膨润土	0.2~0	45.10	91.80	0.97	优等
5	消石灰	0.25~0	30.10	66.70	0.82	优等
6	石灰石	0.25~0	15.30	36.10	0.74	良好
7	黏土	0.25~0	22.90	45.10	1.03	优等
8	98.5%磁铁矿+1.5%膨润土	0.20~0	5.4	16.80	0.47	良好
9	95%磁铁矿+5%消石灰	0.20~0	6.7	21.7	0.45	中等
10	高岭土	0.25~0	22.0	53.0	0.77	良好
11	无烟煤	1~0	8.2	38.7	0.27	弱
12	沙子	1~0	0.7	22.3	0.03	无

由此可见，铁矿石亲水性由强到弱的顺序是褐铁矿、赤铁矿、磁铁矿。脉石对铁矿物的亲水性也有很大影响，甚至可以改变其强弱顺序。例如，云母具有天然的疏水性，当铁矿石含有较多的云母时，会使其成球性下降，当铁矿石含有较多的诸如黏土质或蒙脱石之类的矿物时，由于这些物质具有良好的亲水性常常会起到改善铁矿物成球的作用。

(2) 矿粉颗粒的形状　矿粉颗粒形状的不同将影响其成球性的好坏。矿物晶体颗粒呈针状、片状、表面粗糙者具有较大的比表面积，成球性好；矿物颗粒呈矩形或多边形且表面光滑者，比表面积小，成球性差。褐铁矿颗粒呈片状或针状，亲水性最好。而磁铁矿颗粒呈矩形或多边形，表面光滑，成球性最差。

(3) 孔隙率　颗粒的孔隙率与物料的吸水有很大的关系，例如多孔的褐铁矿，其湿容量总是比致密的磁铁矿大，生球强度也随孔隙率的减少而提高，见图 3-6。

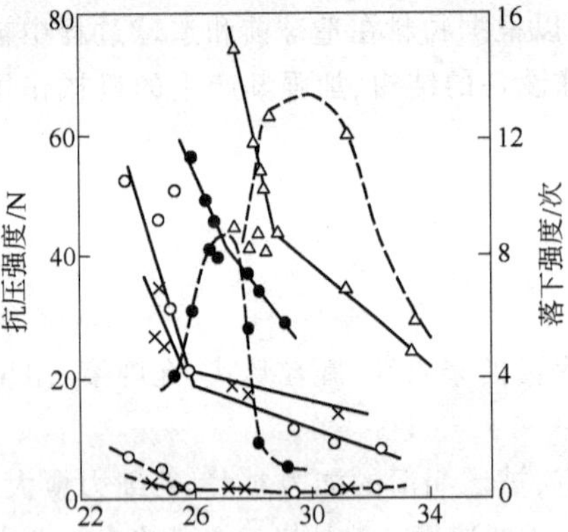

图 3-6　生球强度与孔隙度的关系
(实线表示抗压强度，虚线表示落下强度)

(4) 矿粉湿度　矿粉湿度对矿粉成球的影响最大。若采用湿度最小的矿粉造球时，由于毛细水不足，母球长大很慢而且结构脆弱、强度极低。矿粉湿度过大时，尽管初始时成球较快，但易造成母球相互粘结变形，生球粒度不均匀；同时过湿的矿粉还容易粘结在造球机上，使其发生操作困难。过湿的生球强度也很差，在运输过程中易变形、粘结破裂；在干燥、焙烧时将导致料层的透气性变坏，破裂温度降低，干燥焙烧时间延长，产量与质量下降。由于造球时要求的最适宜的湿度范围波动很窄(0.5%)，所以每一种精矿的最适宜湿度值应用实验方法加以决定。一般磁铁矿与赤铁矿精矿粉的适宜成球水分是 8%～10%，褐铁矿为 14%～18%。最佳造球原料的湿度最好略低于适宜值，对不足部分应在造球过程中补加。若精矿湿度过大时，则采取机械干燥法和添加生石灰、焙烧球团返矿等干燥组分来排除或减少多余水分，以保证造球物料的湿度要求。

(5) 矿粉的粒度组成　矿粉粒度愈小并具有合适的粒度组成时,颗粒间排列愈紧密,分子结合力也将愈强,因而成球性好,生球强度高(见图3-7)。因此,为了稳定地进行造球和得到强度最高的生球,必须使所用的原料有足够小的粒度和合适的粒度组成。一般磁铁矿与赤铁矿精矿粉的粒度上限不超过0.2 mm,其中-0.074 mm的粒级应不小于80%~90%。否则就会使生球强度变差。国外球团厂则要求-0.044 mm粒级达60%~80%,同时还要求微米级的颗粒占一定比例。

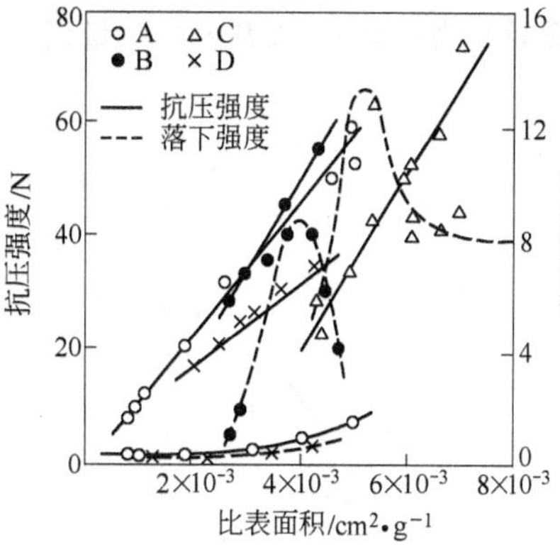

图3-7　生球强度与原料比表面积的关系

3.1.4.2　添加物的影响

在造球原料中加入亲水性好、粘结能力大的添加物可以改善矿物的成球性。造球中常常使用的添加剂有消石灰、膨润土、石灰石和佩利多等。

(1) 消石灰　消石灰是生石灰消化后的产物,具有天然的胶结性,本身成球性指数大于0.8,属优等成球性物料。同时,它又是熔剂,所以配料时加入量较多。但是消石灰配比过多时,由于其堆密度小,毛细水迁移速度缓慢,又会降低成球速度,并在生球表面产生棱角。生产中要求消石灰的粒度应小于1 mm。

(2) 石灰石　石灰石也属于亲水性物质,但粘结力不如消石灰强。生产熔剂性球团矿时,石灰石与消石灰配合使用对造球更有利,不仅可以提高生球与干球的强度及稳定性,而且还起到熔剂的作用。石灰石的制备比消石灰简单可靠,但一定要细磨。

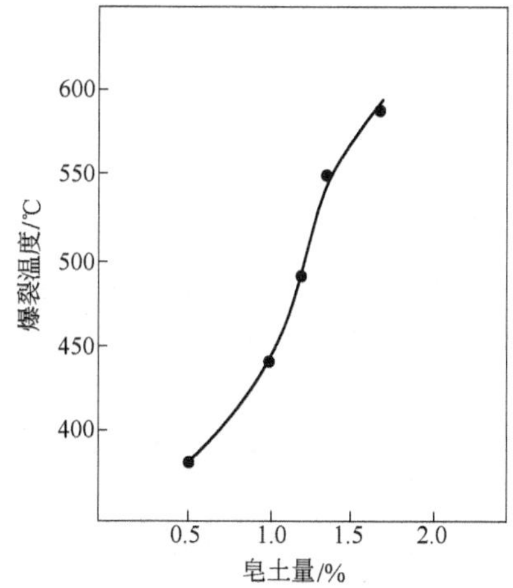

图3-8　膨润土加入量对生球爆裂温度的影响

(3) 膨润土(皂土)　膨润土是目前使用最广泛的优等成球性物料,属于效果极佳的优质添加剂,具有高黏结性、吸附性、分散性和膨胀性。配入适量(0.6%~1.0%)的膨润土于造球精矿中,便可显著改善其成球性,提高生球的强度,特别是提高生球干燥时的爆裂温度和成品球团矿的强度,见图3-8。1977年,杭州钢铁厂使用膨润土作本厂球团的黏结剂后,球团矿产量大幅度提高,与未使用前相比增产了81.2%,成品球团矿抗压强度达到3597 N。不过由于皂土属含水的铝硅酸盐物质,SiO_2高,不能添加太多。配加皂土时要细磨。

(4) 氯化钙　氯化钙是氯化焙烧中的氯化剂和造球过程中的一种良好的黏结剂,氯化钙溶解在水中能提高水的表面张力。氯化钙的水溶液黏度比水大,并随溶液浓度增加而增加。添加氯化钙的物料,其分子水含量显著提高,从而提高了物料的成球性指数,有利于母球的形成与生球机械强度的提高。不过随着氯化钙加入量的增加,毛细水含量增大后,随后又降低,因而使用高浓度的氯化钙溶液(大于1000g/L)造球时,毛细水的迁移速度将会显著减慢,不利于母球的长大。由于氯化钙系湿性很强的物质,在实践中难以磨碎,故造球时往往以水溶液状态加入。

(5) 佩利多　佩利多是一种高效无毒的高分子黏结剂。由纤维素制成,无毒而且不含对环境和冶炼有害的硫、磷杂质,1 g佩利多可束缚4.95 g水,为膨润土的5~10倍(膨润土1 g可束缚 0.66～0.91 g 水)。所以它的粘结效果高于膨润土,可显著改善生球强度,见图 3-9。若要生产质量相当的球团,佩利多的数量仅为膨润土的 1/4。

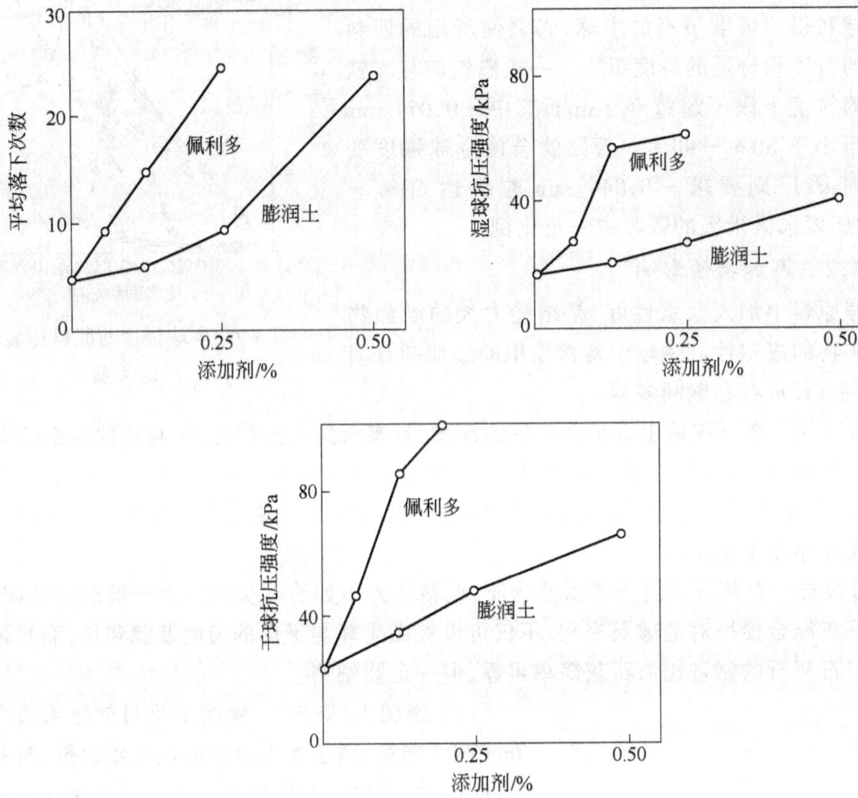

图 3-9　膨润土、佩利多对生球强度的影响

3.1.4.3　成品球尺寸的影响

成品球的尺寸在很大程度上决定了造球机的生产率和生球的质量。目前,在生产上制造 9～16 mm 的球团矿,供高炉使用,制造粒度大于 25 mm 的球团矿供电炉炼钢使用。

由于不同尺寸的生球中各颗粒的结合力大致是相同的,因而较大生球的落下强度因其重量大比小生球的落下强度来得小些;相反,较大生球的抗压强度比较起来却高得多。因为生球的抗压强度与生球直径的平方成正比,生球的落下强度与生球直径的平方成反比。

得到较大的生球需要较长的造球时间,因为生球的粒度愈小,生球的成型就愈快,因而制造粒度较大的球团矿会使造球机的生产率降低。

3.1.4.4　造球机工艺参数的影响

用于造球的设备主要是圆盘造球机和圆筒造球机,我国和西欧国家生产球团矿时常用的是圆盘造球机。

(1) 造球机的转速　造球机的转速一般可用圆周速度来表示。当造球机直径与倾角一定时,转速只能在一定范围内变动。如果转速过低,产生的离心力小,物料就上升不到圆盘的顶点,造成母球形成空料区。同时由于母球上升的高度不够,积蓄的动能不足,生球密实不够,强度降低。如果转速过快,离心力过大,物料就会被甩到盘边,造成圆盘中心空料。不能按粒度分开,甚至停止母球的滚动成型过程。只有适宜的圆盘转速才能使物料沿造球机的工作面转动,并按粒度分开。造球机适宜的转速与圆盘倾角和物料性质等有关,一般以造球盘周边线速度计,保持在1.0～2.0 m/s,或以最佳转速为临界转速的60%～70%控制,而临界转速为:

$$n_{临} = (42.3/D^{1/2})(\sin\alpha)^{1/2}$$

式中 D——圆盘直径,m;

α——圆盘倾角。

若物料的摩擦角较大(如加入溶液造球时),则转速可取低值,若物料的摩擦角较小(如加入铁精矿或水泥生料造球时),转速可取高值。

(2) 造球圆盘的倾角 圆盘造球机的周速与倾角有关,倾角愈大,为了使物料能上升到规定的高度,则要求较大的周速。若周速一定,造球机的最适宜的倾角值 $\alpha_{适}$ 就一定。当 $\alpha<\alpha_{适}$ 时,物料的滚动性能恶化,盘内料全甩到盘边,造成了"盘心"空料,因而滚动成型条件恶化;当 $\alpha>\alpha_{适}$ 时,盘内料带不到母球形成区,造成圆盘有效工作面减小。圆盘造球机的倾角通常为45°～50°

(3) 圆盘直径与边高 圆盘造球机的直径增大,加入盘中的物料增多,物料在盘内碰撞的几率就增大,有利于母球的形成、长大和生球的密实。圆盘的边高与其直径及物料的性质有关。随着造球机直径的增加,边高也相应增高,边高可按圆盘直径的0.1～0.12倍考虑,而当造球机的直径与倾角都不变时,物料粒度粗,黏度小,则盘边应高一些;反之则应低一些。

(4) 充填率 充填率是指造球机的容积与圆盘几何容积之比,它与圆盘的边高和倾角有关。当给料量一定时,盘边高、倾角小,充填率就越大,成球时间越长,生球的尺寸与强度就越大。但充填率过大会破坏物料的运动性,母球不能按粒度分层,造球机生产率下降。一般圆盘造球机的充填率为10%～20%。

(5) 底料与刮板的位置 造球机转动时，盘面上往往会粘附一层造球物料成为底料。粒度细、水分高的原料更易于粘结盘底。底料状态直接影响母球的生长情况，因为生球在底料上不断滚动时，会使底料压实和变得潮湿，从而使底料极易粘附于母球之上，最终影响母球的长大速度。同时随着底料的不断加厚，造球机负荷也逐渐增大，当底料增大到一定厚度时，发生大块脱落现象。为了使造球机能正常生产工作，必须在造球机工作面上形成松散且有一定厚度的底料，为此一般采用在圆盘内设置刮板来实现。合理的刮板布置，既要使整个盘面与周边都刮到、不重复，保证疏松底料并不堆积料，减少刮板对造球机的阻力与磨损，又要有利于最大限度地增加圆盘的有效工作面，不干扰母球的运动轨迹。因此，在母球长大区一般不设刮板，但当母球的形成速度大大超过母球的长大速度时，可在母球长大区设一辅助刮板，把较大的母球刮到长球区，使其加速长大，而让小母球与散料顺着辅助刮板所引导的方向在它下面继续通过。

3.1.4.5 造球操作的影响

(1) 加料方法 因为形成母球所需的物料要比母球长大所需的少,所以加料时要遵循"既利于母球形成,又利于母球迅速长大和密实"的原则,即把大部分料加到母球长大区,少量加在母球形成区,生球密实区禁止加料。

一般造球机的下料是自圆盘给料机通过漏斗而成一股料流,下在圆盘造球机略偏左上侧处,这时大部分物料都流向造球机的左侧"成球区"及中心"长球区"上,而小部分原料由于造球机的转动被带到右侧"成球区"上,所以,基本上是符合上述原则的。但也存在一些问题,例如,物料成一股料流下降到盘上,不利于造球,有时由于水分过大,造球机转速太慢,常出现"成球区"物料过少而"长球区"物料过多的现象。另外,也有采用物料从圆盘两边同时给入或者以"面布料"方式加料的,母球长大得最快。我国的直径5.5 m圆盘造球机,采用轮式混合机给料,使物料能松散地以面布料方式布在造球机上，效果良好，就是一个实际的例子。这是因为在圆盘造球机中，物料是按粒度分布的，靠近圆盘边缘部分，原料分布最少，母球长大区的原料量不充足。因此在母球长大区，首先喷入雾状的水，帮助母球表面迅速被水润湿，然后补加原料，能够加速母球长大。但是，如果仅仅在母球长大区加水加料，而不在母球形成区加水加料，则可能导致母球数量减少。因此，需要采用面布料或两边同时布料。

(2) 加水方法　用于造球的物料，其水分含量最好略低于生球的适宜水分，而在造球过程中补加适量的水。在这种情况下，加水常采用“滴水成球、雾水长大、无水密实”的操作方法，即将大部分补存水以滴状方式加在母球形成区的物料流上，有利于母球的形成，其余水分以喷雾状加在长大的母球表面上，促使母球迅速长大。而在生球密实区，已长大的生球在滚动与受搓压的过程中，毛细水从内部被挤出会使生球表面过湿，因此应禁止加水，以防生球粘结和强度降低。

生产中应根据造球的需要，灵活控制合适的加水、加料方法，以提高生球的质量与造球机的生产率。加水加料方法见图 3-10。

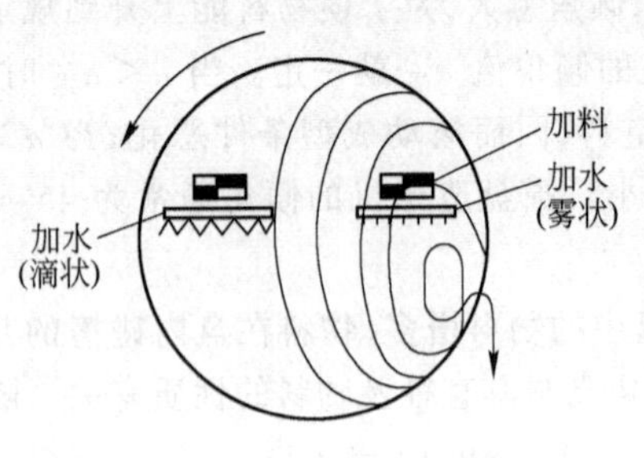

图 3-10　加水、加料方法示意图

(3) 造球时间　滚动成球所需的时间根据成品球的尺寸、原料成球的难易以及矿粉粒度的粗细而定。成品球尺寸要求大、原料成球性能差，则造球时间延长，反之应缩短造球时间。从实验可知，生球的抗压强度随造球时间的延长而提高，对于粒度愈细的物料，延长造球时间效果愈显著，见图 3-11。落下强度同样随造球时间的延长而提高，见图 3-12。虽然造球时间延长有利于提高生球的强度，但对产量不利。

造球机工艺参数等也对矿粉成球有着一定的影响。

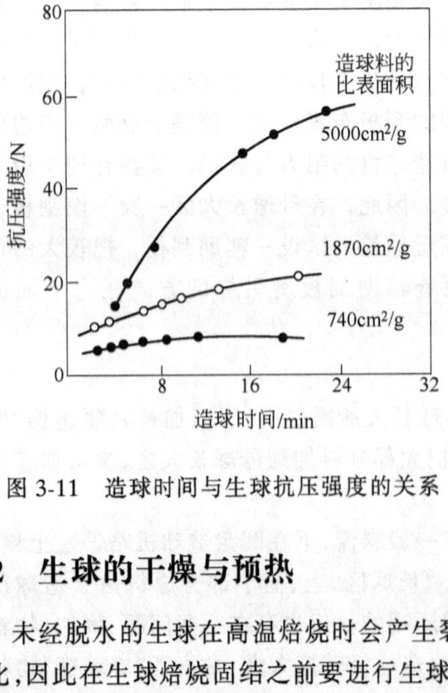

图 3-11　造球时间与生球抗压强度的关系

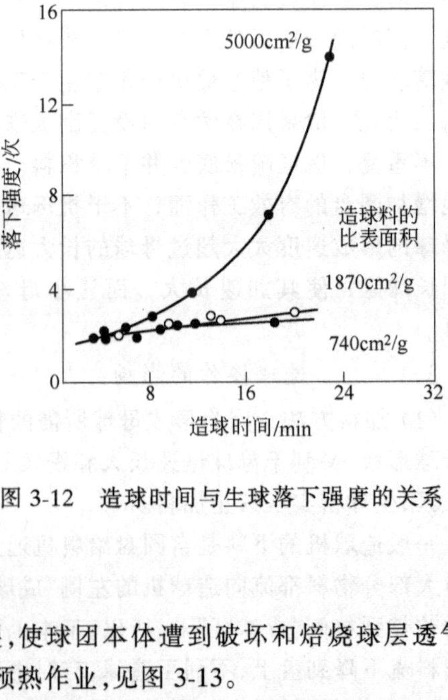

图 3-12　造球时间与生球落下强度的关系

3.2　生球的干燥与预热

未经脱水的生球在高温焙烧时会产生裂纹和爆裂，使球团本体遭到破坏和焙烧球层透气性恶化，因此在生球焙烧固结之前要进行生球的干燥与预热作业，见图 3-13。

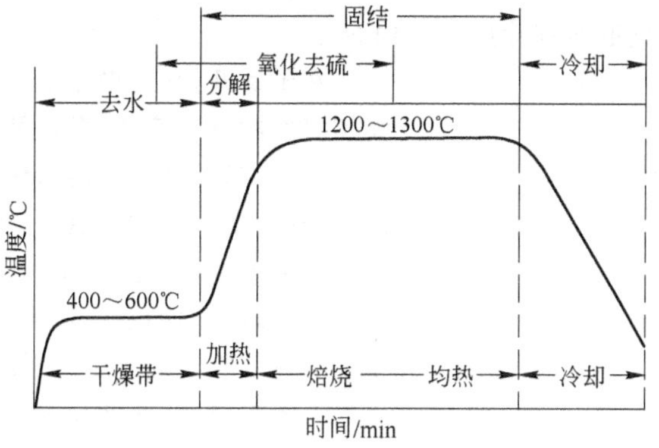

图 3-13　球团焙烧各阶段情况

3.2.1　生球的干燥

生球干燥是生球加热过程的开始环节，其作用在于降低生球中的水分，以免它在高温焙烧时加热过急、水分蒸发过快而破裂、粉化、恶化料层的透气性，影响球团矿的质量。因为未经干燥的生球，特别是添加有亲水性黏结剂的生球，通常含有较多的水分，这就使得它们在受到挤压时，一方面易产生塑性变形与裂纹，另一方面在高温焙烧时会由于水分猛烈蒸发而导致生球产生裂纹或爆裂。因此，球团在进入预热和焙烧阶段之前，必须经过干燥，以满足下步工艺的要求。

3.2.1.1　生球干燥机理

生球干燥的过程首先是水分汽化的过程。当生球处于干燥的热气流（干燥介质）中时，其热量将透过生球表面的边界层传给生球，此时由于生球表面的蒸汽压大于热气流中的水汽分压，生球表面的水分便大量蒸发汽化，穿过边界层而进入气流，被不断带走。生球表面蒸发的结果，造成生球内部与表面之间的湿度差，于是球内的水分不断向生球表面迁移扩散，又在表面汽化，干燥介质连续不断地将蒸汽带走。如此继续下去，生球逐步得到干燥。可见，生球内部的湿度梯度和生球内外存在着的温度梯度是促使生球内部水分迁移的力量，而生球的干燥过程是由表面汽化和内部扩散这两部分组成的。

在干燥过程中，虽然水的内部扩散与表面汽化是同时进行的，但速度却不一定相同。当生球表面水分汽化速度小于内部水分的扩散速度时，其干燥速度受表面汽化速度的控制，成为表面的汽化控制。相反，当生球表面水分汽化速度大于其内部水分的向外扩散速度时，成为内部的扩散控制。

对表面的汽化控制来说，生球水分的去除取决于物体表面水分的汽化速度，显然，蒸发面积大，干燥介质的温度高、流速快，表面汽化作用就快，生球的干燥速度就大。在生产上一般是通过“大风量”、“薄料层”、“高风温”的操作方法来加速干燥的。

当干燥过程受生球内部扩散速度的限制时，在表面水分蒸发汽化后，生球内部的水分不能及时扩散到表面上来，将导致生球表面干燥而内部潮湿的现象，最终使生球表面干燥收缩而产生裂纹。这种干燥过程变得比表面汽化控制时更为复杂，其干燥速度不仅与干燥介质的温度有关，还与生球直径和含水量有关。

一般情况下，铁精矿生球通常都加黏结剂，因而这种物料不是单纯的毛细管多孔物（典型的为纸、皮革等），也不是单纯的胶结物（典型的为陶土、肥皂等），而是胶体毛细管多孔物，所以其干燥过程的进行不能单纯由表面汽化控制所决定，而内部扩散控制则要起相当大的作用。

生球在干燥过程中的脱水规律如图 3-14 所示。

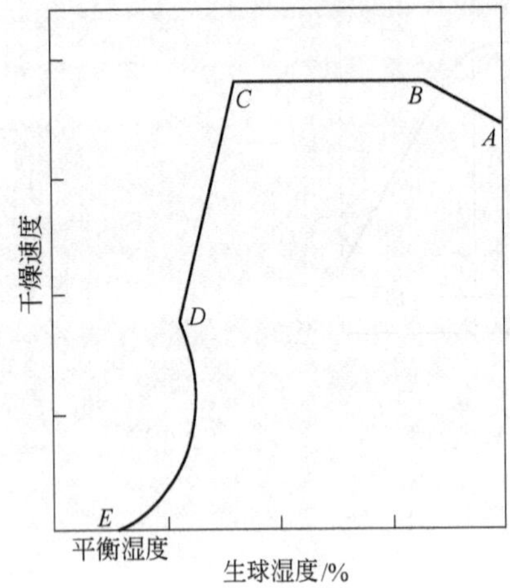

图 3-14 生球在干燥过程中的脱水规律

在干燥开始时，水分在生球内部的扩散速度大于物体表面的汽化速度，而有足够的水由生球内部扩散到其表面，当干燥速度达到最大值（*B* 点）后就进入等速干燥阶段（*BC* 段）。这时，由于是表面汽化控制，故干燥速度与生球的直径无关，而与其水含量有关。并且由于生球表面的蒸汽压等于纯液体上的蒸汽压，其干燥速度就等于同样条件下纯液体的汽化速度，并与干燥介质的温度、速度和湿度有关。

当生球水分达到临界点 *C* 后，就进入干燥的第二阶段，即降速阶段（*CD*、*DE* 段），干燥速度完全由水分自生球内部向外表扩散的速度所控制。因此在第二阶段中，干燥速度与生球直径和含水量有关，尤其在 *DE* 阶段干燥介质的速度和干燥介质的湿度影响就更小了。而干燥介质的温度仍起决定性的影响，当生球水分达到平衡湿度时，干燥速度便等于零。

随着干燥过程的进行，生球将发生体积收缩，收缩对于干燥速度和干燥后干球质量的影响是两方面的，一方面，如果收缩不超过一定的限度（未引起开裂），就形成内粗外细的圆锥形毛细管，使水分由中心加速迁移到表面，从而加速干燥。这种收缩就使物料变紧密，强度提高。所以这种收缩是有利的。但另一方面，生球表层与中心的不均匀收缩会产生应力，其表层的收缩大于平均收缩，则表层受拉应力；而其中心的收缩小于平均收缩，则中心受压。如果生球表层所受的应力超过其极限抗拉强度时，生球会开裂，并且强度显著降低，因此这种收缩是不利的。

生产实践证明，根据生球原料的特性及粒度的不同，干燥过程可能引起两种相反的效果。对含有大量胶体颗粒的褐铁矿或含泥量高的赤铁矿所制得的生球，干燥过程会使其结构变得牢固。然而对结晶型的赤铁矿和磁铁矿生球来说，干燥会使结构变弱。有添加物的赤铁矿和磁铁矿生球，干燥后其结构的变化，则由添加物的作用决定。这是由于这种生球在它们去除毛细水时，胶体颗粒充填在较粗大的颗粒中间，增强了颗粒间的黏结力。

另外，如果生球中的颗粒是比较均匀和尺寸比较粗大的话，它们就不可能变得足够紧密，在去掉毛细力以后，干球的强度可能更低。因为生球结构愈弱，开裂愈显著。

此外，干燥速度愈快，生球不均匀收缩愈显著，开裂的危险性也就愈大。同时当生球内部水分的蒸发速度大于水分自球内排出的速度时，生球也会开裂。

3.2.1.2 影响生球干燥速度的因素

生球在干燥过程中可能产生低温表面干裂和高温爆裂，因此生球干燥必须以不发生破裂为前提，其干燥速度与干燥所需时间取决于下列因素：

(1) 干燥介质的状态　干燥介质的状态指干燥气流的温度、流速与湿度。干燥介质的温度越高，生球水分的蒸发量就越大，干燥速度也越快，干燥时间相应缩短，见图 3-15。但干燥介质的温度需受生球破裂温度的限制，应控制在生球的破裂温度之下，否则随着介质温度的不断提高，将会使生球表层与中心不均匀收缩加剧，导致裂纹的产生，更有甚者会因剧烈汽化，中心水分来不及排除而爆裂。

干燥介质的流速越快，生球表面汽化的水蒸气散发越快，可促进生球表面水分的快速蒸发，见图 3-16。与温度的影响相似，干燥介质流速也受生球破裂温度的制约，通常情况下，流速大时，应适当降低干燥温度，对于热稳定性差的生球干燥时，往往采用低温大风量的干燥制度。

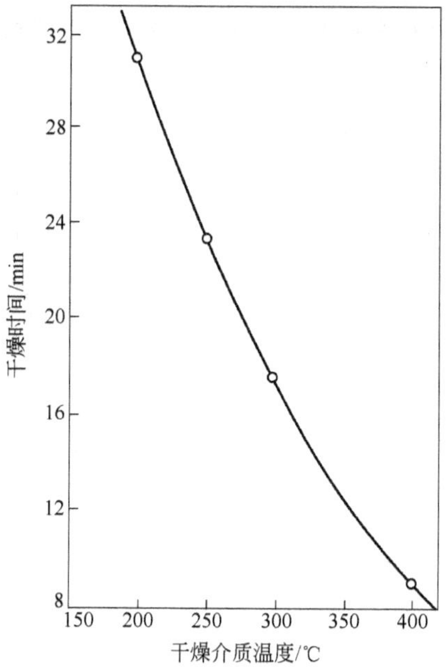

图 3-15 干燥介质温度与干燥时间的关系
（料层厚 200 mm，气流速度为 0.5 m/s）

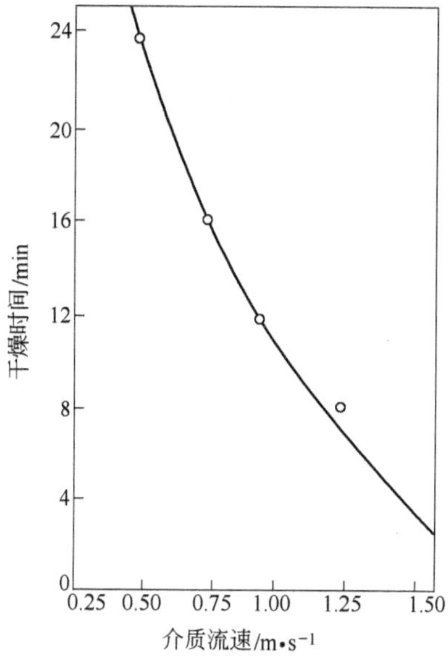

图 3-16 干燥介质流速与干燥时间的关系
（料层厚 200 mm，气体温度 250℃）

干燥介质的湿度越低，生球表面与介质中蒸汽压力差值就越大，有利于水分的蒸发，但有些导湿性很差的物质，为了避免形成干燥外壳，往往采用含有一定湿度的介质进行干燥，以防裂纹的产生。

（2）生球的性质　生球本身的性质包括生球的初始湿度与粒度等。生球的初始湿度高，破裂温度就低。因为生球初始水分高时，干燥初期由于生球内外湿度相差大会造成严重的不均匀收缩，使球团产生裂纹；在干燥后期，当蒸发面移向内部后，由于内部水分的蒸发而产生的过剩蒸汽压就会使生球发生爆裂，而爆裂温度的降低必然限制生球的干燥速度，延长干燥时间。一般，亲水性强的褐铁矿所制得的生球其爆裂温度比赤铁矿与磁铁矿要低。

生球粒度小时，由于具有较大的比表面积，蒸发面积大、内部水分的扩散距离短，阻力小，干燥速度快，可承受较高的干燥温度。生球粒度过大会影响干燥速度，对干燥不利。

（3）球层高度　增加球层高度将延长干燥时间，降低干燥速度。因为球层越厚，干燥介质中的水蒸气在下部料层凝结的情况就越严重，底层生球的水分含量将升高，因而降低了底层生球的破裂温度。图 3-17 表示球层高度与干燥时间之间的关系。因此在厚料层干燥时，应延长干燥时间，限制干燥速度。

3.2.1.3 生球干燥过程中产生破裂的原因及提高生球破裂温度的途径

生球的干燥破裂是强化生球干燥的限制性环节，干燥过程中在 400～600℃之间有可能发生生球的爆裂。产生爆裂的原因可能有两个：一是生球在干燥中发生体积收缩，由于物料特性和干燥制度的不同，生球表面产生湿度差，表面湿度小收缩大，中心湿度大收缩小，这种不均匀收缩会产生应力，干燥时一般是表面收缩大于平均收缩，表面受拉和受剪，一旦生球表层所受的拉应力或剪应力超过生球表层的极限抗拉、抗剪强度，生球便开裂；二是表面干燥后结成硬壳，当生球中心温度提高后，水分迅速汽化，形成很高的蒸汽压，当蒸汽压超过表层硬壳所能承受的压力时，生球便爆裂。如果生球在干燥时期开裂，则焙烧后的球团矿强度至少降低 1/5～1/3，见图 3-18。因此，提高生球的热稳定性是球团生产中必须解决的问题，实际生产过程中可采取以下措施来强化干燥过程。

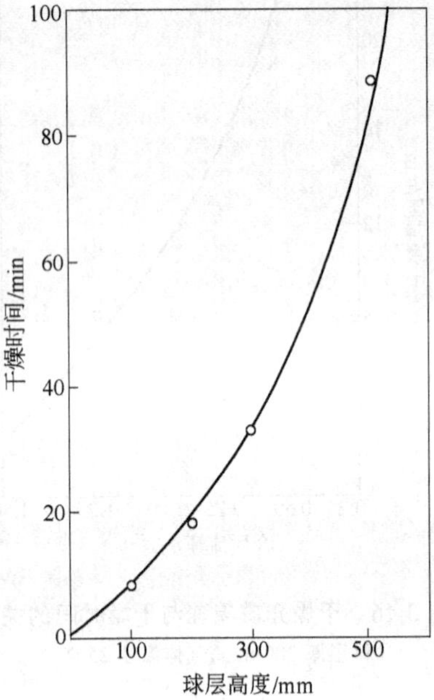

图 3-17　球层高度对干燥时间的影响

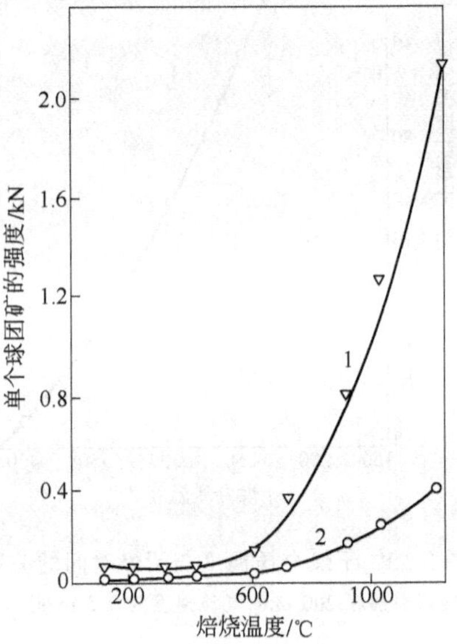

图 3-18　干球质量在不同焙烧温度对球团矿强度的影响

1—未开裂的生球；2—开裂的生球

(1) 逐步提高干燥介质的温度与流速　生球在干燥初期，应先在较低的温度与流速下进行干燥，随着水分的不断减少，生球破裂温度相应提高，可逐步提高干燥介质与流速，以加强干燥过程，改善干燥质量。所以干燥前段应实行慢升温、低风速；而干燥后期应采用大风、高温操作。

(2) 采取先鼓风再抽风的方法进行干燥作业　当采用带式焙烧机或链箅机进行干燥时，可采用鼓风和抽风相结合的方法，先鼓风干燥，使下层的生球蒸发掉一部分水分，生球的温度提高到露点以上，再向下抽风，可减少与避免下部球层的过湿现象，从而提高生球的热稳定性。

(3) 采用薄层干燥　适当减薄球层的厚度，可以减少蒸汽在球层下部冷凝的程度，提高生球的破裂温度，但这样做会降低产量。

(4) 采用分层干燥　通过分层干燥，可以发挥薄层干燥的优势，但在操作上有较大的困难。

(5) 造球时加入合适的添加剂　实践证明，加入能使成球性指数提高到 0.7 左右的适量添加剂可以提高生球的破裂温度，获得良好的干燥效果。因为当成球性指数 $K \approx 0.7$ 时，生球的破裂温度最高，而 K 大于或小于 0.7 时，都要降低生球的热稳定性。比如，在加入 0.5% 的膨润土后，生球的破裂温度可由 175℃ 提高到 450～500℃，而加入 1% 的膨润土和 8% 的石灰后，生球的破裂温度可提高到 700℃ 左右。这就可能在干燥时采用温度较高的干燥介质来加速干燥过程。

3.2.2 球团的预热

生球干燥后继续加热即进入预热阶段。预热阶段的温度范围是300～1000℃，如果没有这个逐步的升温过程，许多球团的强度将会由于热效应或某种激烈的物理化学反应而遭到破坏。除此以外，预热还有以下作用：

对于磁铁矿而言，预热段是磁铁矿氧化为赤铁矿的最重要阶段，这个氧化过程与球团的最终强度直接相关。由于900～1100℃是磁铁矿氧化反应最激烈的阶段，因此预热氧化是否充分对磁铁矿球团的固结和最终强度有重要影响。

链箅机－回转窑球团的预热过程是在链箅机上进行的，进入回转窑之前的预热强度对回转窑的正常生产有很大影响，很低的预热强度会增加带入回转窑的粉料数量，以至产生结圈等一系列问题，因此需要尽可能提高预热球的强度。

对于一些含有碳酸盐、云母类矿物和含有较多化合水的矿石来说，预热过程要发生碳酸盐分解、化合水的脱除和某些矿物结构及相的变化，过高的预热温度与升温速度都会导致球团结构的破坏。

因此，不同阶段应根据需要制定相应的预热制度，选择合适的预热开始温度和升温速度(即预热段的长度与时间)。

3.2.2.1 磁铁矿球团的氧化过程

磁铁矿的氧化从200℃开始至1000℃左右结束，经过一系列的变化最后完全氧化成Fe_2O_3。根据已有的认识，一般认为磁铁矿球团的氧化反应过程由以下两个阶段组成：

第一阶段(温度在200～400℃)：

$$4Fe_3O_4 + O_2 = 6\gamma\text{-}Fe_2O_3 \tag{3-1}$$

在这一阶段，化学过程占优势，不发生晶型转变(都属立方晶系)，只是由Fe_3O_4氧化生成γ-Fe_2O_3了，即生成有磁性的赤铁矿。

第二阶段(温度大于400℃)：

$$\gamma\text{-}Fe_2O_3 = \alpha\text{-}Fe_2O_3 \tag{3-2}$$

由于γ-Fe_2O_3不是稳定相，在较高温度下晶体会重新排列，而且氧离子可能穿过表层直接扩散。这个阶段，晶型转变占优势，从立方晶系转变为斜方晶系，γ-Fe_2O_3转化成α-Fe_2O_3，磁性也随之消失。但是此阶段的温度范围和第一阶段的产物随磁铁矿的类型不同而不同。

3.2.2.2 磁铁矿氧化对球团强度的影响

磁铁矿球团在预热阶段氧化时重量增加，经过一段时间后达到恒重，而且在氧化过程中，随着温度的升高，抗压强度持续提高。这是因为磁铁矿球团在空气中焙烧时，在较低温度下，矿石颗粒和晶体的棱边、表面就已生成赤铁矿初晶，这些新生成的晶体活性较大，它们在相互接触的颗粒之间扩散，形成初桥晶键，促进球团强度提高，见图3-19。

磁铁矿球团氧化是从球表面开始的，最初表面氧化生成赤铁矿晶粒，而后形成双层结构，基本上是一个赤铁矿的外壳和磁铁矿核，氧穿透球的表层向内扩散，使内部进行氧化。氧化速度是随温度升高而增加的。在氧化时间相同的情况下，随着温度的升高，氧化度增加，如图3-20所示。但是为了保持球壳有适当的透气性，必须严格控制升温速度。若升温速度过快，在球团未完全氧化之前就发生再结晶，球壳变得致密，核心氧化速度将下降。并且温度高于900℃时，磁铁矿发生再结晶或形成液相，导致氧化速度进一步下降。为此必须有使球团完全氧化的最佳温度和升温速度。

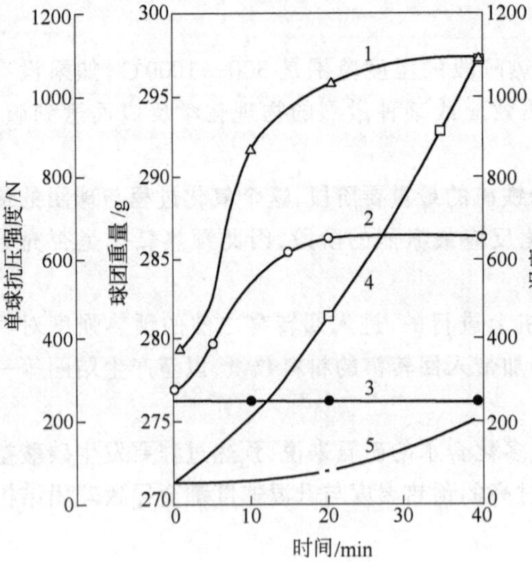

图 3-19　氧化温度与时间对干球强度的影响

1—气流温度；2—磁铁矿球团重量；3—赤铁矿球团重量；
4—磁铁矿球团强度；5—赤铁矿球团强度

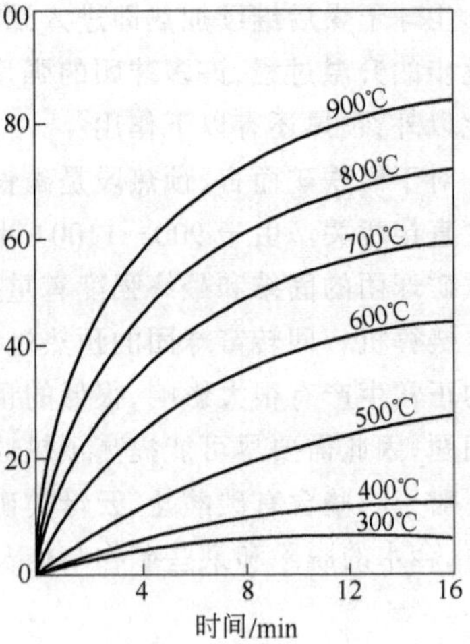

图 3-20　非熔剂性球团的氧化特性

对采用微细粒磁铁矿制成的生球来说，加热速度过快时，外壳收缩严重，使孔隙封闭，一方面妨碍内层氧化，另一方面由于收缩应力的积累引起球表面形成小裂纹。这种小裂纹在焙烧过程中很难消除。

在焙烧的球团中，有时会出现同心裂纹，它是导致球团强度下降的主要原因。同心裂纹产生于已氧化的外壳和未氧化的磁铁矿之间。因为当氧化在已氧化的外壳和未氧化的磁铁矿间进行，并沿着同心圆向前推进时，如果温度过高，外壳致密，氧难以继续扩散进去，内部磁铁矿再结晶，渣相熔融收缩离开外壳，使两种不同的物质间形成同心裂纹。

磁铁矿氧化属放热反应，这一热源在预热和焙烧过程中应加以考虑与利用。

3.3　球团的焙烧固结

经过干燥的生球，强度虽有一定程度的提高，但仍难以满足高炉冶炼的要求，必须对其进行焙烧固结作业。生球的焙烧固结是球团生产过程中最为复杂的一道工序，对球团矿生产起着很重要的作用。生球通过在低于混合物熔点的温度下进行高温焙烧可使其发生收缩并致密化，从而具有足够的机械强度和良好的冶金性能。

球团在高温焙烧时会发生复杂的物理化学变化，如碳酸盐、硫化物、氧化物等的分解、氧化和矿化作用，矿物的软化、液相的产生等。这些变化过程与球团本身的性质，加热介质特性，热交换强度以及控制升温速度有关。

3.3.1　球团固结机理

一般认为，生球焙烧时可能发生的下述过程，都将引起球团矿的固结反应：磁铁矿氧化成 Fe_2O_3 及磁铁矿氧化所得的 Fe_2O_3 晶粒的再结晶；磁铁矿晶粒的再结晶；赤铁矿中 Fe_2O_3 的再结晶；粘结液相的形成及原子的扩散过程等。球团在焙烧时，随生球的矿物组成与焙烧制度的不同将有不同的固结方式。

3.3.1.1 磁铁矿球团的焙烧固结方式

磁铁矿是生产球团矿的主要原料，在不同的气氛下进行焙烧时，可能有以下五种固结方式；

（1）Fe_2O_3 微晶键连接（晶桥连接） 磁铁矿球团在氧化气氛中焙烧时，当温度加热到 200～300℃时，氧化首先在磁铁矿颗粒表面与裂缝中进行，随着温度的升高，氧化过程加速，逐渐由表面向内部发展，生成 Fe_2O_3 微晶，由于新生成微晶中的原子具有很高的迁移能力，加速了微晶的生长，随着各个磁铁矿颗粒接触点处微晶的长大，在颗粒之间形成了"连接桥"，又称 Fe_2O_3 微晶键连接，如图 3-21(a)所示，这种固结形式使球团矿的强度有一定程度的提高。但在 900℃以下的温度下焙烧时，Fe_2O_3 微晶长大非常有限，所以单靠这种固结形式，球团矿的强度尚不能满足高炉冶炼的需要。比如。直径为 15 mm 的生球，在 900℃下焙烧，其单球抗压强度仅为 150～300 N。

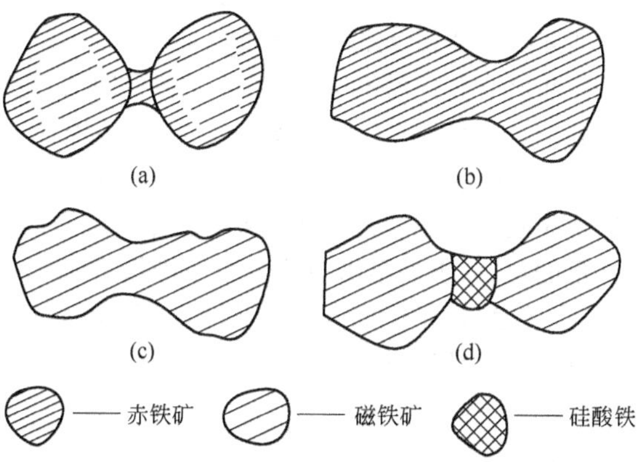

图 3-21 磁铁矿生球焙烧时颗粒间所发生的各种连接形式

（2）Fe_2O_3 的再结晶长大连接 Fe_2O_3 的再结晶长大连接是铁精矿氧化球团固相固结的主要形式，一般认为是前一种固结反应的继续与发展。当磁铁矿球团在氧化气氛中继续加热到 900～1100℃以上时，绝大部分的 Fe_3O_4 就会氧化为 Fe_2O_3，这个反应是放热反应，可以提高球团内部的温度，使得氧化生成的 Fe_2O_3 微晶的活性更高，并发生结晶长大，从而成为互相紧密连接成一片的赤铁矿晶体，如图 3-21(b)所示，球团的强度大大提高。例如，将直径为 25 mm 的生球在 1200～1300℃下焙烧 20 min 后，其单球抗压强度达到 1250～1550 N 以上，但当温度达到 1300℃以上时，Fe_2O_3 将发生分解，会降低第二种连接方式所具有的强度。

（3）Fe_3O_4 的再结晶与晶粒长大 在中性或还原性气氛中焙烧磁铁矿球团时，温度达到 900℃后，磁铁矿晶粒也将开始发生再结晶，通过晶粒扩散产生 Fe_3O_4 微晶键连接，随着温度的升高，Fe_3O_4 继续发生再结晶与晶粒长大，使球内磁铁矿颗粒结合成一个整体，见图 3-21(c)。

由于 Fe_3O_4 的再结晶速度比 Fe_2O_3 要慢，因此以这种方式固结的球团矿强度要比第二种低，它不是我们所需要的理想固结方式。在实际生产中，应采用适当的焙烧制度，尽量避免形成还原性或中性气氛，以保证 Fe_3O_4 的充分氧化和 Fe_2O_3 的再结晶长大。

（4）液相固结 当用含较高 SiO_2 的磁铁精矿粉生产酸性球团矿时，如果在 1100～1200℃的中性或弱还原性气氛中焙烧，由于 Fe_3O_4 未氧化，它可与 SiO_2 作用生成低熔点的 Fe_2SiO_4 液相，Fe_2SiO_4 又与 SiO_2 及 FeO 作用，生成熔点更低的固溶体，它们在焙烧时熔化为 FeO-SiO_2 液相体系，冷却时以液相固结方式把生球中的矿粒粘结起来。生成的反应方程式如下：

$$2Fe_3O_4 + 3SiO_2 + 2CO = 3Fe_2SiO_4 + 2CO_2 \tag{3-3}$$

$$2FeO + SiO_2 = Fe_2SiO_4 \tag{3-4}$$

当用含较高 SiO_2 的磁铁精矿粉生产酸性球团矿时，如果在 1300℃ 以上的氧化气氛中进行焙烧，由 Fe_3O_4 氧化生成的 Fe_2O_3 也会部分发生分解形成 Fe_3O_4，而与 SiO_2 作用生成 Fe_2SiO_4 液相连接。Fe_2SiO_4 在高炉中属于难还原的物质而且在冷却过程中难结晶，常形成强度不高的玻璃质，因此 Fe_2SiO_4 液相固结不是良好的固结方式。

当用磁铁精矿粉生产熔剂性球团矿时，如果在 1100～1300℃ 的强氧化性气氛下进行焙烧，由于加入了一定数量的 CaO，则生成铁酸钙体系的液相。这种液相生成速度快，熔点低，其熔化温度为 1205～1226℃，还原性与强度都较好。

若在局部还原性或中性气氛下焙烧，则可能出现钙铁橄榄石液相，其熔化温度与上述相近。

若用高 SiO_2 精矿粉生产熔剂性球团矿，并在中性或弱氧化性气氛条件下焙烧，在温度达到 1300～1500℃ 时，还可能出现硅酸钙液相体系的化合物或共熔体。

由此可见，随着原料条件和焙烧条件的不同，将产生几种不同的液相体系，这些液相少量存在时，可将固体矿粉颗粒润湿，并在表面张力作用下将其拉近，结果使球团孔隙度减小，体积收缩，结构致密化；同时由于液相的存在，可加快微晶的长大速度，提高球团矿的强度，因而液相对球团矿的固结是有利的，这种靠液相冷凝时将生球中各矿粒粘结起来的形式又称为渣键连接，如图 3-21(d)所示。但必须指出的是，如果过早出现液相会使磁铁矿氧化不完全，而液相的数量过多时又会阻碍氧化铁颗粒直接接触，从而影响再结晶；液相过多，还会产生大气孔，并由于某些液相结晶能力弱，形成玻璃质，使结构变脆，降低球团矿的强度与还原性。生产中尤其应避免出现过多的硅酸铁和硅酸钙液相。

3.3.1.2 赤铁矿球团的焙烧固结方式

赤铁矿用于生产球团矿的时间比磁铁矿的晚，也不如磁铁矿广泛，因而对其固结机理的研究也没有前者深入。总的看来，赤铁矿在焙烧固结中的变化较简单，但比磁铁矿球团的固结更困难。

赤铁矿球团的固结一般认为有三种方式：

(1) Fe_2O_3 再结晶　较纯的赤铁精矿球团在氧化气氛中焙烧时，赤铁矿晶粒在 900℃ 开始再结晶，随着温度的升高，晶粒逐渐长大，球团强度将提高。但这是一种简单的再结晶过程，比磁铁矿球团固结要困难。因为与磁铁矿球团焙烧固结相比，赤铁矿在氧化气氛中不会氧化，不能放热，不发生晶型转变，其原子的活动能力也比氧化新生成的赤铁矿弱。有人曾用含 Fe_2O_3 99.7% 的赤铁矿球团进行试验，在氧化气氛中焙烧时发现，赤铁矿颗粒焙烧至 1270℃，强度几乎与生球一样，但当温度升至 1290℃ 并保持一定时间时，其抗压强度由单球 2.94 N 激增至 49.3 N，这表明赤铁矿在此温度下才发生再结晶长大固结。图 3-22 的赤铁矿晶粒变化也说明了这一点。因此在工业生产中赤铁矿球团的焙烧温度都控制在 1300℃ 左右。

(2) Fe_3O_4 再结晶　在还原性气氛中焙烧赤铁矿生球时，Fe_2O_3 将还原成 Fe_3O_4 和 FeO，加热到 900℃ 后，产生 Fe_3O_4 再结晶使球团固结。

(3) 液相固结　当生球中含有一定数量的 SiO_2 时，在中性和还原性气氛中焙烧，温度达到 900℃ 以上后，可能出现 Fe_2SiO_4 液相产物；若用赤铁矿粉生产熔剂性球团矿时，氧化气氛下，当焙烧温度达到 600℃ 以后，就有铁酸钙等低熔点固相产物生成，温度升高到 1200℃ 左右时，这些低熔点物质相继熔化，使矿粉颗粒润湿，在球团冷却时将其固结起来。

在不同的原料和焙烧条件下，球团矿的这些固结形式可能会有几种同时发生，但将以一种固

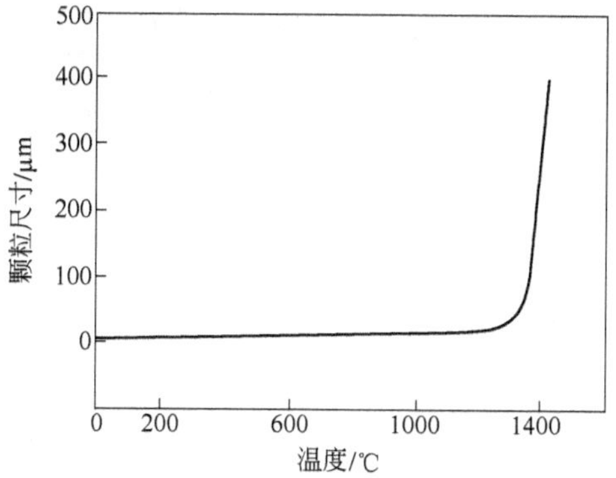

图 3-22 焙烧温度对赤铁矿颗粒尺寸的影响[$w(Fe_2O_3)=99.7\%$]

结方式为主。就球团矿的质量而言,以磁铁矿氧化后生成 Fe_2O_3 再结晶长大连接、辅以铁酸钙液相固结为最好,它使球团矿具有强度高、还原性好的冶金性能。

根据以上分析和生产实践,球团生产中提出了"晶相为主体,液相为辅助,发展赤结晶,重视铁酸钙"的固结原则,要实现这一原则,在操作上总结了如下经验:"九百五氧化,一千二长大,一千一不下,一千三不跨"。

所谓"九百五氧化",就是把温度控制在 950℃左右,并且配合氧化气氛(即大风量),使磁铁矿有充分的氧化条件变成赤铁矿。"一千二长大",即当磁铁矿充分氧化成赤铁矿后,把温度提高到 1200℃左右,以保证赤铁矿晶粒再结晶长大。"一千一不下",即如果低于 1100℃,赤铁矿晶粒就不容易产生再结晶长大,所以不能低于 1100℃。"一千三不跨",即磁铁矿氧化成赤铁矿,如果温度在 1300℃以上,就会重新发生分解,因此焙烧温度不超过 1300℃。我国目前生产上采用的磁铁精矿多为高硅质,生球的熔点低,因此焙烧的适宜温度一般在 1150～1200℃。

3.3.2 影响球团矿焙烧固结的因素

影响球团焙烧固结的因素可归纳为原料特性、燃料性质、生球质量与尺寸及焙烧制度四个方面。

3.3.2.1 原料特性

原料特性包括铁精矿类型、铁精矿的粒度、添加物、精矿粉中的硫含量等内容。

磁铁精矿和赤铁精矿是生产球团矿所用的铁精矿粉,由于磁铁精矿粉在氧化气氛中焙烧时能发生氧化、放热和晶型转变,而赤铁矿没有这种变化,因此磁铁矿生球焙烧时所需的温度和热耗都较低,更易于焙烧固结,球团矿的质量也较好。而赤铁矿生球的焙烧全部靠外界供热,要求的焙烧温度高,范围窄(除熔剂性球团外,要控制在 1300～1350℃之间),故球团矿的强度不及磁铁矿球团。

铁精矿的粒度影响是比表面积的大小,它影响铁矿粉的氧化和固结。粒度细,比表面积大,有利于磁铁矿的迅速氧化;且粒度细时,表面的晶格缺陷多,活性强,对固结反应有利,如图 3-23。

对于添加物石灰石、消石灰来说,由于它们都含有 CaO,在氧化气氛中焙烧时,可生成铁酸钙、硅酸钙的液相体系。这样,一方面有利于矿粉颗粒的粘结,另一方面,液相的存在还有利于单个结晶离子的扩散,从而促进晶粒的长大,提高球团矿的强度,更重要的是改善了球团矿的冶金性能。见图 3-24。

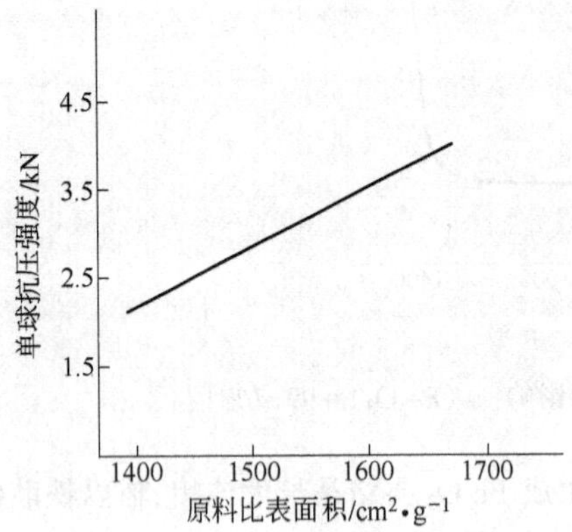

图 3-23　原料比表面积对球团矿抗压强度的影响

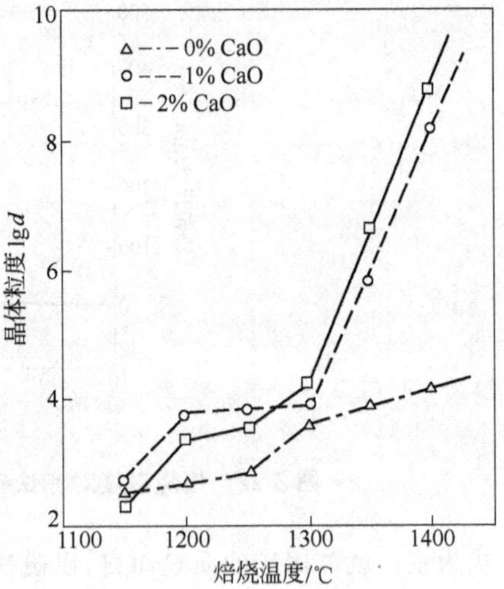

图 3-24　氧化钙和焙烧温度对赤铁矿晶粒长大的影响

对添加物白云石来说，由于它含有 MgO，在高温焙烧时可与铁氧化物生成稳定的镁铁矿（$MgO\cdot Fe_2O_3$）和镁磁铁矿[$(Mg\cdot Fe)O\cdot Fe_2O_3$]等含镁物质，阻碍了难还原的铁橄榄石和钙铁橄榄石的形成，促进了矿粉颗粒之间的粘结，提高了球团矿的软化温度和高温还原强度。和石灰熔剂性球团矿相比，白云石熔剂性球团矿具有较低的还原膨胀率、较高的软化熔化温度及较小的还原滞后性等优良性能。

不过，添加物过多，会使矿粉颗粒互相隔离，妨碍铁氧化物的再结晶与晶粒长大，会使液相生成过多而破坏焙烧作业，降低球团矿的软化温度，影响球团矿的强度，会使焙烧后的球团矿中自由的 CaO 增多，因此生产中应通过试验确定其用量，以获得最佳的焙烧效果。

必须强调指出，熔剂添加物的粒度对球团矿强度也有很大影响。石灰石粒度愈小，焙烧时分解和矿化作用愈完全，愈有利于铁酸钙的形成和游离 CaO 白点的清除。这对提高球团矿的强度是有重要作用的。

精矿粉中硫含量的高低也会影响球团矿的焙烧固结。精矿粉中硫含量偏高时，由于氧对硫的亲和力比对铁的要大，因此硫比铁先氧化，这样就容易阻碍磁铁矿的氧化，同时氧化产生的含硫气体在向外扩散时，不仅可阻隔氧向球核的扩散，而且妨碍颗粒的固结，最终影响球团矿的强度。因此要求精矿粉中硫含量一般不超过 0.5%。试验表明，当磁铁精矿含硫量为 0.3% 时，其非熔剂性球团矿在氧化到 11 min 时，氧化度即可达到 98.4%，单球强度达到 1960 N；同样条件下，采用含硫量为 0.98% 的磁铁精矿粉制得的球团焙烧时，直到 21 min，其氧化度才达到 93%，单球强度为 882 N。含硫球团焙烧时间与球团矿的强度、氧化度和脱硫率的关系见图 3-25。

3.3.2.2　生球质量

生球质量是影响焙烧固结的先决条件。生球强度高、热稳定性好，破裂温度高，可防止生球在高温焙烧时破裂，有利于改善成品球团矿的质量。而有裂纹的生球，将影响球团焙烧的作业，最终导致球团质量的降低。

生球的尺寸则影响生球的氧化和固结速度。由于球团的加热时间与球团直径的 1.4 次方成正比，且球团的氧化和还原时间与球团直径的平方成正比，因此生球的粒度过大，将延长焙烧时

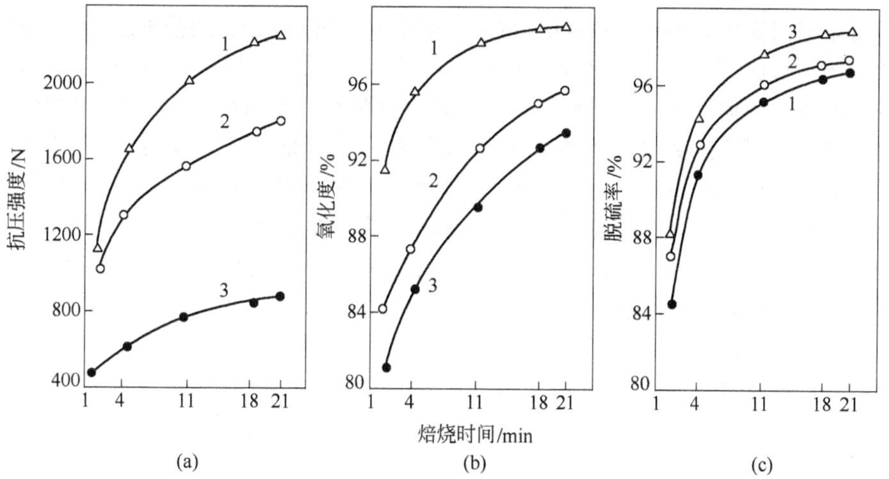

图 3-25 含硫球团焙烧时间与球团矿的抗压强度、氧化度和脱硫率的关系

曲线 1、2、3 表示精矿中硫含量分别为 0.30%、0.52%、0.98%

的加热时间，并使氧气难以进入球团内部，从而导致球团的氧化和固结进行得不完全，最终降低生产率与焙烧质量。特别是生产赤铁矿球团时，全部热量均需外部提供，粒度过大的生球会使内部难以达到要求的温度而形成夹生。适宜的生球粒度一般为 9～16 mm。在满足冶炼要求的前提下，球团粒度小些，对焙烧一般是有利的。

3.3.2.3 燃料的性质

球团在高温焙烧时，既可采用气体或液体燃料（如重油、煤气），又可采用固体燃料煤粉和焦粉。燃料的种类与性质直接影响焙烧时的温度水平和焙烧气氛。

采用气体或液体作为焙烧燃料时，由于它们具有易于调节和控制加热速度、燃烧温度水平以及焙烧气氛的优点，因此可获得较好的焙烧效果。采用固体燃料时，在焙烧过程中有一些缺点需要克服。

煤粉对生球固结过程的影响，随生球的化学组成而不同。在煤粉着火前的焙烧开始期，气体中的氧较易穿过煤层进入生球并使磁铁矿氧化。但由于此时温度不高，磁铁矿的氧化经常不超过 50%。当煤粉着火后，球层中的温度急剧上升，通过球层的氧基本上消耗在煤的燃烧上。虽然温度升高，但妨碍磁铁矿颗粒的完全氧化，磁铁矿的氧化速度却减慢了。此时，生球的加热变得不均匀，较易引起生球开裂。在高于 1000℃ 的温度下，煤的反应能力很高，以至于在铁氧化物与煤直接接触的地方，容易造成局部还原性气氛，Fe_2O_3 会还原成 Fe_3O_4 和 FeO。如果精矿中含有较多的 SiO_2，则将与新产生的 FeO、Fe_3O_4 形成 Fe_2SiO_4，从而使得球团表面熔化，粘结成大块，完全阻止生球内部 Fe_3O_4 的进一步氧化。留在生球内部的 Fe_3O_4 随着 SiO_2 含量的不同而不同，或者再结晶生成 Fe_3O_4 再结晶连接，或者与 SiO_2 作用生成液相固结形式。随着煤粉的燃尽，气体中游离氧的数量增加，生球表层的 Fe_3O_4 又重新氧化成 Fe_2O_3，在球团的表层颗粒之间产生 Fe_2O_3 的再结晶固结形式。

焦粉作为固体燃料，除了着火温度比煤粉高外，同样在燃烧时会妨碍磁铁矿颗粒的氧化，甚至使氧化作用完全停止。此外如果焦粉周围氧量不足，焦粉的燃烧反应进行很慢，在单位时间放出的热量就低，以至于有时虽然焦粉用量很大，但仍未能达到所需的温度。如果抽风速度过大，焦粉将燃烧得相当激烈，球团迅速熔化粘结，或者焦粉被废气带走，同时热量的损失也较大，球团表面急剧冷却影响球团强度。

当不得不使用固体燃料进行焙烧时，应通过降低固体燃料粒度，加强细磨，加强混匀等措施改善焙烧效果。目前，我国在开发利用固体燃料焙烧新工艺方面已取得了一些成绩，有些球团厂已部分或全部使用固体燃料。作燃料用的固体碳有内配和外燃两种方式，球团内配燃料对磁铁矿球团的焙烧不合适，会使球团质量下降。利用内配燃料焙烧赤铁矿球团时，配加 0.5%～1.0%的碳，能节省焙烧用燃料。我国一些小铁厂用内配碳焙烧球团时发现，这类球团具有双层结构，外层为球团矿结构，内层为烧结矿结构，使用效果也很好。若将焦、煤粉同熔剂混磨均匀，生产内配球团，可防止球层产生局部高温和还原性气氛。固体燃料的外燃方式有两种：一种是同油或气体燃料混合燃烧；一种是将固体燃料喷入带式焙烧机鼓风冷却段上方的回热罩内燃烧，以获得高温烟气，节省油耗。

采用固体燃料焙烧球团时，为了使表层生球表面的煤粉燃烧，必须进行点火，点火温度与点火时间对球团矿质量有一定影响。点火温度过高，会引起表层球团粘结，透气性变差，焙烧不均匀。点火温度太低则表层球团焙烧不好。点火时间取决于高温保持时间和点火温度。实验表明，点火温度为 1170℃ 时，点火时间需要 5 min。

3.3.2.4　焙烧制度

球团的焙烧制度对球团矿固结有显著影响。焙烧制度包括焙烧温度、加热速度、高温保持时间、气氛性质和冷却方式。

(1) 焙烧温度　一般来说，焙烧温度越低，焙烧过程中发生的物理化学反应就越慢，不利于球团的焙烧固结。随着焙烧温度的提高，磁铁矿氧化就越完全，赤铁矿与磁铁矿的再结晶与晶粒长大的速度就越快，焙烧固结的效果也逐渐显著。球团强度与焙烧温度之间的关系见图 3-26。适当提高球团的焙烧温度，可缩短焙烧时间，提高球团矿的强度和质量。

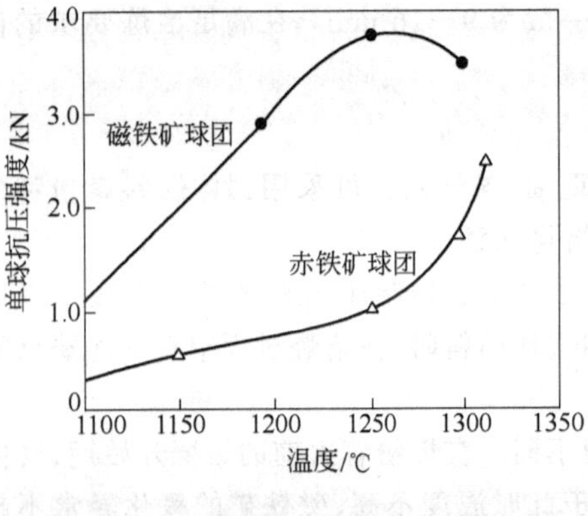

图 3-26　球团强度与焙烧温度的关系

合适的焙烧温度也与原料条件有关，赤铁矿的焙烧温度比磁铁矿高，高品位精矿粉可以采用比低品位精矿粉更高的焙烧温度而不渣化。

从设备条件、设备使用寿命、燃料和电力角度出发，应尽可能选择较低的焙烧温度，因为高温焙烧设备的投资与消耗要高得多。然而降低焙烧温度也是有限制的，焙烧的最低温度应足以在生球的各颗粒之间形成牢固的连接。

实际选择的焙烧温度，通常是兼顾各因素考虑的结果。在生产高品位、低 SiO_2 的酸性球团矿时，焙烧温度可达 1300～1350℃；生产熔剂性磁铁矿球团时，焙烧温度范围是 1150～1250℃；焙烧赤铁矿球团时，温度在 1200～1300℃之间。

(2) 加热速度　球团焙烧时的加热速度可以在 120～57℃ / min 的范围内波动，它对球团的氧化、结构、常温强度和还原后的强度均能产生重大影响。加热速度低，可以均匀加热，减少裂纹，使氧化过程更完全，但不利于提高生产率。加热速度过快时，将导致以下不良后果：

1) 快速加热时，磁铁矿生球内部的 Fe_3O_4 在来不及完全氧化时就会与 SiO_2 结合成 Fe_2SiO_4 液相，阻碍内部颗粒与氧接触，这样，Fe_3O_4 因氧化不完全会形成层状结构；

2) 升温过快时，会使球团各层温度梯度增大，从而产生差异膨胀并引起裂纹。

由于快速加热而生成的层状结构球团，在受热冲击和断裂热应力而产生的粗大或细小裂缝，往往以最高温度长时间保温(24～27 min)也不能将其消除。因此加热速度过快,球团强度变差。实验证实,当球团矿加热速度由120℃/min减小到57～80℃/min时,在球团总的焙烧时间相同的情况下,高温焙烧时间虽然缩短了10～16 min。但成品球团的常温强度却由1050 N/个球提高到1330 N/个球。在最高温度为1200℃时,单球常温强度可由862 N增加到2176 N;而最高焙烧温度为1300℃时,可使单球常温强度由882 N增加到3234 N。球团矿的加热速度还在很大程度上影响还原后的球团矿强度。最适宜的加热速度应由实验确定。

(3) 高温保持时间　高温保持时间指的是球团矿升温到最高焙烧温度至温度开始下降这段时间范围。适当延长高温保持时间,可使氧化和再结晶过程进行得更完全,从而提高球团矿的强度。但高温保持时间过长,不仅降低产量而且产生过熔粘结现象。适宜的高温保持时间与焙烧温度、气流速度有关。一般来说,在较高的温度条件下,高温保持时间可短些;较低的焙烧温度下,保持时间要长些。但过低的焙烧温度下,即使任意延长焙烧时间,也达不到最佳焙烧温度下的强度。鞍钢磁铁精矿球团的焙烧试验表明,焙烧温度为1150℃和1200℃时,合适的高温保持时间分别为10 min和15 min。适宜的高温保持时间要靠试验来确定。

(4) 焙烧气氛的影响　焙烧气氛的性质对生球的氧化和固结程度影响很大。焙烧气氛的性质以气流中燃烧产物的自由氧含量决定:氧含量大于8%,为强氧化气氛;氧含量在8%～4%之间,为正常氧化气氛;氧含量在1.5%～4%时,为弱氧化性气氛;在氧含量为1%～1.5%时,为中性气氛;氧含量小于1%,为还原性气氛。

对于磁铁矿球团,只有在氧化气氛中焙烧时,才能使Fe_3O_4顺利氧化为Fe_2O_3,并获得赤铁矿再结晶的固结方式,因而能得到良好的焙烧效果。同样在氧化气氛中焙烧熔剂性球团矿,除了赤铁矿再结晶长大固结外,还得到铁酸钙液相固结,对改善球团矿强度与还原性都是有意义的。而在中性或还原性气氛中焙烧时,则主要得到磁铁矿再结晶与硅酸铁或钙铁橄榄石液相固结形式,其强度与还原性都比前者要差。

焙烧赤铁矿球团时,因不要求铁氧化物晶粒氧化,气氛性质可以放宽,但应避免还原性气氛,以免赤铁矿被还原。

焙烧气氛的性质与燃料有关。采用高发热值的气体或液体燃料时,可根据需要调节助燃空气与燃料的配比,从而灵活方便地控制气氛性质与温度,而用固体燃料时,则不具备这一优点。

3.3.2.5　冷却速度

炽热的球团矿,必然造成劳动条件恶劣、运输和贮存困难以及设备的先期烧损,故必须进行冷却。同时冷却也是为了满足下一步冶炼工艺的要求。此外,在带式焙烧机上的球团矿冷却,将能有效地利用废气热能,节省燃料。

冷却速度是决定球团矿强度的重要因素之一。快速冷却将增加球团矿破坏的温度应力,降低球团矿质量。试验指出,经过1000℃氧化和1250℃焙烧的磁铁矿球团,以5℃/min(随炉冷却)～100℃/min(用水冷却)的不同速度冷却到200℃,其结果是:冷却速度为70～80℃/min时,球团矿强度最高,见图3-27(a)。当冷却速度超过最适宜值时,由于球团结构中产生逾限应变引起焙烧球团中所形成的黏结键破坏,球团矿的抗压强度降低。当球团以100℃/min的速度冷却时,球团矿强度与冷却球团矿的最终温度成反比,见图3-27(b)。用水冷却时,球团矿抗压强度从单球2626 N降低到1558 N,同时粉末粒级含量增加3倍。工业生产中,为了获得高强度的球团矿,带式焙烧机应以100℃/min的速度冷却到尽可能低的温度,进一步冷却应该在自然条件下进行,严禁用水或蒸汽冷却。

除上述这些固结机理之外,有学者又提出一种原子扩散和黏性流动固结的说法。这是因为在研究中发现,磁铁矿生球焙烧时(1100～1300℃),Fe_2O_3晶粒再结晶的晶粒长大不明显(晶粒

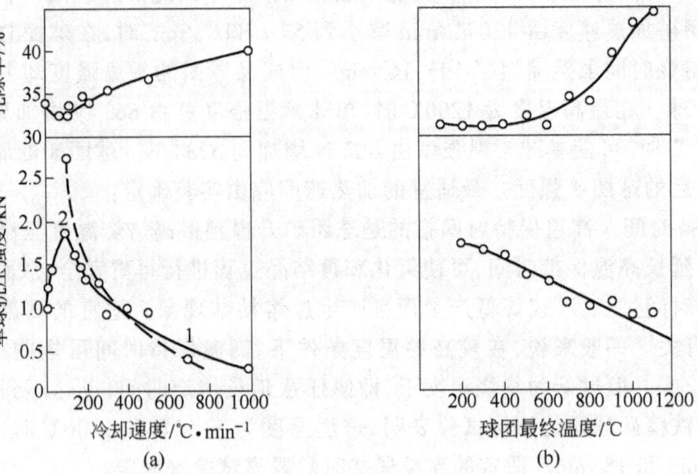

图 3-27　冷却速度(a)和球层中最终冷却温度(b)对球团矿强度的影响。

1—实验室试验；2—工业试验

尺寸由 13 μm 长至 16 μm)，但是，这时的球团矿强度却从 500 N/球提高到 2000～3000 N/球。同时在 1140℃ ± 10℃ 焙烧高硅赤铁矿球团时，对固结良好的球团矿进行显微观察，发现原赤铁矿颗粒清楚可辨，颗粒之间结合紧密，有固体扩散现象，颗粒间无同化作用，没有 Fe_2O_3 再结晶键的连接，颗粒之间也只有少量的硅酸盐熔体形成液态连接，故认为这是由于扩散过程和黏性流动过程引起了球团的固结。

3.3.3　球团焙烧过程中有害杂质的去除

磁铁矿中的硫，常以黄铁矿和磁黄铁矿的形态存在。因此脱硫过程首先是将 FeS_2 分解成 FeS(温度相当于 290～470℃)，并将黄铁矿氧化生成赤铁矿和二氧化硫(温度相当于 330～590℃)。然而含硫高的铁精矿对生产自熔性球团会带来脱硫的困难。因为在 850～900℃时，石灰石分解成氧化钙。活性很大的氧化钙很容易与单体硫蒸气和二氧化硫蒸气互相作用而生成硫酸钙。这就使脱硫速度急剧减低。新生成的硫酸钙要在 1250℃ 的高温下停留 5～7 min 才能分解。表 3-3 和表 3-4 是不同配料比和各种温度下的脱硫率的变化。

表 3-3　焙烧温度对球团脱硫的影响(焙烧持续 30 min)

焙烧温度/℃		300	500	700	900	1100	1200	1250	1300
脱硫率/%	非熔剂性球团	18	70	82.3	83.4	85.6	90	92.2	96.7
	配加 6.5%石灰石的球团	22.6	63.2	73.8	46.5	59.5	57.2	64.2	94

表 3-4　混合料组成对球团脱硫的影响

混合料组成/%	脱硫率/%
精矿 100	96.0
精矿 92 石灰石 8	63.8
精矿 92 镁砂 8	95.2

从表 3-3 可以看出，加入 6.5% 石灰石的球团，焙烧过程中的脱硫率降低，尤其是在 900℃ 时，脱硫率急剧下降。

普通球团的氧化反应大部分是在预热段进行，而自熔性球团在预热段由于石灰石分解吸收一部分热量，料层温度尤其中下层温度降低，不利于氧化；石灰石分解出二氧化碳又降低了气流中氧的分压，也对氧化不利。因此在预热段只能氧化 50% 左右。这是预热带脱硫率下降的原因之一。

采用回转窑焙烧时，未充分分解的石灰石和未氧化完全的磁铁矿要在这里继续进行分解和氧化。这样从回转窑送入预热链箅机的废气含有大量的二氧化碳和硫酸盐分解产生的二氧化硫，更加重了预热段氧化和脱硫的困难。

从表 3-3 和表 3-4 的结果看出，自熔性球团的脱硫率比普通球团要低。用白云石代替石灰石对球团的脱硫有良好的影响。因为硫酸镁比硫酸钙开始分解温度低得多。从表 3-4 看出，加入镁砂对脱硫有益，使脱硫率接近不加熔剂的精矿脱硫率。

据报道，对球团脱硫有较大影响的是石灰石的磨细粒度和球团直径。当石灰石粒级很窄(0.053～0.044 mm)时，可以获得较好的脱硫条件。球团粒度从 16 mm 降至 10 mm 时，脱硫率提高了 20%～25%。在工业生产中，延长 700～900℃ 的保持时间或迅速提高到 1270～1300℃ 并保持足够的停留时间，可以得到最大的脱硫率。

3.4 球团矿的显微结构及矿物组成

球团矿是一系列高温焙烧过程的最终产物，它的矿物组成与显微结构和原料条件及焙烧工艺有着直接的关系。球团矿中的铁矿物以赤铁矿为主，并有少量的磁铁矿，还有少量的铁酸盐矿物($CaO \cdot Fe_2O_3$；$CaO \cdot 2Fe_2O_3$)，硅酸盐矿物(铁橄榄石、钙铁辉石、硅灰石、硅酸二钙、铝黄长石，铁黄长石及玻璃质等)以及极少量的石英和未参加反应的硅酸盐矿物等。由于铁精矿粉中脉石成分不同，在球团矿中还可能出现其他一些少量的矿物，如在含有萤石的铁精矿球团中常含有枪晶石等矿物。

从球团矿的显微结构来看，在氧气充足的条件下焙烧时，氧化充分而均匀的正常球团没有分带结构，而在氧化不完全或不均匀的焙烧球团中，则具有明显的分带现象。

3.4.1 磁铁矿精矿粉焙烧的非熔剂性球团矿

3.4.1.1 显微结构

在氧化完全的焙烧球团中，主要是赤铁矿颗粒的大片集合体。这些赤铁矿常常是经过重结晶与再结晶，并为少量硅酸盐玻璃所胶结形成的网状结构。

在氧化不完全或不均匀的焙烧球团中，则有明显的层状结构，通常分为外部带、过渡带与内部带三个带：

(1) 外部带　在正常和较高温度的条件下，外部带主要是赤铁矿晶粒再结晶的大片集合体，亦称氧化带。在有液相存在时，赤铁矿被液相粉碎化的现象较严重。所谓粉碎化现象指的是含有某些数量的硅酸盐熔融体不仅胶结赤铁矿块，而且常常沿着赤铁矿颗粒间和赤铁矿内部裂纹进行渗透，并把赤铁矿块与颗粒分割和熔融成细小的赤铁矿颗粒和单个晶体。另外，非熔剂性球团矿中赤铁矿间的连接要比熔剂性球团矿中赤铁矿间的连接发育得多。

在较低的温度下，赤铁矿与磁铁矿多为棱角状，有时赤铁矿沿磁铁矿解理面上形成网络格状结构，硅酸盐粘结相较少，保留有配料中未反应完的硅酸盐矿物。因此在较低温度下焙烧的球团矿结构疏松，强度较低。

一般来说，外部带完全氧化，其厚度为 1.5～5.0 mm。

(2) 过渡带　在正常和较高温度下，主要是赤铁矿完全再结晶，并有粘结相铁橄榄石及硅酸盐玻璃质出现。此外这个带还存在有较少量的磁铁矿晶粒。

(3) 内部带　内部带亦称还原带。在正常和较高温度下，大量磁铁矿再结晶，这些磁铁矿晶粒被铁橄榄石和硅酸盐玻璃质所粘结，有的磁铁矿常形成粗大骨架状骸晶。在较低的温度条件下磁铁矿具有棱角状并保留有配料中未反应的硅酸盐矿物。

分析认为，球团分带结构的形成主要是由于在预热段氧化不完全，残留有原生的 Fe_3O_4 的核心，到点火段由于温度较高，在氧化气氛不足，温度高于 1250℃ 时，部分早生成的 Fe_2O_3 又开始分解成 Fe_3O_4，到焙烧冷却段时，表层又开始氧化生成 Fe_2O_3。这样，由于存在着氧化—热分解—再氧化的过程，使得球团在焙烧过程中产生分带结构。这种现象说明焙烧过程中在热制度上还存在一定的问题，应加以严格控制。

3.4.1.2　*矿物组成*

用磁铁矿精矿粉焙烧的非自熔性球团矿的主要矿物成分为赤铁矿、磁铁矿、铁橄榄石、硅酸盐玻璃质等，其次还有少量配料中未反应完的残余的硅酸盐矿物，有时还有极少量的硫化物如黄铜矿和黄铁矿。

3.4.2　磁铁矿精矿粉焙烧的熔剂性球团矿

3.4.2.1　*显微结构*

在氧化不完全或不均匀的熔剂性磁铁矿球团中，也会造成明显的层状结构，其特征为：

(1) 外部带。最主要的矿物成分是赤铁矿，胶结物为铁酸盐与硅酸盐，赤铁矿为细粒的多面体和呈任意状的非常粗大的片状集合体。在正常焙烧温度下，球团矿外部带不存在游离石灰，只是局部地方保留有少量硅酸盐矿物颗粒。在较低温度下，外部带存在原料中未反应完的硅酸盐矿物和团块状的游离石灰。在较高温度下，外部带不仅无游离石灰和残余的硅酸盐矿物，而且铁酸盐也显著减少，甚至消失。

外部带的特征为细小的多孔结构，并且气孔为不规则形状，因此具有较高的透气性，它有利于磁铁矿在不同方向上进行氧化。在磁铁矿氧化过程中，赤铁矿沿着磁铁矿显微裂缝方向发育，并常常形成条状和楔形的显微结构。当磁铁矿完全氧化时，不同氧化面交错，最终导致形成大量的不同方向的赤铁矿颗粒。

(2) 过渡带。过渡带出现大量的赤铁矿再结晶，且局部赤铁矿颗粒间被硅酸盐熔融体系所粘结，其中通常含有少量的磁铁矿颗粒。此带中赤铁矿常形成粗大的骸晶，并呈骨架状连生体。晶粒大小为 0.15～0.2 mm，有时达 0.4～0.5 mm，为原精矿粉中磁铁矿最大颗粒的 3～5 倍或更大。在骸晶中常具有大量的球状、圆点状和海湾状硅酸盐包裹体存在，因此，骸晶的形状常被掩盖住一部分。在较低温度焙烧过程中，赤铁矿骸晶晶粒则变小，此外，在此带中还常有少量呈不规则圆形的磁铁矿，有时在磁铁矿和赤铁矿之间保持着很窄的硅酸盐渣层，靠近球核的过渡带中磁铁矿含量有所增加。过渡带的孔隙比外部带大，可达 0.1～0.2 mm，多为球形闭气孔。熔剂性球团中，过渡带厚度一般为 1.5～2.0 mm。

(3) 内部带。此带主要是大量的磁铁矿颗粒呈不同程度的再结晶，粘结物为硅酸盐玻璃质。有时发现有细骨架的硅钙石和钙铁辉石，由于在内部形成相当大量的硅酸盐熔融体，因而常出现磁铁矿晶粒被硅酸盐熔融体熔蚀的现象。孔隙度在此时明显地减少，而气孔多为圆球状或接近圆球状的闭气孔。

3.4.2.2　矿物组成

综上所述，磁铁矿精矿粉焙烧的熔剂性球团矿的主要矿物组成为赤铁矿、磁铁矿、铁酸盐、硅酸铁玻璃质及少量的钙铁橄榄石、硅钙石，钙铁辉石、硅酸二钙（较高碱度下），残余的硅酸盐矿物和石灰等。同时常由于不同的原料成分，还可能出现其他少量的矿物。

3.4.3　赤铁矿精矿粉焙烧的非熔剂性球团矿

3.4.3.1　显微结构

此类球团矿的显微结构以某厂情况为例说明。

生球经过 140～160℃ 干燥 4 h 后，其单球耐压强度为 40～50 N，外观呈棕红色，与原来矿粉没有本质区别。

随着焙烧温度上升，球团逐渐固结，在 1000℃ 焙烧时，宏观仍然呈棕红色，但耐压强度已达 600 N/个球。从显微镜下观察，在原矿粒中间已有一种板状 Fe_2O_3 晶体生长出来，其长宽尺寸为 10～30 μm，而厚度仅为 1～2 μm，板的形状为三角形及不规则的四边形，不过此时整个球团中的结构仍以未连结的赤铁矿细粒为主。

在 1050℃ 焙烧时，从粗粒原矿中生长出来的 Fe_2O_3，晶体已经相互黏结，从细小的矿粉（大小一般为 3～10 μm）内生长出同样的板状结晶体，但尚未黏结成块。这时板状 Fe_2O_3 晶体的尺寸大体与 1000℃ 时相当，但数量明显增多。相应地，单个球团强度增加到 700 N 以上，外观颜色也从棕红转变为棕褐色。

在 1100℃ 焙烧时，绝大多数区域均已结晶出板状 Fe_2O_3，但还没有互相胶结连成块。此时球团中除大块的石英单独存在外，细小的其他脉石矿物颗粒（如钾长石等）多存在于板状 Fe_2O_3 晶体的间隙内。同时 Fe_2O_3 的板状晶体还继续向外生长。与此相应，单个球团矿强度可达 1000 N 以上，其外貌颜色变为灰褐色。在此温度以上，局部区域的板状 Fe_2O_3 的表面开始收缩，棱角变得圆滑，甚至成为球状，同时出现渣相充填于这些颗粒中间。上述情况总是出现在脉石矿物较多的区域。

在 1150℃ 时，球团内板状 Fe_2O_3 已相互胶结连成大块，但整个结构尚未完全形成一个整体，局部仍有未黏结牢固的区域。这时单个球团耐压强度达 1500 N 以上，外观颜色为灰色。

在 1200℃ 时，球团中板状 Fe_2O_3 生长胶结连生已充分完成，纵横交错，形成一个牢固的骨架整体，板的长宽多为 10～30 μm，厚度为 2～4 μm，个别厚度达 10 μm。这时，球团已十分坚硬，强度可达 3000 N/个球以上，其外观呈灰黑色。同时，球团中板状 Fe_2O_3 因渣相出现而收缩“圆化”的区域明显增多。但这种情况仍只发生在板状 Fe_2O_3 晶体与大块石英颗粒交界的区域。从板状到圆化颗粒状的 Fe_2O_3 在同一试样及相当宽的温度范围内连续存在，也说明这是一种由于局部界面渣化的反应，造成的表面收缩。

在 1250℃ 和 1285℃ 焙烧的球团，宏观强度稍低于 1200℃ 焙烧的球团。微观结构与 1200℃ 焙烧的球团相近似，只是局部出现渣化反应增多。

3.4.3.2　矿物组成

此种球团矿中的矿物组成主要为赤铁矿及极少量的磁铁矿，局部出现少量的玻璃质等硅酸盐粘结相。

3.4.4　赤铁矿精矿粉焙烧的熔剂性球团矿

3.4.4.1　显微结构

熔剂性赤铁矿球团的显微结构随焙烧温度的不同而有所变化。在较低的温度下，赤铁矿颗粒为棱角状，颗粒之间连接比较差，主要靠铁酸一钙、铁酸二钙和半铁酸钙来粘结，还残留有大量的配料中的硅酸盐矿物。

在正常和较高温度下，赤铁矿大部分都受到再结晶并形成粗大的骸晶状晶体。

焙烧过程中，温度是逐渐升高的。在较低温度下，SiO_2 与 CaO 发生固相反应生成假硅灰石，CaO 与 Fe_2O_3 发生固相反应生成 $CaO \cdot Fe_2O_3$，然后 $CaO \cdot Fe_2O_3$ 与 Fe_2O_3 继续反应在球团中最终形成 $CaO \cdot 2Fe_2O_3$。温度继续提高后，固相 $CaO \cdot Fe_2O_3$ 又与球团内部残留的 SiO_2 以及假硅灰石等进行反应，生成 Fe_2O_3-$2CaO \cdot SiO_2$-$CaO \cdot SiO_2$-SiO_2 共晶混合物，这些渣相随着温度的升高将铁固溶。冷却时，这种渣相首先将铁游离出来作为赤铁矿结晶中心。由于冷却一般是在过冷条件下进行，不可能将铁全部游离。因此，这种渣相中含有铁。在没有过冷现象时，首先是渣中铁形成赤铁矿后，Fe_2O_3 与 $CaO \cdot SiO_2$ 呈偏共晶结构存在于球团矿中。碱度较高时，CaO 可与 Fe_2O_3 反应生成铁酸钙作为球团矿的粘结相。

3.4.4.2 *矿物组成*

赤铁矿精矿粉焙烧的熔剂性球团矿的矿物组成为赤铁矿、铁酸盐（铁酸一钙、铁酸二钙、半铁酸钙和复杂的铁酸盐）、硅酸钙（硅钙石、硅酸二钙），其次为配料中未反应透的石灰团块和残余的硅酸盐，还有极少量的硫化物如黄铜矿与黄铁矿等。

3.4.5 矿物成分与显微结构对球团矿强度的影响

球团矿的冶金性质均受其矿物组成和显微结构的制约。球团强度是球团矿的重要冶金性质之一，一般情况下，球团矿的常温抗压强度在 1000～3000 N/个球才能满足炼铁生产的要求。

从矿物成分来看，赤铁矿、磁铁矿、铁酸一钙、铁酸二钙和铁橄榄石都具有较高的强度。从 $x=0$ 到 $x=1.0$ 的钙铁橄榄石同前者具有相近的强度，$x=1.5$ 的钙铁橄榄石具有很低的强度且容易形成裂纹。因为它的晶格常数很接近于硅酸二钙。此外球团矿中的玻璃体具有最低的强度。

从显微结构看，球团矿的强度主要靠赤铁矿的再结晶和晶粒长大连接来保证，其次液相粘结也起相当的作用。但是与烧结矿相比，液相粘结显得次要得多。因此，通常球团矿的强度受赤铁矿的晶体形状、大小、晶体间的结合方式和液相粘结的程度来决定。

对球团矿显微结构的研究表明，球团矿中的赤铁矿多为棱角状，且它们之间的再结晶连接比较差，硅酸盐粘结相较少，并残留有配料中未反应透的较多硅酸盐矿物和石灰团块时，此种球团矿结构强度较差。

当球团矿中含有的赤铁矿虽然有粗大的晶体，并具有很好的再结晶连接，但粘结相为硅酸二钙时，球团强度最差，甚至使球团粉化，这是 α-硅酸二钙相变为 γ-硅酸二钙造成的。

当球团矿中的磁铁矿全部氧化为赤铁矿并有完好再结晶的均匀显微结构时，其强度较好。而具有带状结构的球团与前者相比强度较差，尤其在还原过程中由于各带还原速度不同产生内应力使球团分层剥离，产生粉化现象。

当球团矿中原生赤铁矿呈板状形态再结晶长大或再结晶形成骨架状骸晶晶体，同时除了赤铁矿间再结晶连接外，还有部分硅酸盐和铁酸盐粘结相分布于赤铁矿晶粒间时，这种结构的球团矿具有很高的强度。

3.5 铁矿球团的质量改进

球团矿作为高炉冶炼的原料，它的质量对高炉冶炼的效果有重大影响。特别是近年来，高炉容积不断扩大，高炉冶炼强度不断提高，高炉对球团矿质量的要求也越来越高，球团矿的质量改进已成为人们十分关注的课题。

3.5.1 高炉冶炼对球团矿的质量要求

高炉冶炼对球团矿的质量要求主要有以下三个方面：

(1) 铁品位高，有害杂质硫、磷等含量低，成分稳定。球团矿含铁品位一般在60%以上，要求品位稳定、波动小，有害杂质S、P、K、Na等含量低。

(2) 常温下机械强度要高。球团矿在进入高炉之前要经过运输和贮存，国外许多球团矿还要漂洋过海长途运输和装卸，因此球团矿必须具有足够的机械强度。球团矿充分焙烧后一般有2000 N/个球或更高的抗压强度，这个强度足以避免一般运输中的破损。机械强度也可用转鼓指数来表示。抗压强度和转鼓指数这两个指标是衡量焙烧过程是否正常的标志。

(3) 优良的高温冶金性能。目前要求球团矿应具有如下一些高温冶金性能：

1) 较好的还原性。球团矿的还原性包括一般还原性和高温还原性。一般还原性是指在中温区(900～1000℃)球团矿被还原的难易程度；高温还原性是指1250℃时球团矿被还原的难易程度。

2) 较低的还原粉化率。它是指球团矿在专门的热转鼓中，在500℃左右和900℃左右还原时的粉化程度。高质量的球团矿应具有低的还原粉化率。

3) 低的还原膨胀率。球团矿在还原过程中有体积膨胀现象，体积膨胀的百分比称膨胀率。球团矿的还原膨胀率较高时，会使高炉料柱透气性变差，煤气分布失常，炉况不顺，严重影响高炉的正常冶炼。生产中，当还原性膨胀率在20%以内时，为正常膨胀，对高炉冶炼过程影响不大；当还原性膨胀率为20%～40%时成为异常膨胀，此时球团矿占入炉含铁料的比例不得超过65%；当还原膨胀率大于40%时，即使球团矿占入炉含铁料的比例小于65%，高炉仍需减风操作。一般要求合格球团矿的膨胀率小于20%，优质球团矿的还原膨胀率小于12%～14%。

4) 高的还原软化温度。在球团矿的荷重升温还原试验中，会出现体积收缩，收缩到某一百分比的温度称为软化开始点或软化点。生产中要求球团矿具有较高的软化开始温度，优质球团矿的开始软化温度在1150℃以上。

除此以外，还要求球团矿具有良好的透气性，高的熔滴温度等。

大量研究认为，在今后一定时期内，球团矿的高温性能应努力达到以下要求：3h900℃的还原度应大于或等于65%；低温还原粉化率$RDI_{-3.0}$应低于30%，开始软化温度应高于1100℃，开始熔融和滴落的温度分别高于1350℃和低于1500℃；还原膨胀率低于20%。

3.5.2 球团矿质量的改进

由于球团矿的品位和稳定性主要取决于铁精矿，因此在造球过程中应加强配料和混料，以减少波动。对于有害杂质来说，硫在焙烧过程中可大部分去除，而P、K、Na等元素在焙烧过程中只能部分去除，故有害杂质P、K、Na的降低应从矿石准备和选矿入手。

球团矿的常温机械强度可通过适宜的焙烧制度解决，这一点在前面已作阐述。

导致球团矿还原过程中异常膨胀粉化的原因实际上是一种多因素的复杂过程：

(1) 赤铁矿的结晶形状：熟球内赤铁矿的晶体形状对还原膨胀有明显影响。据研究资料报道，球团矿中赤铁矿以针状、板状晶体或连生体存在时，在还原过程中则易产生异常膨胀和粉化。而呈细粒状和球状结晶，再加上渣键发展，则膨胀率减少。

含SiO_2较低的铁精矿焙烧的酸性球团矿在焙烧温度较低时，其显微结构为：赤铁矿仍保留配料中磁铁矿的形状，多为棱角状，配料中的硅酸盐矿物未被熔化，赤铁矿晶粒间未进行结合。

若提高焙烧温度赤铁矿晶粒长大，晶粒间晶桥数量增加，而玻璃质少或无，粘结相少，孔隙度大。在还原过程中赤铁矿与还原气体接触面增大。气体扩散速度快，赤铁矿→磁铁矿相变速度也快，赤铁矿晶粒间晶桥被迅速完全破坏，所以在还原过程易粉化。若添加部分石灰，球团中粘结相量增多，在还原过程中只是赤铁矿→磁铁矿本身的变化，整个球团的结构并没有变化，粘结赤铁矿晶粒的粘结相能够克服相变过程中相变应力不产生粉化。

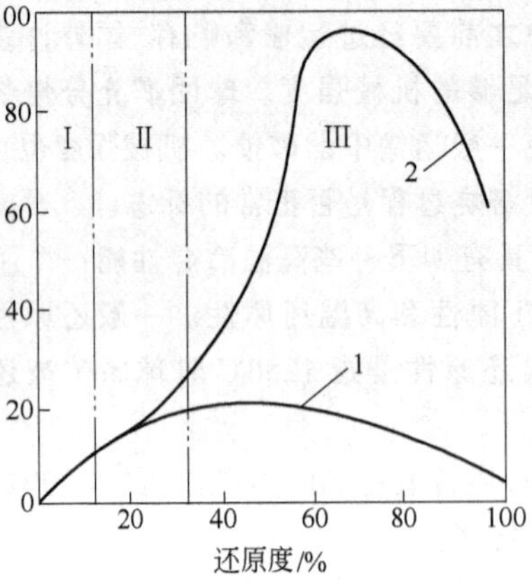

图 3-28 铁矿球团的膨胀曲线

1—正常；2—异常

Ⅰ—Fe_2O_3→Fe_3O_4；Ⅱ—Fe_3O_4→Fe_xO；

Ⅲ—Fe_xO→FeO

(2) 还原过程中的晶型转变与铁晶须的生长：一般认为，球团矿在还原过程中发生晶型转变是产生异常膨胀的基础。球团矿晶型转变造成的膨胀分为两步进行，第一步发生在 Fe_2O_3 还原至 Fe_3O_4 阶段，其膨胀一般在 20％以下。六方晶格的 Fe_2O_3 转化为立方晶格的 Fe_3O_4，其晶格常数由 5.42×10^{-10} m 变为 8.38×10^{-10} m，使晶体结构破裂，如图 3-28 曲线 1 所示。其次，六方晶格 α-Fe_2O_3 矿物的异向性（即两个相邻赤铁矿晶粒的晶轴方向不一致，还原过程中因晶格变化产生推力），将引发楔形膨胀裂纹和晶界裂纹，使膨胀率进一步增大。第二步，发生于从浮氏体（Fe_xO）向金属铁的转变过程中，是由“铁晶须”的形成所引起的，这一步的膨胀率很大。如图 3-28 的曲线 2 所示。所谓“铁晶须”，是铁晶粒自浮氏体表面直接向外长出像瘤状一样的铁须。当 Fe_xO 还原至金属铁时，如果 Fe_xO 表面局部被渣相覆盖或被 CaO、Na_2O、K_2O 等物质污染时，则还原将在未被覆盖的部分进行，Fe_xO 内的铁离子迅速扩散至开始还原点所形成的铁晶核处，而长大成为铁须，如图 3-29(b)所示。此铁晶须造成很大的拉力，使球团矿的结构疏松，膨胀异常（膨胀率甚至达 100％以上）而还原粉化。若还原过程中，是在 Fe_xO 表面生成均匀的金属铁壳，如图 3-29(a)所示，或者金属铁晶粒变粗，则由于金属铁的存在，球团体积收缩，就不会产生异常膨胀。

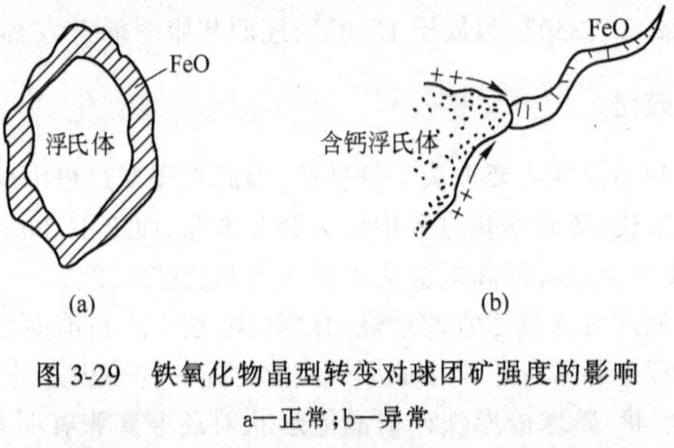

图 3-29 铁氧化物晶型转变对球团矿强度的影响

a—正常；b—异常

(3) 化学成分的影响：除此以外，在碱金属存在的条件下，金属铁析出增强，这一补存的体积增大也将导致膨胀加剧，即发生“灾难性膨胀”。Tiegelscheld 曾用膨胀率为 60％的高品位球团矿进行过研究，添加 1％CaO 时，球团矿膨胀率可下降到 8％，而添加 0.25％的 NaCl 即可使体积膨胀到110%。因为Na^+、K^+的离子半径为0.98×10^{-10} m和1.33×10^{-10} m，而Fe^{2+}、Fe^{3+}的离子半径分别为0.74×10^{-10} m和0.63×10^{-10} m，彼此相差较大，在高温下，钠、钾离子以置换或填隙的形式渗入到铁氧化物晶格中而引起晶格畸变。晶格畸变本身具有较大的应力，在高温还原作用下，首先以局部化学反应的形式释放出来，从而使晶格受到破坏和周围地区结构紧密下降。与此相反，这部分区域的还原条件却得到改善，使铁离子的迁移速度进一步加快和聚集，使得球团矿发生异常膨胀。

(4) 球团连接键的形式：氧化球团内的连接键多为赤铁矿再结晶和铁酸钙及硅酸钙，后两者为渣键。从还原性来看赤铁矿键最好，铁酸钙次之，硅酸钙最差。在还原过程中前者可导致异常膨胀。

(5) 生球质量：综合各种资料推导，可认为球团的先天质量也在一定程度上影响到还原膨胀性能，有时甚至是最主要原因。如球团结构疏松(与生球质量有关)，球团成分不均匀(与配料混匀程度有关)，球团具有内外裂纹及不均匀结构(与加热速度、冷却速度、氧化程度和高温保持时间不足有关)，球团连接键不足(与化学成分和焙烧温度有关)等，这些都会导致还原时球团体积过分增大和强度过分降低。

上述各种原因，可以认为能涉及问题的本质。对某一异常膨胀的球团而言，可能仅是上述原因之一或一部分起主导作用。

目前控制球团矿异常膨胀和粉化的措施有：

(1) 降低铁精矿粒度。以同样磁铁矿精矿而粒度不同所制成的球团，当铁精矿的比表面积从1470 cm^2/g，提高到1860 cm^2/g时，还原膨胀率即可从32%下降到22%；比表面积继续提高到1920 cm^2/g，膨胀率进一步下降到12%。由此可见，降低铁精矿粒度在近代球团技术中，不仅用来改进生球质量，而且对抑制还原膨胀也是一项重要措施。这种抑制膨胀的原因，可能是由于较细的粒度，其参加反应的活性较大，易生成质地坚固的熟球，其铁氧化物在球团内易均匀分布，并被连接键良好固结。球团被还原时，这种均匀分布的铁氧化物颗粒产生相变时出现的应力，受到坚固连接键的限制，且在球团内呈分散状态，使还原膨胀减至最小。但是球团仍以铁氧化物键为主，并含有碱性物质时，降低铁精矿粒度就会取得相反的效果。

(2) 适当提高球团矿中SiO_2的含量。含SiO_2较多的球团矿有利于形成较多的液相，这在一定程度上可以抑制球团的长大和铁晶须的形成。例如分别为4%和89%的两种球团矿，在600℃还原时，前者强度由2600 N/个球下降到620 N/个球，而后者仍保持2600 N/个球，但增加SiO_2含量会降低球团矿的品位。

(3) 选择合适的球团矿碱度与添加剂。通过改变球团矿的碱度(即改变CaO与SiO_2的相对比例)来调节焙烧球团内连接键类型和数量，是改进球团矿质量的重要措施。

荷兰艾莫伊登厂试验研究指出，球团矿碱度与还原膨胀指数的关系如图3-30所示；澳大利亚布罗肯希尔公司自熔性球团矿生产实验得出的碱度和还原膨胀指数的关系如图3-31所示。各种不同成分的球团矿都有一个还原膨胀指数最大的碱度范围，必须经过试验确定热强度最好的适宜碱度。

另外，白云石作为添加剂加到球团中也可起到减少还原膨胀的作用。这是由于Mg^{2+}离子半径(0.6×10^{-10} m)小于Fe^{2+}半径和Ca^{2+}离子半径(0.99×10^{-10} m)能自由置换磁铁矿晶格中的Fe^{2+}，并均匀分布在浮氏体内，不致引起局部还原反应，还能减慢还原的离子的迁移速度，可起到抑制球团矿膨胀的作用；同时提高球团矿中MgO含量，可增加矿相中的铁酸镁(熔点1713℃)，在还原中不会发生Fe_2O_3转变为Fe_3O_4的反应，而生成的是FeO和MgO的固溶体。日本的白云石熔剂性球团矿膨胀率在10%以下，软化温度在1200℃以上，在高炉上使用取得了良好的冶炼效果。表 3-5 列出了几种典型的球团矿的性能。

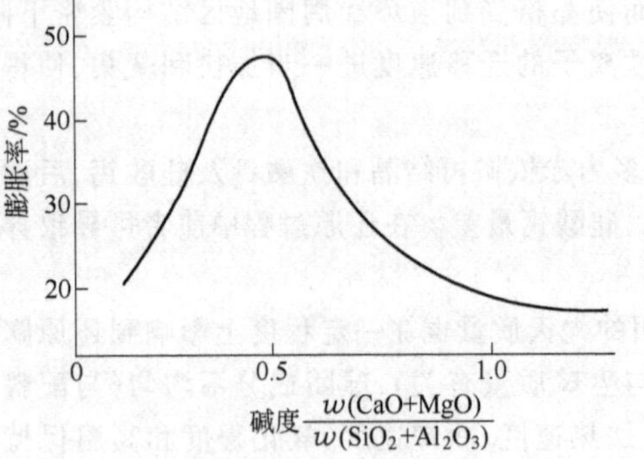

图 3-30 荷兰球团矿碱度与还原膨胀指数的关系

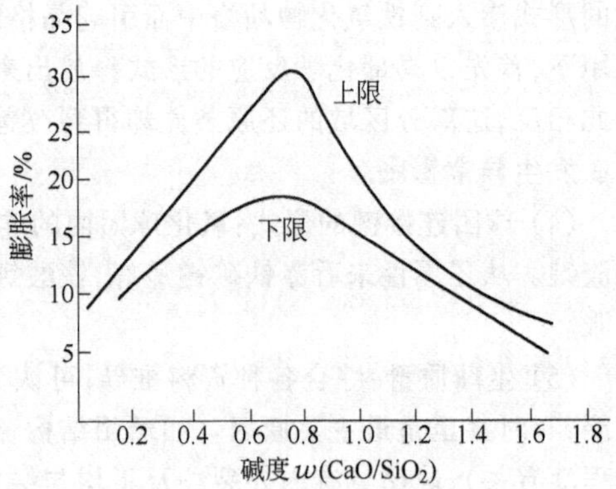

图 3-31 澳大利亚球团矿碱度与还原膨胀指数的关系

表 3-5 几种典型球团矿的性能比较

项 目		酸性球团矿	石灰熔剂性球团矿	白云石熔剂性球团矿
化学成分 w/%	TFe	64.8	60.8	60.2
	FeO	0.62	0.26	0.30
	MgO	0.13	0.40	1.80
	CaO	0.38	4.8	5.41
	SiO_2	3.72	4.00	4.10
	Al_2O_3	2.22	2.00	1.90
	CaO/SiO_2	0.10	1.20	1.32
单球抗压强度/N		2450	2940～3430	3156
转鼓强度(-1 mm)/%		4	1～3	1
孔隙度/%		25.4	26.2	26.1
负载下的还原率/%		85.9	89.4	84.6
1100℃收缩率/%		38.0	35.6	12.6
膨胀率/%		14	8～12	1.07
软化温度/℃		1150	1155	1230
熔化温度/℃		1260	1380	1430
1250℃还原率/%		20.5	25.0	70

此外，氧化镁酸性球团矿的矿物组成以赤铁矿为主，球团矿周边的赤铁矿与铁酸镁呈不规则连晶和格子状结构，晶粒细小，一般为 0.0046～0.0098 mm，连晶间以带状晶桥连接，间隙中有少量液相充填；球团矿核心（特别是焙烧时间稍短，焙烧温度稍低的下层球）的磁铁矿或镁磁铁矿呈圆形颗粒，有的颗粒间形成磁铁矿晶桥固结，渣相量稍多，局部区域形成渣相固结，残余石英颗粒较多，从周边向中心逐渐减少，石英边缘有熔蚀现象；由于磁铁矿氧化放热，球中心温度稍高，故中心渣相量增加，结晶较好，气孔也明显增大。高氧化镁酸性球团矿在高温还原过程中生成的含 MgO 3.14%～3.8%的镁浮氏体和含 MgO 7.2%～12.3%的铁镁橄榄石等硅酸盐渣都具有较高的熔化温度（>1390℃），因而其软熔性能和高温还原性能均优良。

（4）开发研制新型的添加剂品种。我国球团矿生产原料的粒度一般比较大，为了改善成球性，通常配入较多的膨润土，2001 年加入膨润土的平均值为 4.06%，有的企业高达 8%，而国外由于细磨精矿粉的品位高、粒度小（68%，-200 目≥85%），膨润土的配比低于 1%。为此，我们一方面应改善铁精矿粉的粒度，另一方面要积极开发和推广新型的复合添加剂，有效降低膨润土的配比。武汉大学研制的 WKd 新型系列造块添加剂在球团生产试验中取得了良好的效果。

除此以外，合理焙烧制度的选择等也能抑制球团矿在还原过程中的异常膨胀。因为不论矿石种类和添加剂如何，凡是焙烧温度不足，初始机械强度低的球团矿，在还原过程中均产生体积膨胀。

复习思考题

1. 简述水在细磨物料中的形态和作用？
2. 铁精矿在加水润湿的条件下，为什么能够滚动成球并具有一定的强度？
3. 精矿粉被水润湿时，对造球有决定意义的是哪几种形态的水？
4. 在圆盘造球机中，生球是怎样形成、长大和紧密的？
5. 影响铁精矿造球的因素有哪些，它们是怎样影响造球的？
6. 球团矿的焙烧分哪几个阶段，其干燥和焙烧的目的是什么？
7. 何谓生球的“爆裂温度”，生球在干燥过程中为什么会发生爆裂现象，怎样提高爆裂温度？
8. 磁铁矿与赤铁矿球团在焙烧中有哪几种固结形式，以何种固结形式为好，其条件是什么？
9. 为什么磁铁矿球团比赤铁矿球团容易焙烧？
10. 影响铁矿球团焙烧固结的因素有哪些，如何提高焙烧固结质量？
11. 分别说明非熔剂性、熔剂性磁铁精矿球团矿及熔剂性赤铁精矿球团矿的显微结构和矿物成分。
12. 球团矿还原时为什么会膨胀，如何抑制其异常膨胀？

4 烧结生产工艺

烧结生产工艺是指根据原料特性所选择的烧结方法、加工程序和烧结工艺制度。它对烧结矿的产量和质量有着直接而重要的影响。必须根据具体条件和对产品质量的要求，按照烧结过程的内在规律，合理确定生产工艺流程和操作制度，并充分利用现代科学技术成果，采用新工艺新技术，强化烧结生产过程，提高技术经济指标，实现优质、高产、低耗。

4.1 烧结生产工艺流程

选择烧结工艺流程时，要考虑原料的性质和准备情况，混料的条件和次数，点火所用燃料和点火条件，烧结时合适的真空度，烧结矿的处理和运输贮存情况，以及环境保护等因素。上述各点是互相关联的，要进行多方案比较，以保证技术上先进可靠，经济上合理可行。

烧结生产工艺流程一般由烧结原料的准备、配料、混合料制备、烧结作业和烧结产品处理等环节组成。根据对烧结产品处理方式的不同，又可分为热矿流程和冷矿流程，普遍采用的是冷矿流程。目前较先进的烧结生产工艺流程如图 4-1 所示。随着原料条件、对产品要求和生产规模的不同，工艺流程会有所差异，但加强原料的准备处理和混合料的制备，重视烧结过程控制和加强成品矿的整粒则是共同的要求。

抽风烧结生产程序是：将经过必要准备处理（破碎、混匀和预配料）的烧结原料（包括燃料、熔剂及含铁原料）运至配料室，按一定比例进行配料，然后再配入一部分返矿，并送到混合机进行加水润湿、混匀和制粒，便得到可以烧结的混合料。混合料由布料器铺到烧结台车上进行点火烧结。烧结过程是靠抽风机从上向下抽进的空气，燃烧混合料层中的燃料，自上而下，不断进行。烧结中产生的废气经除尘器除尘后，由风机抽入烟囱，排入大气。烧成的烧结矿，经单辊破碎机破碎后筛分，筛上物为成品热烧结矿送往高炉，筛下物为返矿，返矿配入混合料重新烧结。在生产冷烧结矿的流程中，经破碎筛分后的热烧结矿再经冷却机冷却，通过二次筛分筛去粉末（有时无二次筛分）便得到冷的成品烧结矿。

4.2 烧结原料的准备

4.2.1 烧结原料及其要求

烧结生产所使用的原料是多种多样的，主要是含铁矿粉，有富矿粉、精矿粉；燃料有无烟煤粉或焦粉；熔剂有石灰石、白云石、生白灰或消石灰；还有高炉灰、轧钢皮、转炉炉尘、硫酸渣等各种附加原料。对原燃料的要求是：

(1) 铁矿粉是烧结的主要原料，其物理和化学性质对烧结矿质量影响最大。一般要求品位高，成分稳定，杂质少，矿粉粒度要控制在 8～10 mm 以下。对于生产高碱度烧结矿和烧结高硫矿粉，矿粉粒度应不大于 6～8 mm。

(2) 对熔剂要求其有效 CaO 高，杂质少，成分稳定，粒度应小于 3 mm。烧结细精矿时，石灰石粒度可减小到 2 mm。使用生石灰或消石灰时，粒度一般控制在 5 mm 和 3 mm 以下，以利于加水消化与混匀。

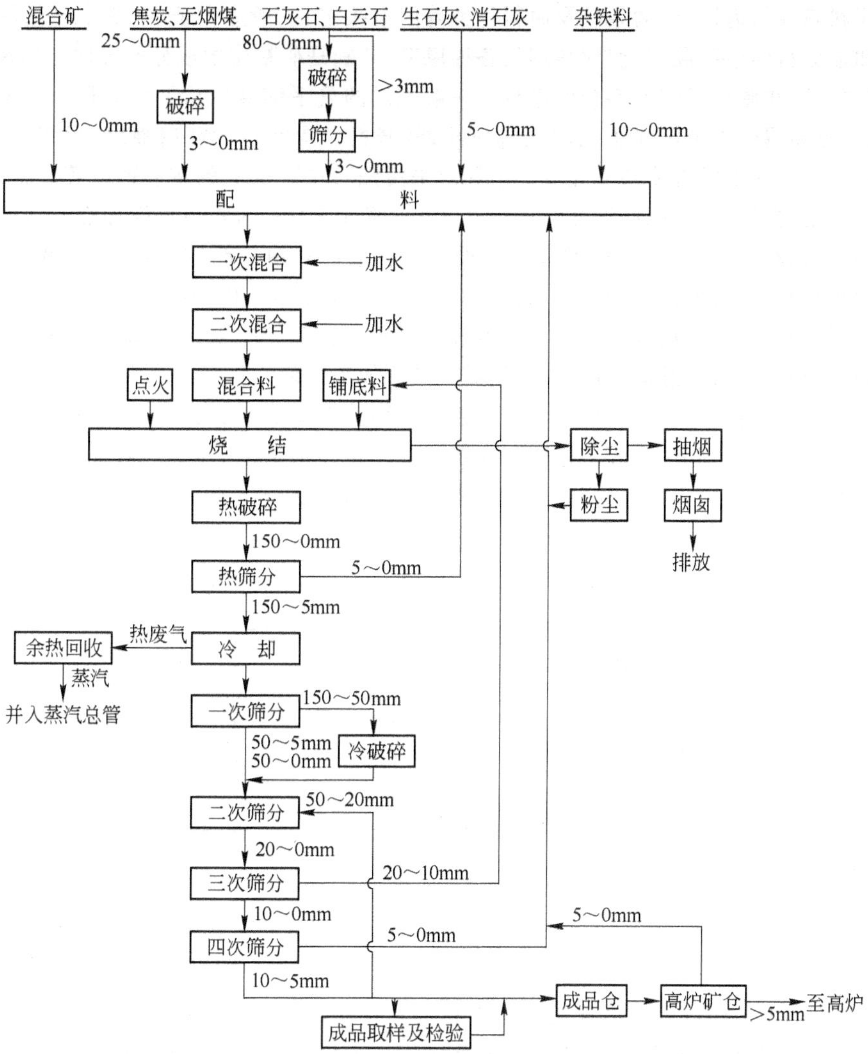

图 4-1 抽风烧结生产工艺流程

(3) 对燃料要求其固定碳含量高，灰分低，挥发分低，硫低，成分稳定，焦粉粒度要小于 3 mm。此外，其他添加料，一般要求无夹杂物，粒度小于 10 mm。

4.2.2 烧结原料的准备

原料是烧结生产的基础，为保证烧结过程顺利进行，实现计算机控制，获得优质高产的烧结矿，必须精心备料，使烧结用料供应充足，成分稳定，粒度适宜。为此，要做好原料的接受、贮存、中和混匀、破碎、筛分等各项准备工作。

通过不同运输方式进入烧结厂的原料，都应严格其检查验收制度。进厂原料一律按有关规定、合同进行验收，如来料的品种、品名、产地、数量、理化性能等。只有验收合格的原料才能入厂和卸料，并按固定位置、按品种分堆分仓(槽)存放，严格防止原料混堆，更不许夹带大块杂物。

烧结厂使用的原料数量大、品种多，理化性质差异大，进料不均衡。因此，为了保证烧结生产连续稳定进行，应贮存足够数量的原料并进行必要的中和。外运来的各种原料通常可存放在烧结厂设置的原料场或原料仓库。目前我国新建烧结厂都设置了原料场，原料场的大小根据其生产规模、原料基地的远近、运输条件及原料种类等因素决定，一般应保证 1～3 个月的原料贮备。同时，应加强原料的中和混匀，使配料用的各种原料，特别是矿粉化学成分的波动应尽量缩小。

中和作业可在原料场和原料仓库进行。一般采用的是平铺直取法。在原料仓库中和时，通常是借助于移动漏矿皮带车和桥式起重机抓斗，将来料在指定地段逐层铺放，当铺到一定高度后，再用抓斗自上而下垂直取料来完成。中和效果将随着中和次数的增多而改善。首钢烧结厂通过“三倒入堆”操作法，使原料铁分波动值从 2% 下降到 1%。国外很重视加强原料准备工作，在原料堆存混匀料场内，拥有各种堆存混匀设备。一般都采用装卸、造堆、混匀、截取的联合装置，机械化程度高，可将粉矿含铁量波动控制在 ±0.5%，有的在 ±0.3%。

烧结原料粒度对烧结过程和烧结矿产量、质量均有很大影响，因此，还应做好粒度的准备工作。通常铁矿粉直接来自选矿厂或矿山，不需烧结厂加工处理。

入厂的石灰石、白云石粒度上限大于 40 mm（烧结生产要求小于 3 mm 的占 90% 以上），在烧结厂内需要进行破碎、筛分，破碎工艺流程如图 4-2 所示。目前多采用一段破碎与检查筛分组成的闭路流程（a）破碎熔剂。常用的破碎设备有锤式破碎机和反击式破碎机。

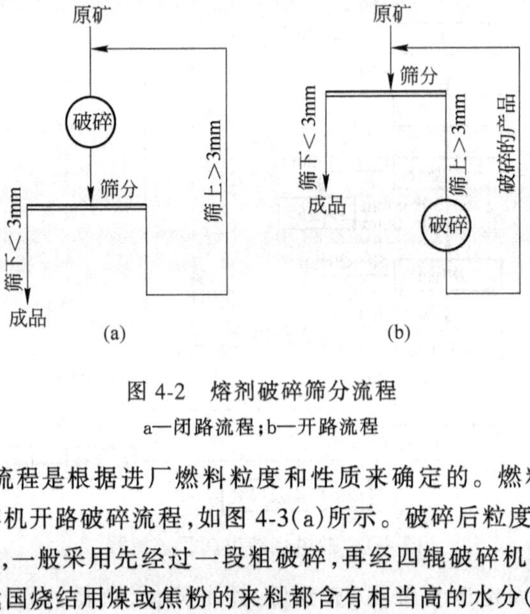

图 4-2　熔剂破碎筛分流程
a—闭路流程；b—开路流程

烧结厂燃料的破碎流程是根据进厂燃料粒度和性质来确定的。燃料入厂粒度小于 25 mm 时，可采用一段四辊破碎机开路破碎流程，如图 4-3（a）所示。破碎后粒度可满足生产要求。如果入厂粒度大于 25 mm 时，一般采用先经过一段粗破碎，再经四辊破碎机破碎的两段开路破碎流程，如图 4-3（b）所示。我国烧结用煤或焦粉的来料都含有相当高的水分（＞10%），采用筛分作业时，筛孔易堵，降低筛分效率。因此，固体燃料破碎多不设筛分。

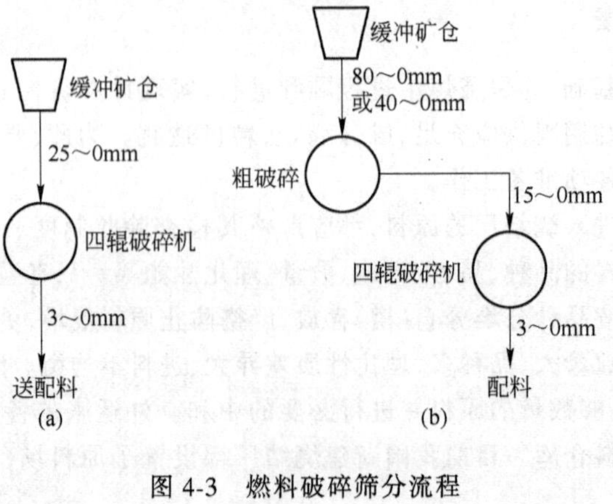

图 4-3　燃料破碎筛分流程

4.3 烧结配料

烧结配料是将各种准备好的烧结料，按配料计算所确定的配比和烧结机所需要的给料量，准确地进行配料，组成烧结混合料的作业过程。它是整个烧结工艺中一个重要环节，与烧结产品质量有着密切关系。

4.3.1 配料的目的和要求

烧结生产所使用的原料种类繁多，物理化学性质差异很大。为保证烧结矿的化学成分和物理性质稳定，以满足高炉冶炼要求，同时保证烧结料具有良好透气性以获得较高的烧结生产率，必须对各种不同成分、性质的原料，根据烧结过程的要求和烧结矿质量的要求严格按一定比例进行配料。

对配料的基本要求是准确。即按照计算所确定的配比，连续稳定地配料，把实际下料量的波动值控制在允许的范围内，不发生大的偏差。生产实践表明，当配料产生偏差时，将影响烧结过程的正常进行并引起烧结矿产质量的波动。例如，当固体燃料配入量波动 ±0.2% 时，就足以引起烧结矿强度和还原性的变化；含铁原料配入量的波动会引起烧结矿含铁量的波动；熔剂配入量的波动则会引起烧结矿碱度的波动。而烧结矿成分的波动就会导致高炉炉温、炉渣碱度的变化，对高炉炉况的稳定顺行带来不利影响。因此，各国都非常重视烧结矿化学成分的稳定性。我国要求：$w(TFe) \leqslant \pm 0.1\% \sim 0.3\%$，$w(CaO/SiO_2) \leqslant \pm 0.03 \sim 0.05$；日本要求：$w(TFe) \leqslant \pm 0.3\% \sim 0.4\%$，$w(CaO/SiO_2) \leqslant \pm 0.03$，$w(FeO) \leqslant \pm 0.1\%$，$w(SiO_2) \leqslant \pm 0.2\%$。为了保证烧结矿成分的稳定，烧结生产中，当烧结机所需的上料量发生变化时，须按配料比准确计算各种料在每米皮带或单位时间内的下料量；而当料种或原料成分发生变化时，则应按规定的要求，重新计算配料比，并准确预计烧结矿的主要化学成分。

配料时，首先根据原料成分和高炉冶炼对烧结矿化学成分的要求，进行配料计算，以保证烧结矿的含铁量、碱度、FeO 含量和含硫量等主要指标控制在规定范围内，然后选择适当的配料方法和设备，以保证配料的准确性。

4.3.2 配料方法

配料的准确性在很大程度上取决于所采用的配料方法。目前配料方法有：

(1) 容积配料法。当原料堆积密度一定时，其质量与体积成正比。通过给料设备控制所配物料的容积给料量，达到所要求的配加量。

此配料方法所使用的设备简单，操作方便，由人工直接控制，目前我国还有不少烧结厂采用此法。但这种方法误差较大。因为各种料的堆积密度不是固定不变的，它受原料化学成分、粒度、水分及在料槽中所受压力（即堆满高度）的影响，而这些因素在生产过程中是经常变化的，因此按容量进行配料时，各种料的实际质量经常发生波动。为弥补这一缺点，通常辅以定期质量检查，即每隔一定时间，用长方形浅盘，连续两次接取圆盘给料机下落的物料并称量，将称量结果与应下料量进行比较，若误差超过允许范围，则及时加以调整，从而使配料准确性有所提高。但波动量仍可为 5%～15% 以上。为了提高容积配料的准确度，应做到勤观察、勤分析、勤称量、勤调整。同时应加强对原料和设备的管理，如严格控制原料粒度和水分波动；安装给料机时，圆盘中心与料仓中心要相吻合，盘面应水平；保持料仓的料位在一定高度，且物料应均匀分布等，使配料基本上满足烧结生产的要求。

由于容积配料法是靠人工调节圆盘给料机闸门开口度的大小来控制料量的，不仅准确性差且调整时间长，对配料准确性影响大，质量检查的劳动强度也很大，难于实现自动配料。因此，这种配料方法已不能适应技术进步和形势发展的要求，逐步被质量配料法取代。

(2) 质量配料法。此法是按原料的质量进行配料的一种方法。它分为间歇式和连续式两种，通常是指连续式。其主要装置是皮带电子秤—自动控制调节系统—调速圆盘给料机。配料时，每个料仓配料圆盘下的皮带电子秤发出瞬时送料量信号，此信号输入调速圆盘自动调节系统，调节部分即根据给定值信号与电子皮带秤测量值信号的偏差，自动调节圆盘转速，达到所要求的给料量。质量配料系统如图 4-4 所示。

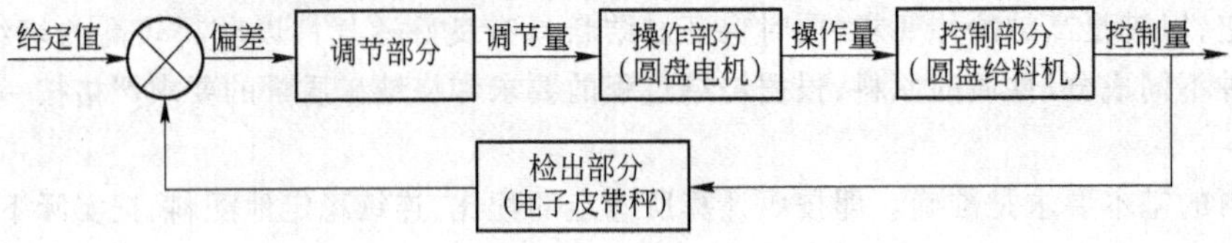

图 4-4　质量配料系统

质量配料法较容积配料法精确度高，对配比少的原料，如燃料和生石灰，更能显示出其优越性。用此法可实现配料的自动化，便于电子计算机集中控制与管理，配料的动态精度可高达 0.5%～1%，为稳定烧结作业和产品成分创造了良好条件，也使劳动条件得到改善。我国新建和技改后的烧结厂基本都采用这种配料法。

(3) 按化学成分配料。目前，国外已有按化学成分配料的方法，这是在质量配料法基础上发展起来的一种较为理想的配料方法。它借助于连续 X-荧光光谱分析仪分析配合料中的化学成分，并通过电子计算机来控制其化学成分的波动，从而实现了按原料化学成分配料。此法可进一步提高配料的精确度。国外某厂采用这种方法配料，烧结矿碱度的波动幅度降低到 ±0.035。

4.4　烧结料的混合与制粒

各种原料经过配料室，按一定比例组成配合料，在点火烧结前，还必须进行充分混匀并制粒。

4.4.1　烧结料混合的目的

烧结料混合的目的，一是将配合料中各个组分充分混匀，获得化学成分均一的混合料，以利于烧结并保证烧结矿成分的均一稳定；二是对混合料加水润湿和制粒，有时还通入蒸汽使之预热，以获得良好的粒度组成和必要的料温，改善烧结料的透气性，促使烧结顺利进行。

4.4.2　混匀与制粒的方法

目前多数烧结厂都采用圆筒混料机进行混匀与制粒。为获得良好的混匀与制粒效果，要求根据原料性质合理选择混合段数。生产中一般采用一段混合和两段混合两种作业。

一段混合是混匀、加水润湿和粉料成球在同一混料机中完成。由于时间短，工艺参数难以合理控制，特别在使用热返矿的情况下，制粒效果很差，所以只适用于处理富矿粉。因为富矿粉的粒度较粗，已接近造球要求，能满足烧结过程的需要，混合的目的仅在于使各组分混合均匀和调到适宜水分，对制粒可不作要求。此种工艺和设备简单，用料单一的中小型烧结厂有采用的。但我国主要是用细磨精矿进行烧结，由于其粒度很细，除要求混匀外，还必须加强制粒，此时一段混合不能满足要求。所以，大中型烧结厂多采用两段混合的方法。两段混合是将配合料依次在两台设备上进行。一次混合，主要任务是加水润湿和混匀，使混合料中的水分、粒度和物料中各组分均匀分布；当使用热返矿时，可以将物料预热；当加入生石灰时，可使 CaO 消化。二次混合除有继续混匀的作用外，主要任务是制粒，并进行补充润湿，还可通入蒸汽预热，从而改善混合料粒度组成，使混合料具有透气性最好的水分含量和必要的料温，保证烧结料层具有良好的透气性。

4.4.3 影响混匀和制粒的因素

进入混合机的配合料，由于混合机转动时产生离心力和摩擦力的作用，将其带到一定高度，当物料本身的重力超过离心力时便下落。这样物料多次往复运动后，各组分互相掺和，达到混匀要求；与此同时，喷洒适量水分使混合料润湿，在水的表面张力作用下，细粒物料聚集成团粒，并随混合机转动而受到各种机械力的作用，团粒在不断的滚动中被压密和长大，最后成为具有一定粒度的混合料。

4.4.3.1 原料性质的影响

原料本身的性质，如粘结性、粒度与粒度组成、表面形态、密度等都影响混匀和制粒效果。粘结性大和亲水性强的物料易于制粒，但难于混匀。一般情况，铁矿物的制粒性能由易到难依次是褐铁矿、赤铁矿、磁铁矿。粒度差别大的物料，在混合时易产生偏析，故难于混匀，也难于制粒。为此，混合料中，大粒级应尽可能少。另外，在粒度相同的情况下，多棱角和形状不规则的物料比球形表面光滑的物料易于制粒，且制粒小球的强度高。物料中，各组分间密度相差悬殊时，由于随混合机回转被带到的高度不同，密度大的物料上升高度小，密度小的物料则相反，在混合时就会因密度差异而形成层状分布，因而也不利于混匀和制粒。

4.4.3.2 加水量和加水方法的影响

混合料加水润湿的主要目的是促进细粒料成球，因此，混合料的成球好坏与加水数量的多少有关。干燥或水分过少的物料是不能滚动成球的。但水分过多，既影响混匀，也不利于制粒，而且在烧结过程中，容易发生下层料过湿的现象，严重影响料层透气性。

不同的烧结混合料最适宜的水分含量是不一样的。最适宜的制粒水分与原料的亲水性、气孔率和粒度的大小有关。一般情况下，致密坚硬的磁铁矿最小，为 6%～10%；赤铁矿居中，为 8%～12%；表面松散多孔的褐铁矿最高，为 14%～18%。当配合料粒度小，又配加高炉灰、生石灰时，水分可大一些。考虑到烧结过程中过湿带的影响，一般混合料中实际含水量的控制比最适宜水分值约低 1%～2%。同时混合料制粒时，适宜的水分波动范围不能太大，应严格控制在 ±0.5% 以内，否则，将对混合料的成球效果和透气性产生不利影响，如图 4-5 所示。国内许多烧结厂把一次混合料水分波动范围限制在 ±0.4%，而二次混合水分波动限制在 ±0.3%。

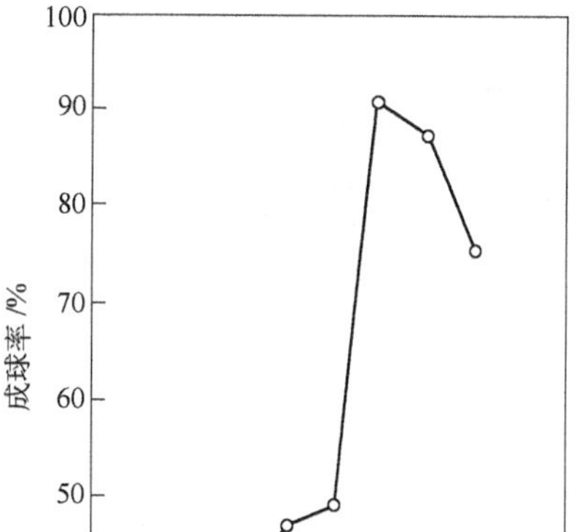

图 4-5 加水量对成球率的影响

目前，国内各厂多采用电炉烘干法测定混合料水分。将 500 g 混合料放于电烘干箱内加热至 110℃ 恒温直至烘干，然后再称量料的质量，并按下式计算混合料的水分：

$$\text{混合料水分} = \frac{500(\text{g}) - \text{烘干后料量}(\text{g})}{500(\text{g})} \times 100\%$$

使用烘干的方法和观察的方法结合起来判断混合料的水分，再使用开闭水阀对混合料水分加以调整。这种方法的滞后现象严重，而且误差较大，往往不能适应生产的要求。目前，有的企业已使用中子水分计或红外水分计进行混合料水分的自动检测和反馈控制。首钢、攀钢烧结厂采用中子水分计测定二次混合料水分的实践表明，它具有灵敏、准确、可靠等优点，所控制的最佳值比人工控制及时、稳定，有利于提高烧结矿的质量。

加水的方法对混匀与制粒效果也有很大影响。应遵循尽早往烧结料加水的原则，使料的内部充分润湿，增加内部水分，这对成球有利。目前采用热返矿和两段混合，加水常分为三段：

(1) 返矿打水。返矿打水的目的是适当降低返矿温度，稳定混合料水分，有利于提高混匀与制粒效果，促进热交换。往返矿中打水，可在两个位置选择：① 从有利于制粒考虑，宜在返矿皮带上打水，这样，高温返矿不直接进入一次混合机，使返矿得到充分润湿，为制粒创造了良好条件。但该处产生大量蒸汽和灰尘，恶化劳动条件，密封罩腐蚀加快，应注意排汽、除尘和通风。② 也可在返矿进入一次混合机的漏斗前打水，这样，返矿的热量能得到较充分利用，有利于提高混合料温度，劳动条件也比前者要好。但因返矿温度降低和润湿程度均较差，混合料成球后，会引起水分剧烈蒸发而使小球碎裂。

(2) 一次混合机中加水。目的是使混合料得到充分润湿和混匀，以生成大量小母球，为二次混合机内造球做准备。因此，在一次混合机内应当把水量加到接近烧结料的适宜水含量，加水量一般是总水量的 80%～90%。

(3) 二次混合机中加水。目的是为了更好地制粒和控制物料的最终水分。因此应根据混合料水分的多少进行调节，补充加水，以保证有更好的成球条件，并促进小球一定程度上长大。补加水量一般仅为总水量的 10%～20%。二次混合后的物料水分应严格控制在允许的波动范围内。

混合机内加水时，还必须注意加水的位置和进出口端的水量。加水时应重视喷水质量，要使水成雾状直接喷在料面上，如图 4-6 所示 *A* 处。如果将水喷在混合机筒底 *B* 处，将造成混合料水分不均和圆筒内壁粘料。同时水量分布应是进料端给水量多于出料端，并力求均匀稳定，如图 4-7(b)所示。而图 4-7(a)所示则相反，是不对的。距出料口三分之一处起不再加水，剩余部分仅做造球用，以免过湿和破坏造球。

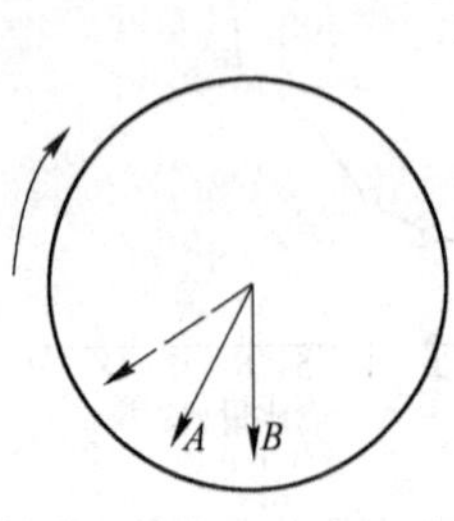

图 4-6　混合料加水示意图

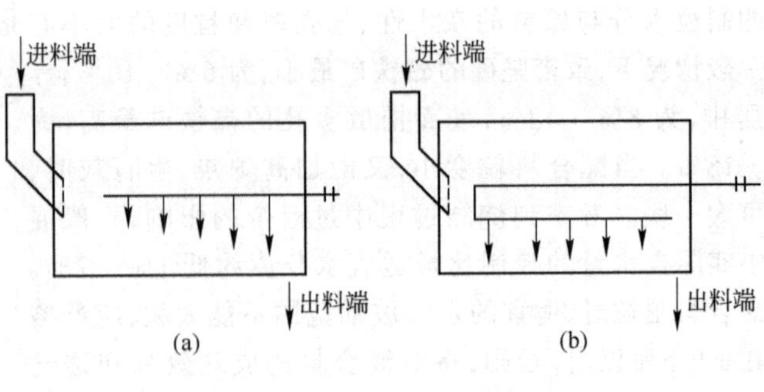

图 4-7　混合料加水管示意图

4.4.3.3　混合时间与设备工艺参数的影响

为保证烧结料混匀与制粒效果，需要有足够的混合时间。通常，当混合时间增长时，不仅混匀效果提高，制粒的效果也越好。这是因为混合料被水浸润后，水分在料中均匀分布需要一定时间，而小球从形成到长大也需要一定时间。但时间过长，料的粒度组成中粒径过大的数量增加，反而对烧结生产不利。由图4-8可看出混合时间对料粒度组成的影响。增加混合时间，3～0 mm级粒度减少，而3～10 mm级粒度增加，当混合时间达到4 min时，粒度组成最好，3～0 mm级别小于15%，大于10 mm级别约10%，这一粒度组成对烧结生产是十分有利的。而再延长混合时间，大于10 mm级别增加，反而会降低垂直烧结速度。

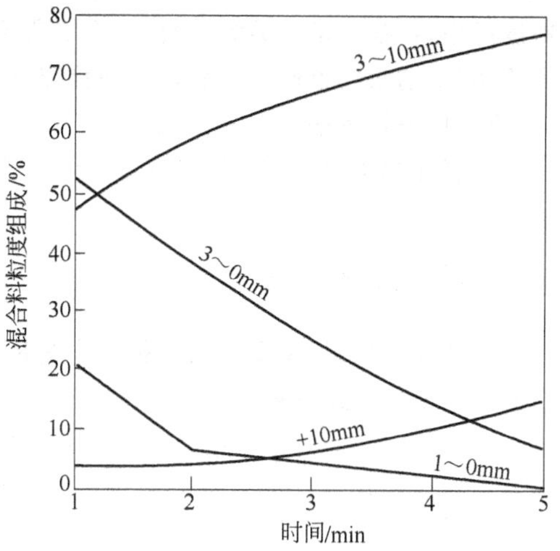

图4-8 混合时间对混合料粒度组成的影响

生产实践表明，细精矿粉在圆筒混料机内混合时，混合时间应不小于2.5～3 min，即一次混合为1 min，二次混合约1.5～2 min。如果使混合时间增加到4～5 min，这样一次混合达1.5～2 min，二次混合达2.5～3 min，会更好改善混匀与制粒效果。目前，国外新建厂大都把混合时间延长至4.5～5 min。

混合时间与原料的性质、圆筒混合机的倾角、长度和转速有关。当设备条件一定时，混合时间的长短取决于原料的粒度组成，使用细精矿粉制粒时，应适当延长混合时间。原料条件一定时，圆筒混料机的工艺参数对混匀制粒的影响如下：

(1) 混合机的倾角：此倾角决定着物料在混合机内的停留时间。混合机倾角越大，物料的混合时间越短，混匀与制粒的效果就越差。但倾角小，则产量低。一般情况下，圆筒混料机用于一次混合时其倾角在2.5°～4°之间，用于二次混合时其倾角应不大于2.5°。

(2) 混合机的长度：当倾角一定，增加混合机的长度，能增加物料在混合机内的混合时间，有利于混匀与制粒。我国以前采用混合机多为5～6 m，混合时间短，效果很差。目前新建烧结厂和老厂改造后，混合机长度比原来有较大幅度增加。一次混合机长度达9～14 m，二次达12～18 m，宝钢分别达到17 m和24.5 m。这样，两次混合时间依次达到1.5～2 min和2.5～3 min，效果良好。目前烧结机大型化发展，与之配套的圆筒混合机直径已达4～5 m，长度为21～26 m不等。

(3) 混合机的转速：混合机的转速决定着物料在圆筒中的运动状况，而物料的运动状况也影响混匀与制粒效果。转速过小，筒体所产生的离心力较小，物料不能被带动到一定高度，形成堆积状态，混匀与制粒效果都不好；反之，转速太快，产生的离心力太大，使物料紧贴于筒壁上，随圆筒一齐转动，失去混匀和制粒作用。只有转速适当，物料在离心力作用下达到一定高度，而后在自身重力作用下跌落下来，如此反复滚动，才能达到最佳的混匀与制粒效果。混合机的临界转速为$30/\sqrt{R}$ r/min（R为混合机半径，单位为m）。一般，一次混合机的转速采用临界转速的0.2～0.3倍，二次混合机采用0.25～0.35倍。

(4) 混合机的填充系数：填充系数是指圆筒混合机内物料所占圆筒体积的百分率。当混合时间不变，而填充系数增大时，可提高混合机的产量，但由于料层太厚，物料运动受到限制和破坏，因而对混匀制粒不利；填充系数过小，不仅产量低，而且由于物料间相互作用力小，对制粒也不利。一般认为，一次混合的填充系数为15%～20%左右，二次混合比一次混合的要低些，为8%～12%。

4.4.3.4 返矿及添加物的影响

返矿的质量和数量也会对混匀和制粒产生影响。返矿粒度较粗，具有疏松多孔的结构，可成为混合料的造球核心。在细精矿混合时，上述作用更为突出。但返矿粒度过大，冷却和润湿较困难,且易产生粒度偏析,影响烧结料的混匀和制粒。适宜的返矿粒度上限,应控制在5~6 mm;返矿粒度过小,往往是未烧透的生料,起不了造球核心的作用。返矿温度高,有利于混合料预热,但不利于制粒,适量的返矿量对混匀和制粒都有利,原料条件不同而有所差别。以精矿为主要烧结料时,返矿用量可多些。

烧结料中添加生石灰、消石灰、皂土等,能有效提高烧结混合料的制粒效果,改善料层透气性。

4.4.4 混匀与制粒效果

混合作业的效果,主要用两个指标来衡量,即混匀效果与粒度组成。

4.4.4.1 混匀效果

混匀效果表示混合前后混合料中各组分波动幅度的变化结果,它有两种表示方法:

(1) 混匀效率

$$\eta=\frac{K_{最小}}{K_{最大}} \tag{4-1}$$

式中 $K_{最小}$、$K_{最大}$——分别表示所取试样均匀系数的最小值与最大值;

η——混匀效率,此值愈接近1,表明混匀效果越好。

混匀系数 K 值可用下式求出:

$$K_1=\frac{C_1}{C};K_2=\frac{C_2}{C};\cdots;K_n=\frac{C_n}{C} \tag{4-2}$$

$$C=\frac{C_1+C_2+\cdots+C_n}{n}$$

式中 K_1,K_2,K_n——各试样的均匀系数;

C_1,C_2,C_n——某一测定项目在所取试样中的含量,%;

C——某一测定项目在此组试样中的平均含量,%;

n——试样数目。

(2) 平均均匀系数

$$K'=\frac{\sum(K_d-1)+\sum(1-K_s)}{n} \tag{4-3}$$

式中 K'——平均均匀系数,此值愈接近于零,表明混匀效果越好;

K_d——各试样均匀系数中大于1.0的值;

K_s——各试样均匀系数中小于1.0的值。

先按式(4-2)计算出各种试样的均匀系数,然后再按式(4-3)计算一组试样的平均均匀系数。

前一种方法是一组试样中最大偏差与最小偏差进行比较,因而不能全部说明试样情况,欠准确;后者是一组试样中所有的分析结果均参加计算,故更为全面、准确。

举例如下:

从混合料中依次取5个试样,其固定碳化验结果(%):3.4、3.5、3.21、2.92、4.38。则混合料中固定碳的混匀效果可计算如下:

方法(1): $C=(3.4+3.5+3.21+2.92+4.38)/5=3.48\%$

$K_1=3.4/3.48=0.98$

同样,可求得 K_2、K_3、K_4、K_5 顺次为1.0、0.92、0.84、1.26

则混匀效率 $\eta=0.84/1.26=0.67$

方法(2)：$K'=[(1.26-1)+(1-1)+(1-0.98)+(1-0.92)+(1-0.84)]/5=0.104$

混匀效果作为衡量混合料的质量指标，通常是用来检查混合料中 TFe、$C_{固}$、CaO、SiO_2 和水分的均匀程度的。

4.4.4.2 粒度组成

混合料的粒度组成表示制粒效果。采用筛析方法，分别测出混合前后混合料中各粒级的质量，再按下式求出每一级的产率：

$$\varepsilon=\frac{Q_{1,2,3,n}}{Q_{总}}\times 100\% \tag{4-4}$$

式中 $Q_{1,2,3,\cdots,n}$——各层试样中所含某粒级的质量，kg；

$Q_{总}$——试样总量，kg；

ε——某一粒级物料的产率，%。

然后绘出筛析曲线或列表示出。表 4-1 列出了鞍钢烧结料工业实验的实测结果。

表 4-1 精矿粉为主混合料的混匀及造球效果

名称			鞍钢东烧				鞍钢二烧			
取样地点			一混前	一混后	二混前	二混后	一混前	一混后	二混前	二混后
混匀效果	C	K'	0.209	0.156	0.132	0.08	0.131	0.066	0.04	0.034
		η	0.582	0.636	0.72	0.759	0.7	0.828	0.89	0.89
	Fe	K'	0.032	0.031	0.024	0.021	0.009	0.037	0.018	0.009
		η	0.885	0.916	0.925	0.94	0.977	0.923	0.95	0.967
	H_2O	K'	—	0.105	0.07	0.038	0.081	0.03	0.023	0.013
		η	—	0.72	0.72	0.882	0.82	0.898	0.93	0.952
造球效果	粒度组成/%	+10 mm	15.6	14.46	11.37	14.35	12.92	11.10	7.39	9.74
		10～7 mm	18.51	15.26	13.70	16.90	15.39	10.74	8.64	11.22
		7～5 mm	13.44	10.40	10.45	13.29	11.14	8.49	7.05	11.17
		5～3 mm	16.05	14.40	14.50	19.42	15.89	15.63	13.23	22.08
		3～2 mm	9.79	10.71	12.60	14.36	11.26	14.57	13.36	17.56
		2～0 mm	26.58	34.50	38.70	21.39	33.35	39.47	50.34	28.23

4.5 混合料的烧结

烧结作业是烧结生产工艺的中心环节，是检验并反映上述工艺质量的一个工序，也是烧结生产最终产品的工序。

采用带式烧结机抽风烧结时，其工作过程是：当空台车沿轨道运行到烧结机头部的布料机下面时，铺底料和烧结混合料依次装在台车上(如无铺底料工艺，则直接将混合料铺在台车上)，经过点火器时混合料中的固体燃料被点燃，与此同时，台车下部的真空室开始抽风，使烧结过程自上而下地进行。控制台车速度，保证台车到达机尾时，全部料都已烧结完毕，粉状烧结料变成块状的烧结矿。当台车从机尾进入弯道时，烧结矿被卸下来。空台车靠自重或尾部星轮驱动，沿下轨道回到烧结机头部，在头部星轮作用下，空台车被提升到上部轨道，又重复布料、点火、抽风烧结、卸矿等工艺环节。

4.5.1 布料

布料作业是指将铺底料及混合料铺在烧结机台车上的操作。它通过设在机头上的布料器来完成。

4.5.1.1　铺底料

在铺混合料之前，首先往烧结机台车的箅条上铺一层 20～4 mm 厚、粒度约 10～25 mm 的冷烧结矿(或较粗的基本不含燃料的烧结料)，称为铺底料。其作用是：

(1) 将混合料与箅条隔开，防止烧结时燃烧带的高温与箅条直接接触，既可保证烧好烧透，又能保护箅条，延长其使用寿命，提高作业率；

(2) 铺底料组成过滤层，可防止粉料从炉箅缝隙被抽走，减少烟气含尘量，从而减轻除尘设备的负担，延长抽风机转子的使用寿命；

(3) 防止细粒料或烧结矿堵塞与粘结箅条，保持炉箅的有效抽风面积不变，使气流分布均匀，减小抽风阻力，加速烧结过程；

(4) 改善烧结机操作条件，便于实现烧结过程的自动控制，同时，因消除了台车粘料现象，撒料减少，劳动条件也大为改善。

表 4-2 所列指标表明，采用铺底料工艺，烧结机利用系数得以提高，且产品质量也有所改善。发达国家 20 世纪 70 年代后新建的烧结厂都铺底料。

表 4-2　有铺底料与无铺底料主要烧结技术指标

条　件	利用系数 /t·(m²·h)⁻¹	混合料粒度 (>2.5 mm)，二混后/%	热返矿粒度 (<3 mm)/%	转鼓指数 (>5 mm)/%	烧结矿细粒级含量(<5mm)/%	返矿残碳/%
有铺底料	1.2～1.4	47.0	8.73	80	9.10	0.95
无铺底料	1.14～1.22	36.5	47.0	77～179	11.93	1.28

铺底料的方法一般是从成品冷烧结矿中筛分出 10～25 mm 粒度级(或相近似的粒度范围)的矿石，分出一部分作为铺底料，通过皮带运输系统送到混合料仓前专设的铺底料贮矿槽，再经单独的布料系统布到台车上。因此，铺底料工艺只有采用冷矿流程才能实现，同时，需增设专门的铺底料设施。目前我国新建烧结厂和部分老厂改造都已采用这种方法并已收到良好效果。未设铺底料生产系统的烧结厂，则是利用混合料产生自然偏析而获得铺底料。此法是在烧结机布料时，混合料通过圆辊布料机卸到反射板上，料中较粗的颗粒以较大的速度滚下，布于台车的最下层，起到铺底料的作用。但靠自然偏析所得的铺底料中，仍含有较多的粉末和燃料，烧坏炉箅的情况较严重，也易堵塞箅条间隙，铺底料的作用受到限制。此外，有的烧结厂还采取从二次混合机出口处筛出大于 12～15mm 级别的混合料作铺底料。

4.5.1.2　布混合料

布混合料紧接在铺完底料之后进行。台车上布料工作的好坏，直接影响烧结矿的产量和质量。合理地均匀布料是烧结生产的基本要求。布料作业应满足以下几个方面：

(1) 布料应连续供给，防止中断，保持料层厚度一定。

(2) 按规定的料层厚度，使混合料的粒度、化学成分及水分等沿台车长度和宽度方向皆均匀分布，料面应平整，保证烧结料具有均一的良好的透气性；应使料面无大的波浪和拉沟现象，特别是在台车挡板附近，避免因布料不满而形成斜坡，加重气流的边缘效应，造成风的不合理分布和浪费。

(3) 使混合料粒度、成分沿料层高度方向分布合理，能适应烧结过程的内在规律。最理想的布料应是：自上而下粒度逐渐变粗，含碳量逐渐减少，从而有利于增加料层透气性和利于上下部烧结矿质量的均匀。双层布料的方法就是据此而提出来的。采用一般布料方法时，只要合理控制反射板上料的堆积高度，有助于产生自然偏析，也能收到一定效果。

(4) 保证布到台车上的料具有一定的松散性，防止产生堆积和压紧。但在烧结疏松多孔、粒度粗大、堆积密度小的烧结料，如褐铁矿粉、锰矿粉和高碱度烧结矿时，可适当压料，以免透气性过好，烧结和冷却速度过快而影响成型条件和强度。

布料的均匀合理性，既受混合料缓冲料槽内料位高度、料的分布状态、混合料水分、粒度组成和各组分堆积密度差异的影响，又与布料方式密切相关。

当缓冲料槽内料面平坦而料位高度随时波动时，因物料出口压力变化，使布于台车上的料时多时少，若混合料水分也发生大的波动，这种状况更为突出，结果沿烧结机长度方向形成波浪形料面；当混合料是定点卸于缓冲料槽形成堆尖时，则因堆尖处料多且细，四周料少且粗，不仅加重纵向布料的不均匀性，也使台车宽度方向布料不均。在料层高度方向，因混合料中不同组分的粒度和堆积密度有差异，以及水分的变化，布料操作的影响，会产生粒度、成分偏析，从而使烧结矿内上、中、下各层成分和质量很不均一，见表 4-3。

表 4-3 沿料层高度方向烧结矿质量的变化

部位	台车取样深度/mm	烧结矿成分 w/%					
		TFe	FeO	SiO_2	CaO	S	CaO/SiO_2
上层	0～80	34.20	13.94	18.36	25.00	0.156	1.36
中层	80～160	32.70	17.03	16.90	28.40	0.150	1.64
下层	160～240	33.30	21.83	17.70	27.68	0.230	1.52

为了克服和减轻不良影响，实现较理想布料，应改进布料操作和方式。首先，要保持缓冲料槽内料位高度稳定和料面平坦。一般要求保持料槽内料面高度有 1/2～2/3 的料槽高。因此，烧结机为多台布置时，必须保证每台的料槽能均衡进料，最好安装料位计，实现料位的自动控制。为避免机速变化时布料时松时紧，机速和布料机转速应实行联锁控制。在布料方式上，目前普遍采用的有圆辊布料机－反射板、梭式布料机－圆辊布料机－反射板两种。前者工艺简单，设备运行可靠，但下料量受贮料槽中料面波动的影响大，沿台车宽度方向布料的不均匀性难以克服，台车越宽，偏差越大。因此，只适于中小型烧结机的布料。对于较大和新建烧结机，采用后一种布料方式的越来越多。梭式布料机把向缓冲料槽的定点给料变为沿宽度方向的往复式直线给料，消除料槽中料面的不平和粒度偏析现象，从而大大改善台车宽度方向布料的不均匀性。表 4-4、表 4-5 和图 4-9 反映不同布料方式的布料效果。生产实践证明，使用梭式布料后，能大大改善布料质量和使烧结矿成分均匀。

厚料层烧结时，在反射板前安装一松料器（埋置于料层中），使下滑物料在松料器上受到阻挡，减轻料层的压实程度，对改善透气性有良好作用。

表 4-4 不同布料方式台车上混合料粒度的分布

取样位置		左	中	右
大于 10 mm/%	梭式布料器固定	6.26	3.91	9.85
	梭式布料器运转	8.14	7.59	7.66
1～0 mm/%	梭式布料器固定	45.01	41.61	40.70
	梭式布料器运转	46.62	45.13	47.87

表 4-5　台车上混合料中碳的分布(%)

梭式布料器运转情况	台车上的位置			在料层中的位置		
	左	中	右	左	中	右
梭式布料器固定	4.47	4.15	4.32	4.5	4.36	4.06
梭式布料器运转	4.17	4.12	4.17	4.30	4.22	4.07

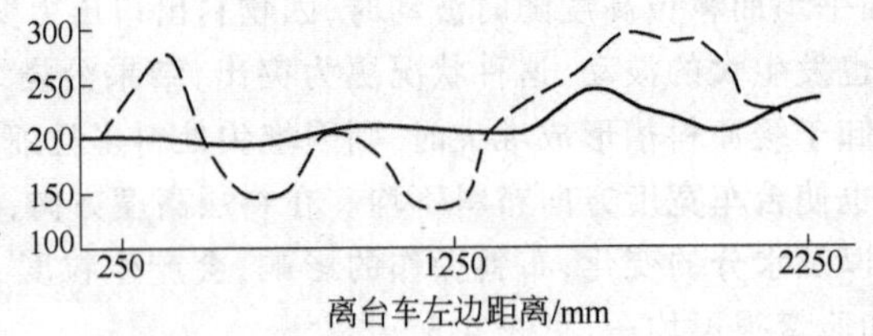

图 4-9　不同布料方式的料面形状
——梭式布料器运行;----梭式布料器固定

4.5.2　烧结料的点火

烧结过程是从台车上混合料表层的燃料点火开始的。点火的目的是供给足够的热量,将表层混合料中的固体燃料点燃,并在抽风的作用下继续往下燃烧产生高温,使烧结过程自上而下进行;同时,向烧结料层表面补充一定热量,以利于表层产生熔融液相而粘结成具有一定强度的烧结矿。所以,点火的好坏直接影响烧结过程的正常进行和烧结矿质量。为此,烧结点火应满足如下要求:有足够高的点火温度,有一定的高温保持时间,适宜的点火真空度,点火废气的含氧量应充足,并且沿台车宽度点火要均匀。

4.5.2.1　点火温度

点火温度既影响表层烧结矿强度,还关系到烧结过程能否正常进行。实际生产中常将点火温度控制在 1000±50℃。点火温度高低常由以下因素所决定:

(1) 点火温度取决于将表层的碳点着,使下层碳能正常燃烧。

(2) 在现代烧结中不要求表层产生熔融液相而形成烧结矿,因为即使形成了烧结矿,由于冷却速度过快,大部分是玻璃体粘结,强度很差。在翻机时,在单辊机处均粉碎为返矿。

(3) 降低点火温度大大降低了点火能耗,由过去的 0.16~0.25 GJ/t 降低到 0.03~0.08 GJ/t。

点火温度受燃料发热值、燃料用量和过剩空气系数的影响。一般采用的点火燃料为焦炉煤气或焦炉与高炉的混合煤气,混合煤气的发热值 $Q_{低}^{用}$应不低于 5880~6720 kJ/m³。常用混合煤气(焦炉煤气 15%,高炉煤气 85%)的发热值为 5880 kJ/m³,煤气和空气的混合比控制在 1:1~1:1.5 之间。生产中点火温度、空气、煤气用量均有自动记录,并可自动或人工调整。在人工调整时,可根据火焰情况判断温度高低:温度高时,火焰发亮,呈橘黄色;温度适当,火焰呈黄亮色。如空气煤气比例不当,如空气过多、煤气不足时,火焰呈暗红色或红色;而煤气过多、空气不足时,火焰呈蓝色浑浊状,二者均使火焰温度降低。为便于调节,要求煤气压力不低于 2000 Pa (200 mmH_2O),空气压力不低于 400 Pa(40 mmH_2O)。

4.5.2.2　点火时间

在一定的点火温度下,为了保证表面料层有足够的热量使烧结过程正常进行,还需要足够的点火时间,一般为 45~50 s 左右。点火时间取决于点火器的长度和台车移动速度。生产中,点火器长度已定，实际点火时间受机速变动的影响。在采取强化烧结过程，加快烧结速度的情况下，点火时间往往不足，此时，可提高点火温度或延长点火器长度加以弥补。

4.5.2.3　点火热量

烧结点火热量，我国烧结厂过去多以每吨成品烧结矿所需的点火热量来表示，通常为126～168 MJ(30～40 Mkcal)。但是这不能真实反映出料层表面所获得的点火热量。例如，在烧结堆密度不同的烧结料时，如果单位时间点火热量不变，那么每吨烧结矿的点火热量可能因为产量变化不大而相近。但堆密度小时，机速快，而堆密度大时，机速慢，堆密度大的表面料层的点火热量比堆密度小的大。因此，考虑到不同堆积密度的烧结料表面都能得到相近的点火热量，采用单位料层表面所获得的点火热量 q(kJ/m^2)作为点火制度的选择指标比较合理。国外有的资料建议 q 值为(33.5～56.7)×10^3 kJ/m^2。在原料含结晶水和 CO_2 多，软化温度高时，q 值取上限，反之取下限。q 值可以用点火时间 t(min)和点火器的供热强度 J[kJ/(m^2·min)]来决定：

$$q = t \times J \tag{4-5}$$

在单位点火时间内，给单位点火面积所提供的热量称为点火器的供热强度 J[kJ/(m^2·min)]。目前，我国多数烧结厂点火器的供热强度 J 为(42～54.6)×10^3 kJ/(m^2·min)，接近或高于一般水平，但点火热量普遍较低，这主要是由于机速快，点火器长度不够，点火时间短造成的。

为了改进点火工作，往往采用延长点火器长度，增设保温段的方法，使点火时间延长。也使点火更趋于均匀，并有保温作用。烧结料表层温度水平增高，受高温作用时间较长，可以获得充足的热量，有利于表层粉料固结，提高表层烧结矿强度和成品率。这种方法在料层较薄时有很好的作用。例如，某厂把点火器长度由2.25 m延长到4.5 m后，烧结各项指标有了明显提高，烧结矿小于5 mm的部分减少了12.4%，烧结矿含硫量由0.160%减小到0.065%。现在，烧结料层高度有了很大提高，表层烧结矿所占整个烧结料层的比例很小，因此，这种方法也就不那么重要了。

在不采取其他加热措施(如热风烧结)条件下，表层烧结温度水平和热量在极大程度上是受点火制度影响的。在生产熔剂性烧结矿时，因料层透气性好，机速快及石灰石分解耗热，所以适当提高点火温度和增加供热强度(6%～10%)，对改善烧结矿强度是有利的。当前国内外研制的许多新型点火器，都是采用集中火焰点火，可以有效地使表层混合料在较短时间内获得足够热量，而且还可以降低点火燃耗。

4.5.2.4　点火深度

为了使点火热量都进入料层集中于表层一定厚度内，更好地完成点火作业，并促使表层烧结料熔融结块，必须保证有足够的点火深度，通常应达到30～40 mm。实际点火深度主要受料层透气性的影响，也与点火器下的抽风负压有关。料层透气性好，抽风真空度适当高，点火深度就增加，对烧结是有利的。

4.5.2.5　点火真空度

点火真空度指机头第一风箱内的负压。若点火真空度过高，会使冷空气从点火器四周的下沿大量吸入，导致点火温度降低和料面点火不均匀，以至台车两侧点不燃，另外表面料层也随空气的强烈吸入而紧密，降低了料层的透气性。同时，过高的真空度还会增加煤气消耗量。真空度过低，抽力不足，又会使点火器内燃烧产物向外喷出，不能全部抽入料层，造成热量损失，恶化操作环境，且容易使台车侧挡板变形和烧坏，增大有害漏风，降低台车的寿命。因此，点火器下抽风箱的真空度必须要能灵活调节控制，使抽力与点火废气量基本保持平衡。现代烧结机点火真空度最好的是控制炉膛内压力为零或微负压。

4.5.2.6　点火废气含氧量

点火煤气燃烧后的废气含氧量也需要加以控制，特别是对大型烧结机更为重要。因为废气中含有足够的氧可保证混合料表面的固体燃料充分燃烧，这不但可以提高燃料利用率，而且也可以提高表层烧结矿的质量。若废气中含氧量太低，则对表面料层中碳的燃烧不利，燃烧速度减慢，高温区延长，温度降低；同时，碳还可能与 CO_2 及 H_2O 作用而吸收热量，使上层温度进一步降低，表层烧结矿的强度下降，影响点火效果。实验研究表明，通常燃料燃烧必须保证点火废气中含氧量达到 12%，否则，固体燃料将不会燃烧，而只能达到灼热状态，要到离开点火器之后，燃烧反应才能进行，这实际上就降低了有效烧结面积。根据前苏联经验，当点火废气中的氧量为 13%时，固体燃料的利用率与混合料在大气中烧结时相同。在氧含量为 3%～13%的范围内，点火废气增加 1%的氧，烧结机利用系数提高 0.5%，每吨烧结矿的燃料消耗降低 0.3 kg/t。

废气中含氧量的高低，取决于使用的固体燃料量和点火煤气的发热值。固体燃料配比越高，要求废气含氧量越高；点火煤气发热值愈高，达到规定的燃烧温度时，允许较大的过剩空气系数，因而废气中氧的浓度愈高。当使用低发热值煤气时，可采用预热助燃空气来提高燃烧温度，从而为增大过剩空气系数，提高废气含氧量创造条件。前苏联生产实践表明，利用 300℃ 的冷却机废气助燃点火，可提高氧含量 2%，并可减少天然气或焦炉煤气 17%，高炉煤气 6.6%，降低固体燃耗 0.5～0.7 kg/t，同时增产 0.6%～0.8%。另外，无论对高发热值煤气或低发热值煤气，采用富氧空气点火都是提高废气氧含量的重要措施。点火废气中含氧量增加到 9%～10%，氧消耗为 3.5 m^3/t 时，烧结矿生产率可提高 2.5%～4.5%，固体燃耗可降低 10 kg/t。但是采用富氧空气费用高，而且氧气供应困难。

4.5.3 混合料的烧结

混合料的烧结是烧结工艺中最关键的环节，在点火后直至烧结终了整个过程中，烧结料层中不断发生变化。为了使烧结过程正常进行，获得最好的生产指标，对于烧结风量、真空度、料层厚度、机速和烧结终点的准确控制是很重要的。

4.5.3.1 烧结风量和负压

单位烧结面积的风量大小，是决定产量高低的主要因素。当其他条件一定时，烧结机的产量与料层的垂直烧结速度成正比，而通过料层的风量越大则烧结速度越快。所以产量随风量的增加而提高，见表 4-6。

表 4-6 风量大小对烧结产量的影响

风量		抽风机前压力/Pa	垂直烧结速度		烧结机利用系数	
$m^3/(m^2·min)$	%		mm/min	%	$t/(m^2·h)$	%
80	100	8026(819 mmH_2O)	23.2	100	1.42	100
100	125	11250(1148 mmH_2O)	30.4	131	1.90	134

但是风量过大，烧结速度过快，将降低烧结矿的成品率。这是因为风量过大，造成燃烧层的快速推移，混合料各组分没有足够时间互相粘结在一起，往往只是表面的粘结，生产量很高时，甚至有部分矿石其原始矿物组成也没有改变，结果烧结矿强度降低，细粒级增多。另外，由于风量增加，冷却速度加快也会引起烧结矿强度降低。

为了增加通过料层的风量，目前生产中总的趋势是在改善烧结混合料透气性的同时，提高抽风机能力，即增加单位面积的抽风量，以及改善烧结机及其抽风系统的密封性，减少有害漏风和采取其他技术措施。

抽风烧结过程是在负压状态下进行的，为了克服料层对气流的阻力，以获得所需的风量，料层下必须保持一定的真空度。在料层透气性和有害漏风一定的情况下，抽风箱内能造成的真空度高，抽过料层的风量就大，对烧结是有利的。所以，为强化烧结过程，都选配较大风量和较高负压风机。

真空度的大小决定于风机的能力、抽风系统的阻力、料层的透气性及漏风损失的情况。当风机能力确定后，真空度的变化是判断烧结过程的一种依据。正常情况下，各风箱有一个相适应的真空度，如真空度出现反常情况，则表明烧结抽风系统出了问题。当真空度反常地下降时，可能发生了跑料、漏料、漏风现象，或者风机转子被严重磨损，管道被堵塞等；当真空度反常地上升时，可能是返矿质量变差、混合料粒度变小、烧结料压得过紧、含碳含水波动、点火温度过高以致表层过熔等。据此可进一步检查证实，采取相应措施进行调整，以保证烧结过程的正常进行。

随着烧结过程往下推移，料层的透气性和物料状态不断变化，因此，生产过程中对各风箱风量的控制是不一样的，借以保证混合料烧透烧好。表 4-7 是国内 75 m^2 烧结机正常生产时，各风箱真空度的分配情况。1 号、2 号风箱处于点火燃烧部位，此时需风量较少，3 号～12 号风箱部位燃烧过程激烈进行，料层透气性较差，要求大风、高真空度，最后三个风箱处，烧结过程即将结束，烧结料层透气性好，相应减小风量和真空度，也可以防止烧结矿急冷而变脆。对风量和真空度的控制是通过调节抽风机室各集气支管上的蝶阀来实现的。

表 4-7 75 m^2 烧结机各风箱真空度的分配情况

风 箱 号	1	2	3～12	13	14	15	集气总管(除尘器前)	抽风机前
真空度/kPa	6.0～7.0	7.0～8.0	8.5～9.5	8.0	7.5	7.0	10.0	11.0

4.5.3.2 料层厚度与机速

料层厚度直接影响烧结矿的产量、质量和固体燃料消耗。一般说来，料层薄，机速快，生产率高。但表层强度差的烧结矿数量相对增加，使烧结矿的平均强度降低，返矿和粉末增加，同时还会削弱料层的“自动蓄热作用”，增加固体燃料用量，使烧结矿的 FeO 含量增高，还原性变坏。采用厚料层操作时，烧结过程热量利用较好，可以减少燃料用量，降低烧结矿 FeO 含量，改善还原性。同时，强度差的表层矿数量相对减少，利于提高烧结矿的平均强度和成品率。但随着料层厚度增加，料层阻力增大，烧结速度有所降低，产量有所下降。如图 4-10 所示，在料层较薄时，生产率最高，而成品率较低；随料层增厚，成品率增加，但生产率又有所下降，而且在低真空度操作时，影响更明显。因此合适的料层厚度，应将高产优质结合起来考虑，根据烧结料层透气性和风机能力加以选定。在不断改善烧结料层透气性的基础上，增加料层厚度，应是努力的方向。实践表明，采用厚料层、高负压、大风量三结合的操作方法，是实现高产优质的有效措施。

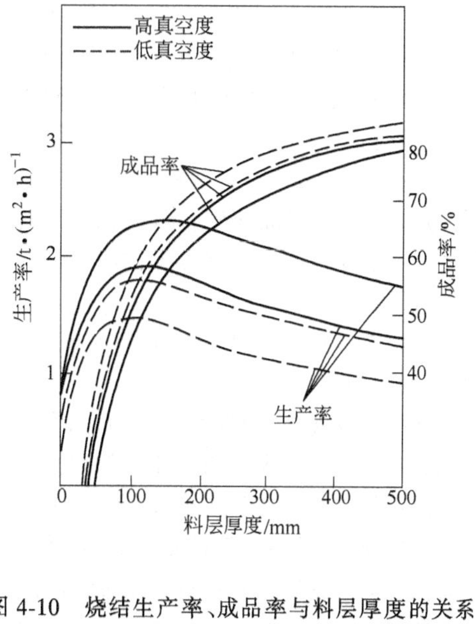

图 4-10 烧结生产率、成品率与料层厚度的关系

国内烧结厂对磁、赤铁矿烧结料一般采用 400～500 mm 厚的料层操作，有的工厂如鞍钢三烧烧结机抽风能力较强，料层厚度为 650～

750 mm，个别的达到800 mm。国外趋于增厚料层，通常高于我国选用的料层厚度。生产中料层厚度大体稳定，当料层透气性变化时，用调整机速来控制烧结生产。

在烧结过程中，机速对烧结矿的产量和质量影响很大。机速过快，烧结时间过短，导致烧结料不能完全烧结，返矿增多，烧结矿强度变差，成品率降低。机速过慢，则不能充分发挥烧结机的生产能力，并使料层表面过熔，烧结矿 FeO 含量增高，还原性变差。为此，应根据料层的透气性选择合适的机速。合适的机速应当是在一定的烧结条件下保证能在预定的烧结终点，烧好烧透。影响机速的因素很多，如混合料粒度变细，水分过高或过低，返矿数量减少及质量变坏，混合料成球性差，点火煤气不足，漏风损失增大等，就需要降低机速，延长点火时间，来保证烧结矿在预定终点烧好。在实际生产操作中，机速一般控制在1.5～4 m/min为宜。为了稳定烧结操作，要求调整间隔时间不能低于10 min，每次机速调整的范围不能高于±0.5 m/min。

4.5.3.3　烧结终点判断与控制

控制烧结终点，就是控制烧结过程全部完成时台车所处的位置。准确控制终点风箱位置，是充分利用烧结机有效面积，确保优质高产和冷却效率的重要条件。如果烧结终点提前了，这时烧结面积未得到充分利用，同时使风大量从烧结机后部通过，破坏了抽风制度，降低了烧结矿产量。而烧结终点滞后时，必然造成生料增多，返矿量增加，成品率降低，此外没烧完的燃料卸入冷却机，还会继续燃烧，损坏设备，降低冷却效率。一般中小型烧结机的终点控制在倒数第二个风箱，大型烧结机的终点控制在倒数第三个风箱(机上冷却时例外)。这样既充分利用了烧结机的有效抽风面积，又为终点滞后时留有烧透的余地。

烧结终点可根据以下情况判断：

(1) 机尾末端三个风箱及总管的废气温度、负压水平。当终点正常时，上述参数稳定在一个正常波动范围内。一般，总管废气温度控制在110～150℃。三个风箱的废气温度、负压则有明显特征：在终点处，废气温度最高，一般可达300～400℃，前后相邻风箱的废气温度要低20～40℃，如75 m^2 烧结机13号及15号风箱温度较14号风箱低20～40℃，则14号风箱位置为烧结终点。因为终点前，通过料层的高温废气将热量传给冷料使废气温度下降到接近于冷料温度的水平，直到燃烧层接近炉箅时，废气温度才急剧上升，而燃料燃烧完毕后，废气温度又立即下降。负压则由前向后逐步下降，与前一个风箱比，依次约低1000 Pa左右。这是由于终点前的风箱上，料层还未烧透，而终点后的风箱上，烧结矿已处于冷却状态了。所以，若总管废气温度降低，负压升高，倒数2号、3号风箱废气温度降低，最后一个风箱温度升高，三个风箱废气负压均升高，则表示终点延后；反之，总管温度升高，负压下降，倒数2号、1号风箱废气温度下降，三个风箱的负压都下降，表示终点提前。

(2) 从机尾矿层断面看，终点正常时，燃烧层已抵达铺底料，无火苗冒出，上面黑色和红色矿层各占2/3和1/3左右。终点提前时，黑色层变厚，红矿层变薄；终点延后，则相反，且红层下缘冒火苗，还有未烧透的生料。

(3) 从成品和返矿的残碳看，终点正常时，两者残碳都低而稳定；终点延后，则残碳升高，以至超出规定指标。

发现终点变化时，应及时调节纠正，尽快恢复正常。其方法是：当混合料透气性变化不太大时，以稳定料层厚度、调节机速来控制终点。若发现终点提前，应加快机速；若终点滞后，则减慢机速。但若透气性发生很大变化，仅靠调节机速难以控制终点，且影响烧结料正常点火时，则应调整料层厚度，再注意机速的适应，以正确控制终点。

4.5.3.4　烧结料中碳和水分的判断与调节

烧结料水分、碳量的稳定，是烧好烧透的前提条件。

烧结料中固体炭是烧结过程中所需热量的主要来源,直接影响烧结矿的产量和质量。特别在机上冷却的烧结工艺中,适宜的混合料碳量更显得特别重要。含碳量的多少可以从点火器处和机尾矿层断面判断,也可以从仪表上反映。碳含量过多时,台车移出点火器后,表面保持红色的台车数比正常时增多,即使点火温度正常,料面也会过熔发亮;烧结机尾段风箱废气温度和主管温度高出正常水平,主管负压升高;因垂直烧结速度降低,烧结终点推迟,燃烧带往往达不到炉箅,机尾卸矿时矿层断面冒火苗,高碱度烧结矿会出现强劲的蓝色火苗,断面赤红部分占全矿层的1/2以上,熔化厉害,烧结矿呈大孔薄壁结构或夹生矿,强度差。碳含量过少时,台车出点火器后,表面层不出现红色,料层表面有层浮灰,卸料断面呈暗红色,赤红色变薄,高碱度烧结矿不冒火苗,烧结主管温度下降,烧结矿气孔小,灰尘大,返矿多。

混合料水分变化可从机头布料处直接观察,也可在检测仪表和料层上反映出来。水分过大或过小,都会使料层透气性变差,真空度增加,造成点火器下火焰不往下抽,而向四周喷射,料层表面有"黑点",机尾烧结矿层有夹生料,断面出现"花脸"烧不透,底层有黑料,且废气温度降低。

当混合料水分、碳量适当时,点火火焰能顺利抽入料层;台车离开点火器后,表层红至4号～5号风箱;机尾矿层断面整齐,结构均匀,无夹生料,红色层约占断面的1/2,台车卸矿顺利,不粘料,矿块强度好,粉末少。在料层厚度稳定的情况下,风箱及总管废气温度、负压只在很窄的范围内波动,烧结终点稳定。

当发现混合料水分、碳量发生大的变化而影响正常烧结作业时,应与混料或配料岗位联系,对水分或燃料量进行调整。同时应考虑到调节的滞后过程,可临时采取调节料层厚度、点火温度和机速的措施与之大体适应。

4.6　烧结矿的处理

烧结矿从烧结机机尾台车上自然落下时,温度高达700～800℃。因靠自重摔碎,块度大小很不均匀,部分大块超过200 mm,甚至达300～500 mm,大块中还夹杂着未烧好的矿粉或生料,不能满足高炉冶炼的要求,而且给烧结矿的贮存、运输带来不少的问题。因此,机尾卸下的烧结矿需要进一步处理。

4.6.1　烧结矿的处理流程

对烧结矿的处理有两种流程:热矿流程和冷矿流程,如图4-11所示。

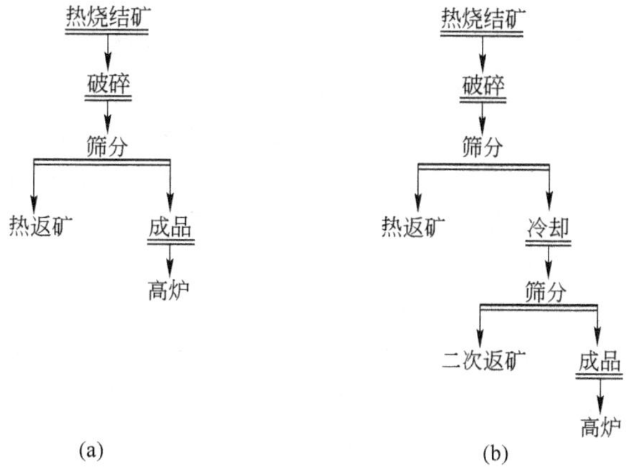

图4-11　烧结矿处理流程

a—热矿流程;b—冷矿流程

所谓热矿流程，是指烧结矿从机尾卸入单辊破碎机进行热破碎，经热筛分后(多用固定筛，筛孔 18～25 mm)，筛上烧结矿即成品矿直接进入高炉矿槽，筛下物即热返矿参与烧结配料。这种流程工艺简单，设备少，工作可靠，烧结机作业率较高(可达 90%以上)，生产成本较低。我国早期建的烧结厂均属此类。但因热烧结矿运输困难，可能烧坏运输设备和矿槽以及高炉的装料设备，劳动条件较差，成品矿难以进一步处理，使得进入高炉的粉矿比例较大，返矿质量也没有保证。国外已基本不用该流程，国内新建或改造的烧结厂也以不采用热返矿直接参与配料进一混。现在普遍采用的是冷矿流程。

所谓冷矿流程，是指热烧结矿经机尾破碎筛分后，进入冷却设备进行冷却，经二次筛分，成品矿再进入高炉矿槽。也有的厂家在烧结矿冷却后采用二次破碎、多段筛分、进一步整粒的流程。国外大多数粉末量少的工厂，都是由于实现了烧结矿的冷却和整粒的结果。热破碎设备普遍采用剪切式单辊破碎机，热筛分设备多采用筛分效率高的热振动筛。热振动筛能有效地减少成品矿中的粉尘，降低冷却过程中的烧结矿层阻力和扬尘，同时，所获得的热返矿可改善烧结混合料的粒度组成和预热混合料，利于提高烧结矿的产质量；但因长期处于高温多尘环境下工作，磨损严重，事故较多，严重影响烧结机的作业率。因此，近年来设计投产的大型烧结机取消了热矿筛，烧结矿自机尾经单辊破碎后直接进入冷却机冷却。

4.6.2 烧结矿的冷却

现在广泛采用烧结矿冷却工艺，即将红热的烧结矿冷却至 130～150℃以下，其主要原因是：

(1) 烧结矿冷却后，便于进一步破碎筛分，整顿粒度，实现分级，并降低成品矿粉末，达到“匀、净、小”的要求，可以提高高炉料柱的透气性，为强化高炉冶炼创造条件。冷矿通过整粒，还便于分出粒度适宜的铺底料，实现较为理想的铺底料工艺，改善烧结过程。

(2) 高炉使用经过整粒的冷烧结矿，炉顶温度降低，炉尘吹损减少，有利于炉顶设备的维护，延长其使用寿命，并为提高炉顶煤气压力，实行高压操作提供有利条件。我国使用热矿的高炉，虽然设计炉顶压力达 0.15 MPa，但长期只能维持在 0.05～0.07 MPa 的水平，而使用冷烧结矿的同类型高炉，顶压却可达到 0.13～0.14 MPa，接近设计水平。由于炉顶压力提高，有利于炉况稳定顺行，故使用冷烧结矿是很有必要的。

(3) 采用冷矿可以直接用皮带运输机运矿，从而取消大量机车、运矿车辆及铁道线路，占地面积减少，厂区布置紧凑，节省大量设备和投资；烧结矿用皮带运输，甚至直接向高炉上料，容易实现自动化，增大输送能力，更能适应高炉大型化发展的要求。

(4) 使用冷烧结矿可以改善烧结厂和炼铁厂的厂区工作环境。

目前，生产冷烧结矿的不足之处在于：烧结矿在强制冷却过程中形成玻璃质，并产生较大内应力和显微裂纹，在一定程度上会影响其强度，使返矿率增高；其次，烧结机在生产冷矿的条件下，作业率和生产率较低，经营费用较高，冷却设备庞大。目前，国内生产冷烧结矿的烧结机作业率一般在 70%左右，比热矿流程约低 20%。但随着设备和生产管理日益完善，冷却制度的不断改进，上述问题将逐步得到解决。

冷却方式可分为机上冷却和机外冷却。机上冷却是将烧结机延长后，直接在烧结机的后半部进行烧结矿的冷却，烧结段和冷却段各有独立的抽风系统。机外冷却则是在烧结机以外设置专门的冷却设备，如带式冷却机、盘式冷却机、环式冷却机等。日本是采用机外冷却的国家，拥有世界上最大的带、盘、环式冷却机，生产率高、能耗低、质量好。我国除宣钢、水钢、首钢、武钢二烧等采用机上冷却外，大多数烧结厂都采用机外冷却。

烧结矿进行冷却时，冷却方法选择合适与否，对冷烧结矿生产影响很大。合适的冷却方法应该保证:烧结矿质量(主要指强度)少受或不受影响,尽可能减少粉化现象;冷却效率高,以便在较短的时间内达到预期的冷却效果;经济上合理。烧结矿的冷却方法有打水冷却,自然通风冷却和强制通风冷却。打水冷却具有冷却强度大、效率高和成本低的优点,但因急冷其强度大大降低,尤其对熔剂性烧结矿,遇水产生粉化的情况更为严重,并且难以再行筛分。自然风冷冷却效率低,冷却时间长,占地面积大,环境条件恶劣。因此,目前广泛采用强制通风冷却。强制风冷又有抽风冷却和鼓风冷却两种。抽风冷却采用薄料层(H<500 mm),所需风压相对要低(600～750 Pa),冷却时间短,一般经过 20～30 min,烧结矿可冷却到 100℃左右;但所需冷却面积大,风机叶片寿命短,且抽风冷却第一段废气温度较低(150～200℃),不便于废热回收利用。鼓风冷却采用厚料层($H>500$ mm),冷却时间较长,冷却面积相对较小,冷却后热废气温度为 300～400℃,便于废热回收利用;但所需风压较高,一般为 2000～5000 Pa。总的看来,鼓风冷却优于抽风冷却,在新建的烧结厂中,抽风冷却已逐渐被取代。

在保证烧结矿烧好烧透的基础上,改善烧结矿的粒度和粒度组成,可提高强制风冷的冷却效率。当烧结矿温度一定时,在一定冷却时间内,冷却效果主要取决于烧结矿的粒度及粒度组成、冷却风量和风速。根据计算,所需的冷却风量按每吨烧结矿计,鼓风冷却为 2000～2200 m^3(标态),抽风冷却为 3500～4800 m^3(标态)。风量一定时,烧结矿的粒度显得更为重要。研究表明,在一定的冷却设备、冷却风量、料层厚度等条件下,烧结矿从初始温度(700～800℃)冷却到要求温度(100℃)所需的最少时间,可按以下经验公式计算:

$$\tau = 0.15kd \tag{4-6}$$

式中 τ——冷却时间,min;

k——系数,按筛分效率高低可取 1～1.2;如<8 mm 的烧结矿为零,则 k 为 1;

d——烧结矿的粒度上限,mm。

从公式(4-6)可知,烧结矿缩小上限,筛出粉末,则冷却时间缩短。因此,冷却前,对大块烧结矿破碎是必要的。要使烧结矿在 20～30 min 内冷却到要求温度,烧结矿应破碎到 150 mm 以下。同时破碎后还应进行筛分,改善其粒度组成,尽量减少粉末(<5 mm)含量,以免堵塞气流通道,导致冷却矿层透气性降低和气流分布不均,影响风的利用和冷却效果。此外,要保证冷却效果,还应使冷却机上布料均匀。

4.6.3 烧结矿的整粒

通常对冷却后的烧结矿进行破碎、筛分并按粒度分级称为烧结矿整粒。

一般烧结矿只经过机尾单辊破碎机破碎和固定条筛筛分后,粒度仍然很大,且极不均匀,粉末含量较多。大块烧结矿的强度不稳定,在冷却、转运和贮存过程中,会不断碎裂产生新的粉末。烧结矿成品中小于 5 mm 的粉末往往大于 10%,甚至高达 20%以上。这种状态的烧结矿若直接用于高炉,对还原过程和高炉顺行都会带来不利影响,使冶炼指标低下。高炉越大,强化程度越高,就越为突出。此外,返矿中大于 10 mm 的大颗粒很多,不仅降低了成品率,且不利于混合料成球。因此,冷矿有必要进行整粒。

从改善烧结矿还原性和高炉料柱透气性出发,必须将烧结矿粒度上限控制到一个适当的水平,这与高炉大小有关。通常大中型高炉为 40～50 mm,小型高炉 30～40 mm。同时,要严格控制粒度下限,对小于 5 mm 的粉末,其含量越低越好,一般应低于 5%。对于在粒度范围内的成品烧结矿也应进行粒度分级,提高入炉矿石的均匀性,并从中分出适宜粒度的成品矿作为铺底料,以改善铺底料质量,促进烧结生产。因此,冷矿的整粒流程通常是:烧结矿从冷却机卸下后,首先进行一次粗筛,分出大于 50 mm 的大块并将其进行冷破碎,破碎后的矿石与粗筛筛下物(小于

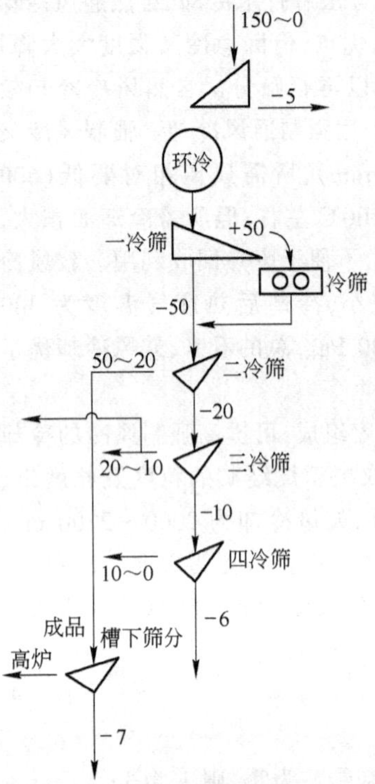

图 4-12　鞍钢新三烧整粒系统的流程

50 mm的粒级)一起经 3～4 次筛分,分出成品、铺底料和返矿:小于 5 mm 的部分作返矿;从中间粒级(一般是 10～25 mm或相近的粒度范围)的成品矿石中分出部分作铺底料;其余的为成品烧结矿,其粒度均匀,粉末量少。

为尽可能消除成品烧结矿在最后贮存、转运过程中产生粉末,在高炉槽下再进行一次筛分,筛下物返回烧结参加配料。使用整粒后的烧结矿,高炉冶炼指标大为改善。例如,德国某公司高炉使用整粒后的烧结矿入炉,高炉利用系数提高了 18%,焦比降低了 20 kg/t,炉顶吹出粉尘减少,延长了炉顶设备的使用寿命。

目前,随着高炉的现代化、大型化和节能的需要,对烧结矿的质量要求越来越高。烧结矿整粒技术也就随高炉冶炼技术的发展而逐步发展完善起来。近年来国内新建的烧结厂大都设有整粒系统,一些老厂的改造也增设了较完善的整粒系统。如我国宝钢烧结厂、鞍钢新三烧、首钢二烧、武钢三烧、马钢二烧、宣钢二烧等厂都设立了类似的整粒流程。

图 4-12 为鞍钢新三烧烧结矿整粒系统的流程图。烧结矿从机尾卸下,经 ϕ2000 mm×3740 mm单齿辊破碎机,破碎后送至热矿振动筛(筛孔为 5 mm×80 mm),小于 5 mm 为热返矿,大于5 mm进入环冷机,冷却后的烧结矿通过四次冷筛后送至高炉矿槽,入炉前进行槽下筛分,保证烧结矿小于 5 mm 的入炉量小于 5%。

4.7　强化烧结过程的途径

为了满足高炉冶炼对精料日益增长的要求,烧结生产必须不断提高其产量和质量,降低能耗及生产成本,改善烧结技术经济指标,从而为高炉生产提供数量充足,强度高,粉末少,粒度均匀,还原性好和成分稳定的烧结矿。

烧结生产受着原燃料特性、烧结工艺参数、设备状况及操作条件等多种因素的影响,应通过精心备料,强化混合制粒,优化烧结工艺参数,提高操作条件和水平,采用新技术、新工艺,强化烧结生产。

4.7.1　加强烧结原料准备,改善料层透气性

通过改善烧结料层透气性,可以在不增大抽风机能力和电耗的条件下,增加烧结风量,提高垂直烧结速度,改善料层烧结的均匀性,从而提高烧结生产率和烧结矿的机械强度。

烧结料层的透气性取决于烧结料的原始透气性和烧结过程中的料层透气性。两者均受料层孔隙度的影响,也与气流性质有关。因此,改善料层透气性主要是从加强烧结混合料准备入手,并搞好烧结操作。

4.7.1.1　改进原料粒度和粒度组成

较粗的原料颗粒间有较大的孔隙度,气流易于通过,加之其比表面积小,可减少气流的摩擦阻力损失,改善料层透气性。图 4-13 示出了不同粒度的矿石层中透气性的变化。随矿粒增大,透气

性显著改善。因此，在采用细精矿烧结时，配加部分富矿粉或添加适量的、具有一定粒度组成的返矿是很有利的，如图 4-14 所示。当细精矿中矿粉加入量为 10% 时，料层透气性从 0.77 $m^3/(m^2·min)$提高到 0.90 $m^3/(m^2·min)$，相应烧结生产率提高 4%～5%；当矿粉加入量增加到 20%时，料层透气性则提高到 1.25 $m^3/(m^2·min)$，相应的烧结生产率提高 17%～18%。可见，组织烧结生产时，在可能的条件下提高矿粉粒度和粗细原料适当搭配使用是有好处的。但实际生产中 8～0 mm 的矿粉并不多，而且也不是各厂都有，所以，提高矿粉粒度的可能性是有限的。

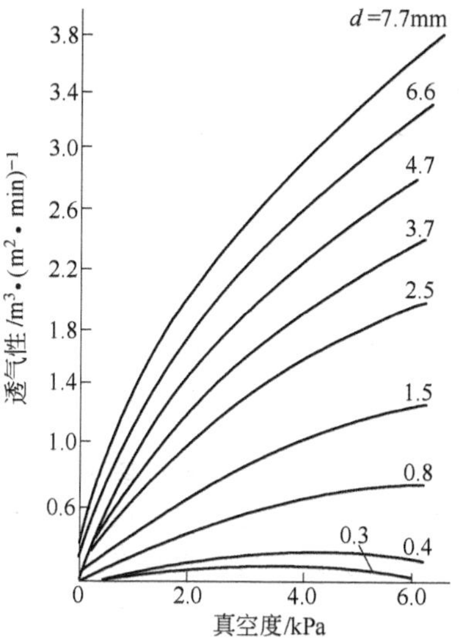

图 4-13 不同粒度矿石层的透气性

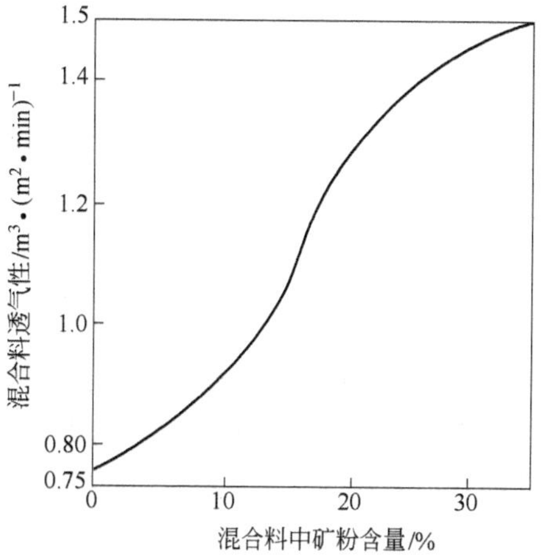

图 4-14 粉矿添加量对料层透气性的影响

4.7.1.2 强化混料作业，提高制粒效果

实验研究和生产实践表明，在以细精矿为主的烧结条件下，烧结料的适宜粒度组成是：3～0 mm粒级的含量应小于 15%，3～5 mm 粒级含量为 40%～50%，5～10 mm 粒级的含量小于 30%，大于 10 mm 粒级的含量不得超过 10%。应尽量减少 3～0 mm 的粉末，增加 3～10 mm 粒级，尤其是 3～5 mm 粒级的含量，使烧结料在减少粉末的基础上，粒度更趋均匀。大量研究表明，粒度越均匀，料粒间的孔隙率越接近于理论上的最大值，透气性越好，抽过烧结料层的风量增加，垂直烧结速度加快。反之，混合料粒度组成越不均匀，孔隙度就越小，透气性越差，效果则相反。图 4-15 表示混合料中 3～0 mm 粒级含量对烧结生产指标的影响。

烧结料通过混合制粒，主要目的是要减少混合料中小于 3 mm 的粉末和增加 3～5 mm 粒级的含量。提高烧结料的制粒效果，除要严格控制好混合制粒水分、完善制粒工艺及设备参数、保证足够的混合时间外，还可采用以下措施来强化制粒：

(1) 添加黏结剂或添加剂。在细精矿烧结时，添加适量的黏结剂，如消石灰、生石灰、膨润土及某些有机黏结剂等，能大大改善烧结料的成球性能，既可加快造球速度，又能提高干、湿球的强度与热稳定性。这些黏结剂粒度细，比表面大，亲水性好，黏结性强。目前，烧结厂较为普遍地采用生石灰做黏结剂。生石灰遇水消化为消石灰 $Ca(OH)_2$ 后，不仅能形成胶体溶液，而且还有凝聚作用，使细粒物料向其靠拢，形成球核，在混合中经反复滚动压密，球粒不断长大并具有一定的强度。

另外，生石灰消化生成的 $Ca(OH)_2$ 胶体颗粒或添加消石灰带入的 $Ca(OH)_2$ 颗粒，在烧结过

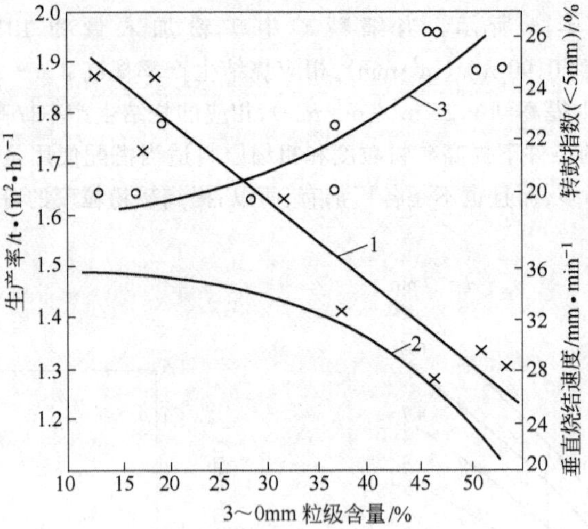

图 4-15　混合料中 3～0 mm 粒级含量对烧结生产指标的影响

1—生产率;2—垂直烧结速度;3—转鼓指数

程中能吸附和持有料层中冷凝的水分,从而避免烧结料过湿,以及由于过湿可能引起的球粒破坏;在干燥层中,因 $Ca(OH)_2$ 的作用,水分蒸发的剧烈程度减弱,加之 $Ca(OH)_2$ 失去水分体积收缩,使球粒内的物料颗粒更紧密,强度反而更高,克服单纯矿粉成球后失去水分而产生爆裂的弱点。此外,生石灰消化放热可预热混合料。所以,生石灰或消石灰的适量添加,不仅强化制粒过程,使混合料的原始透气性改善,还使烧结过程中的料层透气性得到改善,成为强化烧结过程很有效的手段。

鞍钢工业试验表明,每吨烧结矿的生石灰或消石灰用量为 40～50 kg 时,烧结机利用系数提高 30%～35%,生产成本较全部使用石灰石时有所降低;继续增加用量,产量提高不显著,而成本却有所增加;在相同碱度(1.2)条件下,使用适量的生石灰或消石灰时,对烧结矿质量影响不大,但在操作上混合料的水分和碳含量需作适当改变,且需增厚料层和压料。试验还表明,生产熔剂性烧结矿时,除用石灰石外,另配加生石灰和消石灰(各 3%～5%),可取得最佳的生产效果,见表 4-8 所示。这也是我国强化细精矿烧结的成功经验。

表 4-8　鞍钢烧结厂用消石灰、生石灰代替石灰石对烧结产量的影响

熔剂配比/%			烧结机产量	
生石灰	消石灰	石灰石	t/(台·h)	%
—	—	21.51	89.96	100.0
2.87	—	16.33	114.7	127.7
3.77	—	15.67	118.9	132.2
4.77	—	14.06	121.7	135.3
5.74	—	12.91	119.5	132.8
6.60	—	11.75	119.2	132.4
8.70	—	8.19	120.7	134.3
14.45	—	—	119.5	132.8

续表 4-8

熔剂配比/%			烧结机产量	
生石灰	消石灰	石灰石	t/(台·h)	%
—	2.714	19.63	113.1	125.7
—	4.55	17.27	119.7	132.7
—	6.31	16.71	117.2	130.0
—	8.20	14.45	116.1	129.0
—	9.94	12.80	114.7	127.4
—	11.67	11.60	113.7	126.4
3.28	—	17.03	122.2	135.8
4.28	2.81	14.36	125.37	139.4
3.25	4.66	12.65	128.07	142.3
3.27	6.54	10.89	127.80	142.0
3.26	8.37	9.31	124.90	138.7
4.73	4.73	10.00	128.80	143.2
6.67	4.77	7.33	122.4	136.0

注：试验在较长时间(1.5 月)内完成，设备因素未加考虑。

必须指出，尽管根据原料性质的不同，添加生石灰或消石灰对烧结过程是有利的，但添加必须适量。因为用量过多除不经济外，还会使物料过分疏松，混合料堆密度降低，料球强度反而变坏。另外，使用生石灰时，加水要适当，一般 1 kg 生石灰加水 0.7～0.8 kg，并尽量使生石灰在烧结点火前充分消化，为此其粒度上限不应超过 5 mm，最好小于 3 mm。做到生石灰的颗粒一般在一次混合机内松散开来，绝大部分得到完全消化。否则，混合料中残留一部分未消化的生石灰颗粒，不仅起不到制粒黏结剂作用，而且在烧结过程中吸水消化产生较大的体积膨胀，使料球破坏，反而使料层透气性变坏。

(2) 采用磁化水润湿混合料。研究指出，采用预先磁化处理的水制粒，有利于混合料成球，见表 4-9。可以看出，加入预先磁化水制粒可使混合料的透气性提高 10%，相对的缩短了造球机中必须停留的时间。

表 4-9 磁化水对混合料成球效果的影响

润湿水性质	制粒料粒级/%		料层透气性/$m^3 \cdot (m^2 \cdot min)^{-1}$
	>5 mm	<1.6 mm	
未经处理工业水	31.0	26.0	70.0
	26.4	28.0	69.0
	35.5	28.6	70.0
磁化工业水	49.8	28.7	77.0
	38.1	28.6	78.0
	40.0	28.0	77.0

当水经过适当强度的磁场磁化处理后，其黏度减小，表面张力下降，而有利于混合料的润湿和成球。在此条件下，加于物料中的水分子能够迅速地分散并附着在物料颗粒表面，表现出良好的润湿性能，在机械外力的作用下，被水分子包围的颗粒或与未被水分子润湿的干颗粒之间的距离缩小，使水分子的氢键把它们紧紧地连接在一起，强化造球。试验室采用针管滴水法成球测试

磁化水对铁精矿成球质量和成球强度的影响,结果列于表4-10。采用磁化水使磁铁精矿粉成球质量增加11.22%,抗压强度提高68.99%。赤铁矿成球质量增加5.72%,抗压强度提高24.20%,效果显著。

表4-10 磁化水对成球质量和成球强度的影响

试验条件/10^{-2}T	邯郸磁铁精矿		海南赤铁精矿	
	单球质量/g	单球抗压强度/N	单球质量/g	单球抗压强度/N
$B=0$ 普通自来水	9.09	0.287	7.69	0.376
$B=3$ 磁化水	9.28	0.357	7.07	0.433
$B=6$ 磁化水	10.11	0.485	8.13	0.467
$B=7$ 磁化水	9.18	0.326	7.18	0.455

武钢第三烧结车间在一、二次混合机的加水管上分别安装磁化器,经工业试验测定,一、二次混合添加磁化水后,混合料成球率分别提高6.83%和13.18%,烧结料透气性提高6.72%;烧结机生产率增长4.7%。该技术已在攀钢、杭钢等烧结、球团厂推广应用。

此外,在一次混合机内壁安装扬料板或可更换的叶片,可提高混匀效果。武钢在二次混合机2/3的长度上安装20 mm×50 mm的菱形格网,对制粒也起一定作用。

4.7.1.3 提高混合料温度

提高混合料温度,使之达到或接近露点温度,可以消除或减轻过湿层的不利影响,改善料层透气性,增加产量。将不同粒度混合料预热到60~75℃,增产幅度如表4-11所示。混合料粒度越细,预热后增产效果越显著。

表4-11 不同粒度混合料预热效果

混合料粒度/mm	10~0	6~0	3~0	1~0	0.5~0
增产效果/%	27.3	37.5	43.0	65.0	81.0

但是对于混合料预热温度界限,尚存在不同看法:鞍钢、本钢、武钢烧结试验和生产表明,料温预热到70~75℃,增产是明显的,高于此值,产量不再增加,甚至反而降低;而首钢的经验是料温达到80℃时,仍能提高垂直烧结速度,增加产量。因此对预热的温度界限问题,还需进一步研究。

现在烧结厂提高混合料温度的主要方法有:

(1) 返矿预热。在混合料中加入热返矿,能有效提高混合料温度。据测定热返矿的温度通常在500~600℃左右,在1~2 min内,能将混合料加热到55~65℃或更高,可基本消除过湿现象。表4-12为一些烧结厂返矿预热的效果。

表4-12 热返矿预热混合料的效果

厂 名	返矿率/%	返矿加水点	二次混合料水分/%	二次混合料温度/℃
首钢烧结厂①	19.12	进一次混合的漏斗	6.4	76
鞍钢三烧	25.00	返矿通廊	8.9	55
鞍钢东烧	19.49	返矿通廊	8.4	55

① 在二次混合机内用了蒸汽预热,故温度较高。

使用返矿预热简单有效,不需外加热源,又合理利用了热能,预热效果是几种方法中最好的,而且省去了热返矿的冷却装置,我国已广泛采用。但应注意控制数量稳定,否则容易使混合料温度、粒度、水分和固定碳含量波动。烧结作业不正常时,返矿质量、数量往往发生大的波动。此外,劳动环境差,返矿皮带事故多。

(2) 生石灰预热。在烧结料中配加生石灰,不仅有利于物料成球、提高料球强度和热稳定性,还能提高料温。一般配料时加入4%～5%的生石灰,在加水混合时,CaO消化成$Ca(OH)_2$放出大量热量,若消化热能被完全利用,理论上可提高料温40～50℃,扣除多加消化水和散热损失的影响,实际可提高料温10～15℃。鞍钢实践证明,在采用热返矿预热条件下,配入2.87%的生石灰,混合料料温由51℃提高到59℃,平均每增加1%的生石灰,料温可提高2.7℃。

(3) 蒸汽预热。在二次混合机内通入蒸汽来预热混合料,是加热混合料的另一个有效的方法。生产实践表明,蒸汽预热效果,随蒸汽压力增加而提高。当蒸汽压力为0.3～0.4 MPa,每吨烧结矿蒸汽消耗量为20～40 kg时,料温可提高10～15℃,烧结矿产量可提高10%～20%。

利用蒸汽预热的优点是既能提高料温又能进行混合料润湿和水分控制、保持混合料的水分稳定。由于预热是在二次混合机内进行,预热后的混合料即进入烧结机上烧结,因此热量的损失较小。但其主要缺点是蒸汽热能的利用率低,一般仅35%～50%,单独使用不经济,与其他方法配合使用较为合理。

蒸汽预热的另一问题是蒸汽的供应,为了解决蒸汽的热源和降低烧结矿成本,可利用烧结生产中的废热生产过热蒸汽。许多烧结厂在点火器后架设"土锅炉"或水管,利用余热产生蒸汽预热混合料,既经济又简便,效果较好。

(4) 热空气或热废气预热。鞍钢试验室曾用压力为2940 Pa,温度为150～200℃的热空气自下而上吹入料层,经过1 min,下部料层温度提高到60℃,基本上消除了过湿层的影响,因此烧结速度加快。在使用细精矿的条件下,这种方法与常温混合料相比,垂直烧结速度加快20%。国外有的烧结厂利用热烧结矿的热废气预热,将250～300℃废气从箅条下自下而上吹入料层,1 min后下部料层温度可升到60℃,并因热风向上吹松了料层,改善了透气性,因此产量提高了25%～30%。

4.7.1.4 改善烧结布料

进一步改进布料技术,使其满足布料的填充密度及料层结构的合理性、稳定性和化学成分的均匀性。在以往采用反射板、辊式布料器产生自然偏析基础上,国外又开发出新的布料装置,如日本新日铁公司采用的两套装置:一是条筛和溜槽布料装置,条筛上的棒条横跨烧结机整个宽度,混合料的粗粒从棒条上通过,然后落向箅条,从而形成上细下粗的偏析;另一种是格筛式布料装置(ISF),筛棒自起点成三层散开,棒间距离逐渐增大,每条筛棒各自作旋转运动,以防止物料堆积在筛面上,这种情况首先是较大粗颗粒落在箅条上,随后布料的粒度就越来越小。此外还有电振动布料器、磁性圆辊布料机等。攀钢引进ISF布料装置后,布料效果大为改善。

厚料层烧结时,为改善料层透气性,国内外一些烧结厂采用松料器或料面耙沟的烧结工艺。松料方法比较普遍的是在反射板下边,在料中部的位置沿水平方向安装一排或多排直径30～40 mm钢管,称之为"透气棒",相邻钢管间距150～200 mm。布料时,混合料将钢管埋上,当台车离开布料器时,钢管渐渐退出,原来所占的空间被腾空,料层形成一排排透气孔带,料层透气性改善。松料器的效果见表4-13。

表 4-13　加松料器的效果

精矿配比/%	点火温度/℃	总管负压/kPa	机速/m·min^{-1}	料层厚度/mm	返矿配比/%	松料器用否
73.00	924	9.05	1.53	300	22	用
100.00	938	9.31	1.38	300	25	用
53.40	960	10.14	1.26	270	37	不用
100.00	932	10.26	1.29	270	61	不用

料面耙沟是20世纪60年代国外提出的。其工艺是在点火器前借助齿轮，或周期性地将耙齿插入混合料中，在已布料的料面上造成垂直孔道（即沟槽），如图4-16所示。如果料面耙沟的数量、深度和宽度选择适当，整个料层的透气性就会得到改善。此外，点火时形成复杂的烧结带，其总面积大大超过通常烧结时燃烧带的面积，如图4-17所示。燃烧带不仅向下运动，还向两侧发展，从而加速碳的燃烧，提高烧结机的生产率。此工艺的采用，能大大提高料层高度。如前西德在210 m^{2}烧结机上，用犁在台车料面上开出深15 mm的纵沟，使烧结混合料层高度从320 mm提高到450 mm，烧结机生产率增加20%，而且不会使烧结矿质量变坏。目前，此工艺仍在不断试验和改进中。

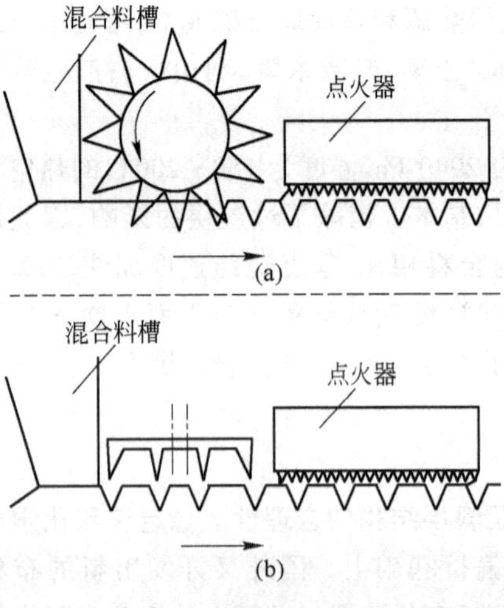

图 4-16　料面耙沟槽示意图
a—借助齿轮机构；b—借助向下运动的耙

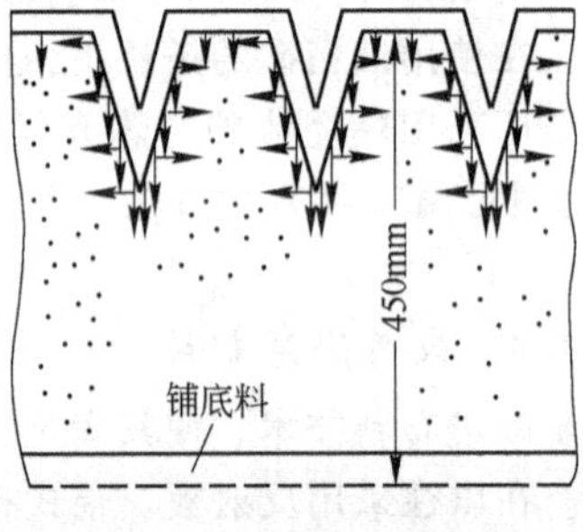

图 4-17　有浅沟—通气孔的料层烧结时，燃烧带运动示意图
（箭头表示垂直及水平烧结速度的方向）

4.7.2　采用大风量、高负压烧结，并减少漏风损失，增大有效风量

生产中，通常所说的烧结风量，是指抽风机进口工作状态的风量。在正常操作条件下，抽风机的实际抽风量都接近其额定风量。因此，在工程上烧结风量用抽风机额定风量与有效抽风面积的比值表示，单位是 m^3/(m^2·min)。

根据理论分析，在其他烧结条件一定时，烧结机产量与垂直烧结速度成正比，而通过料层的风量愈大，烧结速度愈快。所以，增大烧结风量是提高其产量的基本途径，这已为生产实践所证实。表4-14列出了首钢烧结厂研究风量对烧结指标影响的结果。

表 4-14 风量与各项烧结生产指标的关系

序号	真空度/kPa	风量		垂直烧结速度		成品率/%	单位生产率		转鼓指数(>5 mm)/%
		$m^3/(m^2·min)$	%	mm/min	%		$t/(m^2·h)$	%	
1	6.0	70	100	23.4	100	74.4	1.34	100	81.1
2	6.5	75	107	23.2	99	73.7	1.38	103	81.6
3	7.1	78	112	27.1	116	74.5	1.51	112	81.9
4	8.6	87	124	29.3	125	75.5	1.68	125	81.5
5	10.15	95	136	29.2	125	71.0	1.62	121	81.2
6	11.0	100	143	28.2	120	76.0	1.72	128	81.4
7	12.0	105	150	35.2	136	73.5	1.86	139	82.0
8	12.8	109	156	33.7	144	71.1	1.84	137	79.9

垂直烧结速度和产量与通过料层的风量近乎成正比关系，只是产量增长率比风量增长率要小些。这是由于相同质量的空气在不同抽风负压下体积不同，随抽风负压增高，质量风量增长比体积量风量增长要小所致。

必须重视抽风负压。为了强化烧结过程，料层厚度不断增加，要克服厚料层的较大阻力，应有较高的抽风负压，否则，风量必然减少。为此，设计烧结机时，要选配风量和负压都较高的抽风机。

烧结风量因原料性质、操作及设备条件的不同而异。根据理论计算和生产实践，每吨烧结矿风量波动在 2200～4000 m^3/t，平均每吨烧结矿需要风量约 3200 m^3/t，而按单位烧结面积风量来计算为 70～90 $m^3/(m^2·min)$。考虑到细精矿烧结的料层透气性差和不断强化的需要，目前新设计烧结机的风量普遍采用 90～100 $m^3/(m^2·min)$。抽风机负压，国外多为 15～18 kPa；国内较低，过去一般为 10～12 kPa，现在大型烧结机已达 14～19 kPa。

必须指出，烧结风量和负压并非越高越好。根据首钢试验：垂直烧结速度、抽风负压和单位烧结矿的电耗分别与单位烧结面积风量的 0.9、1.8 和 1.9 次方成正比。增大抽风负压可提高通过料层的风量，因而能提高垂直烧结速度，增加烧结机产量，但同时抽风电耗增加，而且增产的幅度小于风量增长，风量增长小于负压增长，负压增长又小于电耗增长的幅度，如表 4-15 所示。所以，在一定的原料和操作制度下，过分增加风量和负压，必然使电耗大幅度增加，这是不经济的。并且，当垂直烧结速度增大到一定程度后再继续增加风量，烧结矿强度有一定程度的下降；此外，在料层透气性一定的情况下，随抽风机负压提高，烧结机漏风损失增大，造成浪费。例如，某厂抽风负压从 10～11 kPa 提高到 12～13 kPa，烧结机的有害漏风率从 60%～70%增加到 80%～85%。

表 4-15 抽风负压与烧结生产指标的关系

序号	抽风机负压		单位生产率		单位烧结矿电耗		转鼓指数/%
	kPa	%	$t/(m^2·h)$	%	kW·h /t	%	
1	6	100	1.21	100	3.4	100	15.6
2	10	167	1.57	130	15.5	185	15.6
3	15	250	1.97	163	23.2	276	17.5

在改善料层透气性和增大抽风机能力的同时，应尽力减少烧结机的漏风损失，增加有效抽风量，是强化烧结过程经济有效的措施。在烧结中只有通过料层的风量才是有效的，凡是未通过料层的风量统称为有害风量，总的有害风量占抽风机吸风量的百分率称为烧结机的漏风率。根据

实际测定,目前我国烧结机的漏风率为40%～60%,个别高达70%以上,烧结机的漏风情况很严重。因此,尽管许多烧结厂增大了抽风机的能力,但实际抽风的有效风量仍然很少。这不仅严重地浪费电力,而且也影响到烧结矿的产量和质量。烧结机抽风系统漏风主要是设备和生产操作缺陷造成的,其中主要有:长期在高温下工作的台车发生变形和磨损,风箱密封装置磨损、弹性消退,机头、机尾处的风箱隔板与台车底部间间隙增大;台车滑板与风箱滑板间密封不严;相邻台车之间接触缝隙增大;台车上布料不好或箅条脱落,出现空洞,集尘管放灰制度不合理;抽风系统管道穿漏等。据测定,风箱的漏风是主要的,约占漏风率的90%,风箱至抽风机前只有10%左右。

减小漏风的途径是:不断改善台车、箅条的材质;改进台车、首尾风箱隔板、弹性滑道的结构,以及加强对设备的检查、维护;精心操作,发现异常漏风及时处理。目前,国外有的(如日本)已将此值降到20%～30%,个别的不到20%。

4.7.3 采用厚料层烧结

厚料层烧结是20世纪70年代发展起来的一项技术措施。我国从70年代开始进行厚料层烧结试验,80年代初迅速推广普及。日本及前苏联等国家烧结料层厚度一般为400～600 mm,个别达到700 mm;国内重点钢铁企业已从70年代的300 mm以下提高到300～400 mm以上。目前,宝钢、首钢、鞍钢新烧等一些企业年平均料层厚度已超过500 mm,其中,宝钢、柳钢、济钢等超过600 mm。

厚料层烧结的主要意义是:提高烧结矿强度;降低FeO含量,改善其还原性;节省固体燃料,减少总热量消耗。

无论何种原料条件,采用厚料层烧结都可收到上述效果。这是由于:

(1) 随料层增厚,不仅表层强度差的烧结矿所占比例减小,而且在保持垂直烧结速度不变的情况下,因机速减慢而使点火时间和高温保持时间延长,表层供热充足,冷却强度降低,表层烧结矿强度改善,又有利于促进整个烧结过程热交换。

(2) 料层增厚,点火热量增加,特别是烧结矿层的“自动蓄热作用”得到充分发挥,使烧结料的配碳量减少,料层中氧化性气氛加强,有利于Fe_3O_4的氧化和$CaO\text{-}Fe_2O_3$黏结相的生成;料层温度更趋均匀,避免了下层温度过高而引起的过熔现象烧结矿结构改善,还原性提高。

(3)节省固体燃料和总热耗,是“自动蓄热作用”随料层变厚而加强的结果。有资料表明,当燃料层处于料面以下180～220 mm时,蓄热量仅占燃烧层总热收入的35%～45%,而距料面400 mm的位置,此值增大到55%～60%。此外,由于燃料用量减少,碳燃烧更加完全;料层氧化性气氛加强,促成磁铁矿的氧化和低熔点铁酸钙的形成,也有利于固体燃料和总热耗量的减少。

但是,随着料层增厚,料层阻力增大,水分冷凝现象加剧。因此,为减少过湿层的影响,厚料层烧结应预热混合料,同时稳定混合料水分和碳含量,采用低碳低水操作。

4.7.4 其他新工艺新技术的采用

4.7.4.1 热风烧结

所谓热风烧结,是在烧结机前段约占烧结机长度1/3的有效烧结面积上,将热废气或热空气抽入烧结料层,用其物理热代替部分固体燃料的烧结方法。热废气温度可高达600～900℃,也有使用200～300℃的低温热风烧结。此种方法对于提高烧结矿的强度和还原性非常有效。

在烧结生产中由于布料偏析,料层下部燃料富集,而上部燃料不足。随着燃料带下移,自动蓄热作用加强,进入燃料带的气体温度高,使料层下部热量过剩,温度较高,产生过熔,形成薄壁大孔结构;而料层上部热量不足,温度偏低,烧结不好,同时,从上部抽入冷风,表层急剧冷却,使烧结矿液相来不及结晶,形成大量玻璃质,并产生较大的内应力和裂纹,使得表层烧结矿的强度变差。热风烧结以热风的物理热代替部分固体燃料,并主要对上层烧结料起作用,弥补了普通烧结时上层热量不足的状况,使料层上下热量和温度分布趋向均匀,烧结矿质量均匀。同时,由于上层烧结矿受高温作用时间较长,大大减轻了因急冷造成的表层强度降低。热风烧结还能显著改善烧结矿的还原性,这是由于配料中固体燃料用量减少,影响了烧结气氛,使还原区相对减少,烧结矿中 FeO 含量降低,改善了烧结矿的还原性。又因燃料分布均匀程度高,有利于形成许多分散均匀的小气孔和提高烧结矿的气孔率。

在采用热风烧结时,可以通过烧结热工制度的调节来控制烧结矿的强度和还原性。如用热风物理热代替部分固体燃料,而总热耗减少不多或保持不变,则热风烧结的主要作用是提高烧结矿强度,此时还原性变化不大;当高温热气流代替较多的固体燃料,总热耗又有一定的减少时,可以在基本保证强度不变的情况下,较多的降低 FeO 含量,从而显著地改善烧结矿的还原性。热风烧结便于根据需要作灵活调节,更好地控制烧结矿的质量。例如由于混合料配碳量波动等原因烧结不好时,可临时调节热风温度,使烧结正常进行。

热风烧结对强化烧结生产,特别是对高碱度烧结和改善表层烧结矿强度有明显效果。首钢烧结厂在点火器后第三风箱使用 500～600℃ 的热风进行烧结,燃料消耗降低了 25.7%,烧结矿中小于 5 mm 的粉末减少了三分之一。国外某厂采用燃烧高炉煤气预热空气到 840℃,产量提高了 36.4%,返矿率由 35%～40%降低到 20%左右。Fe_2O_3/FeO 的比值由 1～3 增加到 3.5～4,固体燃料减少了 25%。

通常热风烧结可以节约固体燃料 10%～30%。当超过此值时,烧结矿强度显著变坏。因为热风带入的外部热量主要用来加热上部料层,而烧结料中的固体燃料的热量却可以加热整个料层。因此,在热风带入热量很大和固体燃料节约很多的情况下,下部料层燃料温度可能降低,使烧结矿的强度变差。

东北大学、本钢钢研所对热风烧结进行了实验室研究。实验结果表明:

(1) 热风烧结可以降低固体燃料消耗,其效率随温度提高而降低,考虑到热风的来源和输送及综合效果,以风温为 200～300℃ 为宜。

(2) 热风烧结使料层温度分布均匀,提高了烧结矿的强度和还原性,并大幅度地降低烧结矿的含硫量,对高硫原料的烧结更适宜。

(3) 以 200℃ 热风进行热风烧结可降低固体燃料 10%～15%,并可获得冶金性能合格的烧结矿。

(4) 延长送热风时间可以进一步降低固体燃耗,适宜的送热风时间以占整个烧结时间的 1/3 为宜。

热风来源是热风烧结生产的关键。利用烧结工艺本身的余热可获得热风。余热利用的方法很多,其中冷却机余热利用较易实现。冷却机高温段的冷却空气一般为 250～350℃,最高可达 370℃,把这部分空气用来烧结,其温度完全可达到 200～300℃,从而提高烧结过程的热利用率,又不需另建加热装置,这是热风烧结发展的方向。鞍钢新烧两台 265 m^2 烧结机,采用鼓风环冷机二段的热废气进行烧结,经掺入冷风调整与稳定后的热废气温度约 252.5℃,热风用量为 219.4 km^3/h。工业试验表明,在保证烧结矿强度、返矿率基本不变下,矿石 FeO 含量降低 1.2%,还原度提高 3.0%。

根据热风产生的方法不同,热风烧结可分为热废气、热空气和富氧热风烧结三种。

(1) 热废气烧结:热废气烧结是利用气体或液体燃烧的高温废气与空气混合形成的热气流进行烧结。在热风烧结中,由于热风温度高,密度小,因此增加了抽风负荷,降低了垂直烧结速度。另外，随热废气温度升高，其氧含量不断下降，也会降低烧结速度。需要采取相应的补偿措施，如改善混合料透气性，适当增加真空度等以保持较高的生产率。

(2) 热空气烧结：把冷空气通过热风炉或其他换热器，加热到一定温度，然后用于烧结。这种热风烧结不仅能够获得热废气烧结的效果，而且克服了热废气中氧量低的缺点，但是要建造庞大而复杂的热风炉。

(3) 富氧热风烧结：富氧热风烧结是往热废气或热空气中加入一定数量的氧气，然后用于烧结。它不仅具有热废气烧结明显改善烧结矿质量的优点，而且由于热风含氧浓度高，加快了垂直烧结速度，提高产量。一般情况下，富氧热风氧浓度不超过25%，垂直烧结速度比热废气烧结提高10%～15%，并且烧结矿强度好，还原性也比其他热风烧结好。攀钢烧结厂曾进行富氧烧结试验证实富氧烧结可以增产，每富氧1%，可增产8.45%，但烧结矿的强度稍有降低。推荐点火富氧3%，配碳5%的工艺条件可增产25.35%，氧气单耗为3.75 m^3/t，一台130 m^2 烧结机年经济效益为94.4万元。

4.7.4.2　低温烧结

低温烧结是指控制烧结最高温度不超过1300℃，通常在1250～1280℃范围内，适当增宽高温带，确保生成足够的黏结相的一种烧结新工艺。其实质是在较低温度下生产以强度好、还原性高的针状铁酸钙为主要黏结相，同时使烧结矿中含有较高比例的还原性好的残留原矿——赤铁矿的一种方法。与普通熔融型（烧结温度大于1300℃）烧结矿相比，低温烧结矿具有强度高、还原性好、低温还原粉化率低等特点，是一种优质的高炉原料。

实现低温烧结生产的主要工艺措施有：

(1) 原燃料粒度要细，化学成分稳定。要求富矿粉粒度小于6 mm；石灰石小于3 mm的大于90%；焦粉小于3 mm的大于85%，其中小于0.125 mm的小于20%。

(2) 强化混合料制粒，采用低水低碳厚料层（大于400 mm）操作工艺。

(3) 生产高碱度烧结矿，碱度以1.8～2.0较为适宜；SiO_2 含量不小于4.0%，$w(Al_2O_3)/w(SiO_2)=0.1\sim0.35$，尽可能降低混合料中FeO的含量。

(4) 尽量提高优质赤铁富矿粉的配比。

(5) 适当降低点火温度和垂直烧结速度。

目前，日本和澳大利亚等国已将此技术用于工业生产，效果显著。1983年日本和歌山烧结厂在109 m^2 烧结机上进行低温烧结，烧结矿FeO从4.19%降至3.14%，焦粉消耗从45.2 kg/t减至43.0 kg/t，JIS还原性从65.9%增加至70.9%，低温还原粉化率从37.6%降至34.6%；高炉使用低温烧结矿后，焦比降低7 kg/t，生铁含Si从0.58%降至0.30%，炉况顺行，炉温稳定。

在国外，低温烧结法都是采用赤铁矿粉，而我国大都是细磨的磁铁精矿。因此在我国开发低温烧结技术不同于国外。我国采用往磁铁精矿中配加优质赤铁富矿粉的方法，成功地掌握了铁精矿低温烧结的工艺及其特性。1987年天津铁厂在4台50 m^2 烧结机上，进行配加16%～20%澳大利亚矿粉的低温烧结工业性试验。结果每吨烧结矿的固体燃料消耗下降了3～7 kg/t，FeO从10.5%降至8.2%；在550 m^3 的高炉上进行冶炼试验表明，焦比下降8～14 kg/t，产量增加4%～9%。唐钢在2台24 m^2 烧结机上进行低温烧结生产，固体燃料消耗下降了6 kg/t，FeO降低2%，高炉焦比降低20 kg/t。

4.7.4.3　小球烧结与球团烧结法

采用圆盘或圆筒造球机将混合料制成适当粒度的小球（3～8 mm或5～10 mm），然后在小球表面再滚上部分固体燃料（焦粉或煤粉），布于台车上点火烧结的方法，称为小球烧结。此法的燃料添加方式是以小球外滚煤粉为主（70%～80%），小球内部仅添加少量煤粉（20%～30%）。

小球料粒度均匀,强度好,粉末少,所以烧结料层的原始透气性及烧结过程中透气性都比普通烧结料好,阻力小,可在较低的真空度下实行厚料层烧结,产量高,质量好,能耗和成本降低;加上采用了燃料分加技术,使固体燃料分布合理,燃烧条件改善,降低了固体燃料消耗。表4-16和表4-17分别列出真空度和料层厚度对小球烧结与普通烧结生产指标的影响。一般小球烧结产量可提高10%~50%。目前,由于造球设备效率低,影响了小球烧结的推广,但它是一种很有前途的烧结方法。

表 4-16 真空度对小球料、普通料烧结的影响

原料种类	烧结指标	真空度/Pa				
		6000	7000	8000	9000	10000
小球料	烧结速度/$mm \cdot min^{-1}$	18.0	21.75	22.44	30.0	24.9
	生产率/$t \cdot (m^2 \cdot h)^{-1}$	1.37	1.78	1.79	2.06	1.86
	最高真空度/Pa	6300	7200	—	9300	10600
普通料	烧结速度/$mm \cdot min^{-1}$	—	13.32	14.94	16.47	16.89
	生产率/$t \cdot (m^2 \cdot h)^{-1}$	—	0.99	1.08	1.14	1.29
	最高真空度/Pa	—	7100	8150	9600	10600

表 4-17 料层厚度对小球料、普通料烧结指标的影响

原料种类	烧结指标	料层厚度/mm		
		260	310	350
小球料	垂直烧结速度/$mm \cdot min^{-1}$	24.0	27.3	28.0
	生产率/$t \cdot (m^2 \cdot min)^{-1}$	1.74	2.0	2.16
普通料	垂直烧结速度/$mm \cdot min^{-1}$	23.3	23.6	23.0
	生产率/$t \cdot (m^2 \cdot min)^{-1}$	1.84	1.71	1.48

小球团烧结矿还原性、强度等冶金性能良好,可改善高炉冶炼效果。日本福山5号高炉(4617 m^3)进行了对比试验,在高炉配搭了55%的小球团烧结矿后,渣量下降20 kg/t,燃料比下降12 kg/t,而且在全焦操作条件下,生铁日产量由原来的9700 t[利用系数2.08 t/($m^3 \cdot d$)]提高到10300 t[利用系数2.21 t/($m^3 \cdot d$)],实际上5号高炉日产量达到11000 t生铁。

4.7.4.4 增压烧结

增压烧结是指在抽风负压不变时,用空气压缩机提高料层上面的供气压力,相应地增大Δp,提高通过料层风量的烧结方法。该法最初是前苏联学者于1966年提出的,并在烧结盘上进行过工业试验,取得提高垂直烧结速度的显著效果。增压烧结的烧结机如图4-18所示。整个设备罩在密封罩内,混合料的装入和成品矿的卸出均通过圆锥形料钟和给(排)料漏斗(或经阀门系统)来实现。

试验研究表明,料层上面的空气压力提高0.6×101325 Pa,烧结机的生产率增加两倍。但是,由于增压烧结工艺使烧结设备的操作复杂化,因此在烧结机上应用仍然有困难,需要进一步研究改进。

4.7.4.5 双层烧结

在一般烧结时,烧结矿层沿机尾移动方向逐渐增厚,料层透气性逐渐增强,风量分布不均,风的利用率低。为了提高风的利用率,在风机容量不变的情况下增加产量,出现双层烧结。所谓双层烧结是将混合料分两次铺于烧结机上,当第一层混合料的烧结过程进行到一定程度时(料层阻

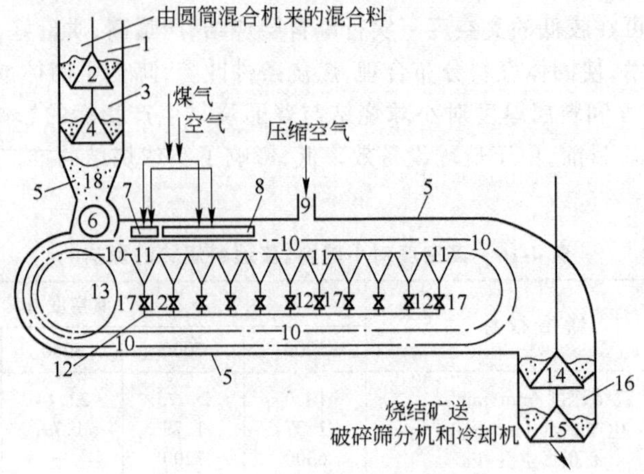

图 4-18　增压烧结的带式烧结机

1—受料斗；2—上料钟；3—料钟间空间；4—下料钟；5—密封罩；6—圆筒给料机；
7—点火器；8—保温炉；9—压缩空气进口；10—台车；11—真空箱；12—集气管；
13—传动星轮；14—上料钟；15—下料钟；16—料钟间空间；
17—调节蝶阀；18—混合料槽

力显著下降时)，再铺一层料于原料层上，并进行第二次点火，这样在同一断面上有两个燃烧层同时向下移动。

马钢烧结厂 18 m^2 烧结机上曾进行双层烧结工业试验，第一层铺料厚 200～220 mm；第二层厚 130～150 mm。试验表明，与单层烧结相比，垂直烧结速度提高 23%，烧结时间缩短了 38.4%，烧结矿的强度和粒度均匀性有所改善，烧结废气中 CO_2 含量提高 6% 左右，说明空气利用率提高。此外，因空气通过上层受到预热，下层的燃烧温度较上层高 50～80℃，下层燃料配比可低些，因此节省燃料。德国某厂采用双层烧结，两层料厚比为 1:1，燃料配比下层较上层少 30%，节省燃料 15%。但是，双层烧结工艺复杂，设备较难布置，需要两套布料和点火设备，限制了它的扩大使用。

4.8　烧结生产的能耗与节能

烧结矿是高炉生产的主要原料。目前我国烧结矿产量巨大，能源消耗也很大。烧结工序能耗约占钢铁生产总能耗的 8.3%，仅次于炼铁，是钢铁生产的第二大耗能大户。若全国的烧结生产能耗指标下降 1%～2%，其总量相当于一个大中型煤矿一年的产煤量。因此，实现烧结节能降耗，对降低钢铁生产的吨钢能耗，节约生产成本，提高企业经济效益具有重大意义。

4.8.1　烧结生产的能耗指标

4.8.1.1　烧结工序能耗

烧结工序能耗是指在烧结生产过程中生产单位烧结矿所消耗的各种能源的总和，它是衡量烧结生产能耗高低的一项重要技术经济指标。

$$\text{烧结工序能耗(标准煤)} = \frac{\text{烧结车间总能耗量(净)(kg)}}{\text{车间烧结矿总产量(t)}}$$

烧结车间总能耗量(净) = 车间各种能源消耗量 − 二次能源回收量

烧结所消耗的能源有三种：混合料中的固体燃料（焦粉或煤粉），点火用气体燃料（焦炉煤气或混合煤气）及动力（电、蒸汽、压缩空气和水等）。各种能源在烧结总能耗中所占比例大致为：固体燃料消耗占70%～80%，电力消耗13%～20%，点火燃料5%～10%，其他为蒸汽、压缩空气和水约4%。

工序能耗以标准煤表示，计算时将各能源的单位消耗量按规定的能源折算系数折合成标准煤，其总和即为烧结工序能耗。各种能源的折算系数列于表4-18。

表4-18 各种能源的折算系数

品 种	热 值	折算标准煤系数	品 种	热 值	折算标准煤系数
干洗精煤	29820 kJ/kg	1.041	电 力	12348 kJ/(kW·h)	0.42
干 焦	28560 kJ/kg	0.9714	工业水	5292 kJ/m^3	0.18
无烟煤、洗煤	25200 kJ/kg	0.8571	蒸 汽	4.2×10^6 kg	165
动力煤	21000 kJ/kg	0.7143			

计算举例：某烧结车间烧结矿的单位能耗为：焦粉 51.33 kg/t，煤气 0.21×10^6 kJ/t，电 19 kW·h/t，工业水 0.733 m^3/t。则其工序能耗为：

$51.33\times0.9714+0.21/4.2\times165+19\times0.42+0.733\times0.18=66.22$ kg(标准煤)/t。

4.8.1.2 电能消耗指标

单位烧结矿的电能消耗(kW·h/t)有如下两种表示方法：

(1) 用烧结厂总电耗(W)与成品烧结矿总量(Q)之比表示；

(2) 用抽风机所耗电能(W)与成品烧结矿总量(Q)之比表示。在分析风量、烧结矿产量以及电耗之间的关系时用此法表示。

无论以哪种形式表示电耗，均采用如下公式：

$$U=\frac{W}{Q}$$

式中 U——单位烧结矿的电能消耗，kW·h/t；

W——烧结厂的总电耗或抽风机电耗，kW·h；

Q——成品烧结矿总量，t。

抽风机轴功率 N，可用下式表示：

$$N=\frac{Q_F p_F}{60\eta_1\eta_2}$$

式中 Q_F——抽风机的抽风量，m^3/min；

p_F——抽风机负压，Pa；

η_1、η_2——抽风机的空气效率和机械效率。

4.8.2 烧结生产的节能方向和措施

目前我国烧结工序能耗较高，而且各企业差别很大。近年来烧结能耗尽管有所下降，但还是远高于世界先进国家的能耗水平，烧结节能的潜力很大。造成我国烧结能耗高的原因有：

(1) 烧结机机型小，生产工艺不够完善，装备水平低，一些新技术和有效的节能措施难以采用。

(2) 由于烧结生产能力与高炉生产能力不匹配，造成烧结生产压力大，因此只注重增加产量而忽略了能源消耗问题。

(3) 我国烧结的技术水平在总体上仍处于较低层次,和国际先进水平相比差距还很大。

烧结生产的节能降耗应包括生产工序的每一个环节,主要从以下几方面采取措施:采用厚料层烧结,降低固体燃料配比;采用新型节能点火器,节约点火煤气;加强管理维护,降低烧结机漏风率,减少抽风电耗;积极推广烧结余热利用技术,尽可能回收二次能源。

4.8.2.1　降低固体燃料消耗

烧结能耗以固体燃料为主,固体燃耗约占烧结生产总能耗的 70%～80%。因此,降低固体燃料消耗是烧结节能降耗的重要方面:

(1) 严格控制燃料粒度,适当降低燃料尺寸,改善燃料分布,保证气相中氧的浓度,可促进碳完全燃烧,提高燃料利用率,降低燃耗。

(2) 烧结料层的"自动蓄热作用"随着料层高度的增加而加强,有资料表明,当燃料层处于料面以下 180～220 mm 时,蓄热量仅占燃烧层总热收入的 35%～45%,而距料面 400 mm 的位置,此值增大到 55%～60%。因此,增加料层厚度,采用厚料层烧结,充分利用烧结过程的自动蓄热,可降低固体燃料用量,减少总热量消耗。根据生产实践,料层每增加 10 mm,燃料消耗可降低 1～3 kg/t 左右。此外,由于燃料用量减少,碳燃烧更加完全,减少了由于不完全燃烧造成的热量损失;低碳操作还使料层氧化性气氛加强,促进磁铁矿的氧化放热和低熔点铁酸钙的形成,这都有利于固体燃料用量的减少。

在风机能力允许的情况下,应尽量改善料层透气性,创造条件提高料层厚度。适当延长混合制粒时间、添加生石灰或黏结剂、采用小球团烧结和精矿预制粒等措施强化制粒;提高混合料温度;改进布料和点火工艺等,都利于改善料层透气性,增厚料层,降低燃耗。此外,对混合料进行预热,其显热可部分代替固体燃料的燃烧热,也使固体燃料消耗降低。1977 年,日本新日铁用冷却废气预热混合料,焦粉消耗降低 2.0 kg/t。法国某工厂把热蒸汽通入混合机中,使混合料温度提高 22～72℃,降低焦耗 6 kg/t。

(3) 加强原料的混合制粒后,传统的燃料添加方式会造成矿粉深层包裹焦粒,从而妨碍燃料颗粒的燃烧。通过在一混、二混分别添加焦粉,以焦粉为核心外裹矿粉的颗粒数量及深层嵌埋于矿粉粘附层里的焦粉数量都会受到限制,而大多数燃料附着在球粒表层,甚至明显暴露于外,从而处于极有利的燃烧状态。因此,采用燃料分加可改善固体燃料的燃烧条件,利于燃料的充分燃烧,提高燃烧效果,降低燃耗。辽宁东鞍山烧结厂采用燃料分加技术降低煤耗 15 kg/t;日本釜石 170 m^2 烧结机采用焦粉分加后,焦粉消耗由原来的 60.0 kg/t 降至 56.3 kg/t。

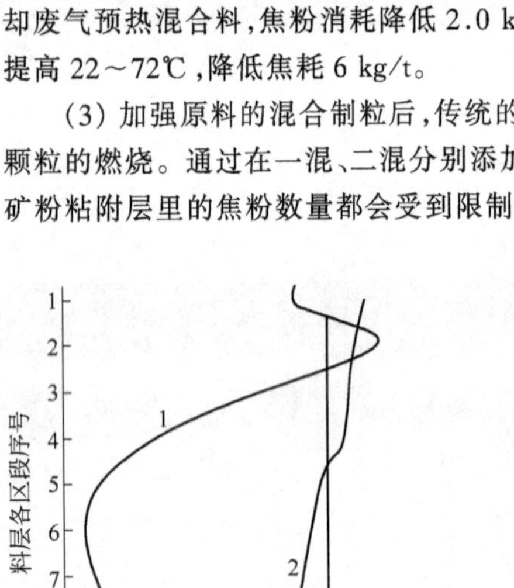

图 4-19　沿料层高度固体燃料的变化
1—理论上的最低燃料;2—生产中燃料分布;
3—燃料的均匀分布

(4) 料层的蓄热作用会使下部温度高于上部,生产实践证明,上层烧结温度一般仅有 1100～1200℃,最下层则可高达 1600℃。这会使下部烧结料发生过烧现象,既影响了产品质量又浪费了能量。采用偏析布料及多层配碳烧结不仅可以避免此种情况,而且可以降低固体燃耗。在一定条件下,固体燃料沿料层高度方向上产生的最低燃耗,如图 4-19 所示。在生产中虽很难达到理论值,但可以通过不断地改进完善工艺设备等措施接近理论值。

偏析布料可使需要较多热量的大而重的颗粒进入下

部料层,同时也使固体燃料在料层高度上产生偏集,弥补自动蓄热带来的不利影响,且使燃料能量得以充分利用,从而降低固体燃耗。为实现偏析布料,可采用以下措施:1)延长反射板长度;2)合理控制反射板角度;3)在圆辊布料器下增设格筛式或条筛式溜槽;4)电振给料,以振动给料装置取代传统的圆辊布料;5)磁辊布料,在圆辊布料器上安装磁力系统,利用磁力对重力和离心力的辅助作用,加强偏析;6)气流偏析技术,利用气流逆向吹扫从反射板下来的料流,加强偏析;7)其他,诸如阶梯形溜槽等技术。

为使燃料在料层高度上进一步偏析,曾尝试进行多层布料,将燃料含量不同的混合料分多层(上层燃料高于下层)布于台车上进行烧结。由于多层布料工艺太复杂,现在一般多采用双层配碳烧结。

(5) 在烧结料层中添加某些催化剂进行催化燃烧,使碳的燃烧性改善,料层氧势提高,从而提高燃料利用率。使用催化助燃剂可保证烧结矿质量,提高产量,节能效益显著。鞍钢的工业试验表明,在混合料中添加少量催化助燃剂,可大幅度降低固体燃料消耗(约 13%),增产 5%,并且由于配煤量减少,烧结矿品位得到提高,同时烧结矿质量得到改善;添加催化助燃剂对高炉冶炼没有影响。

4.8.2.2 减少烧结机漏风率,降低抽风电耗

电能消耗约占整个烧结工序能耗的 13%～20%,而绝大部分是抽风机的消耗。抽风机电耗与烧结机漏风率有直接关系。漏风率越高,总排气量就越大,从而加大了抽风机的负担,使电耗增加。同时,漏风率增加,烧结有效风量减少,生产率下降,碳粒燃烧不完全,增加了固体燃耗;除尘器负荷增加,净化效果降低,进入风机的废气含尘量升高,造成风机叶轮磨损严重;此外,工作环境恶化。因此,应尽可能减少设备漏风率。根据宝钢条件估计:漏风率减少 10%,可增产 5%～6%,每吨烧结矿可减少电耗 2 kW·h,减少焦粉 1 kg,减少焦炉煤气 0.1 m^3,成品率提高 1.5%～2.0%,还可减少噪声,改善环境。鞍钢三烧将烧结机漏风率从 56.96%降到 39.9%～40.6%后,电耗由 21.9 kW·h/t 降至 20.21 kW·h/t。梅山烧结厂将漏风率由 71.14%降至 42.99%后,电耗降低了 4.325 kW·h/t。

目前,我国烧结机的漏风率一般在 40%～60%,也就是说抽风机所消耗的电能约有一半是用于抽走漏入的废气,而不是为烧结提供所需的风量,做的是无用功,电能浪费很大。烧结机主要漏风部位在台车与首尾风箱(密封板)、台车与滑道、台车与台车之间,漏风占烧结机总漏风量的 80%以上。因此,改善台车与滑道之间的密封形式,特别是首尾风箱端部的密封结构形式,可以显著地减少有害漏风,增加通过料层的有效风量,提高烧结矿产量,节约电能。另外,及时更换、维护台车,改善布料方式,减少台车拦板与混合料之间存在的边缘漏风等,都可以有效地减少有害漏风。日本新日铁在降低烧结机漏风率方面采取如下措施:弹性滑道与密封板之间采用长方形橡胶密封,密封滑道壳体采用密封胶垫或橡胶棒密封,台车之间接触处采用喷涂耐磨合金粉或在易磨处装设衬板,在台车边板裂缝处涂耐热橡胶,台车两侧采用加宽盲箅条及洒水法减少烧结饼裂缝等。新日铁大分 2 号烧结机采用降低漏风率措施后,漏风率降低了 12.5%,电耗降低了 1.96 kW·h/t。

增大抽风负压,通过料层的风量提高,烧结机产量增加。但是,风机负压提高,生产单位烧结矿的耗电量急剧增大。因为电耗的增加同负压增加基本成一次方关系,而产量的增加同负压提高成 0.4～0.5 次方的关系。改善烧结料透气性,减小料层阻力损失,可在不提高风机能力的情况下,提高产量,使烧结生产的单位电耗降低。此外,在操作中,应保证抽风机在高效区运转。

4.8.2.3 改进点火技术,降低点火燃耗

点火燃耗约占整个烧结工序能耗的 5%～10%。我国自 20 世纪 70 年代后期着手新型点火

器研究，点火燃耗大幅度降低。每吨烧结矿点火燃耗从70年代中期的418.7 MJ，到1990年降至164 MJ。目前，全国重点企业每吨烧结矿的平均点火燃耗达60 MJ，但与国际先进水平差距仍然较大。国外先进水平每吨烧结矿点火燃耗已降至40 MJ以下，日本达25～30 MJ，最好的只有12.5 MJ，因此这一部分的节能也十分重要。

降低烧结点火燃耗，应提高点火器热效率，采用高效低燃耗点火器；选择合理的点火参数，完善烧结点火热工制度；合理组织燃料燃烧，改善煤气的燃烧状况以及充分利用表层烧结料中的固体燃料等。

适宜的点火操作可降低点火气体燃料消耗25%～30%：

(1) 点火器的负压控制　点火器内从来都是负压，若使点火器内压力控制在接近大气压力，使侵入的空气量减少，那么点火器内的燃烧废气温度和周围气氛温度都会升高，从而有效地节约点火燃料。鹿岛3号烧结机，点火器内压力控制在接近大气压－30～－35 Pa的水平，焦炉煤气单耗降低0.5 m^3/t；武钢烧结厂工业性的试验数据说明，点火负压从6884～5880 Pa，降至2942～2746 Pa，每降低1000 Pa，燃料消耗平均下降6%～12.6%。因此，在保证烧结矿产、质量的前提下，应适当降低点火负压。

(2) 点火温度及时间的控制　现在烧结料层厚度有了很大提高，表层烧结矿所占比例已越来越小。因此近年来，很多烧结厂已普遍采用低温点火技术，在保证点火工艺的前提下降低点火温度，使点火热耗大幅度下降。点火时间要根据点火温度而定。

(3) 点火烟气中含氧量的控制　点火烟气中应有一定的氧量，提高点火烟气中的含氧量，能较好地利用表层混合料中的固体碳。

另外，还应提高布料操作，保证料层表面的平整与均匀，这不仅对烧结矿产质量有较大影响，而且对点火燃料消耗也有明显影响。生产实践表明，料面出现一个80～100 mm^2的小洞，能影响300～400 mm^2料面的质量，而且煤气耗量上升20～30 m^3/h。

点火器的结构、烧嘴形式对烧结料面点火质量及点火能耗影响很大。采用高效低燃耗点火器对降低烧结点火能耗有积极意义。高效低燃耗点火器的特点：

(1) 采用集中火焰直接点火技术，点火器长度缩短，点火强度降低，通常为29～58.6 MJ/(m^2·min)。

(2) 点火风箱负压降低，避免吸入有害冷空气，沿台车宽度方向的温度分布更均匀。

(3) 使用高效率的烧嘴，缩短火焰长度，降低炉膛高度(400～500 mm)，点火器容积缩小，热损失减少。

目前应用广泛的节能点火器主要有双斜带式点火器(采用双斜交烧嘴形成带状火焰直接点火，节能效果显著，与传统点火器相比，节能幅度在35%～58%之间)、多缝式点火器(采用多缝式烧嘴形成带状火焰直接点火，点火热效率高，点火质量好)、预热式高炉煤气点火炉等。

4.8.2.4　积极推广余热利用技术，回收二次能源

余热是指热设备或系统排出的热量中可回收利用的那部分热量，确实不可回收利用的排热才是废热。

烧结过程正常时，从烧结机尾部风箱排出的废气温度可达300℃左右，热烧结矿在冷却机前段受空气冷却后也可产生300℃以上的热废气，这两部分热废气所含热量占整个烧结矿热能消耗的23%～28%，甚至更高，充分利用好这两部分热量将会使烧结工序能耗明显降低。图4-20为日本小仓厂3号烧结机余热回收流程示意图。

对冷却机高温段热废气进行利用的方法主要有：

(1) 将冷却机废气除尘后，输送至点火器空气管道内，作点火助燃空气，热废气所带入的热

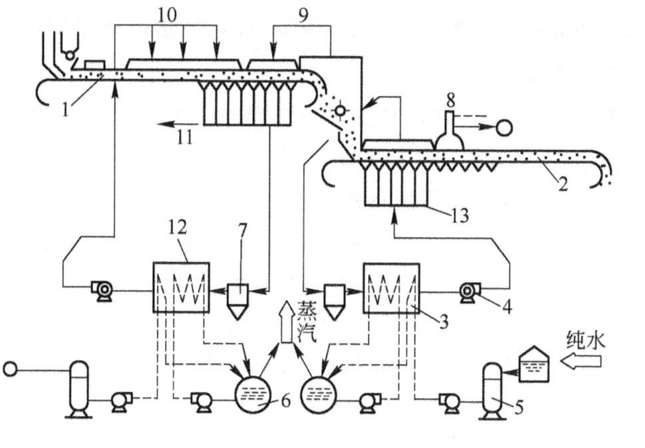

图 4-20 小仓厂 3 号机烟气余热回收流程示意图

1—烧结机；2—冷却机；3—锅炉；4—循环风机；5—脱气器；6—汽鼓；7—除尘器；8—给水预热器；
9—排矿端余热回收装置；10—主排气循环设备；11—至主排风机；
12—主排热回收设备；13—冷却机排热回收设备

量能得到充分利用，节省点火燃料。一般可节约点火燃料 10% 以上。

(2) 安装余热锅炉或其他余热回收装置生产蒸汽，蒸汽可通入二次混合机内预热混合料。据统计，国外烧结技术先进的烧结厂，每吨烧结矿余热回收蒸汽可达 80～100 kg。我国梅山、昆钢、马钢等多家钢铁厂采用热管余热回收装置生产蒸汽。

(3) 在点火炉前设置预热炉，冷却机废气由鼓风机送入预热炉内，对混合料进行预热，以提高混合料温度，降低固体燃料消耗。

(4) 送入烧结机上部热风罩内，进行热风烧结。图 4-21 为日本室兰 6 号烧结机冷却机废气余热回收流程示意图。

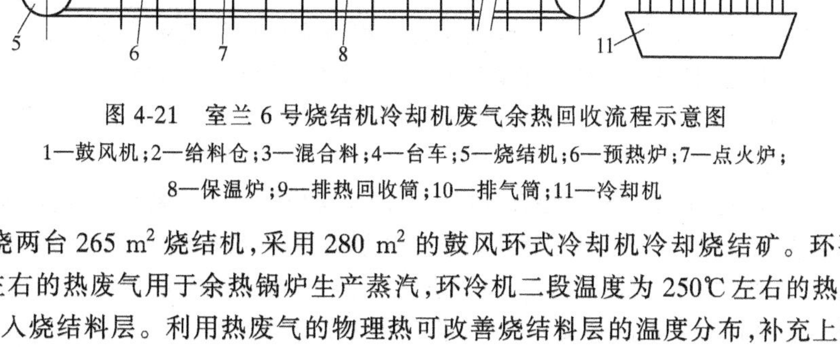

图 4-21 室兰 6 号烧结机冷却机废气余热回收流程示意图

1—鼓风机；2—给料仓；3—混合料；4—台车；5—烧结机；6—预热炉；7—点火炉；
8—保温炉；9—排热回收筒；10—排气筒；11—冷却机

鞍钢新烧两台 265 m^2 烧结机，采用 280 m^2 的鼓风环式冷却机冷却烧结矿。环冷机一段温度为 400℃ 左右的热废气用于余热锅炉生产蒸汽，环冷机二段温度为 250℃ 左右的热废气送至烧结机上方，抽入烧结料层。利用热废气的物理热可改善烧结料层的温度分布，补充上部热量的不足，减少热应力破坏，改善烧结矿的矿物结构，提高烧结矿产、质量，降低能耗，提高烧结过程热利用率。试验表明，烧结矿品位提高 0.19%；成品烧结矿的 FeO 降至 7.58%，降低了 1.2%；表层烧结矿转鼓指数提高了 3.6%;900℃还原度提高了 3.0%;烧结矿成品率提高了 1.42%,垂直烧结速度增加了 0.21 mm/min,生产率提高了 3.79%;每吨烧结矿干焦粉消耗量减少 8.71 kg。

4.8.2.5 烧结工艺节能

烧结工艺节能在某种程度上是综合利用以上各种节能措施而达到节能目的。

(1) 低温烧结。低温烧结技术通过控制原料中 $w(CaO)/w(SiO_2)$ 及 $w(Al_2O_3)/w(SiO_2)$ 的比值,通过强化制粒以使混合料形成理想的准颗粒,通过选择操作参数及配碳量以得到理想的烧结热制度等措施,使烧结过程按一定步骤进行,最终得到由硅铝铁酸钙(SFCA)及原生赤铁矿等矿物组成的非均相优质烧结矿,从而直接或间接地降低固体燃料的消耗。

(2) 小球团烧结。小球团烧结通过对混合料预先制粒,使料层透气性大力改善,料层阻力减小,能够很好地实现厚料层烧结,并能降低烧结负压,节省抽风机电耗约 40%;且采用燃料分加技术,改善了固体燃料的燃烧条件,降低固体燃料消耗。

(3) 热风烧结。热风物理热的带入可降低固体燃料消耗,并改善烧结矿质量。随热风温度的提高,其降低固体燃耗的幅度在保证冶金性能合格的条件下逐渐降低。风温小于 400℃时,每 100℃风温固体燃耗降低 5%;大于 400℃时,每 100℃风温固体燃耗降低 2.5%。考虑到热风来源、输送及综合效果,热风烧结以 200~300℃较为适宜,以利用烧结冷却机余热为发展方向。

4.9 烧结生产的发展方向

随着高炉炼铁技术的不断发展,对炉料的要求越来越高,这也推动着烧结生产技术不断发展。我国烧结生产距世界先进水平还有较大差距,有待进一步发展:

(1) 烧结设备大型化。设备大型化,可增大生产量满足高炉生产要求,使设备投资相对降低;生产经济效益增大,其相对设备维修和管理费用大大降低。我国烧结机机型普遍较小,装备水平较低,制约了烧结产量和质量的进一步提高,日本等国单机最大烧结面积已达 600 m^2 以上。目前我国已能自行设计和制造达 450 m^2 的烧结机。

(2) 重视烧结精料,发展高铁低硅烧结技术,改善烧结矿冶金性能。提高品位是高炉精料工作的重点,实践表明,入炉品位提高 1%,焦比降低 2%,高炉产量提高 3%,渣量减少 20 kg/t 铁,生铁成本每吨约下降 10 元。2000 年我国重点企业平均入炉品位为 54.88%,宝钢为 60.35%,世界先进高炉的入炉品位已达 62%,而我国烧结矿约占入炉矿的 80%,因此,提高烧结矿品位是提高入炉品位的重要措施。优化烧结原料结构,合理配矿,使用优质富矿粉,采用强化制粒技术和厚料层烧结,发展并完善高铁低硅烧结工艺,可为大型高炉提供高品位、低 SiO_2 和足够强度的优质烧结矿。2000 年宝钢实施低硅烧结,烧结料层厚度为 625 mm,烧结矿 TFe 59%、SiO_2 4.49%、CaO/SiO_2 1.80 左右。

(3) 不断改进现有工艺并开发新的烧结工艺。提高原料场的机械化和自动化程度,改善原料的中和;进一步强化制粒技术(如高速搅拌制粒、三段混合等);完善焦粉分加、多层布料等原料准备工艺;进一步改进各种烧结技术,如厚料层、高负压、高碱度、低燃耗烧结,低温烧结,小球团烧结,布料偏析,铺底料等等;加强产品的整粒工作。

(4) 加强节能降耗、环境保护及综合利用工作。发展烧结厂余热利用技术;加强各尘源点粉尘的捕集回收(如石灰系统粉尘、阵发性尘源和原料场的堆、取料机等开放性尘源)并重新返回利用;发展烧结机烟气有害气体(SO_2、NO_x)的净化回收技术;改进废水治理工艺,实现生产废水近于零排放;加强对热源和噪声的隔离和防护,进一步改善劳动条件。

(5) 进一步提高生产自动化水平。开发烧结过程综合自动控制系统,加强从原料进厂到产品出厂整个生产过程和各个生产环节实现联锁自动控制与管理。目前,自动控制在配料、混合料水分、料层透气性及料层厚度、点火温度、烧结终点、烧结矿 FeO 含量等方面广泛采用。

复习思考题

1. 抽风烧结生产工艺流程包括哪些环节，各主要生产环节的基本任务和要求是什么？
2. 配料的目的和要求是什么，配料方法有哪几种？
3. 影响混匀制粒的因素有哪些，如何提高混匀制粒效果？
4. 什么是铺底料，它的作用是什么？
5. 如何判断混合料的水分、碳含量及烧结终点，如何控制烧结终点？
6. 烧结矿冷却有何意义？
7. 烧结风量、负压、料层厚度对烧结生产有何影响，如何实现厚料层烧结？
8. 强化烧结过程的目的是什么，有哪些措施？
9. 什么叫低温烧结、热风烧结和小球团烧结，其目的是什么？
10. 烧结能耗指标有哪些？
11. 烧结生产可从哪几方面采取措施进行节能？

5 球团矿生产工艺

球团工艺是细磨铁精矿粉或其他含铁粉料造块的一种方法。由于对炼铁用铁矿石品位的要求日益提高，大量开发利用贫铁矿资源后，选矿提供了大量细磨铁精矿粉(<200 目)。这样的细磨铁精矿粉用于烧结不仅工艺技术困难，烧结生产指标恶化，而且能耗浪费。球团矿生产正是处理细磨铁精矿粉的有效途径。随着我国"高碱度烧结矿配加酸性球团矿"这种合理炉料结构的推广，球团矿生产也有了较大发展。

5.1 球团原料及其准备

根据用途与化学成分，球团原料分为不同的两类。一类是含铁原料，系球团基体。另一类主要是含铁少或不含铁的原料，主要用于促进造球，改善球团物理机械特性和冶金特性。

5.1.1 含铁原料

5.1.1.1 铁矿石精矿

化学成分不适宜冶炼的各种铁矿石，在造球之前，要经过选别处理。在选别过程中，各种有害成分大部分被分离出去，所获得的精矿不管采用的是哪种选矿方法，其含铁量应大于 64%。球团矿生产所用的原料主要是铁精矿粉。一般占造球混合料的 90%以上，精矿的质量对生球、成品球团矿的质量起着决定性的作用。球团矿生产对铁精矿的要求如下：

(1) 粒度：适合造球的精矿小于 0.044 mm(－325 目)部分应占 60%～85%，或小于0.074 mm(－200 目)部分应占 90%以上，比表面积大于 1500 cm^2/g。细粒精矿粉易于成球，粒度愈细，成球愈好，球团强度愈高。但粒度并非愈细愈好，粒度过细磨矿时能耗增加，选矿后脱水困难。

(2) 水分：水分的控制和调节对造球过程、生球质量、干燥焙烧、造球设备工作影响很大。一般磁铁矿和赤铁矿精粉适宜的水分为 7.5%～10.5%，小于 0.044 mm 占 65%时，适宜水分为 8.5%，而小于 0.044 mm 占 90%时，适宜水分为 11%，水分的波动不应超过 ±0.2%，且越小越好。

(3) 化学成分：化学成分的稳定及其均匀程度直接影响生产工艺过程和球团矿的质量，全铁含量波动小于 ±0.5%，二氧化硅含量波动小于 ±0.3%。

5.1.1.2 其他含铁原料

在某些情况下，除了铁精矿粉以外，有些从其他热处理加工或者化学加工过程中获得含铁物料也可以单独地或同上述矿粉混合用来制成球团，这类含铁原料包括：黄铁矿烧渣、轧钢皮、转炉炉尘、高炉炉尘等。一般各种炉尘粒度很细，比表面积大，而烧渣和轧钢皮须细磨后方可造球。

原料进厂后若不能满足造球工艺要求需加工处理，主要有再磨、干燥、中和等。

再磨可分为干磨和湿磨两种，如图 5-1 所示。采用的磨矿设备为圆筒型磨机，多用钢球作为磨矿介质。有些情况下是采用钢棒或块矿("砾石")作为磨矿介质。

干燥也分为两种，一种是将精矿粉或混合料全部经干燥机干燥至造球适宜的水分，另一种是将部分精矿干燥，与其他未经干燥的精矿配合使用。我国精矿粉含水一般都较高，不利于造球，因此在造球前有必要进行干燥，使矿粉含水量降到低于最适宜的造球的湿度。

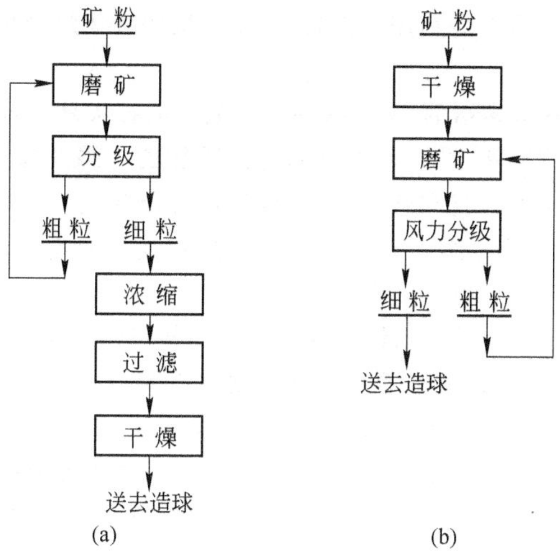

图 5-1 造球原料磨矿工艺流程

a—湿磨;b—干磨

中和是为了控制和减少原料化学成分的波动,保持原料化学成分的稳定。中和的方法与烧结原料的准备处理相似。

5.1.2 黏结剂与添加剂

5.1.2.1 黏结剂

黏结剂同细磨矿石颗粒相结合有利于改善湿球、干球以及焙烧球团的特性。最主要的一种黏结剂就是水。球团生产使用的黏结剂有膨润土、消石灰、石灰石、白云石和水泥等。氧化固结球团常用膨润土、消石灰两种。水泥通常是生产冷凝固结球团的黏结剂。

膨润土是使用最广泛、效果最佳的一种优质黏结剂。它是以蒙脱石为主要成分的黏土矿物,蒙脱石又称微晶高岭石或脉岭石。蒙脱石是一种具有膨胀性能呈层状结构的含水铝硅酸盐,其化学分子式为:$Si_8Al_4O_{20}(OH)_4 \cdot nH_2O$,化学成分为 SiO_2 66.7%,Al_2O_3 28.3%。膨润土实际含 SiO_2 60%~70%,Al_2O_3为 15%左右,另外还含有其他杂质,如 Fe_2O_3、Na_2O、K_2O 等。

膨润土的主要作用是它能提高生球强度、调剂原料水分、稳定造球作业,提高物料的成核率和降低生球长大速度,使生球粒度小而且均匀。同时膨润土还能够提高生球的热稳定性,既提高了生球的爆裂温度和生球干燥速度,缩短了干燥时间,又可提高干球强度和成品球团矿的强度。

膨润土的加工主要是破碎或碾压,然后干燥,由平均自然水分 30%干燥到 7%~8%。为了保持膨润土的活性,干燥温度应不超过 150℃。干燥之后或干燥过程中,将膨润土磨细,磨到小于 0.074 mm 粒级的至少占 99%。膨润土要使用密封容器运输,如槽式卡车或装袋运输。

球团矿生产对膨润土的技术要求:蒙脱石含量大于 60%;吸水率(2 h)大于 120%;膨胀倍数大于 12 倍;粒度小于 0.074 mm 占 99%以上;水分小于 10%。膨润土用量一般占混合料的 0.5%~1.0%。国外膨润土的用量为混合料的 0.2%~0.5%,国内由于精矿粉粒度较大而膨润土用量较多,一般占混合料的 1.2%~1.5%。膨润土经焙烧后残存部分的主要成分为 SiO_2 和 Al_2O_3,每增加 1%的膨润土用量,要降低含铁品位 0.4%~0.6%,应尽量少加。

5.1.2.2 添加剂

球团矿添加熔剂的目的主要是改善球团矿的化学成分,特别是其造渣成分,提高球团矿的冶金性能，降低还原粉化率和还原膨胀率等。常用的碱性添加剂有消石灰、石灰石和白云石等钙镁化合物。其性质、作用和要求与烧结用熔剂相同，但粒度要求比烧结更细，细磨后小于 0.074 mm 含量为 90% 以上。

(1) 消石灰：消石灰既是黏结剂，又是碱性添加剂。消石灰是生石灰加水消化后形成的氢氧化钙。它具有粒度细、比表面积大、亲水性好和天然胶结能力强的特点。消石灰加入量过多时，由于物料的堆密度减小，毛细水迁移速度延缓，成球速度降低。消石灰黏性好，用量过多时，母球易于聚结，而母球本身又坚固，往往导致生球表面出现棱角。使用时，不能有未经充分消化的生石灰，并要保持水分的稳定，不然，对造球不利。

(2) 石灰石：石灰石也是一种亲水性较强的物料。其颗粒表面粗糙，在造球物料中添加石灰石粉，能增加生球内颗粒间的摩擦力，提高生球强度。石灰石堆密度大于消石灰，但黏结力不如消石灰，一般添加石灰石是为了提高球团矿碱度，球团矿中添加石灰石粉，粒度小于 0.074 mm 的应占 90% 以上。在我国现有条件下，最合理的添加物应该认为是消石灰或消石灰和石灰石的混合物。它们不仅能提高生球和干球的强度，提高生球的热稳定性，而且起到了熔剂的作用。并且，在处理过湿原料时，采用生石灰还可以起到降低原料水分的作用。

5.2 造球作业

5.2.1 配料与混合

球团矿使用的原料种类较少，故配料、混合工艺比较简单，如同烧结一样。

配料是为了获得化学成分和物理性质稳定，冶金性能符合高炉冶炼要求的球团矿，并使混合料具有良好的成球性能和生球焙烧性能。应根据原料成分和高炉冶炼对球团矿化学成分的要求进行配料计算，以保证球团矿的含铁量、碱度、含硫量和氧化亚铁含量等主要指标控制在规定范围内。配料计算方法通常有两种，一种是根据原料品种和化学成分先确定配料比，然后进行计算；另一种是根据球团矿的技术条件，主要是球团矿的含铁量和碱度确定后再进行配料计算。先进行各种精矿粉单烧计算，再确定配加率，计算过程与烧结配料的计算方法相似。

配料形式通常为集中配料。集中配料是把各种原料全部集中到配料室，分别贮存在各种配料槽内，然后根据配料比进行配料。配料的方法为容量法和质量法，常用的为质量配比法。也有采用 X 射线分析仪对混合料作快速分析，按原料化学成分配料的方法。铁精矿和熔剂大多采用圆盘给料机给矿和控制料量，并经过皮带秤或电子秤称量配料。为了提高生球强度往往在混合料中加入少量黏结剂，黏结剂的配入是由称量铁精矿的皮带发出信号来控制。

由于球团矿生产中膨润土、石灰石粉等添加剂的加入量很少，为了使它们能在矿粉颗粒之间均匀分散，并使物料同水良好结合，应加强混合作业。

混合作业大都采用圆筒混合机或轮式混合机的一次混合流程。国外有的厂采用连续式混磨机，由于混磨作用，水和黏结剂的混合效果得到了充分发挥，可以减少黏结剂的用量，提高生球质量，特别是生球落下强度增加，保证了焙烧时生球具有良好的透气性，对于提高焙烧球团矿的产量质量都有利。混磨时应注意矿石和黏结剂的可磨性可能存在有较大差别，且湿磨时，膨润土不能加入，因为膨润土的膨胀性会对矿浆的过滤产生不良影响。

5.2.2 造球

细磨物料经过混合作业后，在造球设备的机械力的作用下，受到滚动、转动、挤压等机械运动形成了生球。除了前面叙述的细磨物料理想的成球方式外，在实际生产中成球过程(图 5-2)或多或少地采用以下几种方式：

(1) 很细的颗粒逐层滚粘到其他颗粒上，从而形成生球；

(2) 已经形成的小球通过相对运动和一定压力的作用彼此粘结而聚团；

(3) 破碎的生球碎屑滚粘到尚存的结实生球上面或嵌入到生球里面；

(4)从软弱生球上磨落的细末嵌入到结实的生球里面。

造球过程中，生球的制成是与一些料球的破碎同时进行的。只有那些能够经受剪切力或破碎力作用的生球才能在滚动的过程中存在下来。造球力与破坏力二者的竞争有利于制出粒度均匀、致密结实和性能良好的生球。

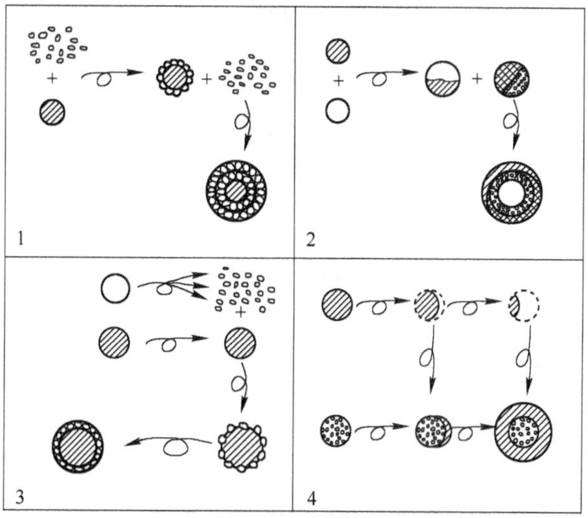

图 5-2 几种成球方式示意图

1—逐层滚粘；2—小球聚结；3—碎球嵌粘；4—磨剥嵌入

造球是球团生产工艺的关键。生球的质量对成品球团矿的质量影响很大，必须对生球质量严格要求。对生球的一般要求是粒度均匀，强度高，粉末含量少。粒度一般应控制在 9～16 mm。每个球的抗压强度湿球不小于 90 N/个，干球不小于 450 N/个，落下强度自 500 mm 高落到钢板上不小于 4 次。破裂温度应大于 400℃。干球应具有良好的耐磨性能。为了提高焙烧设备的生产率和成球质量，将小于 9 mm 和大于 16 mm 的球筛除，经打碎再参与造球。

混合料的造球设备常用的有圆筒造球机和圆盘造球机，个别厂也有采用圆锥造球机的。

(1) 圆筒造球机工艺(见图 5-3)：将准备好的混合料装入圆筒造球机上端给料口，必要时往规定区域上喷水，以达到最佳造球状态。混合料沿着平滑的螺旋线向排料口滚动。根据圆筒长度、倾角、转速和填充率的不同，圆筒造球机制出一定粒度组成的生球，其造球能力依矿石种类而变化，成球性能是：褐铁矿比赤铁矿好，赤铁矿比磁铁矿好。按照这种方式造球，圆筒造球机在实际的造球过程中不能产生分级作用。因此，圆筒造球机的排料须经过筛分，将所需粒度的生球分离出来。全部筛上大块均经过破碎之后再同筛下碎粉和新料汇合后一起返回圆筒造球机。根据操作条件的不同，循环负荷量可以为新料的 100％～200％。随着循环负荷的加入，造球混合料要反复通过圆筒造球机，直至制成合格生球排出时为止。为了分出合格粒级生球，保持生球的质量，生球筛必须具有足够的能力，以弥补混合料较大的波动。

生球筛主要有振动筛和辊筛两种形式，振动筛正逐渐被辊筛所取代。在相同的条件下，辊筛的筛分效率比振动筛高约25%，且辊筛操作运转比较平稳，振动较轻。采用辊筛会得到表面质量更好的生球。

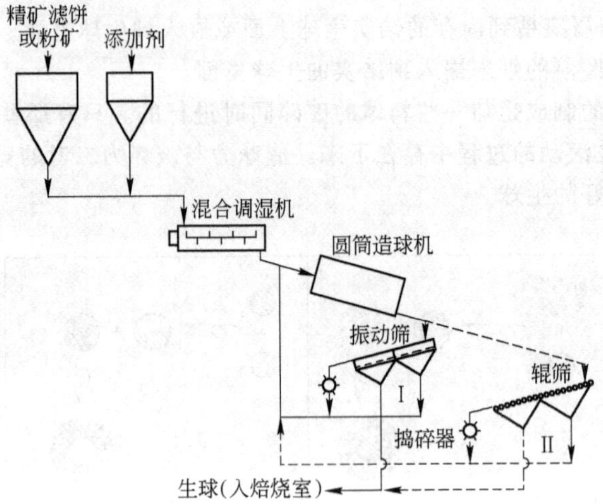

图 5-3　圆筒造球机工艺流程示意图

Ⅰ—振动筛方案；Ⅱ—辊筛方案

(2) 圆盘造球机工艺(见图5-4)：圆盘造球机是目前国内外广泛使用的造球设备。混合料给入造球盘内，受到圆盘粗糙底面的提升力和物料的摩擦力作用，在圆盘内转动时，细颗粒物料被提升到最高点，从这点小料球被刮料板阻挡强迫地向下滚动，小料球下落时，粘附矿粉而长大，小球不断长大后，逐渐离开盘底，它被圆盘提升的高度不断降低，当粒度达到一定大小时，生球越过圆盘边而滚出圆盘。在圆盘的成球过程中产生了分级效应，排出的都是合格粒度的生球，生球粒度均匀，不需要过筛，没有循环负荷。

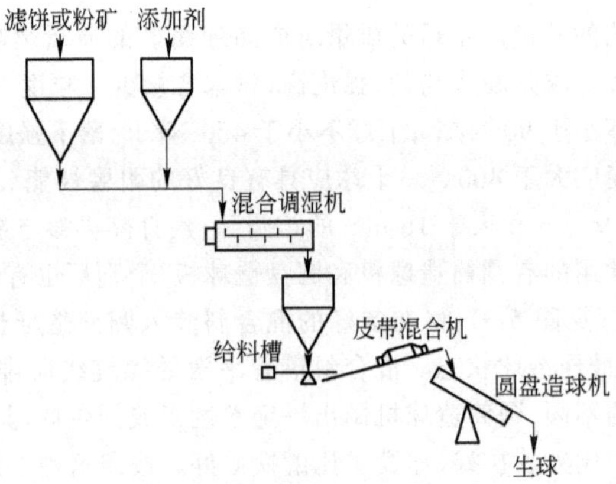

图 5-4　圆盘造球机工艺流程示意图

5.2.3　生球输送

混合物料在造球机上形成合格粒度的生球。在一般情况下，焙烧所需生球总量是由多台造球机制出的。生球集中到一条集料皮带机上输送给焙烧机。

生球的输送设备对生球的抗压强度、落下强度以及转鼓强度均有很高要求。它的主要任务就是将生球完好无损地传送给下一个工艺阶段。如图 5-5 所示，每个生球向下滚动的旋转方向同圆辊的旋转方向相对。滚到两辊间隙内的生球被后面的生球顶出，从辊子顶面滚过，又滚入下一个辊隙内。同时，生球被横向推开分布到辊式布料器的整个宽度上。

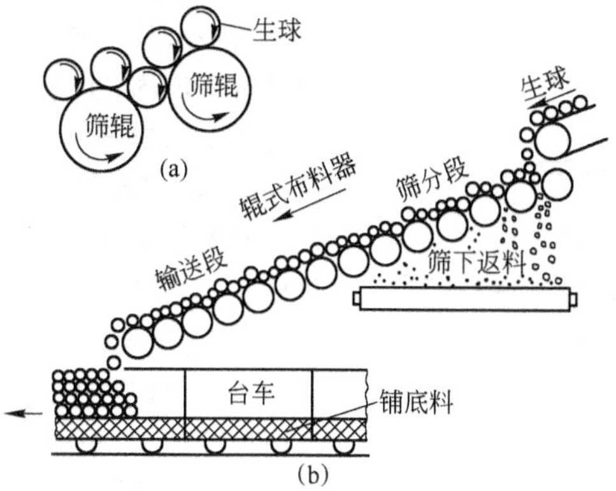

图 5-5 辊式布料器工作方式示意图
a—辊间生球运动状态；b—往焙烧机台车上布料

5.3 球团焙烧工艺

目前国内外球团矿氧化焙烧工艺有三种焙烧方法：带式焙烧机法、链箅机—回转窑和竖炉法。这三种方法的原料处理、生球制备工艺和设备都是相同的。带式焙烧机法的产量占的比例最大，链箅机—回转窑次之，竖炉法最小。表 5-1 列出了三种焙烧方法的不同特点。此外，还有环式焙烧机等。球团焙烧工艺过程一般包括干燥、预热、焙烧和冷却几个环节。

表 5-1 三种球团焙烧方法比较

项　目	带式焙烧机	链箅机—回转窑	竖　炉
主要特点	1）便于操作、管理维护； 2）可处理各种矿石； 3）焙烧周期比竖炉短，各段长度易于控制； 4）可处理易结圈的原料； 5）上下层球团质量不均； 6）台车、箅条需要耐高温合金钢； 7）要加铺底料和边料； 8）焙烧时间短	1）设备结构简单； 2）焙烧均匀，产量高质量好； 3）可处理各种矿石；可生产自熔性球团矿； 4）回转窑不用耐高温合金钢，链箅机仅用低合金钢； 5）回转窑易“结圈”； 6）环冷机冷却效果不好，不适于易“结圈”物料； 7）维修工作量大； 8）大型部件运输、安装困难	1）结构简单； 2）材质无特殊要求； 3）炉内热利用好； 4）焙烧不够均匀； 5）单机能力小； 6）原料适应性差，主要用于磁铁矿
产品质量	良好	良好	较差
基建投资	中	较高	低
经营费用	稍高	低	一般
电耗	较高	较低	高

5.3.1　竖炉焙烧法

竖炉焙烧是最早采用的球团焙烧法。20 世纪 40 年代末世界上第一座球团竖炉投产以来，已进行了许多改革。目前大多采用矩形竖炉。

球团竖炉是一种按逆流原则工作的热交换设备。其特点是生产时生球由皮带布料机均匀地从炉口装入炉内，生球以均匀的速度连续下降。用煤气或重油作燃料，在燃烧室内充分燃烧。温度达到 1150～1250℃ 的热气体从喷火口进入炉内，自下而上与生球进行热交换。生球经过干燥和预热后进入焙烧区，球团矿在高温焙烧区进行固结反应，通过焙烧区再进入炉子下部的冷却区，焙烧后的热球团矿与下部鼓入的上升冷空气进行热交换而被冷却，最后从炉底排出。卸料辊可以将粘结成大块的球团矿破碎。通过燃烧室进入的空气量约为焙烧所需全部空气量的 35%，其余的空气从下部鼓入，使球团冷却的同时空气被加热到高温，进入焙烧区域。竖炉中生球与气流运动方向如图 5-6 所示。

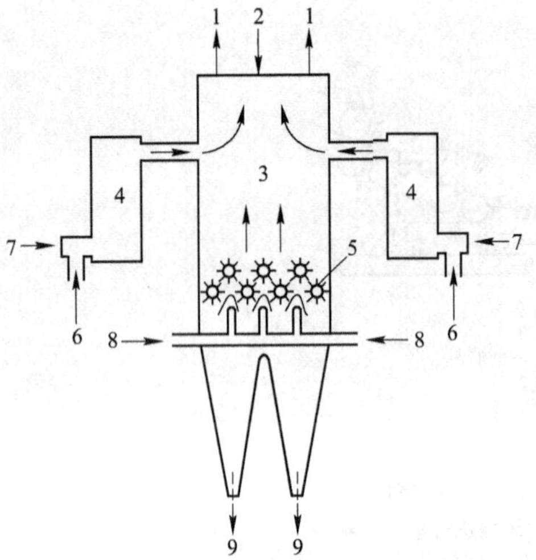

图 5-6　高炉身竖炉及气体流动示意图

1—废气；2—生球；3—炉身；4—燃烧室；5—破碎辊；6—燃料；7—助燃风；8—冷却风；9—成品球团

5.3.1.1　布料

通过布料来改善竖炉炉内气流分布，是竖炉重要操作之一。不同的布料制度，对炉内温度分布有很大影响。一般有两种布料方法，一种是矩形布料路线，另一种是横向“Z”形布料路线。

矩形布料路线是贴近炉壁四周进行布料，靠近炉壁两边高，而中心低。这种布料的方法是想借助于大球的离析作用而聚集在中心部分，使中心气流通畅，而靠炉壁处则集中较多的小球。希望促使炉内气流沿整个断面分布均匀。但从炉内等温曲线来看，没有达到预期效果。

横向“Z”字形布料路线是将生球布成一行行的横向小沟谷，变深“V”形为较平坦的料线。这种布料较矩形布料路线使炉内气流和温度分布获得改善，得到广泛应用。

我国竖炉是按高炉身内冷式设计的。为了解决竖炉高炉身气流分布不均，中心气流不足，形成中心死料柱，从而导致中心部分球团烧不透，强度差和排出的球团温度过高等问题，采用中心设导风墙和炉口安装烘干床的办法。炉口烘干床如图 5-7 所示。烘干床设在炉口处，用耐热铸铁做成箅条，人字形架设在水冷钢梁上，箅条间隙为 5～8 mm，床面倾角为 45°～50°。生球布于箅条上，厚 150～200 mm，生球沿箅条床面向下移动的过程中，被从下面上升的 550～570℃ 的热废气烘干，时间为 5～6 min，水分从 8.5% 下降到 1.5%，提高了生球的抗压强度和破裂温度，废气温度下降至 110℃，大大提高了热量利用率。另外，生球从烘干床箅条下端和炉墙之间的缝隙进入炉内时产生自然偏析作用，大颗粒球团滚到炉子中心，进一步改善了中心料柱的透气性。

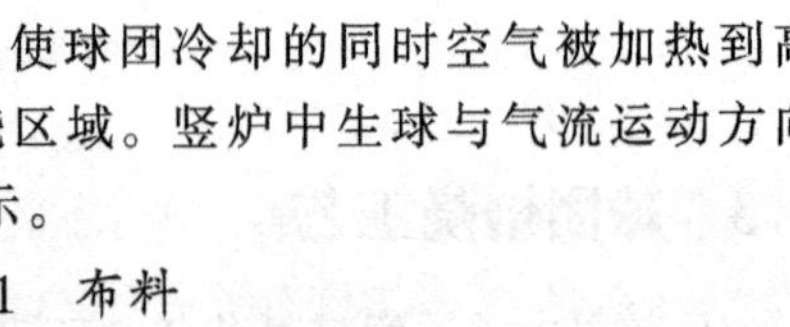

图 5-7　炉口烘干床

1—布料皮带；2—水冷钢梁；3—烘床箅条；4—生球；5—导风墙

布料设备一般采用移动皮带布料机，有的在布料机上装有指示料面高低的装置，从而使料线平坦并控制床层高度，使炉内气流和温度分布得到改善。

采用炉口烘干床后，竖炉由“平面布料”简化为“直线布料”。原来是大车和小车组成的可作纵横向往复移动的梭式布料机，现在只作往复直线移动的带小车布料机，简化了布料设备，而且简化了布料操作。

5.3.1.2 生球的干燥与预热

竖炉是按逆流工作原理操作的，因而生球的干燥和预热就可以利用上升的热废气在竖炉上部进行，而不必另设专门的干燥设备。要求在工艺上合理调整竖炉上部热废气的温度和流速，保证生球在不发生破裂的情况下，强化干燥过程。

竖炉采用炉口烘干床后，增加了烘干面积，热废气与湿生球热交换进行充分，提高了热效率。由于气流首先在烘床下的空间混合，均匀通过炉箅上球层，减少了过去靠炉墙处气流过大，温度过高所引起的生球破裂现象。经过烘干的生球，显著提高了抗压强度和破裂温度。生球烘干后呈散粒状，减少了生球在焙烧过程中的粘结现象，炉料顺行，从而提高了成品球团矿强度和脱硫效率。

5.3.1.3 焙烧

生球经过干燥和预热进入焙烧带，在焙烧带球团进行高温固结反应。合理组织焙烧带热气流的分布和加强焙烧带供热操作是影响竖炉球团焙烧的重要因素。

球团竖炉供热主要是依靠燃烧室燃烧煤气或重油产生的热气流进行的，因此热气流的温度、气氛和流速对焙烧有重大影响，入炉热气流温度必须严格控制在低于球团熔化的温度。温度的调节与控制可以通过闸门调节燃料的用量来实现。不同的球团最适宜的焙烧温度也不相同。一般来说，生产高品位，低 SiO_2 不加熔剂的酸性球团矿，焙烧温度可达 1300～1350℃；熔剂性磁铁矿生球焙烧温度介于 1150～1250℃之间；赤铁矿生球焙烧温度上限不超过 Fe_2O_3 的分解温度 1350℃，下限要满足铁酸钙的生成和熔融条件，不低于 1200～1250℃。

焙烧气氛主要取决于燃烧室热废气中的含氧量，一般要求入炉的热气流含氧量 4%～8%，即在氧化气氛中进行焙烧，有利于磁铁矿的氧化和形成赤铁矿再结晶以及铁酸钙固结。赤铁矿生球焙烧时对气氛性质的要求没有磁铁矿焙烧那样严格，可以在氧化气氛中也可以在中性气氛中进行。如果炉内成为还原性气氛，则易生成低熔点化合物 $2FeO \cdot SiO_2$，发生悬料或结块。因此，在焙烧过程中应避免在焙烧带产生还原性气氛，其主要措施是提高煤气与空气的混合效果，通过增大过剩空气系数来保证焙烧的氧化气氛；另一方面是适当增加竖炉燃烧室的高宽比。

从燃烧室产生的热气流，通过火道口进入焙烧带的流速，直接影响竖炉横断面球层焙烧温度的均匀分布。气流速度愈大，对炉内球层穿透能力愈强，竖炉横断面的球层焙烧就愈均匀。气流速度小，则竖炉中心球层温度达不到要求，常形成“死料柱”，发生“夹生”现象，造成竖炉产量、质量下降。火道口热气流速度与煤气和助燃风机压力成正比。火道口气流速度一般为 3.7～4.0 m/s。由于提高煤气和助燃风机压力有限，且动力消耗过大，为合理组织炉内气流的均匀分布，故在设计矩形竖炉时，注意宽度不宜过大。当助燃风机压力为 17000 Pa 时，炉子宽度一般不超过 1.7 m。

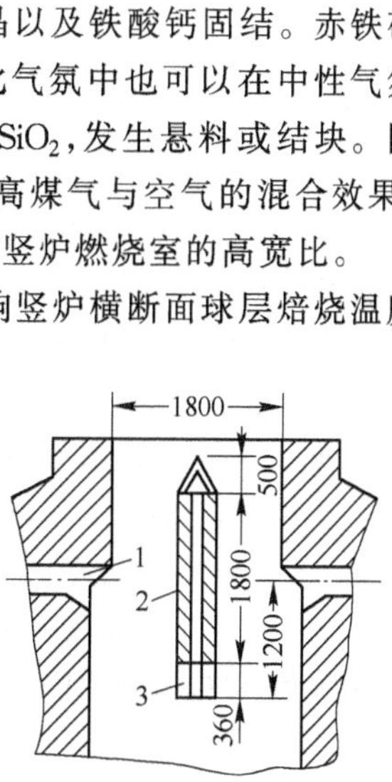

图 5-8 导风墙

1—火道；2—导风墙；3—水冷钢梁

为了改善炉内气流分布，消除炉子上部中心的“死料柱”现象，我国竖炉内架设导风墙（如图 5-8 所示）。原来由竖炉下部鼓入的冷却风全部穿越焙烧带，而且是大量的吸热过程，其流量又因料柱阻力变化而相应变化，使焙烧带在高度上和水平面上的温度不稳定，受到干扰，甚至破坏焙烧过程。另外由于边缘气流沿边通过阻力小致使中心气流较弱，竖炉中心透气性差，甚至是完全不透气的湿料柱。且大量冷风沿边墙上升，在火道口附近与燃烧室出来的热气流发生顶撞，影响热气流的鼓入和减弱了它的穿透能力。竖炉中心设置导风墙后，正好取代"死料柱"，部分冷空气从导风墙外壁和导风墙中心上升，这样发展了中心气流。焙烧带总气流量减小，在燃烧室压力显著降低的状态下，热气流吹入量增加并且稳定，有助于提高热气流对料柱的穿透能力，温度也比较均匀稳定，从而消除了"死料柱"，强化了焙烧过程。

竖炉设置导风墙后，只有少量的冷风从墙外通过，使焙烧带到导风墙下缘出现了一个1160～1230℃的高温恒温区，竖炉有了明显的均热带，有利于球团中 Fe_2O_3 再结晶，成品球团矿的强度进一步提高。

导风墙的设置改善了料柱透气性，降低了燃烧室内压力，实现了低压焙烧。助燃风机风压在30 kPa以下就能满足生产要求，比国外同类竖炉降低电耗50%以上。

竖炉在采用导风墙和烘干床后，热工制度的可控性增强，再加上膨润土等黏结剂的使用，竖炉生产指标大幅度提高。生产率从过去的40～50 t/(m^2·d)增加到100～125 t/(m^2·d)。目前竖炉多用来焙烧磁铁矿生球。

5.3.1.4 球团矿处理

球团矿处理包括冷却、破碎和筛分。通常竖炉团矿的冷却是在竖炉本身的下部进行的。焙烧好的球团矿从上部焙烧带逐渐下移至冷却带，冷却风从炉子下部两侧鼓入，冷风与炽热的球团矿进行热交换，把球团矿冷却下来，并通过排料齿辊将冷球团矿排出炉外。

焙烧固结后的球团矿粒度大都很均匀，只需筛分出返矿即可直接供给高炉冶炼。竖炉球团矿的破碎，是指在焙烧不太正常时球团矿在炉内粘连或结块，通过设在炉内下部的齿轮破碎设备将其破碎。球团矿排出竖炉后已被破碎，只需设置筛分装置筛除粉末，筛上为成品矿，筛下为返矿。返矿经细磨后造球，也可不磨直接送烧结厂使用。

5.3.2 带式焙烧法

带式法焙烧球团矿是应用最普遍的一种方法，图5-9为我国某钢铁厂162 m^2 带式焙烧机车间工艺流程图。

带式焙烧机的基本结构与带式烧结机相似。中部是移动台车，台车由车体底架和侧部拦板组成。箅条嵌装在底架梁上，台车与风箱之间靠密封滑板密封结合。下部是固定风箱，风箱同大烟道和台车相连接。上部是焙烧机罩，它构成供热和供风系统，该系统用于向球团料层内输送所需的干燥、焙烧以及冷却用的工艺气流。

带式焙烧机的全部热处理过程都集中在带式机进行，一般沿焙烧机整个长度依次可分为干燥、预热、焙烧、均热和冷却等五个区域。焙烧过程中球团料层始终处于相对静止状态。带式焙烧机的主要特点有：

(1) 生球料层较薄，既可避免料层压力负荷过大，又可保持料层的均匀透气性。

(2) 工艺气流以及料层透气性所产生的任何波动只影响到一部分料层。随着台车水平移动，这些波动可很快消除。

(3) 风箱的分配方式以及风箱同台车可以密封，这就使得能够适当地划分成不同温度、气流流量和流向的各个工艺分段。

(4) 可以往料层上部炉罩内引入不同温度的工艺气流和大气。

(5) 可以采用各种不同的燃料和不同形式的烧嘴，因此，燃料种类的选择有很大的灵活性。

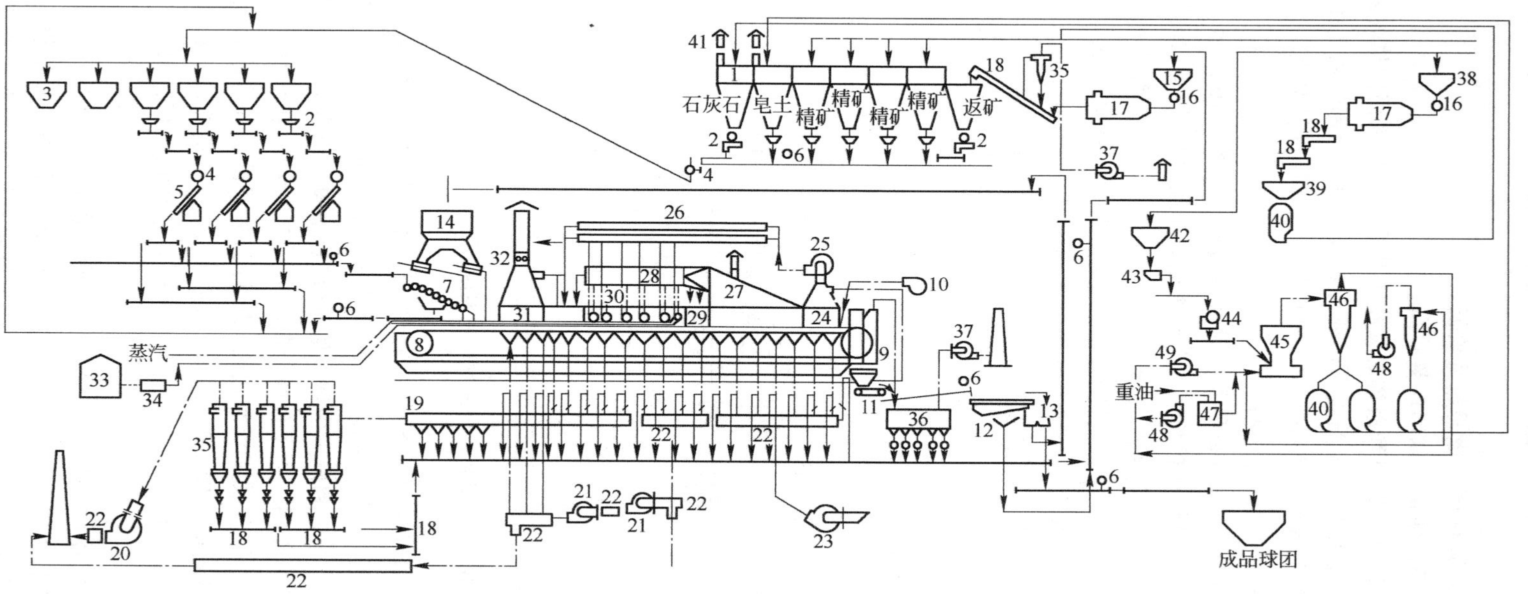

图 5-9 162 m² 带式焙烧机车间工艺流程示意图

1—配料槽；2—定量给矿机；3—中间矿仓；4—轮式混合机；5—圆盘造球机；6—皮带秤；7—辊式布料机；8—焙烧机；9—卸矿装置；10—密封风机；11—板式给矿机；12—自动平衡振动筛；13—分料漏斗；14—边底料槽；15—返矿槽；16—圆盘给料机；17—双室管磨机；18—螺旋运输机；19—沉降管；20—主轴风机；21—鼓风干燥机；22—风管；23—冷却风机；24—第二冷却区风罩；25—回热风机；26—一次风管道；27—第一冷却区风罩；28—二次风主管；29—均热区风罩；30—焙烧区风罩；31—干燥区风罩；32—废气排风机；33—重油罐；34—重油泵房；35—旋风除尘器；36—布袋除尘器；37—除尘风机；38—石灰石矿槽；39—中间矿槽；40—输送泵；41—仓顶收尘器；42—皂土仓；43—槽式给矿机；44—颚式破碎机；45—悬辊磨粉机；46—旋风分离器；47—热风干燥炉；48—风机；49—主风机

(6) 工艺参数有一定变动范围,可以在保证球团矿良好质量的前提下针对各种各样矿石的球团提供最佳焙烧条件。

(7) 积极回流利用焙烧球团的显热,球团焙烧耗热量较低。

(8) 通过制造大型带式焙烧机,可以使单机球团产量较高。

在带式焙烧机上可以使固体燃料、气体燃料和液体燃料作为热源。全部采用固体燃料时,将固体燃料粉末滚附在生球表面,经点火燃烧,供给焙烧所需要的热量。也可全部使用气体或液体燃料,在台车上部的机罩中燃烧,产生的高温废气被下部的抽风机抽过球层进行焙烧。还可以在使用气体燃料的同时,在生球表面滚附少量固体燃料。

工艺气流循环系统可采用鼓风式、抽风式或鼓风和抽风混合流程。如图 5-10 所示。目前先鼓风后抽风干燥的方式已被广泛采用。沿焙烧机长度方向分为鼓风干燥、抽风干燥、预热、焙烧、均热、鼓风冷却和抽风冷却等几段。各段之间通过管道、风机、阀门等组成一个气流循环系统。各段的长度大致比例为:干燥带占总长度的 18% ~33%,预热、焙烧和均热段共占 30% ~35%,冷却段占 33% ~43%。各段的温度:干燥段不高于 800℃。预热段不超过 1100℃,焙烧段为 1250℃左右。带式焙烧机的气流循环方式、各段温度、气体流量和停留时间等参数,均可根据原料特性变更和调整。带式焙烧机冷却段多采用鼓风方式,可防止球团因骤冷而使强度降低,上部球团可受下部热气流的热处理使强度提高。

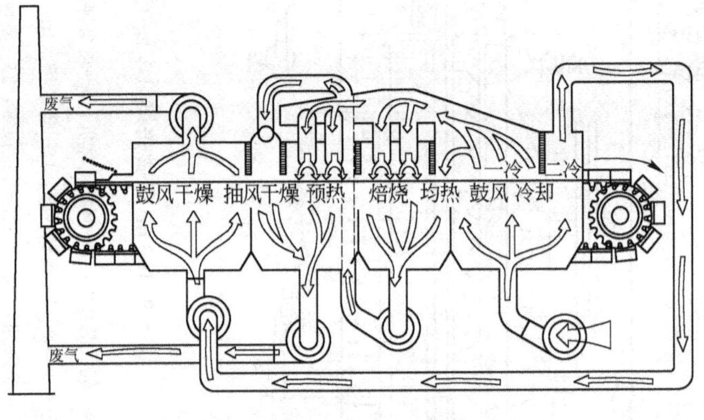

图 5-10　DL 型带式焙烧机风流系统

带式焙烧机布料系统由铺底料、边料和生球布料两部分组成。生球的布料系统由摆动皮带、宽皮带和辊式布料器三部分组成。摆动皮带的摆动角度频率在一定范围可以调节,宽皮带运转速度较慢,每分钟运动 18 m,便于生球布料和减少生球转运时破损,如图 5-11 所示。辊式布料器除了均匀布料作用外,同时还起到筛分作用。为了使整个料层得到充分焙烧,防止台车被高温气流烧蚀,缩短台车寿命,在生球布料之前,先铺底料和边料,通过底、边溜槽及调节漏料嘴开口控制,如图 5-12 所示。带式焙烧机上球层的厚度一般为 400～550 mm。为了适应焙烧机移动速度快、焙烧时间较短的特点,生球的粒度一般为 9～16 mm。由于球层的透气性良好,带式焙烧机所采用风机的压力比带式烧结机要小。

图 5-13 是我国包钢使用液体或气体燃料 162 m^2 球团焙烧机示意图。可以全部使用液体燃料,也可以使用气体燃料。带式焙烧机上依次为鼓风干燥区、抽风干燥区、预热及焙烧区、均热、一次鼓风冷却和二次鼓风冷却区。由于焙烧温度和气氛性质比较容易控制,因此适合不同原料(如赤铁矿球团、磁铁矿球团、混合矿球团)的焙烧。

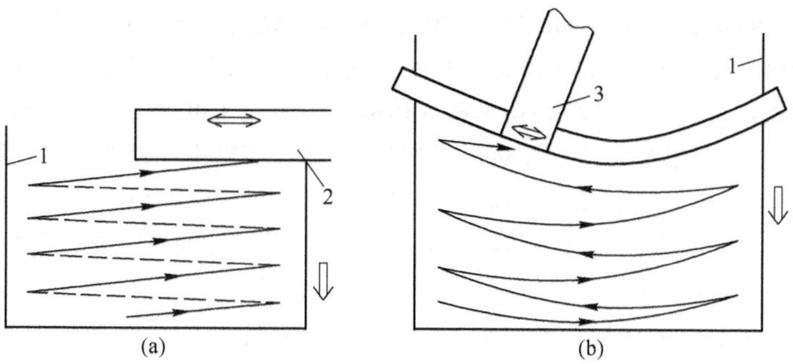

图 5-11 带式焙烧机生球布料示意图

a—梭式皮带机铺料；b—摆动皮带机铺料

1—宽皮带机；2—梭式皮带机；3—摆动皮带机

⇒宽皮带运动方向；⇔梭式或摆动皮带机往复或摆动方向；→生球铺料方向

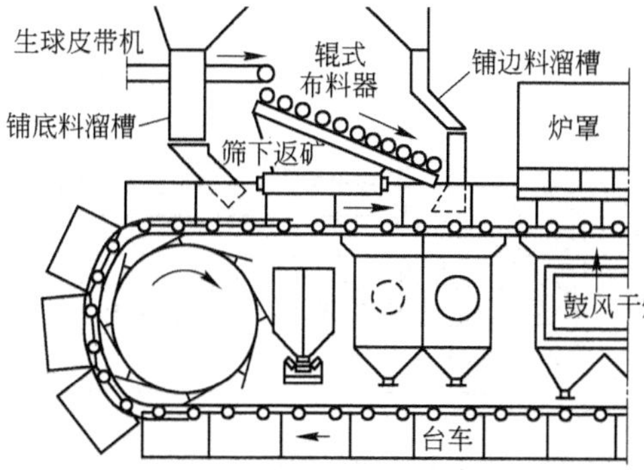

图 5-12 DL 型带式焙烧机生球、铺边料及铺底料布料系统

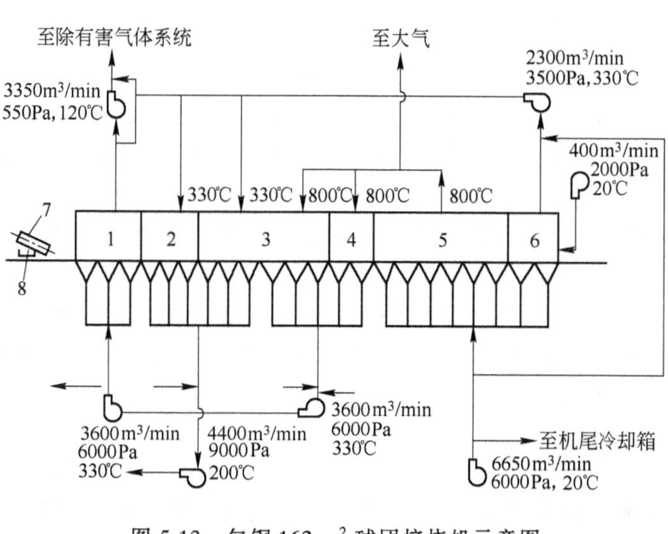

图 5-13 包钢 162 m^2 球团焙烧机示意图

1—干燥段(上抽，7.5 m)；2—干燥段(上抽，6 m)；3—预热焙烧段(700～1350℃，15 m)；4—均热段(1000℃，4.5 m)；5—冷却一段(800℃，15 m)；6—冷却二段(330℃，6 m)；7—带式给料机；8—铺边铺底料给料机

为了提高热能利用率,利用鼓风冷却热球团矿。冷空气由冷却风机送入,经过冷却段向上通过台车上的热球团料层,使800～900℃热球团得到冷却,温度降至150℃,冷空气同时被预热到750～800℃。这部分热空气,一部分作为燃料的二次空气,一部分作为点火用的一次空气,另一部分供均热段使用。焙烧段后半段和均热段的热废气利用抽风机送到鼓风干燥段。为了保证废气温度恒定,冷却空气一部分与冷却段热废气相混合,以保证温度符合要求。鼓风干燥段上有抽风机,以保持台车干燥段上为负压,可减轻烟气对环境的污染。预热段和焙烧段所需要的热量是由燃料燃烧供给的。由于采用了这种热废气的回流系统,带式焙烧机的热量利用率很高,但抽风系统需要许多耐高温(500～600℃)风机。台车箅条采用耐热合金钢,并且采用厚度为100 mm的铺边、铺底料,以减少台车的烧损。焙烧机有效长度 54 m,台车宽 3 m,机速为 1.6 m/min,球层厚度 300～320 mm,设计年产量为 110 万 t。

图 5-14 为采用固体燃料的带式鼓风焙烧机的示意图。带式鼓风焙烧机可用于焙烧赤铁矿球团。台车上先加厚度为 100 mm,粒度为 6.5～12.7 mm 的球团矿作为铺底料,然后再铺一层同样粒度的无烟煤作为点火燃料,在抽风点火后,分四次加生球,每次加 200 mm 厚,共 800 mm,从下面向上鼓风,依靠生球表面的固体燃料进行焙烧。

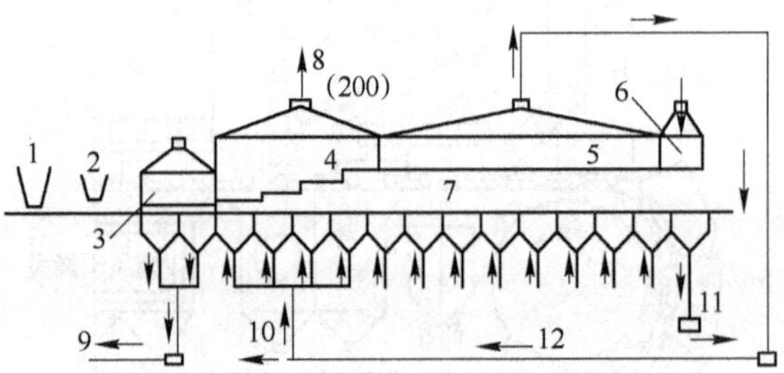

图 5-14　使用固体燃料的带式鼓风焙烧机

1—垫底料;2—点火燃料;3—点火段;4—焙烧段;5—冷却一段;6—冷却二段;7—加四层料;
8—放走的废气;9—热废气;10—放走的热气;11—废气;12—热气体

采用鼓风焙烧法的目的是为了克服抽风焙烧的某些缺点,如焙烧球层的高度受到一定的限制(实际上不超过 500 mm),过高时不管是抽风或鼓风干燥,水分都易于在下部或上部球层中发生冷凝,使生球粘连,透气性变坏。球层过高,在抽风的作用下,使得下层球受到较大的负荷而破裂,它的另一个优点是高温焙烧产物不与炉箅接触,保持与上升气流同一温度,可以延长炉箅寿命,可以不需采用耐热合金钢作为炉箅材料。鼓风焙烧机在工艺操作、设备运转和球团矿质量等方面尚存在一定的问题。

为了降低单位造价和生产费用,近年来,国内外带式焙烧机的单机能力迅速增长,现代化程度越来越高。我国目前最大的为鞍钢 320 m^2 带式焙烧机,年产 200 万 t 球团矿。国外最大的带式焙烧机为 1000 m^2,单机生产能力每年为 600～800 万 t。

5.3.3　链箅机—回转窑焙烧法

链箅机—回转窑焙烧球团法(图 5-15)的特点是将生球先置于移动的链箅机上,生球在链箅机上处于相对静止状态,在这里进行干燥和预热,然后再送入回转窑内。球团在窑内不停地滚动,进行高温固结,生球的各个部位都受到均匀的加热。由于球团矿在窑内不断滚动,使球团矿中精矿颗粒接触得更紧密,所以焙烧效果好,生产的球团矿质量也好,适合处理各种铁矿原料。而且可以根据生产工艺的要求来控制窑内的气氛,这种方法不但可用于生产氧化性球团矿,而且还可以生产还原性(金属化)球团矿,以及综合处理多金属矿物,如氯化焙烧等。

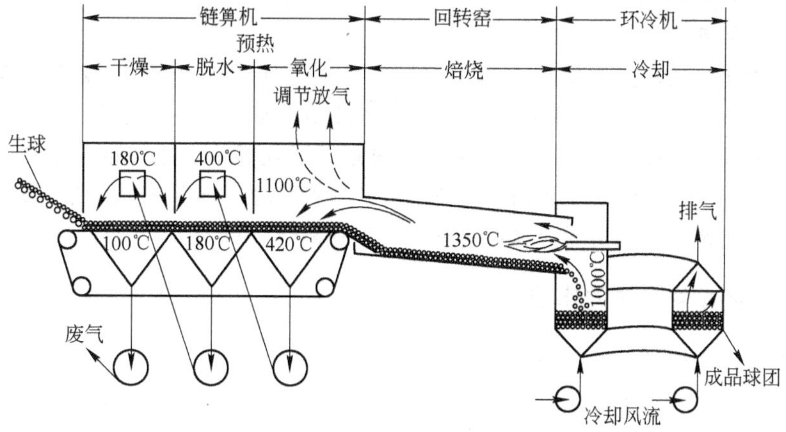

图 5-15 链算机—回转窑工艺设备运转功能示意图

5.3.3.1 布料

链算机的布料不用铺底料和边料,一般采用的布料机有两种,一种是梭式布料器,另一种是辊式布料器。梭式布料器布料时可以减少链算机处的压力损失,提高了链算机的生产能力。辊式布料器布料对生球有筛分和再滚的作用。两种方法都能将生球均匀地布于运转的链算机上。料层厚度一般为 150～200 mm。

5.3.3.2 干燥和预热

布于链算机上的生球,随着链算机向前运动,生球受到来自回转窑尾部高温废气的加热,依次干燥和预热,生球中的水分被脱除,球团内矿物颗粒初步固结,获得一定强度。根据球团原料性质的不同,炉罩和抽风箱分别可分为若干段和若干室。对于磁铁精矿和一般赤铁矿球团,采用两段式,即一段抽风干燥和一段抽风预热;对于褐铁精矿球团,可采用三段式,两段抽风干燥(第一段干燥、第二段脱水)和一段抽风预热;对于粒度极细、水分较高、热稳定性很差的球团,为避免抽风干燥时料层底部过湿,生球受压变形而导致球层透气性的恶化,可采用四段式,即第一段鼓风干燥,第二、第三段抽风干燥,第四段预热。

按风箱分室有二室式和三室式两种,从而组成二室二段式(干燥段和预热段各一个抽风室)、二室三段式(第一干燥段用一个抽风室,第二干燥段和预热段合用一个抽风室)三室三段式(一、二干燥段和预热段各有一个抽风室)和四段三室式(第一鼓风干燥段和预热段各用一个抽风室、第二、三抽风干燥段合用一个抽风室)等形式。

预热和干燥段气流是这样循环的:从回转窑尾部出来的高温废气(1000～1100℃),由预热抽风机抽入预热段对生球预热,再将预热段 250～450℃ 的废气抽入干燥段对生球进行干燥,最后废气温度降至 120～180℃ 排入大气,热能利用是比较充分的。

5.3.3.3 焙烧

将链算机上已经预热好的球团矿,随即卸入回转窑内,这时它已经能够经受回转窑的滚动。在不断滚动过程中进行焙烧,因此温度均匀,焙烧效果良好。

回转窑卸料端装有燃烧喷嘴,喷射燃料燃烧,提供焙烧所需的热量。热空气与料流逆向运行,进行热交换。窑内焙烧温度一般控制在 1300～1350℃,回转窑所采用的燃料一般为气体燃料(如天然气、煤气)或液体燃料(如重油、柴油),也可采用固体燃料(如煤粉)。窑内的球团矿填充率为6%～8%,球团进入回转窑内随筒体回转,球团被带到一定高度又下滑,在不断地翻滚和向前运动中,受到烟气的均匀加热而获得良好的固结,最后从窑头排出进入冷却机冷却。

5.3.3.4 冷却

从回转窑内排出的高温球团矿,卸到环式冷却机中进行冷却,温度为1250～1300℃,料层厚度达500～700 mm,一般采用鼓风式冷却。冷却时球团矿得到进一步氧化,提高球团矿的还原性。冷却后球团矿温度降至150℃以后,用胶带机运输送往高炉。冷却过程中把高温段冷却形成的高温废气(1000～1100℃)作为回转窑烧嘴的二次燃烧空气返回窑内;低温段的热废气(400～600℃)则可供给链箅机作干燥介质用。这可大大提高热效率。

5.3.4 三种主要焙烧方法的比较

5.3.4.1 对原料的适应性和要求

竖炉炉内温度较难控制,对原料的适应性较差,多用于焙烧磁铁球团矿。因为竖炉所需要的焙烧温度较低,且在焙烧过程中 Fe_3O_4 氧化放热,球团表面温度比中心温度低20～30℃,既有利于球内矿粒固结,又不易使生球相互粘连。竖炉要求生球具有较高的强度和较宽的软化温度范围。前者有利于抵抗生球在炉内运动过程中遭受摩擦和挤压的破坏,后者能适应温度的波动。对软化温度范围较窄的熔剂性球团矿,竖炉焙烧还存在一定困难。链箅机—回转窑的温度易于控制,加热又均匀,故对原料适应性最强,可焙烧各种不同性质的原料。带式焙烧机与回转窑相近。链箅机和带式焙烧机上,生球处于相对静止状态,干燥方式既可为抽风,也可为鼓风,故对生球强度和水分的要求不像竖炉那样严格。

5.3.4.2 生产操作和球团矿质量

竖炉球团矿质量易于波动。带式焙烧机设备集中,操作、维护和管理方便,焙烧周期短,焙烧制度易调节,但沿球层高度方向也存在质量不均的问题。链箅机—回转窑加热更加均匀。焙烧时间比带式焙烧机要长,球团矿质量好。不过,若生球质量差,预热强度不够好,粉末多或窑内温度控制不当时,易产生"结圈"现象,焙烧熔剂性球团时更突出一些,维修也较困难。

5.3.4.3 生产能力和运行费用

竖炉因受结构限制,单机生产能力小,16 m^2 的竖炉,年产球团矿50万 t左右,但生产耗电少,运行费用低。带式焙烧机生产能力最大,链箅机—回转窑次之。目前这两种设备的最大单机生产能力分别达竖炉的8～10倍以上,而且还在向更大型化发展。带式焙烧机因供风系统动力消耗高,生产费用最高,链箅机—回转窑次之。

带式焙烧机和链箅机—回转窑适用于大型球团厂,竖炉适用于中小球团厂。特别是改造后的竖炉,生产操作、热能利用和球团质量方面都有很大改善,因而仍具有较强的生命力,它可以满足1000 m^3 级及其以下各类高炉配加球团矿的需要。

5.4 球团矿和烧结矿的比较

5.4.1 原料条件

球团和烧结对原料条件要求的主要差别在于粒度不同。球团要求造球料粒度细,比表面积大,也就是说球团对原料要求严格。而烧结对原料粒度要求可粗一些,对原料的适应性强。国外,用于球团的精矿粉,小于325目的要大于70%,比表面积应在1500～2000 cm^2/g 之间,而烧结原料中小于150目粒级的应小于20%。因此,烧结对原料的适应性更强,富矿粉和钢铁厂的其他副产品,如钢渣、炉尘、轧钢皮、焦粉等都可充分利用。

此外,球团要求精矿品位高,SiO_2 含量一般应在 5%～6%以下,以利于发展晶相为主体的固结方式,避免产生过多的渣相,减少球团的粘结。

5.4.2 冶金性能

球团矿粒度小而均匀,国外球团矿粒度 8～16 mm 的占 90%～95%以上,常温强度高,运输和贮存时粉末少。可改善高炉料柱的透气性使煤气流的分布合理。此外,球团矿氧化度高,气孔小而均匀,还原性好;含铁品位高,体积密度大,可提高炉料的有效质量。表 5-2 是我国首钢烧结矿和迁安球团矿的化学组成及主要冶金性能。

表 5-2 球团矿与烧结矿化学成分及冶金性能的对比

项目 矿种	化学成分 w/%							
	CaO/SiO_2	TFe	FeO	CaO	MgO	SiO_2	Al_2O_3	K_2O+Na_2O
首钢烧结矿	0.45	63.4	18.83	2.78	1.62	6.20		(S:0.007)
迁安球团矿	0.15	65.34	0.90	0.90	0.97	6.04	0.71	0.24

项目 矿种	冶金性能									
	900℃还原度/%	500℃低温还原粉化率/%	单个成品球抗压强度/N	开口气孔率/%	荷重软化性能			熔滴性能		
					开始软化温度/℃	软化终了温度/℃	软化温度区间/℃	$T_s^{②}$/℃	$T_m^{③}$/℃	$\Delta T^{④}$/℃
首钢烧结矿	70.5	4.5			960	1105	145	1280	1350	70
迁安球团矿	82.2	7.81①	2131.9	20.58	1003	1186	183	1420	1480	60

① 还原膨胀率,%;② 压差开始陡升温度;③ 开始滴落温度;④ 滴落温度区间。

碱度相近的球团矿与烧结矿相比,前者的软化性能和熔滴性能都优于后者,这对改善炉内的还原过程也是有利的。

球团矿的冶金性能与其化学成分的关系很密切。就还原性而言,品位高,渣相少,还原性好;开口气孔率高的还原性也好。其软化性能除受脉石含量影响外,还与 MgO 含量有关。SiO_2 低,MgO 高,则软化温度高,软化区间窄,碱金属和含氟量升高时,影响则相反。

球团矿的最主要问题是热强度较差,粉化率较高。这是球团矿在还原过程中体积过分膨胀所造成的。研究表明,在加热还原时,烧结矿和球团矿都有因体积膨胀而产生碎裂粉化的现象,一般情况下球团更严重些。球团矿的正常还原膨胀在 20%以下,超过此界限,为异常膨胀,其膨胀可高达 40%～60%以上,甚至到 300%～400%。在正常膨胀范围内,对高炉冶炼没有什么影响,而恶性膨胀会导致料柱透气性恶化,给冶炼造成极大困难,以致影响球团矿使用。

5.4.3 冶炼效果

根据国内外的生产实践,由于球团矿有良好的冶金性能,可以提高高炉产量、降低焦比。这与高炉原有的原料条件,强化程度及球团矿的质量有关。用球团矿代替天然块矿冶炼时,能大幅度提高产量,改善煤气利用,降低焦比。若用非熔剂性球团矿代替熔剂性烧结矿冶炼时,产量可望提高,但焦比则不会有明显的降低。采用自熔性球团矿时,效果好一些。如本钢 2000 m^3 级高炉,在烧结机检修时,用碱度为 1.0 的自熔性球团矿代替部分碱度 1.64 的熔剂性烧结矿,其结果见表 5-3。

表 5-3 自熔性球团矿的冶炼效果

指标 时期	球团配比/%	日产量/t	冶强/t·(m³·d)⁻¹	综合焦比/kg·t⁻¹	风温/℃	[Si]/%	[S]/%	CO_2/%	入炉矿品位/%	焦炭灰分/%	校正综合焦比/kg·t⁻¹	校正产量/t·d⁻¹
基准期	1.77	3503.1	0.901	503.5	1043.5	0.6276	0.0335	17.6	57.24	14.21		
生产期	16.89	3624.3	0.9229	504.3	1071	0.6755	0.0307	17.8	57.5	14.14	484.43	3618.3

5.4.4 环境状况

球团矿的生产环境明显优于烧结。一方面,球团矿的强度好,粉末少,料层透气性好,抽风负压低,烟气含粉尘量少,除尘负荷轻,排入大气的粉尘就少。前苏联某厂测定,带式球团焙烧机废气的原始含尘量为 0.6～0.7 g/m³,经过多管除尘器后,降低到 0.07 g/m³,而在原料条件和除尘设备相同的烧结机上,废气的原始含尘量为 2～5 g/m³,除尘后为 0.4～0.6 g/m³。另一方面,由于烧结是以固体燃料为主,与气、液体燃料相比,其含硫量较高,挥发分中又含有氮。

5.4.5 设备投资和生产费用

带式焙烧机和链箅机—回转窑比带式烧结机设备复杂、庞大,加之增加了原料细磨与造球设备,因而球团的建厂投资费用要高于烧结。一般生产单位质量的球团矿比烧结矿的建厂投资约高 15%左右。

就生产费用而言,球团和烧结各有高低。球团磨矿和供风系统电耗高,但余热利用率高,热能消耗少,总能耗低于烧结。而烧结的维修费用比球团要少,从综合生产费用看,球团略高于烧结,但按含铁量计算,球团又比烧结略低一些。

通过以上五个方面的比较可以看出,球团和烧结各有特点和适用范围,都是铁矿造块的好方法。从对原料的适应性和冶金性能来看,两者相辅相成,互为补充。因而,在选择造块方法时,应根据具体条件,如原料种类、粒度、厂址、运输条件,环境要求,投资、能源结构等因素,通过综合分析比较,才能确定最适宜的方案。一般对于细磨精矿粉,烧结有一定困难,生产率低,采用球团方法更合适,球团厂宜建在矿山附近;而粒度较粗,或要处理富矿粉和钢铁厂内的杂料时,烧结能显示其优越性,烧结厂宜建在钢铁厂内。

我国目前铁精矿小于 200 目的已达到 70%～80%以上,随着富矿的减少,大量使用贫铁矿,在熟料率越来越高的情况下,必须加速发展球团矿生产。

5.5 其他球团方法

生产球团矿的方法很多,基本上可分为高温固结和低温固结球团两大类。高温固结球团,除前述的氧化球团外,还有金属化球团、钠化球团和氯化挥发球团等。低温固结球团包括水泥冷固结球团,热液法固结球团和碳酸化固结球团等。

5.5.1 金属化球团

金属化球团,又称为预还原球团。它是将生球或经氧化焙烧后的球团矿,在还原装置中用固体或气体还原剂还原成部分金属铁。其金属化程度以 $w(Fe_{金}/TFe)\times 100\%$ 表示。金属化程度低(20%～50%)和含酸性脉石较高的,用于高炉炼铁;金属化程度高(70%～90%以上),且含酸性脉石少的,直接用于电炉炼钢。

金属化球团用作高炉原料时,可大幅度降低焦比,提高产量。试验表明,炉料中金属化程度增加10%,焦化可降低5%~6%,生铁产量可提高5%~9%。因为这相当于高炉加碎铁冶炼,既减少了铁还原所消耗的热量和碳量,又充分利用了煤气的化学能。一般适于高炉冶炼用的金属化球团矿的金属化程度以30%~40%为宜。

金属化球团代替废钢料直接炼钢,既扩大了电炉炼钢原料的来源,增加了钢产量,又能提高钢的质量。金属化球团与废钢相比,杂质少,成分稳定,生产中易于操作管理,是生产各种优质钢的好原料。金属化球团直接用于炼钢,去掉了高炉冶炼这个中间环节,形成了炼钢生产新的工艺流程,部分解决了钢材需求不断增长,而炼焦用煤又日益枯竭的矛盾。因此,金属化球团的生产,近年来发展很快,它被认为是钢铁生产的一项重大技术革新。

5.5.2 低温固结球团

高温固结球团生产工艺复杂,设备庞大,投资费用高,且焙烧需要消耗大量热量和电能。低温固结球团有工艺简单,设备少,投资省等优点,但存在着生产周期较长,球团的高温热强度差,不能去除有害杂质(如硫)等问题,目前只用于小高炉生产。

5.5.2.1 水硬性球团

水硬性球团又称为水泥冷固结球团。在磁铁精矿粉中配入10%左右硅酸盐水泥或矿渣水泥,混合均匀后,在圆盘造球机上造成直径为15 mm左右的球团,然后经过养护硬化,使球团固结起来。水硬性球团的固结过程,就是水泥硬化的过程。球团固结后具有一定强度,可供高炉冶炼。

水泥冷固球团在高炉冶炼中的效果与自熔性烧结矿、球团矿相似,但水泥中含SiO_2较高,使高炉渣量增加,其发展和使用受到限制。

5.5.2.2 高温蒸养固结球团

蒸养固结球团又称热液固结球团。将铁精矿与添加的石灰黏结剂加水混合造球,球团经部分干燥后放入高压釜中,通过蒸汽进行蒸养固结,使球团获得较高强度。

其固结机理:在高压饱和蒸汽的作用下,铁精矿中的SiO_2、Fe_2O_3、Al_2O_3、MgO与添加的石灰发生化学反应,生成复杂的含水硅酸盐等凝胶,这些凝胶在干燥后,变成骨架状的固体物质,把颗粒粘结起来,高压饱和蒸汽的作用是,既满足反应所需的温度,又使球团中有一定的水分,以维持水热合成反应。

南京钢铁厂用铁精矿粉配入10%的细磨生石灰、加水混合消化,再入球磨机混磨30 min后成球。生球部分烘干后,装入高压釜,通蒸汽加压(1 MPa)升温,恒压4~5 h,出釜后再加热至280℃,维护10 min,使蒸养球团进一步固化得成品。单个成品球抗压强度可达1961 N以上,还原性和热还原性好。

蒸养固结球团除可用于铁精矿外,对处理钢铁厂废料(如炉尘轧钢皮等)比烧结更经济实用,缺点主要是不能连续作业。

5.5.2.3 碳酸化固结球团

采用消石灰作黏结剂,同精矿粉和少量燃料(10%~15%焦粉)一起造球,经常温干燥后通入CO_2气体,使球团矿中的消石灰碳酸化,生成碳酸钙而将精矿粉固结。干燥的CO_2作用于干燥的$Ca(OH)_2$时不能进行碳化反应,只有在有水分存在的情况下,碳酸化反应才能进行。加入适当的催化剂可加速碳酸化过程。

将精矿粉与消石灰混合造球,放入碳酸化炉中,通入含CO_2的废气,如石灰窑废气和用高炉煤气烧热风炉时产生的废气,进行碳酸化,球团中含消石灰15%~20%,废气中含$CO_2$15%~

25%,当含 CO_2 更高时,碳酸化过程加快。球团矿含水量为6%～8%,球层较厚(如1 m以上)时,适宜水分可降低到4%～5%。废气中适宜温度为50～70℃,碳酸化时间为4～6 h。

昆钢试验表明,用这种方法生产的球团矿,转鼓指数不小于85%,抗压强度平均为800 N/个球。可以满足小高炉生产。

碳酸化球团对原料的适应性较强,可以生产自熔性球团矿,不需要高温焙烧,节省燃料,设备简单。但不能去硫,要求精矿粉含硫低。另外,在高炉中温度达到900～1000℃时,碳酸钙大量分解,使强度降低,影响顺行,并且分解吸热,不利于降低焦比。

此外,还有铁屑锈结球团,系用10%铁屑和精矿粉加食盐水0.5%～1.0%混合造球,放置2～5天,在电解质作用下,矿粉和铁屑形成局部电池,产生腐蚀性产物 $Fe(OH)_3$ 胶体,使球团固结,具有一定强度。

其他还有低温固结综合团矿,是将矿粉、熔剂、煤粉或焦粉等混合在一起,以有机黏结剂低温固结形成综合团矿,适用于小高炉冶炼。这种综合团矿工艺简单,不需高温固结,成本低廉,冷却态强度高,冶金性能好,而且以煤代焦。

复习思考题

1. 球团矿生产对铁精矿的要求有哪些?
2. 球团矿配加添加剂的主要目的是什么?
3. 生产中成球过程有哪几种方式?
4. 圆盘造球机有哪些主要结构,其参数如何选择、调整?
5. 球团矿氧化焙烧工艺有哪几种方法?
6. 带式焙烧机的主要特点有哪些?

6 烧结与球团主体设备

选择合适的设备是烧结和球团生产获得优质、高产、低耗的必要条件。任何设备因素考虑不周,都会直接影响烧结矿或球团矿的质量和产量。

烧结球团厂的设备可分为主要工艺设备,辅助工艺设备,起重运输设备和检修设备。对设备的要求应该是性能良好,效率高,操作方便,安全可靠,结构简单,不需要大量的特殊材质,以及易损部件标准化。

精心维护好设备,严格遵守技术操作规程,是提高设备完好率和作业率,稳定生产的基础。注意调查研究、分析设备的运转情况,不断进行革新,改进,使设备充分发挥其作用,又是维护好设备,增加生产,发展生产的重要方面。

烧结和球团主要工艺设备有:原料的破碎筛分设备、配料设备、混合与造球设备、烧结及焙烧设备、产品的破碎筛分和冷却设备、除尘及环保设备等。

6.1 破碎磨矿及筛分设备

6.1.1 破碎设备

破碎是原料准备与处理工作中的一个基本环节,它的目的是控制原料的粒度,使粒度达到高炉冶炼的要求。破碎矿石用各种类型破碎机的工作原理示于图 6-1。

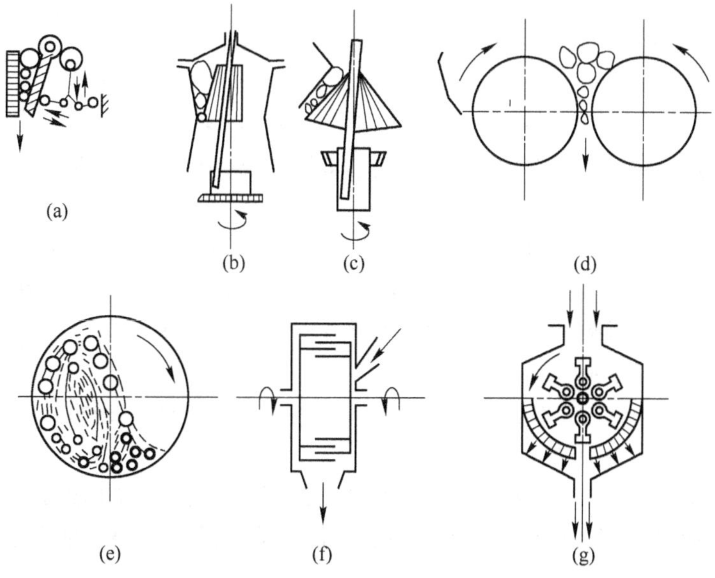

图 6-1　破碎机工作原理示意图

a—颚式破碎机;b—圆锥破碎机;c—短锥式破碎机;d—辊式破碎机;
e—球磨机或棒磨机;f—鼠笼式破碎机;g—锤式破碎机

6.1.1.1　颚式破碎机

颚式破碎机主要用于铁矿石的破碎。其最大的给矿粒度为 1000 mm,它是一种间断工作的破碎机械。工业上广泛应用的颚式破碎机有两种。动颚作简单摆动(即双肘板机构)的颚式破碎机见图 6-2(a),动颚作复杂摆动(即单肋板机构)的颚式破碎机见图 6-2(b)。前者多半制成大、中型,破碎比为 3～5;后者一般制成中、小型,其破碎比可达 10。

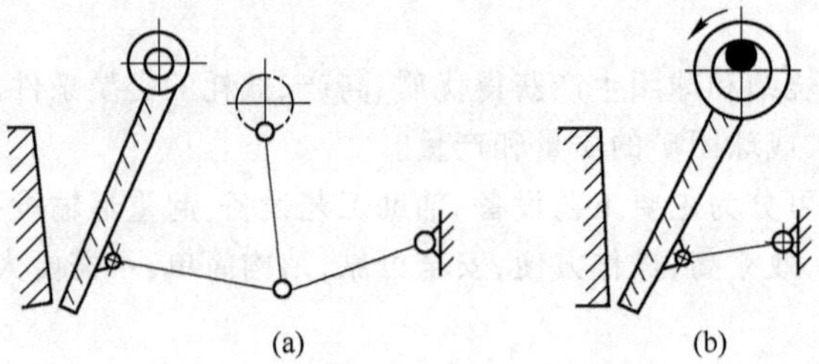

图 6-2　简单摆动(a)和复杂摆动(b)颚式破碎机

颚式破碎机的规格是用给矿口宽度(B)和长度(L)来表示。如 900 mm×1200 mm 颚式破碎机即表示给矿口宽度为 900 mm,长度为 1200 mm。根据给矿口宽度的大小,颚式破碎机又分为大、中、小型三种。给矿口宽度大于 600 mm 的称为大型;给矿口宽度在 300～600 mm 者为中型;宽度小于 300 mm 的为小型颚式破碎机。

颚式破碎机主要由带有纵向波纹齿的固定颚板与可动颚板组成。可动颚板悬挂在偏心轴上,并围绕偏心轴对固定颚板作用周期性的往复摆动。通过传动装置,可动颚板靠近固定颚板时,矿石受到挤压、劈裂和折断的联合作用而破碎。可动颚板离开固定颚板时排矿口增大,已破碎的矿石在重力作用下排出。其工作原理如图 6-1(a)所示。

颚式破碎机长期工作时,定颚与动颚上的破碎齿板不断磨损,排矿口逐渐增大,使产品粒度逐渐变粗,为了保证破碎产品的粒度要求,必须定期地调整排矿口的大小。推力板不仅是传递力的部件,而且一般也是破碎机的保险装置。推力板通常使用铸铁材料,同时采用在推力板上冲孔或使用组合推力板(将推力板做成两个半块再用铆钉连接起来)。当破碎机内进入非破碎物(如铁块等)超过正常负荷时,则推力板或连接铆钉立即折断或剪断,使破碎机停止工作,从而避免设备的主要部件损坏。

颚式破碎机多用于铁矿石的粗碎和中碎,中小型烧结厂整粒时也有用颚式破碎机的。其设备的优点是结构简单,工作可靠,容易制造,操作与维护方便。缺点主要是间歇性作业设备的台时生产能力小,产量低,且振动大和不适合于破碎片状和板状物料。

6.1.1.2　旋回圆锥破碎机

旋回式圆锥破碎机多用于铁矿石的粗碎作业。最大给矿粒度为 1000 mm,是一种连续工作的破碎机械。其工作原理如图 6-1(b)所示。

旋回式圆锥破碎机由活动圆锥(破碎锥)和固定圆锥两个截头圆锥体组成。活动圆锥的主轴悬挂在横梁上面的固定悬挂点上,在下部传动机构的带动下,其锥头绕主轴作连续的偏心旋回运动。当活动圆锥靠近固定圆锥时,处于两锥体之间的矿石,主要受到挤压、折断和磨剥的联合作用而破碎。活动圆锥离开固定圆锥后,破碎产品由排矿口排出。排矿侧与破碎侧随圆锥旋回移动始终保持相对呈 180°角,破碎与排矿同时进行,破碎过程是一种连续作业的过程。

旋回式圆锥破碎机的规格以活动圆锥与固定式圆锥上部的最大给矿口宽度和排矿口的宽度来表

示。如旋回圆锥破碎机规格为1200/180,即最大给矿口宽度为1200 mm,排矿口宽度180 mm。

旋回式圆锥破碎机与大型颚式破碎机都是铁矿石的粗碎设备。颚式破碎机是由重板给矿机均匀给矿进行破碎的,而旋回式圆锥破碎机给矿不用重板给矿机,由运矿火车直接翻车给入即可进行破碎。圆锥式破碎机与颚式破碎机比较,圆锥式破碎机的主要优点是:工作较平稳,设备振动较轻,连续作业产量较高,同时能量消耗少;产品外形比较整齐,且产生的粉矿较少。缺点是圆锥破碎机结构复杂,不便维修,设备本身的高度和重量大,而且排矿口调整比较麻烦。

6.1.1.3 短锥式破碎机

短头式圆锥破碎一般用于铁矿石的中碎和细碎作业。短锥式破碎机的工作原理见图6-1(c),它与旋回式圆锥式圆锥破碎机相同,但结构上有些区别。主要是旋回式圆锥破碎机的圆锥是急倾斜的,破碎锥体动锥是正立的,而固定锥体定锥为倒立的截头圆锥,这主要是为了适应给矿块度的需要,破碎的工作区在倒立的定锥与正立的动锥之间。而短锥式破碎机的圆锥形状是缓倾斜的,固定锥体与活动锥体都是正立的截头圆锥,这是为了满足控制排矿粒度的要求,矿石的破碎在两锥体平行的破碎腔内进行的。旋回式圆锥破碎机的破碎锥体悬挂在横梁上,采用的是干式防尘装置;而短锥式破碎机的破碎锥体则是支承在底座上的球面轴承上,且采用水封式防尘装置。短锥式破碎机的保险装置是机壳外的弹簧机构。当破碎机内进入铁块等较硬的非破碎物时,弹簧被拉长,固定锥体与活动锥体之间的破碎腔变宽。排出铁块等混入物,保护设备避免主要部件损坏。

短锥式破碎机的规格用破碎锥体底部直径表示。如 ϕ2200 表示破碎锥体底部直径为2200 mm。

短锥式破碎机具有生产能力大,功率消耗低,破碎工作区粉尘少,环境好等优点。

6.1.1.4 辊式破碎机

辊式破碎机的工作原理如图6-1(d)所示。物料在两个相对反向转动的圆辊之间受挤压、磨剥而破碎。辊式破碎机按转辊数目分为单辊、对辊和四辊破碎机等。单辊破碎机多用于破碎烧结矿,对辊和四辊破碎机用于破碎焦炭及无烟煤等。

(1) 剪切式单辊破碎机:剪切式单辊破碎机主要由星辊、轴辊、轴套、水管、固定箅及传动减速机构组成,如图6-3所示。箅板是固定的,设在破碎机的下面,星辊在箅板条之间的间隙内转动。破碎齿冠由耐热耐磨材料堆焊或镶块而成。破碎齿的形状不一,有三齿的也有四齿的,一般以四齿的为多。

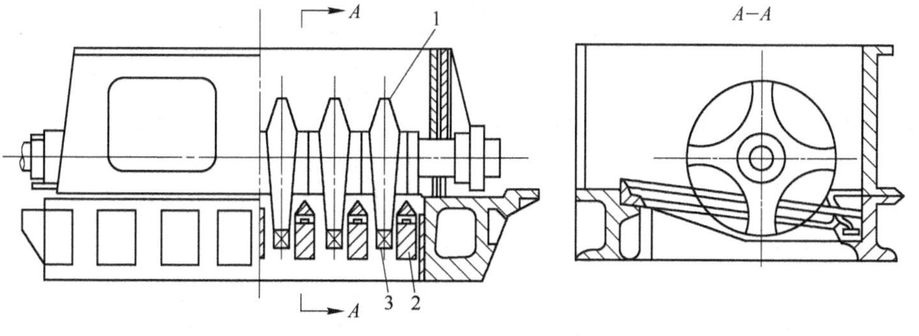

图6-3 剪切式单辊破碎机

1—星辊;2—固定箅;3—齿冠

剪切式单辊破碎机是借助转动的星辊与侧下方的箅板形成剪切作用将热烧结矿破碎。设备的规格用星辊的直径和长度来表示。如 $\phi1400\times2600$ 表示单辊破碎星辊直径为1400 mm,长度为 2600 mm。这种破碎机破碎粒度均匀粉矿少，结构简单，生产效率高。主要磨损件为星辊的齿冠，箅板的衬板更换方便，主轴采用中空通水冷却，以减轻烧结矿的高温对设备的不利影响。剪切式单辊破碎机技术性能见表 6-1。

表 6-1　剪切式单辊破碎机技术性能

规　格	排料粒度/mm	产量/$t\cdot h^{-1}$	转速/$r\cdot min^{-1}$	电动机	
				型　号	功率/kW
ϕ1100×1600	≤100	60～90	4.3～5.8	JO 82—8	20
ϕ1100×1640	≤100	60～100	5.3	JO 82—8	20
ϕ1400×2600	≤100	80	6	$JO_2$81—8	22
ϕ1500×2140	≤220	250～300	5.2	JO93—8	40
ϕ1500×2800	≤200	300	5.3～6.6	JO94—8	55
ϕ1600×2640	≤150	400	6	JO98—8	40(55)

一般大、中型烧结厂和新建烧结厂都采用这种剪切式单辊破碎烧结矿。

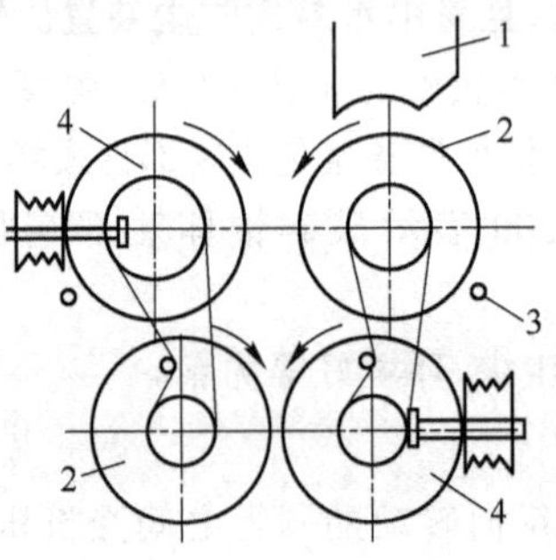

图 6-4　四辊破碎机
1—加料斗；2—主动辊；
3—切削辊；4—被动辊

(2) 四辊破碎机：四辊破碎机广泛用于烧结厂破碎燃料，在燃料粒度小于 25 mm 时，能一次破碎到小于 3 mm 的粒度，不需筛分，破碎系统简单。四辊破碎机生产能力受给料粒度影响较大，粒度愈大产量愈低，燃料粒度大于 25 mm 不能进入破碎机破碎。

四辊破碎机结构如图 6-4 所示。它由两对反向转动的光面辊组成，上下两对辊中各有一个主动辊和一个被动辊，被动辊的轴座可以移动，借调节丝杠来调整两辊间隙尺寸。一般上面两辊间隙为 8～12 mm，下面两辊间隙≤3 mm。机架上装有走刀机构用来车削四辊辊皮。破碎原理是物料在两个相对反向转动的辊间受挤压、磨剥而破碎。

四辊破碎机的规格用辊子的直径和长度来表示，如常用 ϕ900×700 四辊破碎机，是指辊子直径为 900 mm，辊子的长度为 700 mm。四辊破碎机技术规格见表 6-2。

表 6-2　四辊破碎机技术规格

规　格	给料粒度/mm	排料粒度/mm	产　量/$t\cdot h^{-1}$	转　速/$r\cdot min^{-1}$	电动机	
					型　号	功率/kW
4PGϕ900×700	<40～100	2～10	16～18	上辊　104 下辊　189	上　JO 83-12/6 下　JO 82-6	125/20 28
ϕ750×500	<30	2～4	5.5～12	上辊　118 下辊　216	上　JO 82-12/6 下　JO_2-71-6	14 7

操作时应沿辊子长度均匀给料，保证辊皮均匀磨损，辊皮磨损后要即时车削。严防金属及杂物进入破碎机。四辊破碎机设备简单，操作维护方便，同时可以进行开路破碎，简化破碎流程，而且产品无过粉现象；其缺点是破碎比较小，产量较低，生产能力受物料粒度影响大，辊皮磨损不均匀等。

6.1.1.5　冲击式破碎机

冲击式破碎机种类很多，常用的有鼠笼式破碎机（见图 6-1(f)）、锤式破碎机（见图 6-1(g)）和反击式破碎机。目前烧结厂石灰石和白云石的破碎广泛使用锤式破碎机。其最大给矿粒度可达

80 mm,破碎比为10～15,小于80 mm的石灰石可以直接破碎至3 mm以下。

锤式破碎机由镶有衬板的机罩、迎料板、箅条和转子等部分组成。转子又由轴和固定在轴上的圆盘以及铰链在圆盘上的锤头三者构成。锤头的材质,可采用锰钢或淬火的45号钢。迎料板和箅条位置是可调的。锤式破碎机主要靠锤子的锤击来破碎矿石。矿石给入破碎机中首先遭受到高速回转的锤头冲击而破碎,破碎后的物料从锤头处获得动能,以高速向机壳内壁破碎板和箅条冲击,受到二次破碎。小于箅条缝隙的矿石即从缝隙中排出,而较大的矿块在破碎板和箅条上还将受到锤子的冲击或研磨而破碎,在破碎过程中也有矿石之间的冲击破碎。

锤式破碎机按转子旋转方向,分为可逆式与不可逆式两种。可逆式的转子的旋转方向可以改变,其优点是提高了锤子寿命和破碎机的作业率。锤式破碎机性能见表6-3。

表6-3 锤式破碎机性能

规　格	给料粒度/mm	排料粒度/mm	产量/$t\cdot h^{-1}$	转子转速/$r\cdot min^{-1}$	电动机	总量(包括电动机)/t
ϕ600×400 不可逆	<100	<35	12～15	1000	JO_2-62-4 17 kW	2.67
ϕ800×600 不可逆	<200	<13	18～24	980	JO-93-6 55 kW	3.34
ϕ1000×800 不可逆	<200	<13	13～25	975	JR117-6 115 kW 380 V	6.31
ϕ1300×1600 不可逆	<200	<10	150～200	730	JSQ147-8 200 kW 6000 V 或JSQ147-10 200 kW 6000 V	12.35
ϕ1000×1000 可　逆	<80	0～3	100	750	JSQ147-8 200 kW	12.18
ϕ1430×1300 可　逆	<80	0～3	200	735	JSQ1410-8 370 kW 3000 V 或JSQ158-8 380 kW 6000 V	18.62
ϕ1430×1300	<100	0～3	400	985	JSQ158-6 550 kW 6000 V	19.24

锤式破碎机优点是:破碎比大,生产效率高,单位产品耗电量小,结构简单紧凑和操作维护容易。其缺点是工作部分易磨损,箅条易堵塞(特别是水分含量较高时),破碎过程粉尘大和噪声大等。锤式破碎机常见故障原因、排除方法及预防措施见表6-4。

表6-4 锤式破碎机常见故障原因、排除方法及预防措施

常见故障	原　因	消除方法	预防措施
轴承过热	1. 油量不足或过多; 2. 轴承间隙不合要求; 3. 轴承内有杂物	1. 检查油量; 2. 打开压盖检查; 3. 清洗检查滚珠粒是否损坏	1. 注意每次清洗加油量; 2. 检修时严格控制间隙按图施工; 3. 检修、安装时保持滚珠轴承和油质清洁
转子振动大	1. 电机轴与转子轴不同心; 2. 转子轴弯; 3. 转子偏重、掉锤头; 4. 物料堵塞; 5. 地基螺栓不牢	1. 重新找正; 2. 检查转子轴换新; 3. 对齐锤头、更换锤头; 4. 畅通堵料; 5. 检查、紧固	1. 检查、安装完毕,电机轴与转子轴一定要找正、同心; 2. 安装前检查转子轴; 3. 生产前检查锤头是否齐全,新换锤头重量应一致; 4. 随时注意给料水分; 5. 经常检查、及时紧固、更换

续表 6-4

常见故障	原　因	消除方法	预防措施
部件损坏	1. 锤前磨损严重； 2. 箅筛损坏或磨损严重； 3. 衬板磨损严重间隙大	1. 换锤头； 2. 换箅筛； 3. 换衬板	1. 生产前检查锤头磨损情况； 2. 生产前检查箅筛是否完好，生产中应注意产品情况； 3. 生产前应详细检查衬板、调整间隙

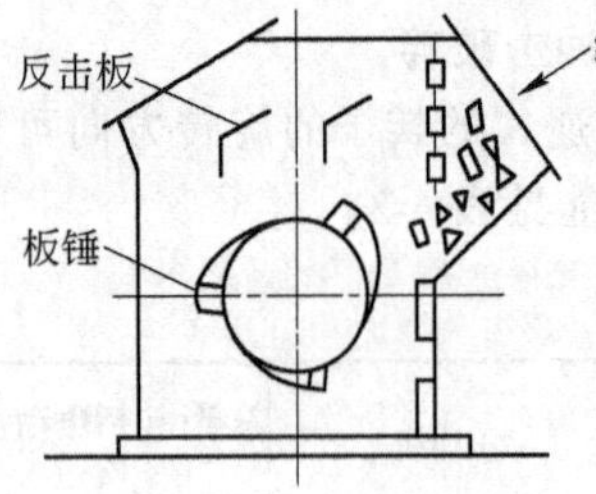

图 6-5　反击式破碎机

反击式破碎机是一种高效破碎设备。破碎机由机壳、转子和反击板组成，如图 6-5 所示，物料被转子的板锤冲击，在转子和反击板之间反复碰撞(包括物料间的碰撞)而破碎。其结构简单，生产效率高，破碎比大，耗电量少，烧结厂在熔剂的破碎时可选用这种设备。

6.1.2　磨矿设备

矿石的粉碎过程通常是在磨矿机中进行的。仅用破碎方法使有用矿物达到必要的单体分离状态是不可能的，必须用磨矿设备将矿石继续磨到所需的粒度，其工作原理如图 6-1(e)所示。磨矿机是一个两端具有中空轴的回转圆筒，筒内装有一定数量的钢球或钢棒。一般钢球的体积约占磨矿机体积的 40%～50%。矿石和水从一端的中空轴给入圆筒，从另一端的中空轴排出。当圆筒按规定的转数工作时，磨矿介质(钢球、钢棒)在筒内可作抛落运行和滑动，借助介质与矿石之间的冲击和磨剥作用而使矿石磨碎。磨碎的矿石与水形成矿浆(湿式磨矿)，由排矿端的中空轴排出。

磨矿机的种类繁多，根据磨矿介质、机壳形状和排矿方法进行分类。一般分类如表 6-5 所列。磨矿机规格用磨机圆筒直径和长度来表示。如 MQG2700×3600，为格子型排矿方式球磨机，直径 2700 mm，筒长 3600 mm。磨矿机圆筒中装入的介质是钢球时称为球磨机，介质是钢棒时，便是棒磨机。选矿和造块生产中的原料细磨作业常用这种设备。选矿生产上还采用一种无介质自磨机，在磨矿过程中不加入任何其他介质，只是将大小块矿块按一定比例装入磨机，矿块随筒体旋转被提升到一定的高度，然后抛落下来产生冲击和磨剥作用使矿石磨碎，它的优点是破碎比大，简化了磨矿流程。

表 6-5　磨矿机分类表

类　型	磨矿介质	筒体形状	L/D	排矿方式	传动方式	筒体支承方式
球磨机	金属球 (钢球或铁球)	短筒形	$L \leqslant 2D$	1. 溢流排矿； 2. 格子排矿	1. 周边齿轮传动； 2. 摩擦传动	1. 轴承支承； 2. 托滚支承； 3. 混合支承
		管　形	$L=(3\sim6)D$	1. 溢流排矿； 2. 格子排矿	1. 中央传动； 2. 周边齿轮传动	轴承支承
		锥　形	$L=(0.25\sim1.0)D$	1. 溢流排矿； 2. 格子排矿	周边齿轮传动	轴承支承
棒磨机	金属棒	筒　形		1. 溢流排矿； 2. 开口式低水平排矿	1. 周边齿轮传动； 2. 摩擦传动	轴承支承
无介质磨矿机	不装磨矿介质或加不多于 4%的钢球	短筒形	$L=(0.3\sim0.14)D$	利用吹风装置的风力排矿	周边齿轮传动	轴承支承

6.1.3 筛分设备

烧结、球团厂原料和产品经破碎后一般需要进行筛分作业，目前，与破碎设备组成闭路系统所用的筛子多为自定中心振动筛，也有的采用惯性筛、胶辊筛、共振筛。常用的筛分设备有以下几种。

6.1.3.1 固定筛

固定筛由筛框和一组平行排列的钢制筛板构成。位置固定不动，筛子与水平呈 35°～75°倾角，角度的大小由筛分物料的性质而定。固定筛多用于大块物料的粗筛。目前我国有些烧结厂仍使用固定筛在烧结机尾筛分烧结矿，使成品与返矿分开，筛缝一般为 18～25 mm。

固定筛的优点是坚固、简单、投资少而且不用传动设备和动力。缺点是筛分效率低(60%～70%)，如筛分烧结矿时在成品中夹杂有大量粉末，筛下返矿中含有一定数量大颗粒烧结矿；条筛易堵塞，设备占地面积和净空高度都大。

6.1.3.2 圆筒筛

圆筒筛是金属丝织成筛网或用穿孔的钢板做成圆筒形或圆锥形的筛子。用圆筒筛筛分矿石时，通常将矿石按粒度分成几级，因此筛网也分成几部分，筛孔最小的一段在给矿端，筛孔最大的一段在排矿端。圆筒筛构造简单，易于管理，并且振动较小，但是生产量小，筛分效率只有 40%～60%，在筛分过程中并有磨碎作用。

6.1.3.3 振动筛

振动筛是工业上使用最广泛的筛子，多用于筛分细碎物料。它利用筛网的振动来进行筛分。筛网振动的次数为 900～1500 次/min，也有达到 3000 次/min 的。振幅的范围在 0.5～12 mm，振幅越小，振动次数越多。筛子的倾斜角在 0～40°之间。

振动筛筛分效率高，一般是 80%～95%；筛分原料粒度的范围大，从大于 250 mm 到 0.1 或 0.01 mm；单位面积产量大；易于调整，筛孔较少堵塞。这种筛子需要专门的传动设备且消耗动力。

最常用的振动筛有偏心振动筛、惯性振动筛和自定中心振动筛等。

(1) 偏心振动筛：偏心振动筛结构见图 6-6(a)。筛箱两端支承在弹簧上，中部支承在偏心轴上，偏心轴安装在固定框架上。依靠偏心轴的旋转使筛子产生振动。偏心振动筛工作时产生强烈的振动，对机械及建筑物不利，新建厂已很少采用。

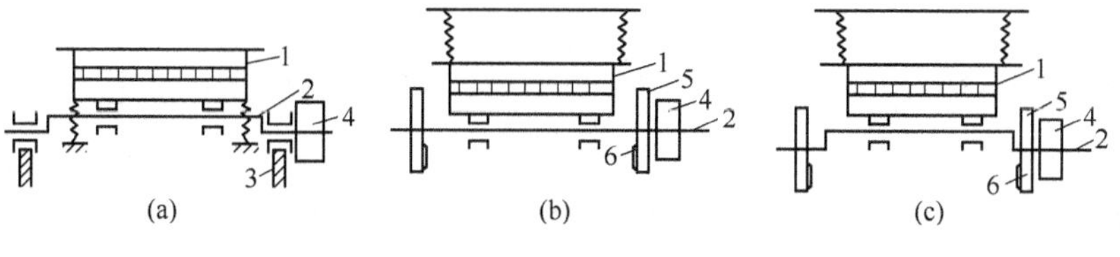

图 6-6 各种振动筛工作示意图

a—偏心振动筛；b—惯性振动筛；c—自定中心振动筛

1—筛箱；2—轴；3—固定框架；4—皮带轮；5—飞轮；6—飞轮配重

(2) 惯性振动筛：惯性振动筛结构见图 6-6(b)。筛体和轴及传动皮带轮全部吊挂在弹簧上。筛体的振动是由固定在轴上的两个装有配重的飞轮旋转时产生的惯性力所引起的。惯性振动筛和偏心振动筛比较，惯性振动筛设备简单，传给支承的振动小。但是振动的振幅取决于载荷，影响筛分效率。

惯性振动筛分座式及吊式两种，均以15°～20°倾角倾斜安装在基础或梁上。过去烧结厂用惯性振动筛筛分熔剂，现在多被自定中心振动所取代。

(3) 自定中心振动筛：自定中心振动筛工作时传动轴中心线的空间位置自行保持不变，因此称为自定中心振动筛。自定中心振动筛的结构见图6-6(c)。它和惯性振动筛大致一样，不同的是自定中心振动筛主轴是偏心的。其工作原理是依靠偏心传动轴的旋转使筛子产生上下振动，偏重物随轴一起旋转而产生的惯性力平衡筛子上下振动所产生的惯性力，使该振动筛偏心传动轴中心线的空间位置自行保持不变。由于克服了前两种振动筛的缺点，在工业生产中得到较广泛的应用。自定中心振动技术规格见表6-6。

表6-6　自定中心振动筛技术规格

筛子型号	筛网规格/mm	筛网有效面积/m²	筛网层数	振动次数/次·min⁻¹	最大给料粒度/mm	筛面倾角/(°)	双振幅/mm	电动机			筛孔尺寸/mm	筛子总重/kg
								型号	功率/kW	转速/r·min⁻¹		
SZZ400×800	400×800	0.3	1	1500	40	10～20	6	JQ_3-801-4	0.75	1500	1、2、3、6、10、13、20	120
$SZZ_2$400×800	400×800	0.3	2	1500	40	10～20	6	JQ_3-801-4	0.75	1500	1、2、3、6、10、20、25	141
SZZ800×1600	800×1600	1.2	1	1400		0～25	6	JQ_{41}-4	1.7	1440	3～40	561
$SZZ_2$800×1600	800×1600	1.2	2	1430		0～25	6	JQ_{42}-4	2.8	1440	3～40	706
SZZ900×1800	900×1800	1.6	1	1000	40	15～25	6	JQ_3-112S-4	2.2	1430	1、2、3、6、10、13、20、25	420
$SZZ_2$900×1800	900×1800	1.6	2	1000	40	15～25	6	JQ_3-110S-4	2.2	1440	1、2、3、6、10、13、20、25	570
SZZ1250×2500	1250×2500	3.1	1	850	100	15～20	2～7	JQ_3-112L-4	5.5	1440	6、8、10、13、16、40	1020
$SZZ_2$1250×2500	1250×2500	3.1	2	850	100	15～20	2～7	JQ_3-112L-4	5.5	1440	6、8、10、13、16、25、30、40	1325
$SZZ_2$1250×4000	1250×4000	5	2	900	150	15～20	2～6	JQ_3-51-4	7.5	1460	3～60	2522
SZZ1500×3000	1500×3000	4.5	1	800	100	15～20	5～10	JQ_3-140S-4	7.5	1450	6、8、10、13、16、25、30、40	1730
$SZZ_2$1500×3000	1500×3000	4.5	2	840	100	15～20	8	JQ_3-140S-4	7.5	1450	6、8、10、13、16、25、30、40	2150

续表 6-6

筛子型号	筛网规格/mm	筛网有效面积/m^2	筛网层数	振动次数/次·min^{-1}	最大给料粒度/mm	筛面倾角/(°)	双振幅/mm	电动机			筛孔尺寸/mm	筛子总重/kg
								型号	功率/kW	转速/r·min^{-1}		
SZZ1500×4000	1500×4000	6.0	1	840	150	15～20	5～10	JQ_3-140M-4	11	1450	6、8、10、13、16、25、30、40	2500
$SZZ_2$1500×4000	1500×4000	6.0	2	840	100	20	6	JQ_3-160S-4	15	1500	6、8、10、13、16、25、40	4068
SZZ1800×3600	1800×3600	6.5	1	750	150	20～25	8	JQ_3-160S-4	15	1450	6、8、10、13、16 25、30、40	4500
$SZZ_2$1800×3600	1800×3600	6.5	2	750	150	20～25	8	JQ_3-160S-4	15	1450	6、8、10、13、16、25、40	3600

(4) 耐热振动筛：耐热振动筛用于筛分 800～1000℃的烧结矿，筛分后热烧结矿送往冷却机冷却。国内热矿筛与烧结机配套情况见表 6-7。

表 6-7 振动筛与烧结机配套表

名称型号及规格/mm		重量/kg	配套烧结机型号/m^2
固定筛	1200×3400	1100	13
水冷梁固定筛	1800×3600	3968	18
水冷梁固定筛	1800×4000	4889.5	24
耐热振动筛	SZR1500×4500	—	18,24,36
耐热振动筛	SZR2500×7500	—	50
耐热振动筛	SZR3100×7500	25400	75,90
配用电机	JO_3-2505-837 kW		

耐热振动筛由振动器、筛箱、弹簧等组成。筛箱是筛子的运动部件，由筛框、筛板、横梁、侧板组成。筛子的基本工作原理是，振动器上两对偏心块在电机带动下，作高速相反方向旋转，产生定向惯性力传给筛箱，与筛箱振动时所产生的惯性力相平衡，从而使筛箱产生具有一定振幅的直线往复运动。筛面上的物料，在筛面的抛掷作用下，以抛物线运动轨迹向前移动和翻滚，从而达到筛分的目的。

耐热振动筛筛分效率高，设备结构简单，由于采用了二次减振梁，对基础的动负荷较小。但是筛子长期处于高温粉尘条件下工作，遭受连续运动的冲击和振动，筛子本体容易变形、振裂、助振器轴承容易损坏，筛子易于过度磨损。所以国产耐热振动筛筛板选用铬锰氮耐热铸钢，筛框为 14 锰钼钒硼加稀土低合金钢，性能较好，能满足生产要求，而造价比镍铬耐热钢降低 70%以上。

由于耐热振动筛在使用中难以避免一些故障影响烧结机的生产率，国外有些烧结厂已取消耐热振动筛。经单辊破碎机破碎后的烧结矿直接进入冷却机，只要把冷却机的风量增加 15%～20%，即可获得与有热振筛时同样的冷却效果，这一工艺改革值得研究实践。

振动筛常见故障及排除方法参见表 6-8。

表 6-8　振动筛常见故障及排除措施

故　障	故障原因	排除方法
筛分质量不佳	1. 筛网的筛孔堵塞； 2. 入筛的碎块增多； 3. 入筛物料水分增加； 4. 给料不均匀； 5. 料层过厚； 6. 筛网拉得不紧	1. 减轻振动筛负荷，清理筛网； 2. 改变筛框倾斜角度； 3. 改变筛框倾斜角度； 4. 调整给料； 5. 减少给料； 6. 拉紧筛网
正常工作的振动转筛运转过慢	传动皮带松	拉紧传动皮带
轴承发热	1. 轴承缺乏润滑油； 2. 轴承堵塞； 3. 轴承磨损	1. 往轴承注入润滑油； 2. 清洗轴承、检查更换密封圈； 3. 更换轴承
振动过剧	安装不良或飞轮上的配重脱落	重新配重，平衡振动筛
筛框横向振动	偏心距的大小不同	调整飞轮
突然停止	多槽密封套被卡住	停车检查，调整及更换
在工作中发生不正常的声音	1. 轴承磨损； 2. 筛网拉得不紧； 3. 轴承固定螺丝松； 4. 弹簧损坏	1. 更换轴承； 2. 拉紧筛网； 3. 拧紧螺丝； 4. 更换弹簧
运转时摆动大	悬挂架和钢绳受力不匀	调整钢绳达到受力均匀

6.2　给料与配料设备

6.2.1　圆盘给料机

目前烧结厂容积法配料中广泛采用的配料设备是圆盘给料机。其作用是在一定的时间内，从矿槽中给出一定数量的物料，从而得到所需成分的混合料。

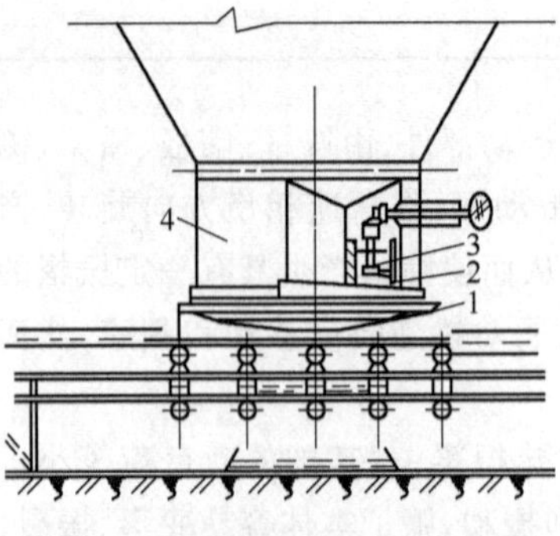

图 6-7　烧结配料圆盘给料机
1—底盘；2—核度标尺；
3—出料口闸板；4—圆筒

圆盘给料机构造如图 6-7 所示。它由传动机构、圆盘、套筒和调节给料量的闸门及刮刀组成。电动机经联轴器通过减速机来带动圆盘。圆盘转动时，料仓内的物料随圆盘一起运动并向出料口的一面移动，经闸门或刮刀排出物料。排出量的大小可用闸门或刮刀装置来调节，当精矿或粉矿用量较大时，宜用带活动刮刀的套筒；而熔剂或燃料用量小，而且要求精确性高时，宜用闸门式套筒。

圆盘给料机，按其传动机构封闭与否，分为封闭式和敞开式两种。封闭式圆盘给料机传动的齿轮及轴承等部件装在刚度较大的密封壳里，因而有着良好的润滑条件，检修周期长，但设备重、造价高、制造困难，大型烧结厂采用较多。而敞开式圆盘给料机(见图 6-8)，没有良好的润滑条件，易落入灰尘、矿料和杂物，齿轮、轴及各转动摩擦部位会迅速磨损。但其设备轻，结构简单，便于制造，多为中小烧结厂采用。我国制造的各种圆盘给料机的规格见表 6-9。

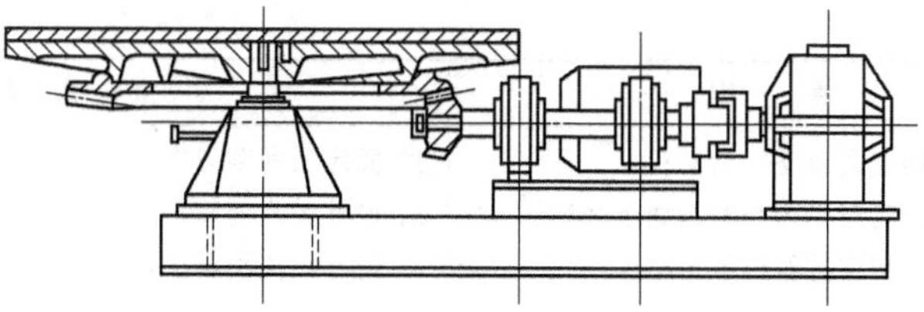

图 6-8 敞开式圆盘给料机

表 6-9 圆盘给料机规格

型号	类型	圆盘直径 /mm	给料能力 /$m^3\cdot h^{-1}$	圆盘速度 /$r\cdot min^{-1}$	物料粒度 /mm	电动机 型号	电动机 功率/kW	总重/kg
FDP400	封闭吊式	400	0～2.6	10.7	≤30	JO41-6	1	160
FDP500	封闭吊式	500	0～3.3	7.83	≤30	JO41-6	1	230
FDP600	封闭吊式	600	0～5	7.83	≤30	JO_2-22-6	1.1	250
FDP800	封闭吊式	800	0～7.95	7.53	≤30	JO_2-22-6	1.1	600
FDP1000	封闭吊式	1000	0～13	5.9	≤30	JO_2-31-6	1.5	950
FDP1300	封闭吊式	1300	0～24.7	6.33	≤30	JO_2-41-6	3	1255
CDP600	敞开吊式	600	0～5	7.83	≤30	JO_2-22-6	1.1	255
CPP800	敞开吊式	800	0～7.95	7.53	—	JO_2-22-6	1.1	600
PGM-60/5	座式	600	5	9.1	≤50	JO_2-32-6	2.2	678
PGM-60/10	座式	600	10	14.8	≤50	JO_2-32-6	2.2	678
PGM-85/20	座式	850	20	14.8	≤50	JO_2-41-6	3	746
PGM-85/30	座式	850	30	14.8	≤50	JO_2-41-6	3	746
FPG1000	封闭座式	1000	13	6.5	≤50	JO_2-41-6	3	1400
FPG1500	封闭座式	1500	30	6.5	≤50	JO_2-52-6	7.5	2880
FPG2000	封闭座式	2000	80	4.79	≤50	JO_2-61-6	10	5200
FPG2500	封闭座式	2500	120	4.522	≤50	JO_2-71-6	17	7310
FPG3000	封闭座式	3000	75～225	1.3～3.9	≤50	JO_2-72-6	22	13300
CPG1000	敞开座式	1000	14	7.5	≤50	JO_2-32-6	2.2	740
CPG1500	敞开座式	1500	25	7.5	≤50	JO_2-51-6	5.5	1325
CPG2000	敞开座式	2000	100	7.5	≤50	JO_2-61-6	10	1730
ϕ2000	高温	2000	80	1.0～4.95	≤50	JZT52-4	10	5940

圆盘给料机给料均匀准确，容易调节，运转平稳可靠，管理方便，一般能满足生产要求。这种设备的主要缺点是：当物料的粒度、水分以及料柱高度变动时，容易影响其配料准确性。对于中小型烧结厂，在石灰石粉、焦粉等松散物料的矿槽下，采用电磁振动给料机配料也是可行的。圆盘给料机常见故障及消除方法见表 6-10。

表 6-10 圆盘给料机常见故障及消除方法

常见故障	原因	消除方法
圆盘跳动	1. 圆盘面上的保护衬板松脱或翘起擦刮刀； 2. 有杂物或大块料卡入圆盘面与套筒之间； 3. 竖轴压力轴承损坏； 4. 伞齿轮磨损严重	1. 处理衬板，使之平整或将松脱的紧固、磨损的更换； 2. 清除杂物及大块物料； 3. 更换轴承； 4. 更换支承体或立式减速器伞齿轮

续表 6-10

常见故障	原因	消除方法
排料不均	1. 闸刀松动或刮刀支座活动； 2. 带刮刀的套筒底边与圆盘面不平行； 3. 有大块料堵塞排料口； 4. 料仓粘料严重	1. 固定闸和刮刀支座； 2. 调整更换套筒； 3. 清除大块物料； 4. 畅通料仓
减速机构有异常响声及噪声	1. 轴承损坏； 2. 减速机内缺润滑油； 3. 齿轮损坏	1. 更换轴承； 2. 适量加油； 3. 换齿轮
机壳发热	1. 油变质； 2. 透气孔不通	1. 换油； 2. 畅通透气孔
传动轴跳动联轴器发生异常噪声	1. 传动轴瓦磨损； 2. 齿联轴器无油干磨； 3. 支承体槽轴(或立式减速机)轴承损坏； 4. 卧式减速机尾轴轴承损坏； 5. 联轴器损坏	1. 换瓦； 2. 加油； 3. 换轴承； 4. 换轴承； 5. 更换联轴器

6.2.2 电子皮带秤

电子皮带秤是一种称量设备,能够测量、指示物料的瞬时输送量,并能进行累积显示物料的总量。它与自动调节系统配套,可实现物料输送量的自动控制。因此,电子皮带秤在烧结球团厂被广泛应用在自动配料上。

电子皮带秤由秤框、传感器、测速头及仪表组成。按一定速度运转的皮带机有效称量段上的物料重量,通过秤框作用于传感器上,同时通过测速头,输出频率信号,经测速单元转换为直流电压,输入到传感器,经传感器转换成电压信号输出,再经仪表放大后转换成 0～10 mA 的直流电流讯号输出。电流的变化反映了有效称量段上物料重量的瞬时值及累积总量,从而达到电子皮带秤的称量及计算目的。

该设备灵敏度高,精度在 1.5%左右,不受皮带拉力的影响。由于采用电动滚筒作为传动装置,电子皮带秤结构简单,运行平稳可靠,维护量小,经久耐用,便于实现自动配料。

6.3 混合与造球设备

6.3.1 混合设备

混合设备的作用是把按一定配比组成的烧结或球团料混匀,且形成一定粒度组成的料球,以保证烧结(或球团)矿的质量与产量。

6.3.1.1 圆筒混料机

烧结厂常用的混料设备是圆筒混料机,其构造如图 6-9 所示,它是一个带有倾角的回转圆筒,内壁衬有扁钢衬板以防磨损,也有衬有角钢或不加衬板的。圆筒内装有喷水嘴,以便均匀供水。

圆筒混料机倾角,一次混料机不大于 4°,二次混料机不大于 2°30′。为了加强混匀和造球效果,在保证产量的前提下,可以降低倾角。

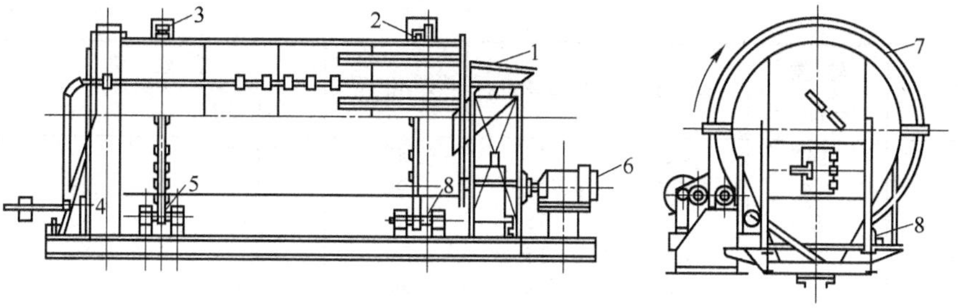

图 6-9 圆筒混料机

1—装料漏斗;2—齿环;3—箍;4—卸料漏斗;5—定向轮;6—电动机;7—圆筒;8—托辊

圆筒混料机生产能力主要受转速,充填率和停留时间的影响,通常按下式计算:

$$V = 60LA\mu/100t$$

式中 V——单位时间内处理的原料,m^3/min;

t——停留的时间,min;

μ——充填率即圆筒混料机内物料占圆筒体积的百分数,%;

L——圆筒长度,m;

A——圆筒断面积,m^2。

对于一次混合,充填率 10%～20%,停留时间 2 min,转速为$(0.2\sim0.3)n_c$;对于二次混合,充填率 10%～15%,停留时间 3 min,转速为$(0.25\sim0.35)n_c$;n_c为临界转速。

圆筒混料机混料范围广,能适应原料的变动,构造简单,生产可靠且生产能力大,是一种行之有效的混料设备。但是筒内有粘料现象,混料时间不足,同时振动较大。为了改善这种情况,鞍钢等烧结厂采用了增长混料圆筒长度的办法,收到一定效果。为了减轻振动,一些工厂改用浮动滚道(即与筒体不固接,允许有蠕动),国外更新了不少防振与传动装置,如前苏联查波罗什厂,在混合机的电机和减速箱之间,轮圈与支承辊之间,支承托架与楼板之间安装减振器,同时使用具有橡胶金属减振器的补偿式联轴器(见图 6-10),以减轻或消除圆筒混料机的强烈振动。德国鲁奇公司采用橡胶摩擦传动等。圆筒混料机技术规格见表 6-11。

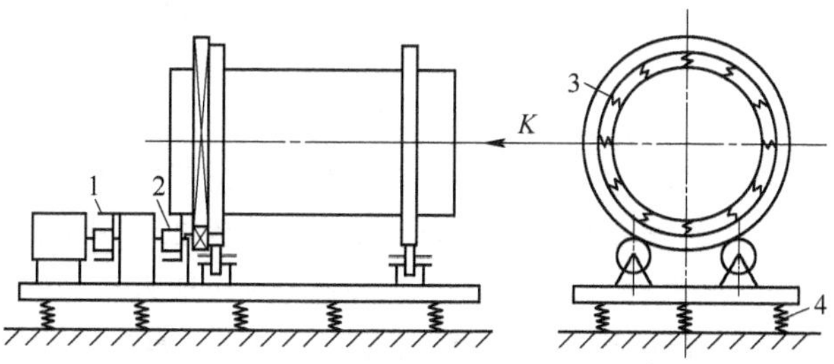

图 6-10 具有橡胶金属减振器的圆筒混料机

1—具有 4 个橡胶金属垫圈的弹性联轴器;2—具有 6 个橡胶金属垫圈的弹性联轴器;3—轮圈和圆筒间的减振器;4—混料机托架和楼板间的减振器

表 6-11 圆筒混料机技术规格

规 格	转 数 /r·min^{-1}	倾 角	充填率/%	产量/$m^3·h^{-1}$	电动机		质量/kg
					型 号	kW	
$\phi600\times1200$	10.7～21.4					1.6	
$\phi1200\times2000$	6			45	JO 62-6	7	

续表 6-11

规　格	转　数 /r·min^{-1}	倾　角	充填率/%	产量/m^3·h^{-1}	电　动　机		质量/kg
					型　号	kW	
ϕ1200×2500	14	<2°	15	45	JO 63-6	10	3889
ϕ2000×4000	6.5	<4°	15	96	JO 82-8	28	11941
ϕ2500×5000	8	<4°	15	150	JO 83-6	40	23567
ϕ2500×6000	6	<4°	15	250	JO 92-8	50	27933
ϕ2800×6000	6	<4°	15	250	JO 92-8	55	28360
	8.5	2°31′		900	JS 125-6	130	51536
ϕ3000×9000	3～9.5	1°30′	15	125～375	JS 117-8	80	51488

6.3.1.2 双轴搅拌机

双轴搅拌机由搅拌叶片、机壳和传动部分所组成。物料从搅拌机的一端加入，叶片转动时物料被搅拌并推向前进，然后从另一端底部排料口排出。搅拌机主要用于物料的搅拌混匀及润湿，适用于混合料粒度与水分较大的物料。该设备构造简单，多作为球团厂一次混料用。其缺点是产量低，搅拌叶片磨损严重。

6.3.1.3 轮式混料机

轮式混料机是一种简易的混料设备，在球团厂用于混合料的混匀，效果较好。

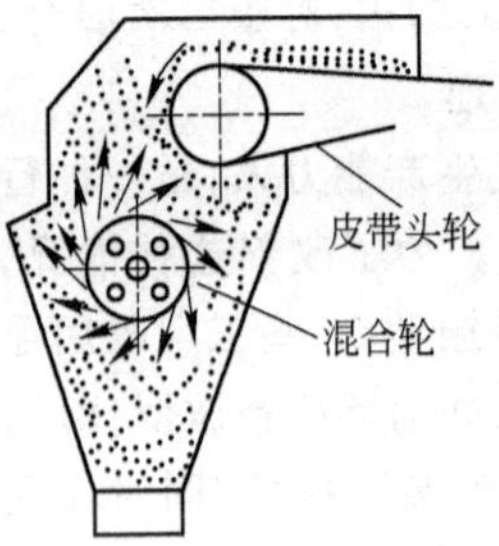

图 6-11　单轮混料机混料过程物料运动情况图

轮式混料机有单轮和多轮两种类型。单轮混料机由钢板和方形钢棒焊接而成（见图 6-11）。多轮混料机是由钢板做成叶片排列组成，并安装在皮带机上。当轮子转动时，物料以一定的高度落到混合轮上，被旋转的钢棒打成散乱状态，使物料混匀。

轮式混料机体积小，重量轻，耗电量少，结构简单，工作可靠，便于制造维修，适于原料较单一的球团厂。但对于水分大，黏性较大的物料，因易粘料，致使混匀效率降低。

6.3.2 造球设备

造球设备主要有圆筒造球机和圆盘造球机两类。国外有些工厂使用圆锥造球机。

6.3.2.1 圆筒造球机

圆筒造球机是球团厂采用最早的造球设备。其构造与烧结厂用的圆筒混料机相似，圆筒内安装与筒壁平行的刮刀，圆筒的前端安装加水装置。圆筒直径为 2.44～3.5 m，长度通常为直径的 2.5～3.5 倍。圆筒的圆周速度为 0.35～1.35 m/s。转速范围一般为 8～16 r/min，倾角 6°左右。

圆筒造球机结构简单，设备可靠，运转平稳，维护工作量小，原料适应性强，单机产量大。但圆筒利用面积小，只有 40%，设备重，电耗高。因本身无分级作用，排出的生球粒度不均匀，需要筛分。因此圆筒造球机循环负荷大，使生产率降低和增加运输消耗，国内尚未采用此种设备。

6.3.2.2 圆盘造球机

圆盘造球机是目前国内外广泛使用的造球设备，我国球团厂都采用这种设备，从结构上可分为伞齿轮传动的圆盘造球机和内齿轮圈传动的圆盘造球机。

伞齿轮传动的圆盘造球机主要由圆盘、刮刀、刮刀架、大伞齿轮、小圆锥齿轮、主轴、调倾角机构、减速机、电动机、三角皮带和底座等组成，见图 6-12。造球机的转速可通过改变皮带轮的直径来调整，圆盘的倾角可以通过螺杆调节。我国球团厂目前使用的伞齿轮传动圆盘造球机的技术性能见表6-12。

表6-12 圆盘造球机技术性能表

规格	圆盘边高/mm	转速/$r \cdot min^{-1}$	倾角/(°)	产量/$t \cdot h^{-1}$	电动机	
					型号	功率/kW
φ1000	250	19.5~34.8	35~55	1	JO-51-4	4.5
φ1600	350	19	45	3	JO-62-8	4.5
φ2000	350	17	40~50	4	JO-63-4	14
φ2200	500	14.25	33~55	8		
φ2500		12	35~55	8~10	JO_2-71-8	13
φ3000	380	15.2	45	6~8		17
φ3200	480~640	9.06	35~55	15~20	JO_2-71-4	22
φ3500	500	10~11	45~57	12~13	JO-82-6	28
φ4200	450	7~10	40~50	15~20	JO-93-8	40
φ5000	600	5~9	45	16		60
φ5500	600	6.5~8.1	47	20~25	JR-92-6	75

圆盘造球机造出的生球粒度均匀,不需要筛分,没有循环负荷。采用固体燃料焙烧时,可在圆盘的边缘加一环形槽,就能向生球表面粘附固体燃料,不必另添专门设备。圆盘造球机质量小,电耗少,操作方便,但是单机产量低。

内齿轮传动的圆盘造球机是在伞齿轮传动的圆盘造球机的基础上改进的。改造后的造球机主要结构为:圆盘连同带滚动轴承的内齿圈固定在支承架上,电动机、减速机、刮刀架均安在支承架上,支承架安装在机座上,并与调整倾角的螺杆相连,当调节螺杆时,圆盘连同支承架一起改变角度,见图6-13。

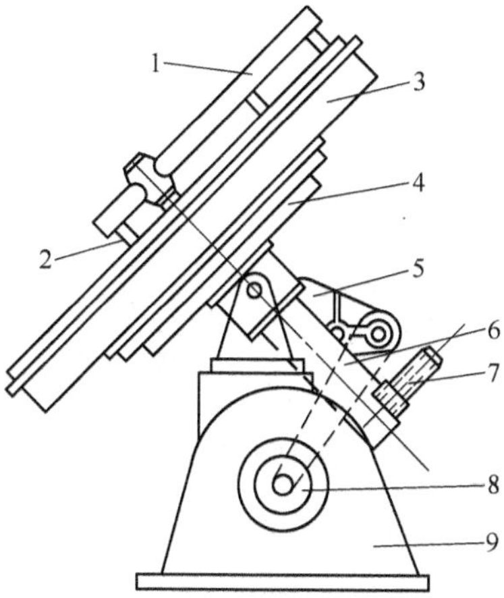

图6-12 伞齿轮传动的圆盘造球机

1—刮刀架;2—刮刀;3—圆盘;4—伞齿轮;5—减速机;6—中心轴;7—调倾角螺杆;8—电动机;9—底座

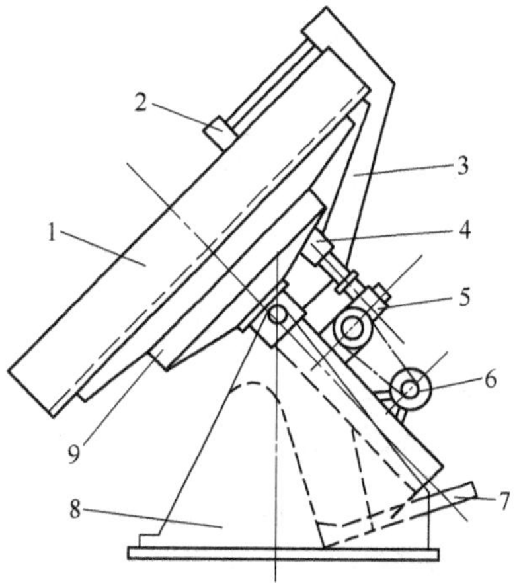

图6-13 内齿轮圈传动圆盘造球机

1—圆盘;2—刮刀;3—刮刀架;4—小齿轮;5—减速机;6—电动机;7—调倾角螺杆;8—底座;9—内齿圈

内齿圈传动的圆盘造球机转速通常有三级(如 φ5.5 m 造球机,转速有6.05、6.75、7.73 r/min)。它是通过改变皮带轮的直径来实现的。这种圆盘造球机的结构特点是:

(1) 造球机全部为焊接结构,具有质量小、结构简单的特点;

(2) 圆盘采用内齿圈传动,整个圆盘由大型压力滚动轴承支托,因而运转平稳;

(3) 用球面蜗轮减速机进行减速传动，配合紧凑，圆盘底板焊有鱼鳞保护衬网；

(4) 操作方便，出球率高，生球质量好，对原料的适应性强。设备运转可靠，维修工作量小。

6.4　布料设备

往烧结机或焙烧机上布料是否均匀，直接关系到烧结矿或球团矿的产量与质量，布料成为生产中的主要问题之一。布料设备应用较广泛的是圆辊布料机、联合布料机、辊式布料机几种。

6.4.1　圆辊布料机

圆辊布料机又称泥辊，可单独用于烧结机的布料。图 6-14 为烧结机用圆辊布料机布料示意图。给料量的大小由圆辊转速及闸门来控制。

圆辊的宽度和烧结机宽度相等，当圆辊旋转时，其上各点速度相同，因而，能做到沿烧结机宽度上均匀给料。这种布料机的优点是工艺流程简单，设备运转可靠。缺点是布料的均匀程度受料槽中料面的高度和形状影响。以富矿粉为主的中小型烧结厂可以采用这种设备。

6.4.2　联合布料机

联合布料机由梭式布料机与圆辊布料机组成。在圆辊布料机料槽的上方增设一台往复运动的皮带机即梭式布料机。混合料不是直接卸入料槽，而是经梭式布料机均匀布于料槽中，使槽内料面平整，做到布料均匀。

联合布料机最大的优点是布料均匀，对于台车较宽的大型烧结机，效果尤为明显。图 6-15 是本钢烧结厂在 75 m^2 烧结机的布料设备下面测得的料层断面形状。当梭式布料机停转时，料面高度相差悬殊，当其运转后，料面高度基本稳定。料层透气性好，烧结机机速可加快，产量提高了 3.4%，烧结矿质量均匀。

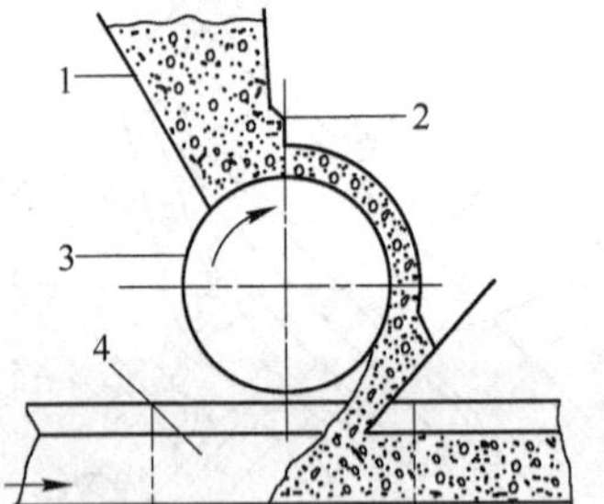

图 6-14　圆辊布料机示意图

1—小矿槽；2—闸门；3—圆辊；4—台车

图 6-15　台车料面形状

一般将梭式布料机放置在二次混料机下，与混料机在同一平台，可减少设备故障，提高运转率。

混合料由圆辊布料机经反射板布于台车上，反射板经常粘料，造成混合料沿台车宽度方向布料偏析，影响烧结正常生产。现一般烧结厂都已改造成由几个辊子组成的布料辊，以代替反射板布料。布料辊的转向和转速都相同，则相邻两辊靠近处运动方向相反，借以消除混合料粘辊现象。

布料作业的好坏严重影响烧结生产的产量和质量，国内外都在积极研究改进布料的措施。

如在反射板下面，料层的中部水平方向装一排直径约 40 mm 的钢管，间距 200 mm 左右，铺料时把钢管埋上，台车行走时钢管从料层中退出，在台车中形成一排松散的条带。有的厂甚至向钢管里吹 196 kPa 的压缩空气，根据压力变化预测料层的透气性，作为调整机速和料层厚度的信号。也有的烧结厂如水岛厂用一条小皮带机代替反射板，如图 6-16。皮带机首尾轮直径 300 mm，皮带长 2.5 m，倾角 45°，皮带与落料方向反向运行，速度 13.4 m/min，在传动轮上设有清扫器。这样布料时对混合料有疏松作用，布料也比反射板均匀。

前苏联提出另一种布料设备，如图 6-17。此装置由流槽、布料圆筒组合而成。流槽底部做成两层，并与空气管道相通，槽壁是阶梯状并有间隙，能使混合料布料均匀和改善料层透气性。

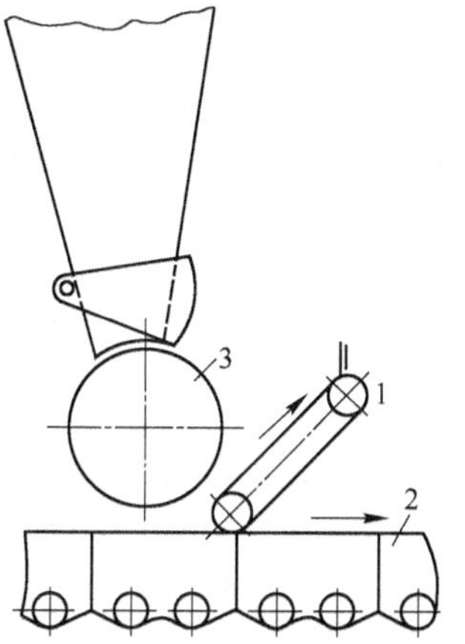

图 6-16 用皮带机代替反射板示意图

1—皮带机；2—台车；3—圆辊布料机

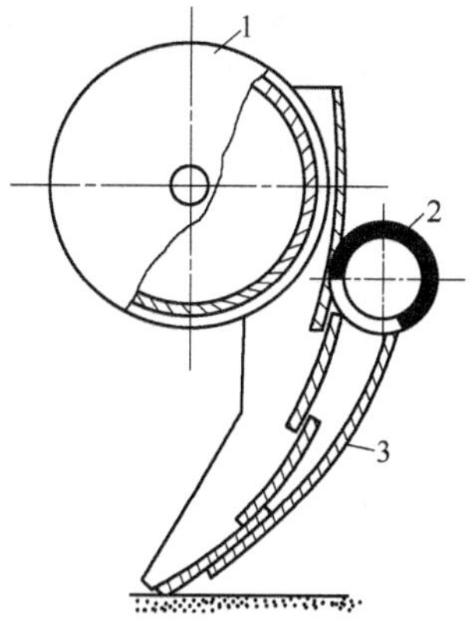

图 6-17 由流槽和布料圆筒组合的布料装置

1—布料圆筒；2—空气管道；3—流槽

6.4.3 辊式布料机

辊式布料机被广泛应用于球团厂，用来将生球均匀的布到焙烧台车上。布料机由多组圆辊排列组成，辊间隙给料端稍大，而排料端较小，一般为 1.5～2 mm。传动部可采用链传动，也可采用齿轮传动。有的布料机是固定在一移动小车上，布料时根据料层厚度前后移动，使生球均匀布到台车上。辊式布料机传动示意图如图 6-18。

辊式布料机布料均匀，效果显著。布料机前半段具有筛分作用，可筛除不合格生球和碎料。同时生球在布料机上滚动，可使其表面更光滑，强度也进一步提高，料层的透气性得到改善。布料机工作可靠，操作维护方便。规格为 2×2.6 m 辊式布料机，在安装倾角为 1°40′～3°时，圆辊转速 96 r/min，生产能力可达每小时 140 t。

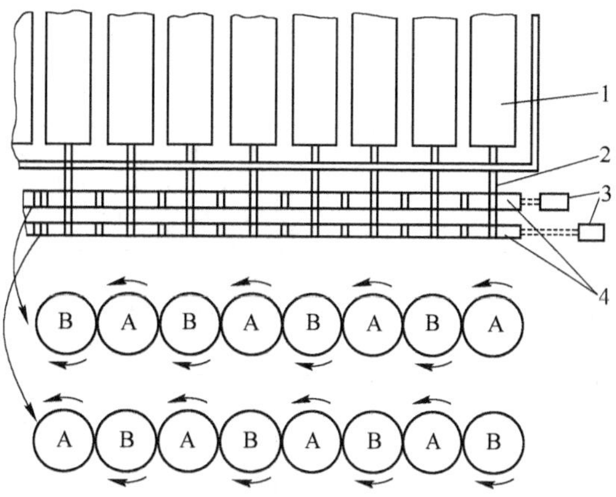

图 6-18 辊式布料机传动示意图

1—辊；2—轴；3—传动装置；4—传动齿轮；
A—固定在轴上的齿轮；B—套在轴上的活动齿轮

6.5 带式烧结机

国内外广泛采用的烧结设备是带式烧结机。随着高炉大型化，烧结设备的大型趋势明显。目前德国和日本设计和生产 1000 m^2 以上的烧结机。目前我国制造的各种型号的烧结机已经系列化，烧结厂各种主要设备已配套，见表 6-13。随着烧结技术的进步，国内烧结机将逐步淘汰小型烧结机如 13 m^2、18 m^2 甚至 24 m^2、36 m^2，取而代之的是 180 m^2、265 m^2、300 m^2、450 m^2 等。

表 6-13 国内烧结机设备系列一览表

设备名称	项 目	单位	设备参数							
烧结机	有效面积 有效宽×长 尾部形式	m^2 m	13 1.1×12 链 轮	18 1.5×12 链 轮	24 1.5×16 链 轮	36 1.5×24 链 轮	50 2×25 链 轮	75 2.5×30 链 轮	90 2.5×36 链 轮	130 2.5×52 链 轮
抽风机	风量 风压	m^3/min Pa	1000 9000	1600 9000	2000 9500	3500 10000	4500 11000	6500 11500	8000 12000	13000 12000
圆筒混料机	一次混料	mm	ϕ2000 ×5000	ϕ2000 ×5000	ϕ2800 ×6000	ϕ2800 ×6000	ϕ2800 ×7000	ϕ2800 ×7000	ϕ2800 ×7000	ϕ3000 ×9000
	二次混料	mm	ϕ2000 ×5000	ϕ2500 ×6000	ϕ2800 ×6000	ϕ2800 ×6000	ϕ2800 ×7000	ϕ3000 ×9000	ϕ3000 ×9000	ϕ3000 ×12000
圆盘给料机		mm	封 闭 ϕ1000	封 闭 ϕ1500	封 闭 ϕ1500 (ϕ1800)	封 闭 ϕ1500 (ϕ1800)	封 闭 ϕ2000 (ϕ2300)	封 闭 ϕ2500	封 闭 ϕ2500	封 闭 ϕ2500 (ϕ3000)
高温圆盘给料机		mm	ϕ2000	ϕ2000	ϕ2000	ϕ2000	ϕ2000	ϕ2000	ϕ2000	ϕ2000
布料设备		mm					梭 式 800 ×3800	梭 式 1000 ×3800	梭 式 1000 ×3800	梭 式 1200 ×4500
给料设备		mm						布料辊 ϕ128×7	布料辊 ϕ128×7	布料辊 ϕ128×7
单辊破碎机		mm	剪 切 ϕ1000 ×1300	剪 切 ϕ1100 ×1860	剪 切 ϕ1100 ×1860	剪 切 ϕ1100 ×1860	剪 切 ϕ1500 ×2500	剪 切 ϕ1500 ×2800	剪 切 ϕ1500 ×2800	剪 切 ϕ1500 ×2800
热矿筛		mm	固定筛 1500 ×3000	振动筛 1500 ×4500	振动筛 1500 ×4500	振动筛 1500 ×4500	振动筛 2500 ×7500	振动筛 3100 ×7500	振动筛 3100 ×7500	振动筛 3100 ×7500
冷却设备		m^2		环 式 50	环 式 50	环 式 50	环 式 90	环 式 134	环 式 134	环 式 200
冷却风机	风量 风压	m^3/min Pa		3×2250 60	3×2250 60	3×4250 60	3×5400 60	3×5400 60	3×5400 60	3×7500 60
多管除尘器	管			144	180	288	340	486	650	900
烧结矿车		t					50	50	75	75

带式烧结机由烧结机本体和布料器、点火器、抽风除尘设备等组成，图 6-19 为烧结机示意图。

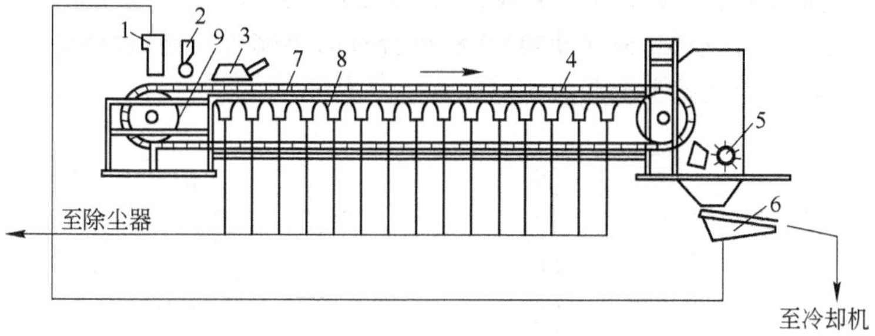

图 6-19 烧结机示意图

1—铺底料布料器；2—混合料布料器；3—点火器；4—烧结机；5—单辊破碎机；6—热矿筛；7—台车；8—真空箱；9—机头链轮

6.5.1 烧结机本体

烧结机本体主要包括：传动装置、台车、真空箱、密封装置。

6.5.1.1 传动装置

烧结机的传动装置，主要靠机头链轮（驱动轮）将台车由下部轨道经机头弯道，运到上部水平轨道，并推动前面台车向机尾方向移动。如图 6-20 所示，链辊与台车的内侧滚轮相啮合，一方面台车能上升或下降，另一方面台车能沿轨道回转。台车车轮间距 a、相邻两台车的轮距 b 和链轮的节距 c 之间的关系是 $a=c$，$a>b$。从链轮与滚轮开始啮合时起，相邻的台车之间便开始产生一个间隙，在上升及下降过程中，保持相当于 $a-b$ 的间隙，从而避免台车之间摩擦和冲击造成的损失和变形。从链轮与滚轮开始分离时起，间隙开始缩小，由于台车车轮沿着与链轮回转半径无关的轨道回转，因此，相邻台车运动到上下平行位置时，间隙消失，台车就一个紧挨着一个运动。

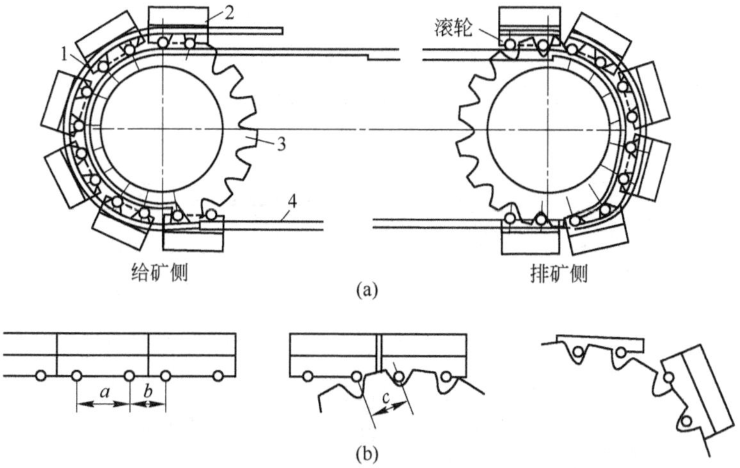

图 6-20 台车运动简图

a—台车运动状态；b—台车尾部链轮运动状态

1—弯轨；2—台车；3—链轮；4—导轨

烧结机头部的驱动装置由电动机、减速机、齿轮传动和链轮等部分组成,机尾链轮为从动轮,与机头大小形状都相同,安装在可沿烧结机长度方向运动的并可自动调节的移动架上(见图6-21)。首尾弯道为曲率半径不等的弧形曲线,使台车在转弯后先摆平,再靠紧直线轨道的台车,以防止台车碰撞和磨损。移动架(或摆动架)既解决台车的热膨胀问题,也消除台车之间的冲击及台车尾部的散料现象,大大减少了漏风。

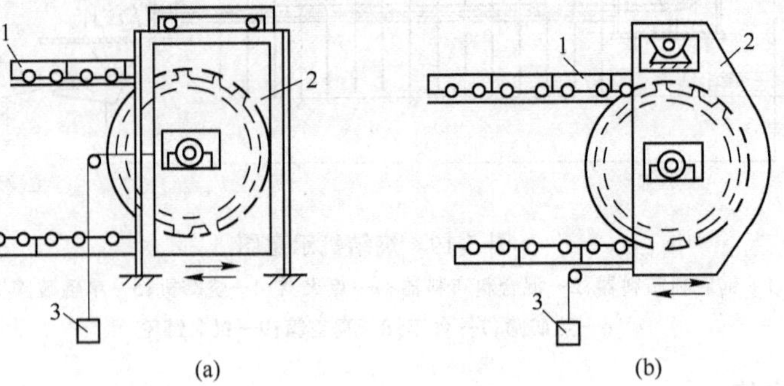

图 6-21　尾部可动结构

a—水平移动式尾部框架;b—摆动式尾部框架

1—台车;2—移动架(a)或摆动架(b);3—平衡锤

旧式烧结机尾部多是固定的,为了调整台车的热膨胀,在烧结机尾部弯道开始处,台车之间形成一断开处,间隙为 200 mm 左右,此种结构由于台车靠自重落到回车道上,彼此之间因冲击而发生变形,造成台车端部损坏,不能紧靠在一起,增加漏风损失;同时使部分烧结矿从断开处落下,还需增设专门漏斗以排出落下的烧结矿。

6.5.1.2　台车

带式烧结机是由许多台车组成的一个封闭式的烧结带,所以,台车是烧结机的重要组成部分。它直接承受装料、点火、抽风、烧结直至机尾卸料,完成烧结作业。烧结机有效烧结面积是台车的宽度与烧结机有效长度的乘积。一般的长宽比为 12～20。

台车由车架、拦板、滚轮、箅条和活动滑板(上滑板)五部分组成。图 6-22 为国产 75 m^2 烧结机台车。台车铸成两半,由螺栓连接。台车滚轮内装有滚柱轴承,台车两侧装有拦板,车架上铺有三排单体箅条,箅条间隙 6 mm 左右,箅条的有效抽风面积一般为 12%～15%。

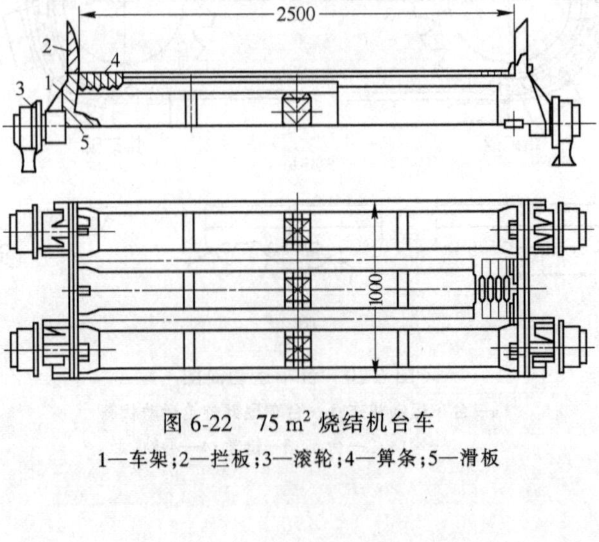

图 6-22　75 m^2 烧结机台车

1—车架;2—拦板;3—滚轮;4—箅条;5—滑板

台车的结构形式有整体、二体及三体装配三种形式(见图 6-23)。通常宽度为 1.5～2 m 的台车为整体结构,宽度为 2～2.5 m 的台车多为二体装配结构,宽度大于 3 m 的台车多采用三体装配结构。材质为铸钢或球墨铸铁。

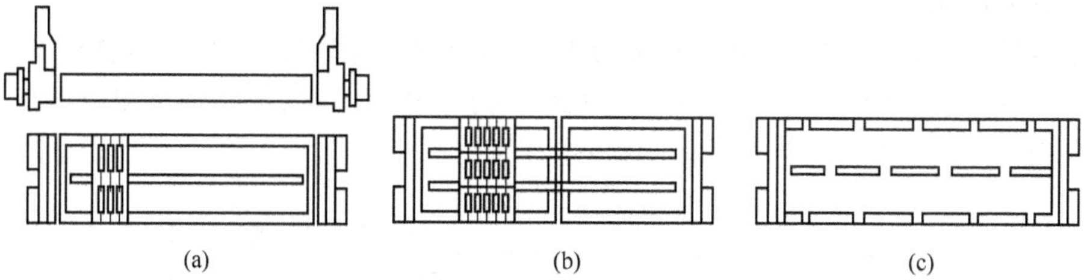

图 6-23 台车形式

a—三体装配;b—二体装配;c—整体结构

在烧结过程中,台车在倒数第二个(或第三个)风箱处,废气温度达到最高值,在返回下轨道时温度下降。所以台车在整个工作过程中,既要承受本身的自重,箅条的重力,烧结矿的重力及抽风负压的作用,又要受到长时间反复升降温度的作用,台车的温度通常在 200～500℃之间变化,将产生很大的热疲劳。因此要求台车车架强度好,受热不易变形,箅条形式合理,使气流通过阻力小,而又保证抽风面积大,强度高,耐热耐腐。

台车寿命主要取决于台车车架的寿命。据分析台车的损坏主要由于热循环变化,以及与燃烧物接触而引起的裂纹与变形。此外还有高温气流的烧损,所以建议台车材质采用可焊铸铁或钢中加入少量的锰铬等。

由于烧结机大型化,台车宽度不断加大,防止台车“塌腰”已成为突出的问题。为解决这个问题,从改善台车的受热条件出发,减少箅条传给台车车体的热量,在台车车架横梁与箅条之间装上绝热片(见图 6-24)。绝热片与横梁间还留有 3～5 mm 的空气层。安装铸铁类材料的绝热片后,可使台车温度降低 150～200℃,从而降低由于温差引起的热应力。日本采用加钼的球墨铸铁制成绝热件与台车车架,效果很好。

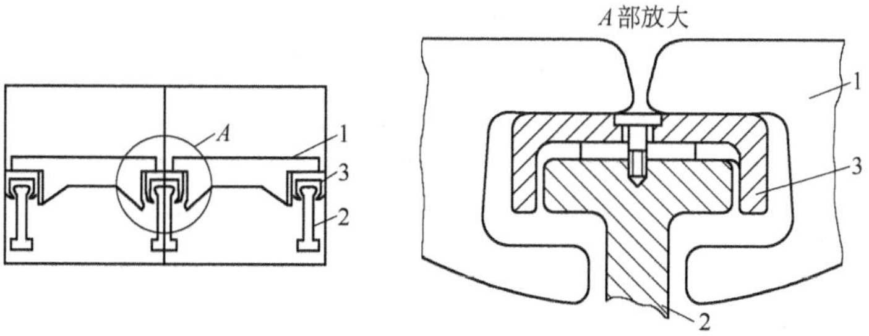

图 6-24 绝热片

1—箅条;2—台车;3—绝热片

每一台车安有四个转动的车轮(滚轮),轮子轴使用压下法将轴装在车体上。车轮一般采用滚动轴承。轴承的使用期限是台车轮寿命的关键,其使用期限一般较短,主要原因是使用一段时间后,车轮的润滑脂被污染及流出,使阻力增大磨损加剧。现在用滑动轴承代替滚动轴承。

台车底是由箅条排列于台车架的横梁上构成的。箅条的寿命和形状对生产的影响很大。一般要求箅条材质能够经受住激烈的温度变化,能抗高温氧化,具有足够的机械强度。铸造箅条的材质主要是铸钢、铸铁、铬镍合金钢等。前苏联和日本几乎全部采用 25 铬系材料,效果甚好,不但箅条寿命可达2～3年，而且通风面积也扩大了。我国沈阳重型机械厂为130 m^2 烧结机制造的台车箅条采用稀土铁铝锰钢，经攀钢烧结厂实践，生产8个月没有检修和更换箅条。使用普通材质箅条一般都短而宽，这种箅条减少有效通风面积。目前箅条是向长、窄、材质好的方向发展，这对烧结生产有利。

箅条的形状对烧结生产有影响。前苏联曾对图6-25所示的三种箅条作了试验，一些数据见表6-14。其中c型箅条阻力最小，为98 Pa，风机压力损失仅为1%。箅条a、b阻力很高，相应为931 Pa和735 Pa，风机压力损失为8%～10%。

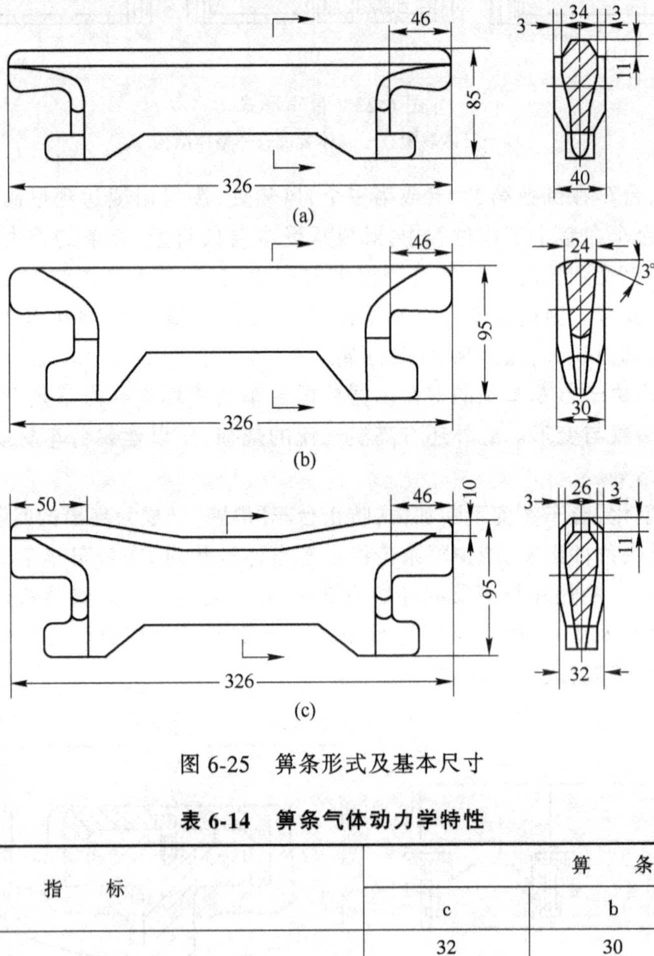

图6-25　箅条形式及基本尺寸

表6-14　箅条气体动力学特性

指　　标	箅　　条		
	c	b	a
箅条宽度/mm	32	30	40
当致密排列时箅条间隙/mm	6	6	6
实际间隙/mm	8.3	7.1	9.3
过滤速度0.52 m/s时，箅条面阻力/Pa(mm H_2O)	98(10)	735(75)	931(95)
在箅条上风机压力损失/%	1.0	7.9	10.8
箅条面阻力系数	910	6800	8600

6.5.1.3　真空箱

真空箱装在烧结机工作部分的台车下面，风箱用导气管（支管）同总管连接，其间设有调节废气流的蝶阀。真空箱的个数和尺寸取决于烧结机的尺寸和构造。

日本在台车宽度大于3.5 m的烧结机上，风箱分布在烧结机的两侧，风箱角度大于36°。

400 m² 以上的大型烧结机,多采用双烟道,用两台风机同时工作。

6.5.1.4 密封装置

台车与真空箱之间的密封装置是烧结机的重要组成部分。运行台车与固定真空箱之间的密封程度好坏,影响烧结机的生产率及能耗。风箱与台车之间的漏风大多发生在头尾部分,而中间部分较少,见图 6-26。

新设计的烧结机多采用弹簧密封装置。它是借助弹簧的作用来实现密封的。根据安装方式的不同分为上动式和下动式两种。

(1) 上动式(见图 6-27(a))。上动式密封就是把弹簧滑板装在台车上,而风箱上的滑板是固定的。在滑板与台车之间放有弹簧,靠弹簧的弹力使台车上的滑板与风箱上的滑板紧密接触,保证风箱与大气隔绝。当某一台弹性滑板失去密封作用时,可以及时更换台车,因此,使用该种密封装置可以提高烧结机的密封性和作业率。目前,这是一种较好的密封装置。一些老式烧结机也改为这种形式的密封。

(2) 下动式(见图 6-27(b))。下动式密封是把弹簧装在真空箱上,利用金属弹簧产生的弹力使滑道与台车滑板之间压紧。这种装置主要用于旧结构烧结机的改造上。本钢和首钢的实践表明,该密封装置比水压胶管密封的使用寿命长,可达一年或更长时间。

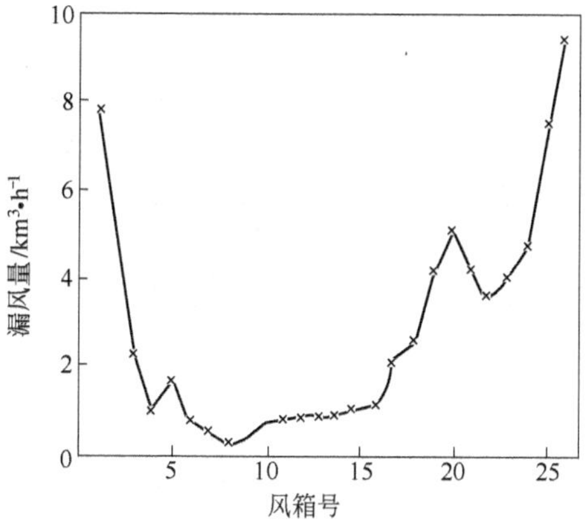

图 6-26 风箱的漏风量

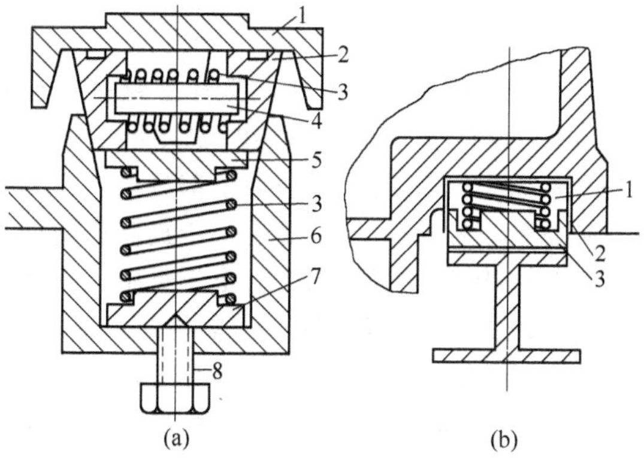

图 6-27 弹压式密封

a—在滑道上的金属弹性滑道:1—弹性滑板;2—游动板;3—弹簧;4—固定销;5—上垫;6—弹簧槽;7—下垫;8—调整螺丝;

b—在台车上的弹性滑道:1—弹簧;2—游板槽;3—游板

胶管水压式密封是烧结厂过去采用的一种密封装置(见图 6-28),它是利用水的压力和胶管的弹性力,使胶管上的滑板与台车上的滑板紧密接触。最初是用并排两条水管压紧滑道,若其中一条胶管损坏后,弹性滑道倾斜,不仅失去密封作用,而且易于发生“赶道”事故,故改为一条胶管。但在烧结过程中,靠机尾的几个风箱和台车温度较高,此处粉尘又大,一般使用寿命不超过 3 个月,就会因胶管烧漏或老化而不起密封作用。对此生产中进行了一些改进,如滑道靠风箱一侧加一隔热水管,将头、中、尾三段胶管分开,单独通水等。

美国考伯公司所生产的台车,采用 T 形落棒式密封(见图 6-29)。T 形落棒采用铸钢件,滑道采用工具钢。为防止灰尘对落棒的影响,把滑道和落棒做成倾斜形式。

烧结机首、尾风箱的密封,是防止漏风的重要环节。为了提高首尾风箱的密封性,国内外做了大量工作,提出了许多方案,如将两端的密封板装在金属弹簧上,靠弹簧力顶住隔板与台车底面保持紧密接触。但因弹簧反复受冲击作用和高温影响，弹性逐渐下降密封效果随之降低。

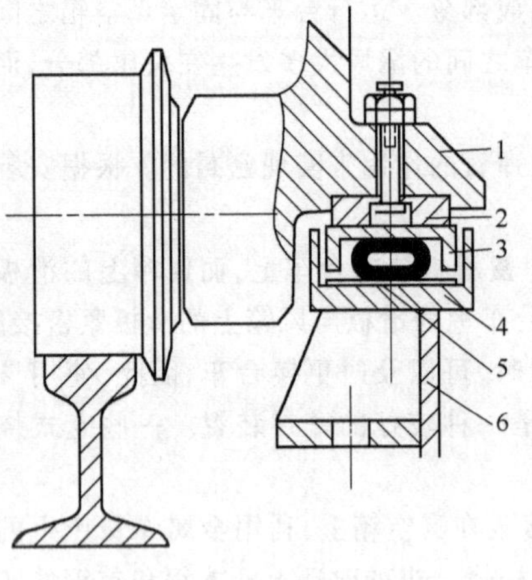

图 6-28　胶管水压式密封

1—台车；2—固定滑板；3—弹性滑板；4—胶管；5—胶垫；6—风箱

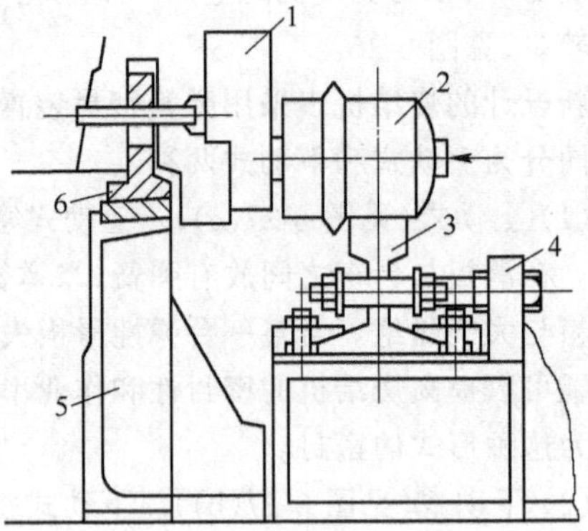

图 6-29　落棒式密封

1—台车体；2—车轮；3—导轨；4—导轨底座；5—风箱；6—密封落棒

新型烧结机采用四连杆重锤式密封衬板石棉挠性密封装置，如图 6-30 所示。机头设 1 组，机尾设 1～2 组，密封板由于重锤作用向上抬起，与台车横梁下部接触。密封装置与风箱之间采用挠性石棉板等密封，可进一步提高密封效果。这种靠重锤和杠杆作用浮动支撑的方式，由于克服了金属弹簧因疲劳而失去弹性的缺陷，从而避免了台车与密封板的碰撞，比弹性密封效果好。也有的工厂在首尾风箱两端加一个“死风箱”充填石棉水泥，使台车底面与充填物接触来达到密封目的。

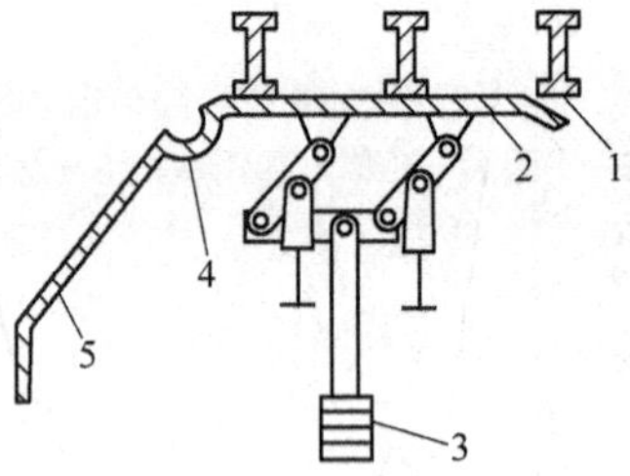

图 6-30　重锤连杆式密封

1—台车；2—浮动密封板；3—配重；4—挠性石棉密封板；5—风箱

6.5.2　点火器

点火器布置在第一真空箱的上方，它供给烧结料面一定的热量和温度，保证点火后烧结过程在抽风作用下自动向下进行，点火温度应与混合料的软化温度大致相等，通常为 1000℃ ± 50℃。点火所需热量，按每吨烧结矿计，一般要达到 0.04～0.09 GJ/t。点火时间 45～50 s 为宜。

点火器的工作应满足如下要求：

(1) 选用燃料的燃烧温度能够达到 1250℃左右；

(2) 燃料运输及燃烧操作方便；

(3) 便于实现燃料过程的自动调节。

按点火所用燃料的不同，点火器分为气体、液体和固体三种形式。气体燃料点火器使用很普遍，它轻便，燃料便于运输，设备简单可靠，燃气和空气可以充分混合，燃烧充分，没有灰分，成本较低，劳动条件好，便于实现自动控制等。点火用气体燃料有高炉煤气、焦炉煤气、天然气等，以焦炉煤气和天然气最好，实际生产中常用焦炉煤气或天然气与高炉煤气配成混合煤气。气体燃料点火器见图 6-31 所示。

气体燃料点火器外壳为钢结构，设有水冷装置，内砌耐火砖，在耐火砖和外壳之间充填绝热材料。点火器顶部装有两排喷嘴，喷嘴设置个数依烧结机大小而定且应保证混合料点火温度均匀。点火器拱顶净空高度应保证火焰燃烧和利于烘顶维护，点火器宽度要略大于台车宽度，以保证台车两侧混合料能均匀点火。点火器长度由台车速度和工艺要求的点火时间确定，必须保证台车在最大运行速度下，点火时间不少于0.5 min。点火器燃烧产生的废气量要与下面风箱的抽风能力相适应。废气量过大，会造成外喷，烧坏设备。废气量过小，冷空气会被大量吸入，降低料面的点火温度，影响烧结过程正常运行。

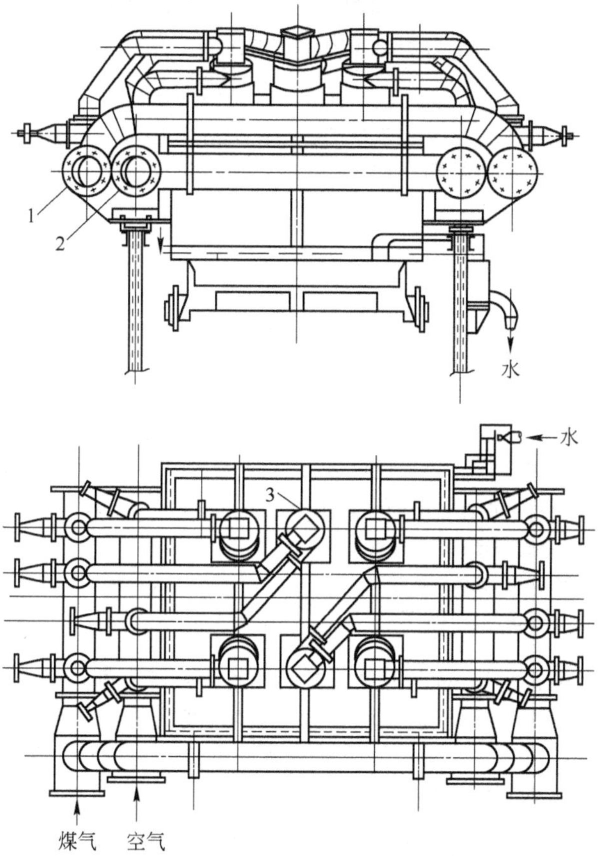

图 6-31 气体燃料点火器
1—煤气管；2—空气管；3—烧嘴

在缺乏气体燃料的烧结厂，可以采用液体燃料点火器。其结构与气体燃料点火器相似。不同之处仅是喷嘴布置在燃烧室的炉墙上，液体燃料先由喷嘴喷入雾化室雾化，然后进入点火器燃烧。该种点火器需要专门油罐、油管、油泵及蒸气保温设施。因此，比气体燃料点火器复杂一些。

固定燃料点火器点火不稳定，已被淘汰。

目前国内外有延长点火器或进行二次点火的措施，有利于提高烧结矿的产量和质量。基于同一设想，出现了一种新的综合加热工艺，即点火和加热处理的联合装置。其实质是在混合燃料点燃后，经过其表面供给某些温度为800～1000℃的燃气，使混合料上层得到补充热量，借以改进烧结矿质量，降低固体燃料消耗，提高产量。图6-32示出了普通点火器和后面带保温段的联合装置内烧结料表层温度范围和废气的空气过剩系数。这一工艺明显地提高了烧结矿的质量，减少了烧结矿表层的返矿量，提高了强度，烧结矿粒度变粗而且均匀，节省了燃料，提高了生产率。

除了使用两段加热外，日本有的厂还增加了保温段。即一段点火，温度为1250～1300℃。第二段加热，温度为600～900℃。第三段保温，把冷却机前几个风箱和烧结机后面几个风箱的热废气(300～400℃)，回收送到保温段。同时为了让台车上的混合料沿纵横向都烧得均匀，还采取了其他一些措施。如为了避免冷风吸入点火器下面，而造成靠台车边板上层混合料烧不好，在台车上、下边板之间装上钢板，点火器两侧装有落棒，钢板与落棒接触达到密封目的。有的在台车出点火器后的部位上，装两个倾斜辊，如图6-33所示。把靠台车边板的混合料外压，以消除点火后因烧结物料收缩而在边板与混合料之间形成的缝隙，采用这些措施后，成品率达70%以上，烧结矿强度与还原性皆有改善。

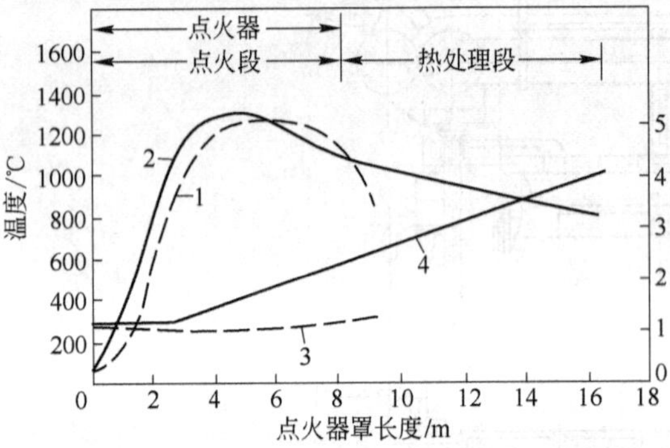

图6-32　点火条件变化与点火器长度的关系曲线

1—普通点火器内混合料表层温度；2—联合点火器内混合料表层温度；3—普通点火器内空气过剩系数；4—联合点火器内空气过剩系数

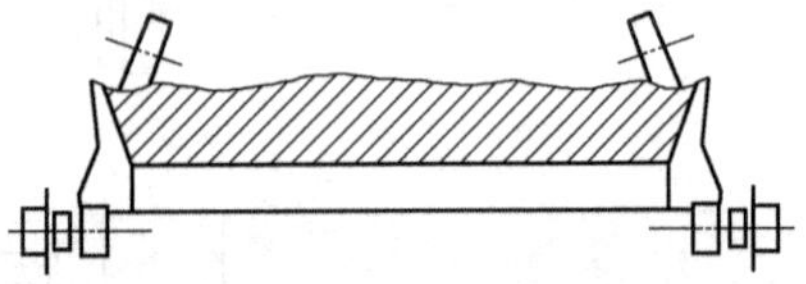

图6-33　用斜辊向台车边板压料

随着烧结点火技术的进步，各种不同类型的烧结点火烧嘴不断产生，烧结点火能耗大幅度下降。如日本研制出煤气—煤粉混烧式烧嘴、长缝式烧嘴、线式烧嘴。我国在引进、吸收日本烧结点火技术的基础上，设计、科研部门和生产厂家相继研制出多种类型的烧嘴，如长沙黑色冶金矿山设计院的长柱式多缝烧嘴，鞍山黑色冶金矿山设计研究院的线型组合式多孔烧嘴，马鞍山钢铁设计研究院的幕帘式烧嘴等，使我国的点火能耗逐年下降。

烧结机常见故障及处理方法见表6-15。

表6-15　烧结机常见故障及处理

序　号	故障性质	原　　因	处理方法
1	台车上回车道	台车跑偏	立即停车；倒车退回；先固定上轨道的后一块台车，盘车出现200 mm间隙后，用链式起重机吊起
2	卡机头弯道引起跳闸	台车赶道跑偏，车轮窜轴	更换窜轴台车，赶道跑偏处理同上
3	顶风箱隔板跳闸	中间隔板撬曲；台车严重塌腰	更换中间隔板或塌腰台车
4	顶弹性滑道	台车固定滑板翘起；弹性滑板挡铁失效	更换台车；修配齐弹性滑道挡铁
5	尾部滑板顶掉	台车严重塌腰；密封板变形开焊	更换台车或密封板
6	顶点火器	台车挡板严重变形；机头压道轨坏引起赶道	更换台车或处理压道
7	点火器漏水	水管破裂焊缝不牢	焊补或截断部分水管
8	掉炉箅条	挡销掉；炉箅及台车凸处烧损严重	上好箅条及插销或换台车

6.6 焙烧设备

6.6.1 竖炉

目前球团焙烧竖炉都为矩形，其基本构造如图 6-34 所示。中间是焙烧室，两侧是燃烧室，下部是卸料辊和密封装置及冷却风进风装置。炉口上部是生球布料装置和废气排出管道。

竖炉的规格以炉口横断面积表示，我国目前已投产的竖炉有 5.5 m^2、8 m^2、10 m^2 和 16 m^2 四种规格。为有利于生球和焙烧气流的均匀分布，矩形断面的长宽比较大，以限制其宽度。对于 8 m^2 的竖炉，一般宽度不超过 1.8 m。从炉口料面到排矿口的距离多为 12～13 m。国外竖炉横截面积为 2.13 m×6.40 m，高 13.7 m。

国外竖炉大体有两种炉型，一种是高炉身型内冷式竖炉（见图 5-6），另一种是中等炉身型外冷式竖炉（见图 6-35）。

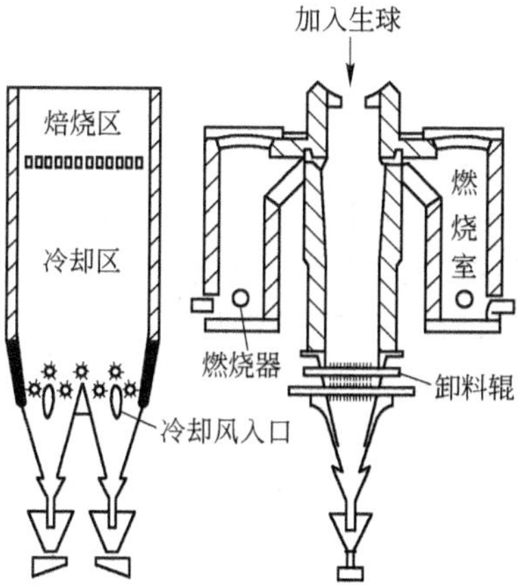

图 6-34 竖炉

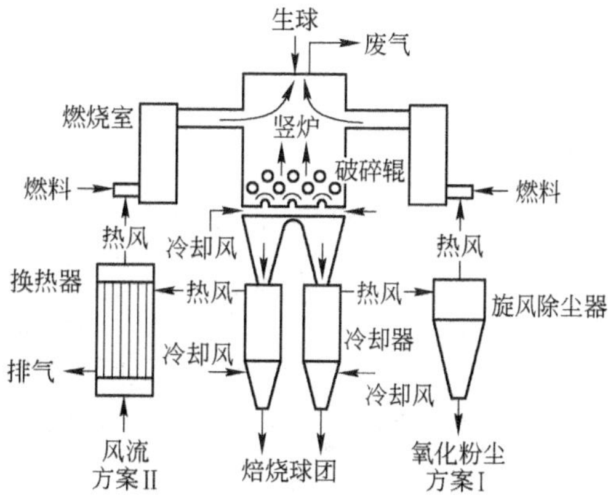

图 6-35 中等炉身型外冷式竖炉

高炉身型内冷式竖炉，冷却和焙烧在同一炉身内完成，燃烧室布置在矩形焙烧室两侧，利用两侧喷火孔对吹容易将炉料中心吹透。此外，炉身高，冷却带相应加长，有利于球团矿冷却，但排矿温度仍在 427～540℃。需要炉外喷水冷却，影响成品球质量。高炉身型内冷式竖炉单产量高，得到广泛的应用。

中等炉身型外冷式竖炉，焙烧在炉身内进行，焙烧后的球团矿在竖炉外的冷却器中进行冷却并有余热利用系统，使竖炉的热量得到较好的利用，成品球也得到较好的冷却，排矿温度可控制在 100℃ 以下。但这种竖炉结构复杂，单位产品的投资和动力消耗略有增加。

我国竖炉是按高炉身型内冷式设计的。为了解决竖炉高炉身中心部分球团焙烧不透，强度差，中心冷却风通过少，球团矿冷却不下来，排矿温度高，无法采用胶带机运输等问题，1969 年济南钢铁厂对竖炉进行了卓有成效的改造，发明了导风墙及炉顶烘干床。

导风墙安置于竖炉中心，由两排水冷托梁和砌立于托梁上带通风孔的空心墙组成。两排托梁由 6～8 根厚壁无缝钢管组成，管内通水冷却。空心墙一般用高铝砖砌成。通风孔的面积由冷却风流量和导风墙内的气流速度确定。导风墙下口位于喷火口下 1.6～3.1 m 处，上口直至烘干床下部。

烘干床设置于炉口布料皮带下，由炉箅水梁和干燥箅组成。炉箅水梁一般用 5 根厚壁无缝钢管架设,用以支托干燥箅子,管内通水冷却。干燥箅采用高硅耐热铸铁或高铬铸铁铸造成箅条式或百叶窗式,沿炉箅水梁长度方向排列成“∧”形床。

导风墙和烘床的应用使 8 m² 竖炉焙烧球团矿的日产量从 300 t 左右提高到 800 t 以上。炉内的温度控制状况大为改善,使干燥、预热、焙烧、均热和冷却各带分明,球团焙烧质量优良且冷却效果好。

6.6.2　带式焙烧机

带式焙烧机与带式烧结机相似,请读者参阅 5.3.2 节和 6.5 节。

6.6.3　链箅机—回转窑

链箅机—回转窑最初是水泥原料的焙烧设备,1960 年开始在铁矿球团生产中应用。但其发展很快,现在世界上最大的单机生产能力已达到 400 万 t/a。链箅机—回转窑的规格分别达 5.66 m×64.24 m(宽×长)和 ϕ7.62 m×48.73 m。它已成为仅次于带式焙烧机的主要球团焙烧设备。

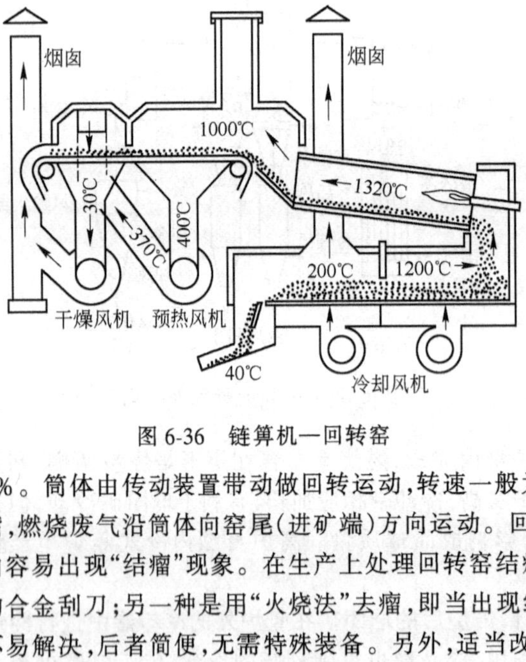

图 6-36　链箅机—回转窑

链箅机—回转窑是一种联合机组,主体设备由链箅机、回转窑和冷却机三个独立的部分组成,如图 6-36 所示。链箅机与带式焙烧机结构大体相似。由链箅机本体、内衬有耐火材料的炉罩、风箱及传动装置组成。链箅机本体则由牵引链条、箅板、拦板、链板轴及星轮等组装而成,由传动装置带动,在风箱上运转。整个链箅机由炉罩密封,用于生球的干燥和预热。

回转窑专用于对已预热的球团进行焙烧。其主体是用钢板焊接的圆形筒体,内衬 230 mm 厚的耐火砖,安装倾斜度为 3%～5%。筒体由传动装置带动做回转运动,转速一般为 0.3～1.0 r/min。窑头(排矿端)设有燃烧喷嘴,燃烧废气沿筒体向窑尾(进矿端)方向运动。回转窑在生球强度差、粉末多或操作不当时,窑内容易出现“结瘤”现象。在生产上处理回转窑结瘤的方法主要有两种:一种是在窑内安设移动的合金刮刀;另一种是用“火烧法”去瘤,即当出现结瘤时,加入过量的燃料把瘤烧化。前者材质不易解决,后者简便,无需特殊装备。另外,适当改变高温区,有可能消除结瘤现象。

焙烧后的高温球团矿一般采用鼓风式环式冷却机冷却。国外有的厂进行球团矿的二次冷却,即在环式冷却机后还设有带式冷却机。冷却后球团矿经振动筛筛分,筛上成品球进入球团矿仓,筛下为返矿。

6.7　冷却设备

烧结矿和球团矿的冷却方法目前广泛采用强制通风冷却。强制通风冷却又可分为抽风式和鼓风式两种。一般来说,抽风式冷却机用于厚度小于 500 mm 的料层,鼓风式冷却机用于厚度大于 500 mm 的料层。从发展趋势来看,鼓风式冷却机将被广泛采用,它具有以下特点:

(1) 冷却面积相对减少,与薄料层抽风冷却相比,鼓风冷却采用厚料层,转速低,冷却时间长,因而相对减少了冷却设备的有效面积,同时也减少了冷却设备所占用的地皮。

(2) 鼓风冷却有利于节能。鼓风冷却方式可以有效地回收利用冷却机废气废热。

(3) 鼓风冷却设备容易维修。

用于烧结矿冷却的设备种类很多,按大的流程划分,有机上冷却和机外冷却两种。用于机外冷却的设备以环冷机、带冷机为主。

6.7.1 环式冷却机

环式冷却机由机架、导轨、扇形冷却台车、密封罩及卸矿漏斗等组成,如图 6-37 所示。根据通风方式不同,可分为抽风环冷机和鼓风环冷机两大类。

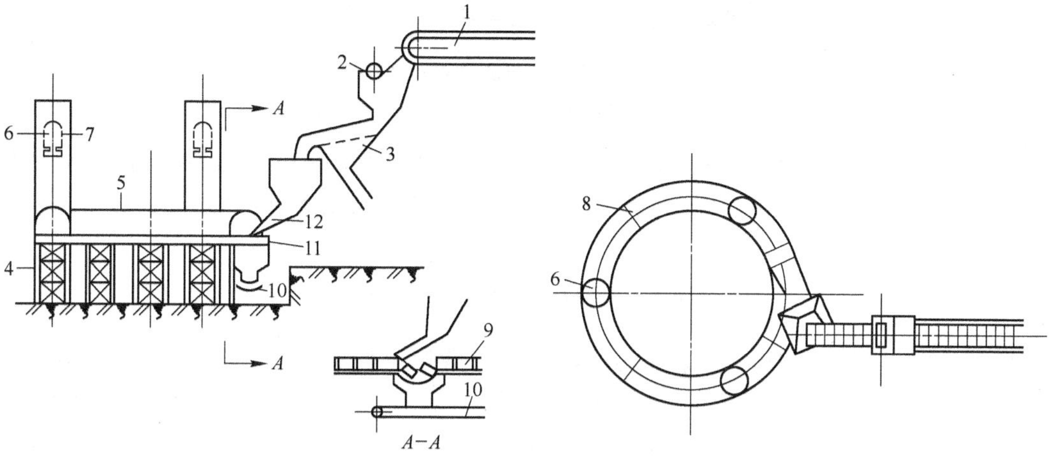

图 6-37 环式冷却机

1—烧结机;2—破碎机;3—振动筛;4—钢架;5—烟罩;6—烟囱;7—轴流风机;8—挡风板;9—台车;10—冷却运输带;11—环冷机机体;12—流槽

传动装置由电机、摩擦轮和传动架组成。传动架用槽钢焊接成内外两个大圆环,每个台车底部的前端有一个套环,将台车套在回转传动架的连接管上。后端两侧装有行走轮,置于固定在内外圆环间的两根环形导轨上运行。外圆环上焊有一个硬质耐磨的钢板摩擦片,该摩擦片用两个铸钢摩擦轮夹紧,当电动机带动摩擦轮转动时,供二者间摩擦作用,使传动架转动而带动冷却台车作圆周运动。台车底部安装有百叶窗式箅板和铁丝网,上部罩在密封罩内。在环形密封罩上等距离设置三个烟囱,内安装轴流式抽风机。

按台车运行方向,卸矿槽在烧结机尾部给矿点的前面位置。卸矿槽上的导轨是向下弯曲的。热烧结矿经热矿筛的给矿装置给入台车,台车在运动过程中,受到从台车下经百叶窗式箅条抽入的冷风冷却,当台车行至曲轨处时,后端滚轮沿曲轨下行,台车尾部向下倾斜 60°,在继续向前运行过程中,将冷却后的烧结矿卸入漏斗内。卸完后,又走到水平轨道上,重新接受热烧结矿。如此循环不断,工作连续进行。其卸矿过程如图 6-38 所示。

环形冷却机是一种比较好的烧结矿冷却设备:

(1) 冷却效果好,在 20~30 min 内烧结矿温度可降到 100~150℃。

(2) 台车无空载运行,提高了冷却效率。

(3) 运行平稳,静料层冷却过程中烧结矿不受机械破坏,粉碎少。

(4) 料层薄,一般为 250~300 mm,阻力损失少,不超过 600 Pa,冷风通过料层的流速低,为 1.5 m/s 左右,所以烟气含尘量少,据测定为 0.02~0.05 g/m^3,故抽风冷却过程不需要除尘。

(5) 结构简单,维修费用低。

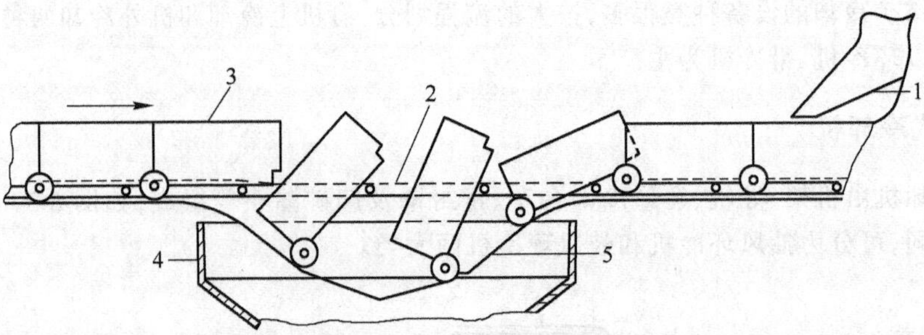

图 6-38　环冷机卸矿和装矿过程

1—流槽;2—传动架;3—台车;4—矿槽;5—弯形轨道

我国设计和制造的 200 m^2 和 134 m^2 环式冷却机,分别配 130 m^2 和 90 m^2 烧结机,使用效果良好。其技术性能见表 6-16。国外环式冷却机应用相当广泛,已投产的最大环冷机,有效冷却面积达 610 m^2。

表 6-16　环式冷却机的技术性能

型号(冷却面积)/m^2	冷却环直径/m	冷却环转速/$r \cdot min^{-1}$	产量/$t \cdot h^{-1}$	台车宽度/mm	台车数/个	传动电机功率/$kW \cdot h$	风量/$m^3 \cdot min^{-1}$	风压/Pa	料层厚度/mm	冷却时间/min
134	21	1～4	122	2500	45	17	3×5400	600～700	250～450	
200	24	1.126～4.505	200	3200	45	30	3×7500	600	250～450	20～30

6.7.2　带式冷却机

带式冷却机是一种带有百叶窗式通风孔的金属板式运输机,如图 6-39 所示。带式机是由许多个台车组成,台车两端固定在链板上,构成一条封闭链带,由电动机经减速机传动。工作面的台车上都有密封罩,密封罩上设有抽风(或排气)的烟囱。

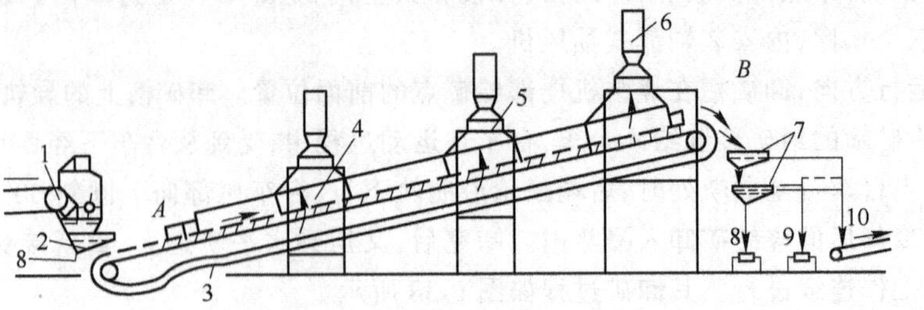

图 6-39　带式冷却机

1—烧结机;2—热矿筛;3—冷却机;4—排烟罩;5—冷却风机;6—烟囱;
7—冷矿筛;8—返矿;9—底料;10—成品烧结矿

热烧结矿自链带尾端加入台车,靠卸料端链轮传动,台车向前缓慢的移动,借助烟囱中的轴流风机抽风(或自台车下部鼓风)冷却,冷却后的烧结矿从链带头部卸落,用胶带运输机运走,带式冷却机具有如下特点：

(1) 烧结矿边冷却边运输，适于多台布置，有利于老厂改建，增添冷却设备。

(2) 冷却效果较好，热矿由 700～800℃冷却到 100℃，冷却时间一般 20～25 min。

(3) 料层薄，一般 250～350 mm，因此阻力小，而且抽风冷却过程不需要除尘。

(4) 烧结矿为静料冷却，冷却过程不受机械磨损与碰撞，因而粉碎少。

带式冷却机也是国内外广泛采用的一种烧结矿冷却设备。国外最大带冷机有效冷却面积达 780 m^2(配 600 m^2 烧结机)。国内从 20 世纪 70 年代初开始采用，现已有多种规格的带冷机投入运行。部分带冷机主要技术性能列于表 6-17。

表 6-17 国内部分带冷机主要技术性能

冷却机型号	配套烧结机面积/m^2	有效冷却面积/m^2	冷却能力/$t \cdot h^{-1}$	台车速度范围/$m \cdot min^{-1}$	料层厚度/m	冷却机倾斜角/(°)	进/出料温度/℃	传动电机功率/kW·h	风机		台车宽度/m
									风量/$m^3 \cdot min^{-1}$	风压/Pa	
30	18	32.6	32	2.54～0.51	0.15～0.25	12	750/<160	13	2×2250	-600	1.5
40	24	42.5	42	2.54～0.51	0.15～0.25	12	750/<160	13	3×2250	-600	1.5
60	36		64		0.15～0.25	4°15′	750/<160	13	4×2250	-600	1.5
120①	105	120	210	0.3～0.9	1.2±0.05	4°58′	700～850/<150	101.24	5×99500	+3760	3.0

①鼓风式带冷机，其余均为抽风式带冷机。

带式冷却机有冷却兼运输和提升的优点。可减少冷矿输送胶带，适合于多台布置，但空行程多，需要较多的特殊材质。而环式冷却机台车面积利用充分，无空载行程，但占地面积宽，不适于两台以上的布置。

6.7.3 振动式冷却机

振动式冷却机兼有运输、筛分、冷却三种作用，其结构如图 6-40 所示。整个冷却机支撑在两排可振动的支撑柱 7 上，经由电动机 4 带动偏心轮 3，使主弹簧 5 振动并带动其他缓冲簧 6 一起振动。主动弹簧与机体运输方向构成一定的夹角，机体按一定方向作简谐振动。装入机体内的热烧结矿在机体振动下连续向前跳动，并通过筛板分成成品烧结矿和返矿两个级别，筛板下面鼓入的冷空气穿过跳动着的料层，使烧结矿冷却。废气通过机罩 2 上的排气管排入大气。

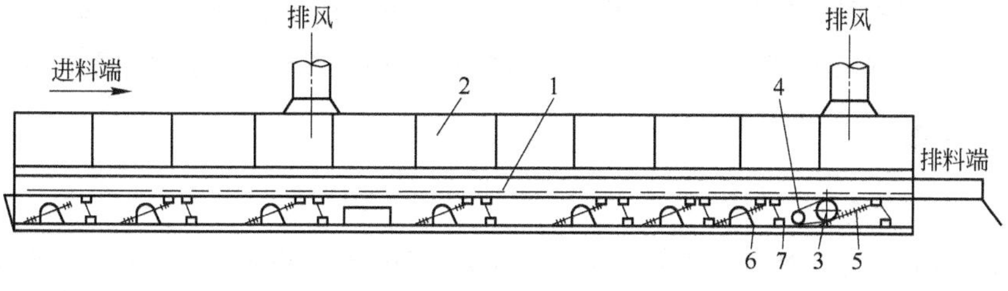

图 6-40 振动冷却机

1—机体；2—机罩；3—偏心轴皮带轮；4—电动机；
5—主弹簧；6—副弹簧(缓冲簧)；7—支撑柱

振动式冷却机冷却效果好，烧结矿由 750℃冷却到 100℃仅需 6～10 min，筛分效率高，冷却前不需要设振动筛(但有固定筛),成品烧结矿中小于 8 mm 的含量不超过 5%,振动式冷却机为鼓风冷却,因此冷却风量小,大约为 3000 m^3/t。

振动式冷却机设备工作参数调整困难,易出现断弹簧和弹簧轴以及机体开裂等事故,只能与小型烧结机配套使用。

6.7.4 机上冷却系统

机上冷却不需单独配置冷却机,只是把烧结机延长,前段台车用作烧结,后段台车用作冷却。两段各有独立的抽风系统,中间用隔板分开,防止互相窜风。强制送入的冷风穿过料层,进行热交换。冷却后的烧结矿从机尾卸下,热废气经除尘后从烟道排出。机上冷却有如下特点:

(1) 工艺流程简单,工艺布置紧凑。

(2) 由于冷却机就是烧结机的延长部分,不另设专门的冷却设备,只增加一台冷却用风机,设备简单,维修工作量少。

(3) 烧结矿成品率比其他机外冷却高 5%~10%。

(4) 机上冷却后,烧结矿不经破碎,而且转运次数少。

(5) 烧结矿强度好,粒度较均匀。

与机外冷却相比,机上冷却投资高,设备损耗大,电耗高,生产控制较困难,因此国内有的烧结厂又把冷却段改为烧结段。但国外仍在使用这种冷却方式。

6.8 除尘及环保设备

进入抽风系统的废气,含有大量的粉尘,必须有效的捕集和处理,否则,管路系统将会堵塞,风机转子磨损,严重影响烧结(或球团)生产的正常进行;降低设备使用寿命,污染环境,造成资源浪费。

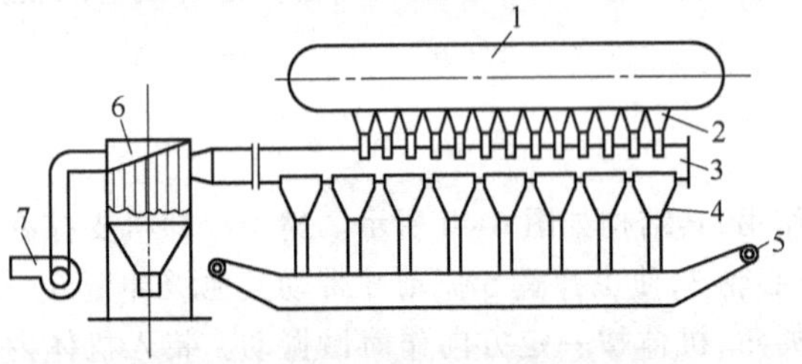

图 6-41 烧结机抽风系统除尘装置图

1—烧结机;2—风箱;3—降尘管;4—水封管;5—水封拉链机;6—多管除尘器;7—风机

烧结厂是钢铁企业产生粉尘最多的地方。这些粉尘主要来自烧结中主烟道废气含尘,其次机尾卸矿、破碎和筛分、返矿运输及冷却机排气都产生一定的粉尘。烧结抽风系统废气中的粉尘含量可达 2~6 g/m^3,数量大(1 t 烧结矿为 8~36 kg)且粒度组成不均匀。因而,采用一次除尘或单一的除尘方式,均达不到废气允许排放标准(不大于 150 mg/m^3)。一般都采用两段除尘方式,第一段为降尘管,第二段采用其他除尘器,主要是多管除尘器,也有用旋风除尘器或静电除尘器的。一般流程和除尘装置如图 6-41 所示。

6.8.1 除尘设备

6.8.1.1 降尘管

降尘管是连接风箱和抽风机的大烟道。它有集气和除尘的作用。降尘管是由钢板焊制成的圆形管道,内有钢丝固定的耐热、耐磨保温材料充填的内衬,以防止灰尘磨损和废气降温过多。降尘管中的废气温度应保持在 120~150℃ 以防水汽冷凝而腐蚀管道。为了提高除尘效果,风箱的导风管从切线方向与之连接。

降尘管属于重力惯性除尘装置。废气进入降尘管流速降低,并且流动方向改变,大颗粒粉尘借重力和惯性力的作用从废气中分离出来。进入集灰管中,再经水封拉链机或放灰阀排走。粉尘在降尘管中的沉降与粒度和密度有关。在密度相同的情况下，粉尘的颗粒越大沉降速度越快。粉尘颗粒粒度相同而密度不同时，密度大的颗粒沉降速度快，密度小的沉降慢。因此降尘管除尘效率与其截面积和废气流速有关，截面积大，流速低，降尘效率高。为此，要求把大烟道直径扩大，以降低气流速度，但直径过大不仅造价高，而且配置困难。有的大型烧结机便设置两根变径降尘管（如宝钢 450 m^2 烧结机），机尾端管径小，机头端管径大，以使气流速度逐步降低，有利于除尘。一般情况下，大烟道截面积以能保持废气流速在 9～12 m/s 为宜。大烟道降尘效率通常为 50%左右。

实例表明，粉尘沿烧结机长度的各个风箱分布是不均匀的，靠近烧结机头部及尾部的几个风箱吸尘量最大。鞍钢一烧测定结果是机头机尾各两个风箱的降尘量为降尘管总降尘量的 79%～87.6%。造成这一现象是因烧结机头部抽风量大，而烧结过程将结束时，烧结矿透气性好，通过的风量也大的缘故。因此，在大烟道与二次除尘之间增设降尘管或在靠近机头机尾的几个风箱与大烟道之间，增设辅助除尘器，都有良好的效果，图 6-42 为大烟道与第一号风箱之间辅助除尘装置，这种除尘设备除尘效率可达 80%。

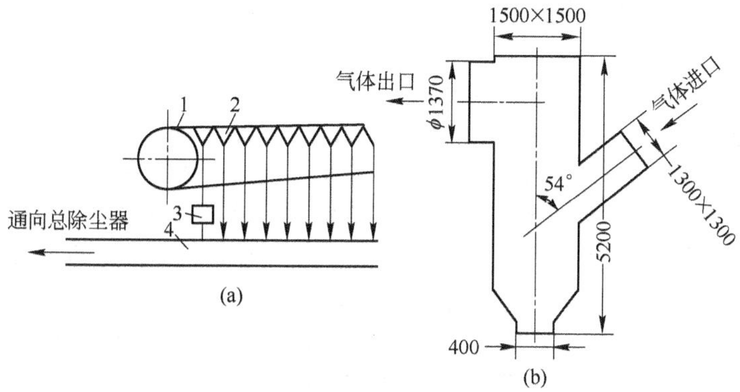

图 6-42 辅助除尘器

a—烧结机；b—辅助除尘器

1—烧结机；2—风箱；3—辅助除尘器装置；4—大烟道

此外，为了减少大烟道中废气含尘量，在混合料下面预先铺一层厚度为 12～15 mm 的铺底料，效果异常显著。

集灰管的密封性对除尘效果影响很大，若漏风，已降沉的灰尘会被重新浮起，带入废气中。一些烧结厂大烟道漏子下面的集灰斗采用水封拉链机卸灰，如图 6-43 所示。它是将集灰斗下的卸灰管插入一个船形的水封槽内，卸灰管插入水面以下 100 mm，水槽在卸灰斗下部位置是水平的，离开卸灰斗向两端翘起，水封槽壁上有溢流孔以保持水位稳定。在烧结机工作时，水吸入卸灰斗内 1 m 左右（取决于抽风机的负压），从大烟道沉降下来的灰尘颗粒不断落入水中，直接沉到水封槽底部，然后由运转的拉链机刮板将它们刮走带到首部捞出，卸到返矿皮带上返回生产流程，采用水封拉链机卸灰有以下特点：

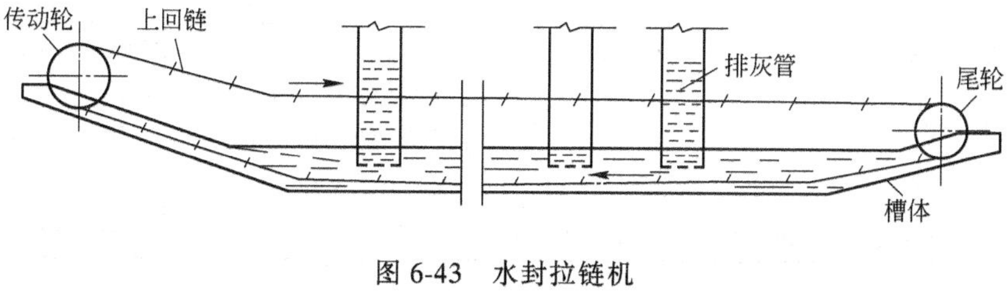

图 6-43 水封拉链机

(1) 加强烟道密封，抽风系统漏风减少，提高除尘效率，延长除尘器旋风子和抽风机叶轮寿命，同时增大风机负压，减少返矿，提高废气温度，改善生产指标。

(2) 减少甚至消除大烟道的卸灰扬尘现象，生产环境大为改善。

(3) 实现连续放灰，消除卸灰操作繁重的体力劳动。

(4) 水封槽刮出的脱水物料直接循环使用，利于粉尘回收。

(5) 较干式拉链机检修方便，使用可靠，作业率一般大于95%，而且只用一般材料，易于加工制造。

6.8.1.2　旋风除尘器

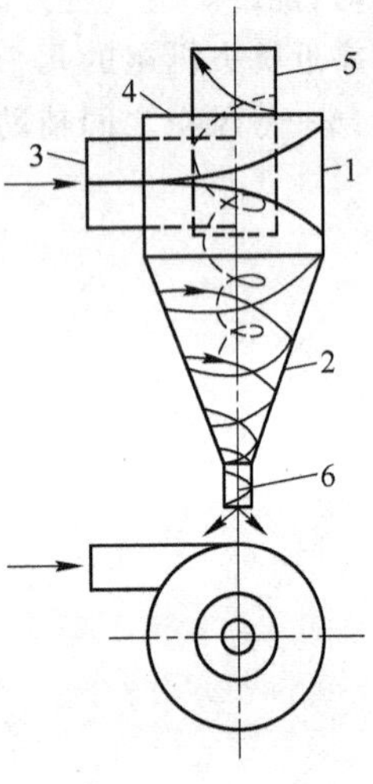

图 6-44　旋风除尘器
1—筒体；2—锥体；
3—进气管；4—顶盖；
5—中央排气筒；
6—灰尘排出口

旋风除尘器主要由进气管、圆柱体、圆锥体、排气管和排灰口组成，如图6-44所示。

当含尘废气由切线方向引入除尘器后，沿筒体向下作旋转运动，尘粒受离心力作用抛向筒壁失去动能，沿锥壁下落到集灰斗；旋转气流运动到锥体底部受阻，再从中心返回上部，由中央排气孔导出，达到两者分离的目的。

影响旋风除尘器除尘的因素有：

(1) 进入除尘器的气流速度增大，能够增加灰尘颗粒在运动中所受的离心力，灰尘颗粒易于沉降从而提高除尘效率。但是，气流的速度增加到一定程度，除尘效率的提高逐渐减慢。当达到某一数值后，已沉降的灰尘反而容易被重新卷起。实践证明：气流速度不能低于10 m/s，也不能高于25 m/s。

(2) 在气流不变的情况下，减少旋风器直径可以增加灰尘颗粒在运动中的离心力，从而提高除尘效率。

(3) 灰尘的颗粒和密度愈大，愈容易沉降，因而用旋风除尘器处理粒度大、密度大的灰尘可以提高效率。

(4) 旋风除尘器的漏风可能扰乱气流的旋转运动，会严重影响除尘效率。例如排灰口漏风1%，除尘效率降低5%～10%；漏风5%，降低约一半；漏风15%，除尘效率将趋近于零。

(5) 旋风除尘器的下部圆锥部分的斜坡不应小于60°，否则灰尘容易在其中沉积，从而使已堆积的灰尘再次被扬起来，降低除尘效率。

旋风除尘器的效率通常为80%～85%，阻力损失700～1000 Pa。除尘器直径减小，虽对提高除尘效果有利，但处理废气的能力太小，不能适应生产的需要。为此，将若干小旋风除尘器并联在一起，既可以提高除尘效果，又适应了废气处理量大的要求。这就出现了多管除尘器，它在烧结废气除尘中得到广泛的应用，烧结厂使用的旋风除尘器技术条件见表6-18。

表 6-18　旋风除尘器技术条件

烧结机型号/m^2	18	18	24	36	50
抽风机风量/$m^3 \cdot min^{-1}$	1250　1600	1250	1600	3000　3500	2500　3500
除尘器规格/mm	ϕ1761	ϕ3300 水膜旋风	CLP/B ϕ2250	№10，ϕ2500 蜗　旋	ϕ5100
除尘器并联个数/个	6	1	2	6	2
每个除尘器处理废气量/$m^3 \cdot min^{-1}$	208　267	1250	800	500　583	1250　1750

6.8.1.3　多管除尘器

多管除尘器由一组并联除尘管(即旋风子)组成,如图6-45所示,其除尘原理与旋风除尘器基本相同,废气经除尘器侧壁上的进气口进入,然后分别进入各个旋风子,流经导向螺旋(或导向叶片),产生旋转,除掉灰尘。多管除尘器与旋风除尘器主要不同之处在于产生废气旋转的方式不同。

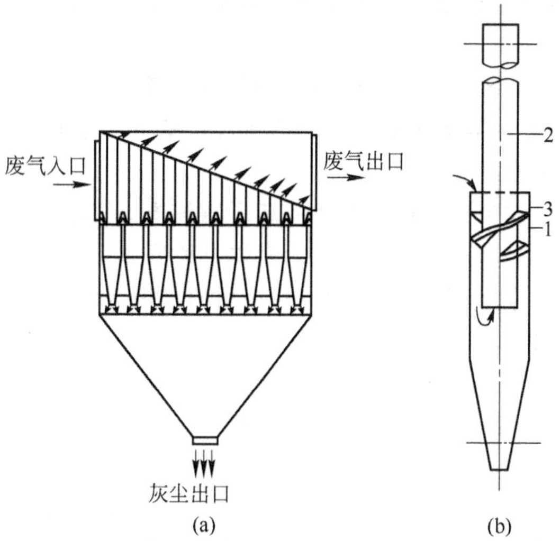

图6-45　多管除尘器

a—多管除尘器总图;b—单个除尘管图

1—旋风子;2—导气管;3—导气螺旋

国内各厂多管除尘器旋风子直径一般为ϕ250 mm或ϕ254 mm,每个旋风子每小时处理废气量以650～750 m^3为宜,多管除尘器阻力损失通常为900～1200 Pa,除尘效率在70%～90%之间,表6-19为国内各厂烧结机配用的多管除尘器技术条件。

表6-19　多管除尘器技术条件

烧结机型号/m^2	13	18	24	50	75	90	130
旋风子直径/m	ϕ250	ϕ254	ϕ254	ϕ250	ϕ254	ϕ254	ϕ254
多管个数/个	100	120	120	288	486	540	900
抽风机风量/$m^3 \cdot min^{-1}$	1250	1250　1600	1600	2500　3500	6500	6500	12000
每管负荷/$m^3 \cdot min^{-1}$	12.5	10.4　13.3	13.3	8.7　12.1	13.4	12.0	13.2
除尘器进口风速/$m \cdot s^{-1}$	—	5.1　6.5	6.5	4.6　6.4	13.4	12.0	12.9

影响除尘效率的因素有:

(1) 气流分布的均匀性。含尘废气从断面较小的大烟道集气管突然进入断面较大的除尘器,必然引起气流分布不均匀,造成部分气流集中,降低除尘效率,一般在除尘器入口处安装导流板,可使各区域气流分布均匀。

(2) 提高除尘器的密封性,防止漏风。若漏入的风量占总烟气量3%,除尘效率会下降50%,若漏风量为总烟气量的8%时,则除尘效率为零。所以必须检查多管除尘器的漏风情况。

(3) 排尘系统堵塞,不能及时将已沉下的灰尘放出,这些灰尘堵塞气流通道,在气流通过时重新把它们抽起带走不仅降低了除尘效率,而且还会影响抽风机寿命。

(4) 保证多管除尘器安装正确。

多管除尘器的灰尘运输,可与降尘管的灰尘共同由水封拉链运输,或者采用圆筒混合机润湿后由皮带运走。

6.8.1.4 电除尘器

电除尘器是一种高效除尘设备。其除尘效率可达97%~98%。被除去的灰尘粒度可小至1~0.1 μm。

电除尘器由电极、振打装置、放灰系统、外壳和供电系统组成。负电极为放电极,用钢丝、扁钢等制作成芒刺形、星形、菱形等尖头状,组成框架结构,接高压电源;正极接地为收尘极,用钢管或异型钢板制成,吊于框架上。

电除尘器的除尘原理:在负极加以数万伏的高压直流电,正负两极间产生强电场,并在负极附近产生电晕放电。当含尘气体通过此电场时,气体电离形成正、负离子,附着于灰尘粒子表面,使尘粒带电,由于电场力的作用,荷电尘粒向电性相反的电极运动,接触电极时放出电荷,沉积在电极上,使粉尘与气体分离。

由于气体是在负极附近电离,电离产生的负离子在飞向正极时,距离较长,与尘粒碰撞机会多,荷电的尘粒多,因而收尘极上沉积的灰尘就多;相反,飞向负极的正离子经过的路程短,附着的灰尘就少。所以,灰尘主要靠正极收集。定时振打收尘极,灰尘便落入集灰斗中。

静电除尘效率高。除尘器投资较高,但动力费用低,综合而论是经济实用的。图6-46为卧式电除尘器。

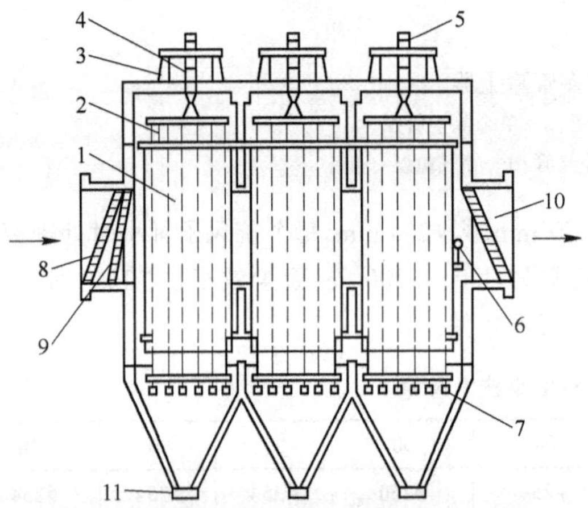

图 6-46 卧式电除尘器

1—电极板;2—电晕线;3—瓷绝缘支座;4—石英绝缘管;5—电晕线振打装置;6—阳极板振打装置;7—电晕线吊锤;8—进口第一块分流板;9—进口第二块分流板;10—出口分流板;11—排灰装置

6.8.2 抽风机

抽风机是烧结生产的重要配套设备,主要是离心式风机。它主要由带叶轮的转子和机壳组成。当电动机带动叶轮旋转时,叶轮内叶片间的气体也随之旋转而获得离心力,被抛到机壳中,使机壳内的气体压强升高,从出风口排出。于是,叶轮中心部分的压强降低,处于负压状态,形成吸力,吸风口处的气体源源不断地被吸入、排出,在整个抽风系统中造成负压,空气进入料层,使燃料燃烧,烧结过程得以进行。

一般要求风机容量大、风压高,运转特性稳定,耐热耐磨性能好。在选择风机风量和风压时,既要满足工艺要求,又要考虑建设投资和能耗,否则,盲目追求大风量、高负压,势必造成不应有的浪费。事实上,在一定的风机条件下,通过加强工艺操作和管理,努力改善料层透气性和抽风系统的密封性,是可以不断强化生产过程的,这样既可增产,又可节约。

烧结抽风机处在温度高、含尘量大的恶劣条件下工作,叶轮磨损相当严重。这对稳定正常生产和提高转子寿命都极为不利。提高转子寿命的主要措施是:

(1) 提高抽风除尘效率。废气的除尘效率越低,转子的寿命就越短。

(2) 改进烧结工艺操作,减少原始粉尘量。改善混合料制粒;完善铺底料工艺;保证布料均匀;实行厚料层操作;稳定烧结操作制度;加强烧结机漏风部位的密封,防止大量粉尘抽入废气中。此外要合理选择和布置除尘设备,改进放灰清灰方式,严格控制烟气温度不低于露点,以防止除尘设备堵塞和风机叶片挂泥。

(3) 改善转子材质。制造叶轮时,采用强度与耐磨性高的材质,或在叶片与叶轮易磨损处镶焊硬质合金(如碳化钨),提高其耐磨性。在动力消耗允许的条件下,适当增加叶片厚度,特别是易磨损部位的厚度,对提高转子寿命是有利的。

6.8.3 污水处理设备

烧结厂的污水来源很多,除抽风系统集灰斗下水封拉链槽的溢流污水外,还有熔剂破碎、原料转运站,混料及其他操作岗位湿法除尘,水冲地坪等产生的含尘污水。其特点是:污水中的粉尘含有较多的氧化铁和 CaO,粒度细,多数较黏滞,脱水困难。这些污水必须通过处理,才能循环使用或排入下水道。尤其是污水中的 CaO 若沉淀时间过久,会形成坚硬的污垢,难以清除,以致影响下水道的正常排水。我国规定烧结厂废水中污染物允许排放标准为:pH 值 6~9,悬浮物浓度 200~300 mg/L。

烧结厂(含球团厂)污水处理方法,通常采用沉淀—浓缩—过滤的流程。为了提高沉淀效果,在沉淀过程中有时需加絮凝剂。若废水中悬浮物颗粒较粗,有时在沉淀之前,采用水力旋流器,首先分离出粗颗粒,再按上述流程处理。经处理的水,可返回烧结厂循环使用,分离出的尘泥,可送回参与配料。既减少公害,又节约动力和原料。

用于污水处理的设备,常用各式沉淀池和浓缩漏斗等。辐流式沉淀池是一个直径较大、水深较浅的圆形池子,如图 6-47 所示。直径一般为 20~30 m,池中心深约为 2.5~5 m,池边深约 1.5~3 m。入口常设在池中心,出口设在池周顶端。污水由圆心处的中心套筒流出,然后向外沿辐射方向流动。池上设一缓慢旋转的刮泥桁架,将沉淀池污泥集中到池中心,借泥浆泵把污泥排走。

浓缩漏斗是一圆形漏斗池子,如图 6-48 所示。污水由中心给料管给入,沿垂直方向由下向上流动,上部为沉淀区,下部为污泥斗。澄清水由周围溢流堰排入溢流槽中排走,污泥沉入底部,通过管阀用泵排出。

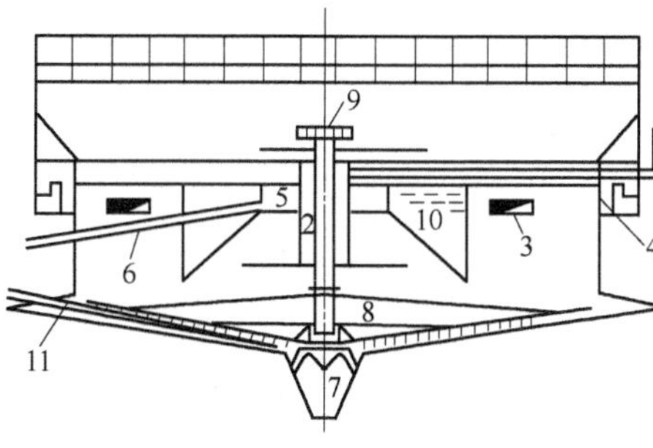

图 6-47 辐流式沉淀池

1—进水管;2—中心管;3—出水孔;4—集水槽;5—浮渣池;6—排渣槽;7—集泥坑;8—刮泥机;9—传动装置;10—导流隔板;11—排泥管

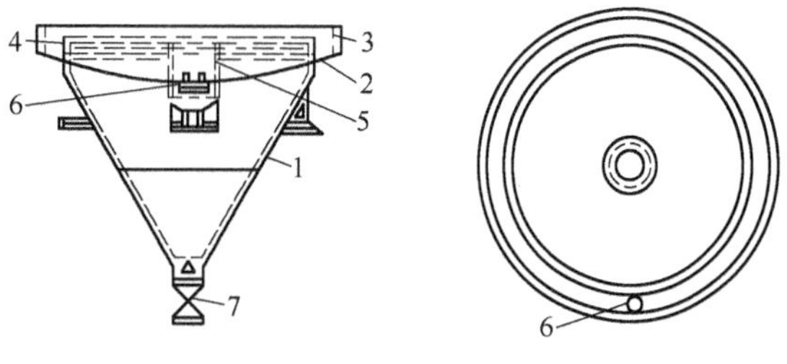

图 6-48 浓缩漏斗

1—圆锥体;2—圆柱体;3—溢流槽;4—溢流堰;5—给料管;6—溢流接管;7—管阀

污泥经浓缩后仍含水 30%~50%,经过滤脱水后含水量降至 10%~20%,再用翻斗车送回烧结厂重新利用。

复习思考题

1．对烧结球团厂的设备有哪些要求？
2．破碎设备有哪几种？
3．磨矿机有哪几种类型？
4．常用的筛分设备有哪几种？
5．给料与配料设备有哪些？
6．烧结机本体包括哪些部件？
7．焙烧设备有哪几种类型？
8．环形冷却机有哪些优点？
9．带式冷却机的特点是什么？
10．机上冷却的特点有哪些？
11．影响多管除尘效率的因素有哪些？

7 产品质量检验与鉴定及环境保护

烧结矿和球团矿的质量对高炉冶炼的效果及高炉各项技术经济指标影响极大，改善烧结矿和球团矿的质量是“精料”的主要内容。随着高炉大型化、自动化以及要求最大限度地降低燃料比，对高炉炉料的质量和炉料质量的检验方法越来越重视，特别是各重点钢铁企业，把提高生铁产量和质量着眼点放在“铁前”工作上，对烧结矿和球团矿的质量提出了更高要求。

对烧结矿和球团矿的质量要求和检验项目，不仅限于化学成分、粒度组成和常温机械强度，还必须包括高温冶金性能，如低温还原粉化率，中温还原强度，中、高温还原性以及高温软化熔滴性等。通过对这些性能的检测，一方面，为高炉操作提供较全面的原料性能参数，以便采取相应对策；另一方面，给烧结、球团生产反馈信息，不断改进工艺和操作，促进技术水平的提高，生产更能满足高炉需要的优质原料。

7.1 烧结产品的质量指标与检验

评价烧结矿的质量指标主要有：化学成分及其稳定性、转鼓强度、粒度组成与筛分指数、落下强度、还原性、低温还原粉化性、软熔性等。我国高炉冶炼用铁烧结矿技术标准 YB/T 421—2005（代替 YB/T 421—1992、YB/T 006—91）见表 7-1 和表 7-2。

表 7-1 普通铁烧结矿技术指标

项目名称		化学成分（质量分数）				物理性能			冶金性能	
碱度	品级	TFe/%	CaO/SiO_2	FeO/%	S/%	转鼓指数（+6.3 mm）/%	筛分指数（−5 mm）/%	抗磨指数（−0.5 mm）/%	低温还原粉化指数（RDI）（+3.15 mm）/%	还原度指数（RI）/%
		允许波动范围		不大于						
1.50～2.50	一级	±0.50	±0.08	11.00	0.060	≥68.00	≤7.00	≤7.00	≥72.00	≥78.00
	二级	±1.00	±0.12	12.00	0.080	≥65.00	≤9.00	≤8.00	≥70.00	≥75.00
1.00～1.50	一级	±0.50	±0.05	12.00	0.040	≥64.00	≤9.00	≤8.00	≥74.00	≥74.00
	二级	±1.00	±0.10	13.00	0.060	≥61.00	≤11.00	≤9.00	≥72.00	≥72.00

注：TFe、CaO/SiO_2（碱度）的基数由各生产企业自定。

表 7-2 优质铁烧结矿的技术指标

项目名称	化学成分（质量分数）				物理性能			冶金性能	
	TFe/%	CaO/SiO_2	FeO/%	S/%	转鼓指数（+6.3 mm）/%	筛分指数（−5 mm）/%	抗磨指数（−0.5 mm）/%	低温还原粉化指数（RDI）（+3.15 mm）/%	还原度指数（RI）/%
允许波动范围	±0.40	±0.05	±0.50	—					
指　标	≥57.00	≥1.70	≤9.00	≤0.030	≥72.00	≤6.00	≤7.00	≥72.00	≥78.00

注：TFe、CaO/SiO_2（碱度）的基数由各生产企业自定。

7.1.1 烧结矿化学成分及其稳定性

成品烧结矿的化学成分主要检测：TFe，FeO，CaO，SiO_2，Al_2O_3，MnO，TiO_2，S，P 等。要求有

用成分要高,脉石成分要低,有害杂质(如 S、P)要少。

烧结矿含铁品位要高,这是高炉精料的基本要求。通常,入炉含铁品位每增加1%,高炉焦比降低2%,生铁产量可提高3%。在评价烧结矿品位时,应考虑烧结矿所含碱性氧化物的数量,因为这关系到高炉冶炼时熔剂的用量。为了便于比较,往往用扣除烧结矿中碱性氧化物的含量来计算烧结矿的含铁量。同时烧结矿的化学成分稳定性要好,如化学成分波动会引起高炉内温度、炉渣碱度和生铁质量的波动,从而影响高炉炉况的稳定,使焦炭负荷难以在可能达到的最高水平上保持稳定,不得不以较低焦炭负荷生产,使高炉焦比升高,产量降低。因此要求各成分的含量波动范围要小。

S和P是钢与铁的有害元素,如入炉矿石中含S升高0.1%,高炉焦比升高5%,而且S使铸铁件易产生气孔,使钢在热加工过程中产生热脆现象。因此要求烧结矿的S、P等有害杂质含量越低越好。

烧结矿碱度一般用烧结矿中的 $w(CaO/SiO_2)$ 比值表示。一般认为,烧结过程中不加熔剂的烧结矿称酸性烧结矿或普通烧结矿,加少量熔剂,但高炉冶炼时仍加较多熔剂的称熔剂性烧结矿,而加足熔剂,在高炉冶炼时不加或极少量加(调碱度用)的称自熔性烧结矿,烧结矿的碱度在1.5以上与酸性料组合成合理炉料结构的烧结矿称高碱度烧结矿。球团矿的区分与此相同。

7.1.2　转鼓强度

转鼓强度是评价烧结矿常温强度的一项重要指标。目前,世界各国的测定方法尚不统一,表7-3列出了各主要产钢国的转鼓强度测定方法。我国烧结矿转鼓指数和抗磨指数的测定方法按YB/T5166执行。

表 7-3　转鼓测定方法

项　目		中国 GB8209—87	国际标准 ISO3271—75	日本 JISM3721—77	前苏联 ГОСТ15137—77
转鼓	尺寸/mm	ϕ1000×500	ϕ1000×500	ϕ914×457	ϕ1000×500
	挡板数/个	2,180°	2,180°	2,180°	2,180°
	挡板高/mm	50	50	50	50
	转速/$r\cdot min^{-1}$	25±1	25±1	24±1	25±1
	转数/r	200	200	200	200
试样	烧结矿粒度/mm	10～40	10～40	10～50	5～40
	球团矿粒度/mm	6.3～40	10～40	>5	5～25
	试样重量/kg	15±0.15	15±0.15	23±0.23	15±0.15
结果表示	鼓后筛析/mm	6.3、0.5	6.3、0.5	10、5	5、0.5
	转鼓强度 T/%	>6.3	>6.3	>10	>5
	抗磨指数 A/%	<0.5	<0.5	<5	<0.5
	双样允许误差				
	ΔT/%	≤1.4	$\leqslant 0.03T+3.8$	烧6.6,球0.8	烧2,球3
	ΔA/%	≤0.8	$\leqslant 0.03T+0.8$	烧6.2	烧2,球3

转鼓强度用转鼓试验机测定。转鼓用5 mm厚钢板焊接而成,转鼓内径 ϕ1000 mm,内宽500 mm,内有两个对称布置的提升板,用50 mm×50 mm×5 mm,长500 mm的等边角钢焊接在内壁上,如图7-1所示。转鼓由功率不小于1.5 kW·h的电动机带动,规定转速为(25±1) r/min,共转8 min,200转。

测定方法:取烧结矿试样15±0.15 kg,以40.0～25.0 mm、25.0～16.0 mm、16.0～10.0 mm三级按筛分比例配制而成,装入转鼓,进行试验。试样在转动过程中受到冲击和摩擦作用,粒度发生变化。转鼓停后,卸出试样用筛孔为6.3 mm×6.3 mm和0.5 mm×0.5 mm的机械摇动筛,往复30次,对各粒级质量进行称量,并按下式计算转鼓指数和抗磨指数:

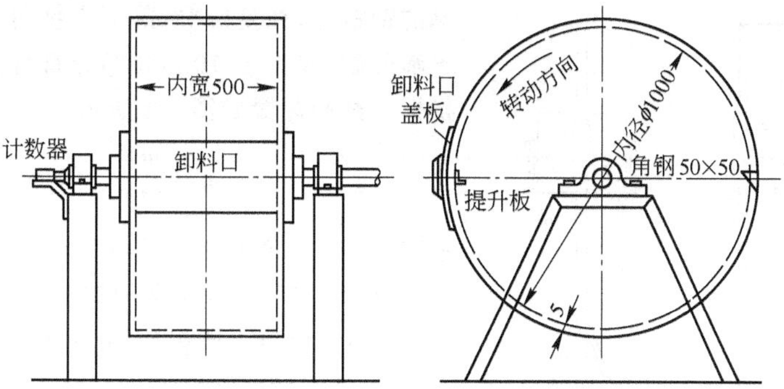

图 7-1 转鼓试验机基本尺寸示意图

转鼓指数：
$$T=\frac{m_1}{m_0}\times 100\% \tag{7-1}$$

抗磨指数：
$$A=\frac{m_0-(m_1+m_2)}{m_0}\times 100\% \tag{7-2}$$

式中 m_0——入鼓试样质量，kg；

m_1——转鼓后，>6.3 mm 粒级部分的质量，kg；

m_2——转鼓后，6.3～0.5 mm 粒级部分的质量，kg。

T 和 A 均取两位小数值。T 值越高，A 值越低，烧结矿的机械强度越高。我国优质烧结矿要求 $T\geqslant 70.00\%$，$A\leqslant 5.00\%$。

7.1.3 粒度组成与筛分指数

目前我国对高炉炉料的粒度组成检测尚未标准化，推荐采用方孔筛(mm)：5×5、6.3×6.3、10×10、16×16、25×25、40×40、80×80 等七个级别，其中 5×5、6.3×6.3、10×10、16×16、25×25、40×40 等六个级别为必用筛，使用摇动筛筛分，粒度组成按各粒级的出量用百分数(%)表示。

筛分指数测定方法是：按取样规定在高炉矿槽下烧结矿加入料车前取原始试样 100 kg，等分为 5 份，每份 20 kg，放入筛孔为 5 mm×5 mm 的摇筛，往复摇动 10 次，以小于 5 mm 的粒级质量计算筛分指数。

$$C=\frac{100-A}{100}\times 100\% \tag{7-3}$$

式中 C——筛分指数，%；

A——大于 5 mm 粒级的量，kg。

筛分指数表明烧结矿的粉末含量多少，此值越小越好。我国要求优质烧结矿筛分指数 $C\leqslant 6.0\%$，球团矿 $C\leqslant 5.0\%$。目前许多烧结厂尚未进行此项指标考核。

7.1.4 落下强度

落下强度是另一种评价烧结矿常温强度的方法，用来衡量烧结矿抗冲击的能力。它是将一定重量的试样提升至一定高度，让试样自由落到钢板上，经过反复多次落下，测定受冲击后产生的粉末量。目前，这一检测方法的试样量、落下高度、落下次数都很不统一，国内大都参照日本标准(JIS8711—77)来进行检测。

测定方法：将粒度 10～40 mm 烧结矿试样量 20±0.2 kg，从 2 m 高处，自由落到大于 20 mm

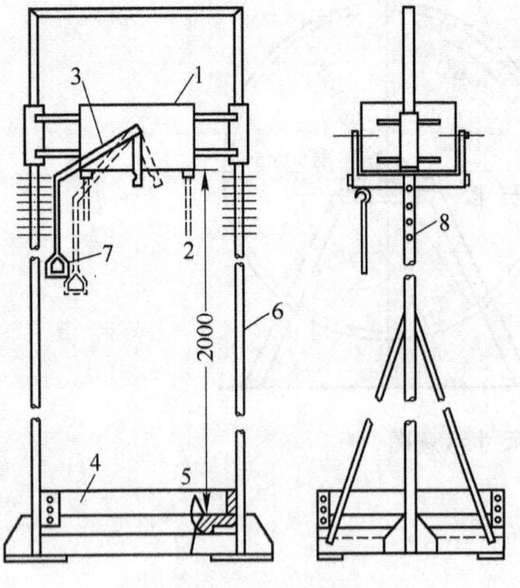

图 7-2　落下试验装置

1—可上下移动的装料箱；2—防出试料的底门；3—控制底门的杠杆；4—无底围箱；5—生铁板；6—支架；7—拉弓；8—调节装料箱高度的小孔

厚的钢板上，往复四次，落下产物用 10 mm 筛孔的筛子筛分后，取大于 10 mm 部分百分数作为落下强度指标。试验装置如图 7-2 所示。

$$F=\frac{m_1}{m_0}\times 100\% \qquad (7\text{-}4)$$

式中　F——落下强度，%；

m_0——试样总质量，kg；

m_1——落下四次后，大于 10 mm 粒级部分的质量，kg。

优质烧结矿 $F=86\%\sim87\%$，合格烧结矿 $F=80\%\sim83\%$。

7.1.5　还原性

烧结矿的还原性是模拟炉料自高炉上部进入高温区的条件，用气体还原剂从烧结矿中夺取与铁结合氧的难易程度的一种度量，以还原度和还原速率（即每分钟的还原度）表示。它是评价烧结矿（或铁矿石）冶金性能的主要质量指标。

不同还原性的测定方法见表 7-4。我国参照国际标准方法（ISO4695—84、ISO7215—85）制订出 GB/T 13241—91 国家标准试验方法。其测定的基本原理是：将一定粒度范围的铁矿石试样置于固定床中，用由 CO 和 N_2 组成的混合气体，在 900℃ 下等温还原，每隔一定时间称量试样质量，以三价铁状态为基准，计算还原 3 h 后的还原度和原子比 O/Fe 等于 0.9 时的还原速率。其方法规定如下。

表 7-4　铁矿石还原性测定方法

项　目		国际标准 ISO4695	国际标准 ISO7215	中国标准 GB/T 13241	日　本 JISM8713	德　国 V.D.E
设　备		双壁反应管 $\phi_{内}$ 75	单壁反应管 $\phi_{内}$ 75	双壁反应管 $\phi_{内}$ 75	单壁反应管 $\phi_{内}$ 75	双壁反应管 $\phi_{内}$ 75
试样	质量/g	500±1	500±1	500±1	500±1	500±1
	粒度/mm					
	烧结矿	10.0～12.5	10.0～12.5	10.0～12.5	20.0±1	10.0～15.0
	球团矿	10.0～12.5	10.0～12.5	10.0～12.5	20.0±1	10.0～12.5
还原气体	成分：CO/%	40.0±0.5	30.0±0.5	30.0±0.5	30.0±0.5	40.0±0.5
	N/%	60.0±0.5	70.0±0.5	70.0±0.5	70.0±0.5	60.0±0.5
	流量（标态）/L·min^{-1}	50	15	15	15	50
还原温度/℃		950±10	900±10	900±10	900±10	950±10
还原时间/min		到还原度 60% 为止 最大 240 min	180	180	180	到还原度 60% 为止 最大 240 min

续表 7-4

项　目	国际标准 ISO4695	国际标准 ISO7215	中国标准 GB/T 13241	日　本 JISM8713	德　国 V.D.E
还原性表示方法	1. 失氧量—时间曲线 2. $\left(\frac{dR_t}{dt}\right)_{40}$	$R_t=\frac{W_0-W_F}{W_1(0.430TFe-0.112FeO)}\times 10^4\%$	$R_t=\left[\frac{0.1W_1}{0.430W_2}+\frac{m_1-m_t}{m_0\times 0.430\ W_2}\times 100\right]\times 100\%$ $RVI=\left(\frac{dR_t}{dt}\right)_{40}$	同 ISO7215	同 ISO4695

7.1.5.1　试验条件

还原管：双壁 $\phi_{内}$ 75 mm，由耐热不起皮的金属板（如 GH44 镍基合金板）焊接而成，能耐 900℃以上的高温，为了放置试样，在还原管中装有多孔板，还原管的结构和尺寸如图 7-3 所示；

试样：粒度 10.0～12.5 mm，质量 500 g；

还原气体成分：CO 30% ±0.5%，N_2 70% ±0.5%；

H_2、CO、H_2O 不超过 0.2%，O_2 不超过 0.1%；

还原温度：900±10℃；

还原气体流量：15±1L/min(标态)；

还原时间：180 min。

7.1.5.2　试验程序要点

称取 500 g 10.0～12.5 mm 经过干燥的矿石试样，放到还原管中铺平；封闭还原管顶部，将惰性气体按标态流量 15 L/min 通入还原管中，接着将还原管放入还原炉内（还原管与还原炉的配置如图 7-4 所示），并将其悬挂在称量装置的中心（此时炉内温度不得高于 200℃）；按不大于 10℃/min 的升温速度加热。在 900℃时恒温 30 min，使试样的质量 m_1 达到恒量。再以标态流量为 15 L/min 的还原气体代替惰性气体，持续 180 min。在开始的 15 min 内，至少每 3 min 记录一次试样质量，以后每 10 min 记录一次。还原3 h 后，试验结束，切断还原气体，将还原管及试样取至炉外冷却到 100℃以下。

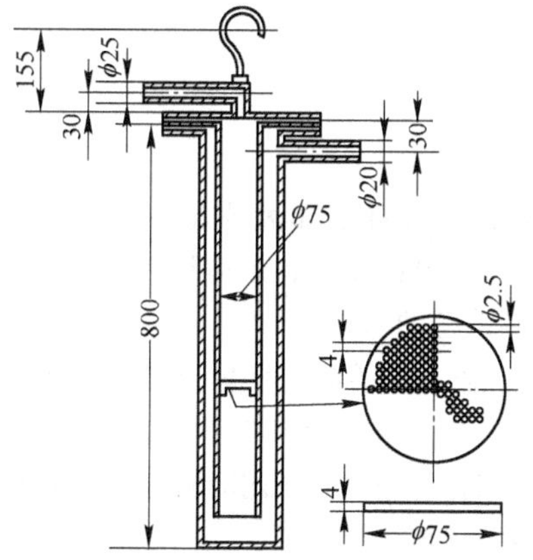

图 7-3　还原管示意图

（多孔板：孔径 2.5 mm；孔距 4 mm；孔数 241；总孔面积 1180 mm²；板厚 4 mm）

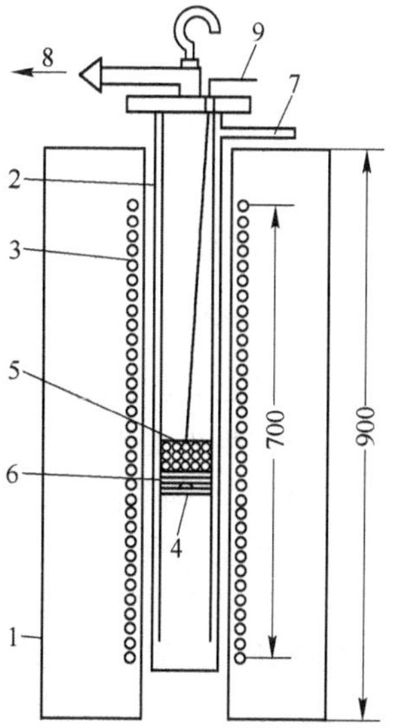

图 7-4　还原管与还原炉的配置示意图

1—还原炉；2—还原管；3—电热元件；4—多孔板；5—试样；6—高 Al_2O_3 球；7—煤气入口；8—煤气出口；9—热电偶

7.1.5.3　试验结果表示

试验结果以还原度和还原速率指数表示：

(1) 还原度计算　还原度以三价铁状态为基准(即假定铁矿石中的铁全部以 Fe_2O_3 形态存在,并将 Fe_2O_3 中的氧当作 100%),还原一定时间后所达到的脱氧程度,以 R_t 表示,单位为质量百分数。计算公式如下：

$$R_t=\left[\frac{0.11W_1}{0.430W_2}+\frac{m_1-m_t}{m_0\times0.430W_2}\times100\right]\times100\% \tag{7-5}$$

式中　R_t——还原 t 时间的还原度；

m_0——试样质量,g；

m_1——还原开始前试样质量,g；

m_t——还原 t 时间后试样质量,g；

W_1——试验前试样中 FeO 含量,%；

W_2——试验前试样的全铁含量,%；

0.11——使 FeO 氧化到 Fe_2O_3 时所需的相应氧量的换算系数；

0.430——TFe 全部氧化成 Fe_2O_3 时需氧量的换算系数。

标准规定,以 180 min 的还原度指数作为考核指标,用 *RI* 表示。

(2) 还原速率指数计算　根据试验数据作出还原度 R_t(%)与还原时间 t(min)的关系曲线,如图 7-5 所示。从曲线读出还原达到 30% 和 60% 时相对应的还原时间。

以三价铁为基准,用原子比 O/Fe 为 0.9(相当于还原度 40%)时的还原速率作为还原速率指数,以 *RVI* 表示,单位为 %/min。计算公式如下：

$$RVI=\left(\frac{dR_t}{dt}\right)_{40}=\frac{33.6}{t_{60}-t_{30}} \tag{7-6}$$

式中　t_{30}——还原度达到 30% 时所需时间,min；

t_{60}——还原度达到 60% 时所需时间,min；

33.6——常数。

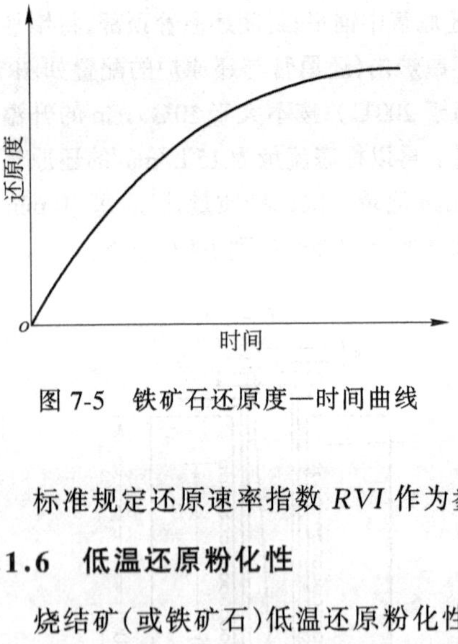

图 7-5　铁矿石还原度—时间曲线

标准规定还原速率指数 *RVI* 作为参考指标。

7.1.6　低温还原粉化性

烧结矿(或铁矿石)低温还原粉化性能是指矿石进入高炉炉身上部大约在 400～600℃ 之间的低温区还原时,产生粉化的程度。块矿粉化程度高,对高炉炉料顺行和炉内煤气流分布的影响很大。低温还原粉化性能的测定,就是模拟高炉上部条件进行的。

低温还原粉化性能的测定方法有静态法和动态法两种。静态法的测定结果,有良好的线性相关关系,且设备简单,转鼓工作条件好,密封问题易解决,操作较方便,试验费用较低,结果稳定,并可与还原性能测定使用同一装置,便于采用。因此大多数国家都采用静态法。各国的测试方法见表 7-5。

表 7-5　低温还原粉化率测定方法

项　目		国际标准 ISO4696	国际标准 ISO4697	中国标准 GB/T 13242	日　本 JISM8714	美　国 ASTME1072
设备	还原反应管/mm	双壁 $\phi_{内}$ 75		双壁 $\phi_{内}$ 75	单壁 $\phi_{内}$ 75	双壁或单壁 $\phi_{内}$ 75
	转鼓尺寸/mm	ϕ130×200	ϕ130×200	ϕ130×200	ϕ130×200	ϕ130×200
	转速/$r\cdot min^{-1}$	30	10	30	30	30

续表 7-5

项目		国际标准 ISO4696	国际标准 ISO4697	中国标准 GB/T 13242	日本 JISM8714	美国 ASTME1072
试样	质量/g 粒度/mm 烧结矿 球团矿	500±1 10.0~12.5 10.0~12.5	500±1 10.0~12.5 10.0~12.5	500±1 10.0~12.5 10.0~12.5	500±1 20.0±1或15~20 20.0±1	500±1 9.5~12.5 9.5~12.5
还原气体	组成/% $CO/CO_2/N_2$ 流量(标态)/$L\cdot min^{-1}$	20/20/60 20	20/20/60 20	20/20/60 15	26/14/60, 30/0/70 20或15	
还原温度/℃ 还原时间/min 转鼓时间/min		500±10 60 10	500±10 60	500±10 60 10	500/550 30 30	500±10 60 10
结果表示		$RDI_{+6.3}$ $RDI_{+3.15}$ $RDI_{-0.5}$	同ISO4696	$RDI_{+3.15}$ 考核指标 $RDI_{+6.3}$、$RDI_{-0.5}$ 参考指标	$RDI_{-3.0}$ $RDI_{-0.5}$	$LTB_{+6.3}$ $LTB_{+3.15}$ $LTB_{-0.5}$

参照国际标准 ISO4694—84,我国制定了 GB/T 13242—91 标准方法——铁矿石低温粉化试验静态还原后使用冷转鼓的方法。其基本原理是:把一定粒度范围的试样置于固定床中,在500℃温度下,用 CO、CO_2 和 N_2 组成的还原气体进行静态还原。恒温还原 1 h 后,将试样冷却至100℃以下,在室温下装入小转鼓($\phi130\times200$ mm)转 300 转后取出,用 6.3 mm、3.15 mm 和 0.5 mm 的方孔筛分级,测定各筛上物的质量,用还原粉化指数(*RDI*)表示铁矿石的粉化性。

7.1.6.1 试验条件

还原试验

还原管:双壁 $\phi_{内}$ 75 mm,见图 7-2 所示;

试样粒度:10.0~12.5 mm,质量 500 g;

还原气体:CO 和 CO_2 各为 20%±0.5%,N_2 60%±0.5%;

H_2<0.2%或 2.0±0.5%,H_2O<0.2%,O_2<0.1%;

还原温度:500±10℃;

还原气体流量:15±1 L/min(标态);

还原时间:60 min。

转鼓试验

转鼓:$\phi130\times200$ mm,鼓内壁有两块沿轴向对称配置的钢质提料板,如图 7-6 所示;

转速:30±1 r/min;

时间:10 min。

7.1.6.2 试验结果表示

试验结果用还原粉化指数(*RDI*)表示还原和转鼓试验后的粉化程度。分别用转鼓后筛上得到的大于 6.3 mm、大于 3.15 mm 和小于 0.5 mm 的物料质量与还原后转鼓前试样总质量之比的百分数表示,其指标为还原强度指数($RDI_{+6.3}$)、还原粉化指数($RDI_{+3.15}$)和磨损指数($RDI_{-0.5}$)。计算公式如下:

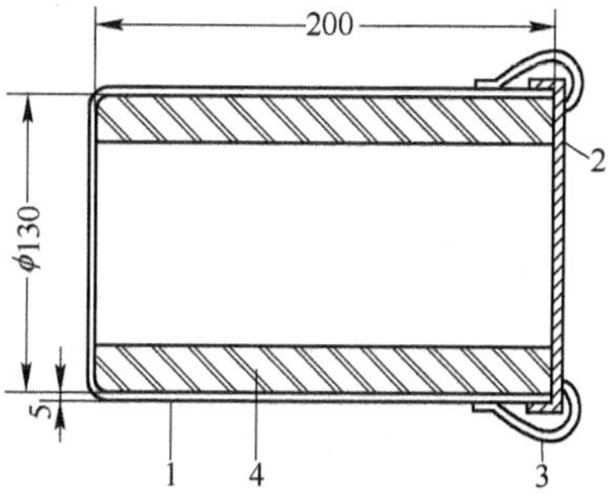

图 7-6 转鼓

1—转鼓圆筒;2—密封盖;3—固定卡子;4—提料板(200 mm×20 mm×2 mm)

$$RDI_{+6.3} = \frac{m_{D_1}}{m_{D_0}} \times 100\% \tag{7-7}$$

$$RDI_{+3.15} = \frac{m_{D_1} + m_{D_2}}{m_{D_0}} \times 100\% \tag{7-8}$$

$$RDI_{-0.5} = \frac{m_{D_0} - (m_{D_1} + m_{D_2} + m_{D_3})}{m_{D_0}} \times 100\% \tag{7-9}$$

式中 m_{D_0}——还原后转鼓前的试样质量,g;

m_{D_1}——留在 6.3 mm 筛上的试样质量,g;

m_{D_2}——留在 3.15 mm 筛上的试样质量,g;

m_{D_3}——留在 0.5 mm 筛上的试样质量,g。

计算精确到小数点后一位数。

标准规定,试验结果评定以 $RDI_{+3.15}$为考核指标,$RDI_{+6.3}$和 $RDI_{-0.5}$只作参考指标。

7.1.7 高温软化与熔滴性能

高炉内软化熔融带的形成及其位置,主要取决于高炉操作条件和炉料的高温性能。而软化熔融带的特性对炉料还原过程和炉料透气性将产生明显的影响。为此,许多国家对铁矿石软化性的实验方法进行了广泛深入研究。但是,到目前为止试验装置、操作方法和评价指标都不尽相同。一般以软化温度及温度区间,滴落开始温度和终了温度,熔融带透气性,熔融滴下物的性状作为评价指标。

各国对铁矿石软熔性能的测定方法见表 7-6。熔融特性试验装置简图见图 7-7,它是模拟高炉内软熔带条件,进行矿石软化性、熔滴性及透气阻力的测定。

表 7-6 铁矿石荷重软化及熔滴落特性测定方法

项目		国际标准 ISODP7992	北京科技大学推荐	日本 神户制钢所	德国 阿亨大学	英国 ASTME1072
试样容器/mm		ϕ125 耐热炉管	ϕ48×300 (石墨质)	ϕ75 带孔石墨坩埚	ϕ60 带孔石墨坩埚	ϕ90 带孔石墨坩埚
试样	预处理 质量/g	不预还原 1200	料高 65 mm±5 mm	不预还原 500	不预还原 400	预还原 60% 料高 70 mm
	粒度/mm	10.0~12.5	10~12.5	10.0~12.5	7~15	10.0~12.5
还原气体	组成/% CO/N_2 流量(标态)/$L \cdot min^{-1}$	40/60 85	30/70 12	30/70 20	30/70 30	40/60 60
荷重/kPa		50	50~100	50	60~110	50
测定项目评定标准		ΔH、ΔP、T $R=80\%$时 ΔP $R=80\%$时 ΔH	ΔH、ΔP、T $T_{1,4,10,40\%}$ T_s、T_m、ΔT	ΔH、ΔP、T $T_{10\%}$ T_s、T_m、ΔT	ΔH、ΔP、T T_s、T_m、ΔT	ΔH、Δp、T Δp—T 曲线 T_s、T_m、ΔT

注:$T_{10,40\%}$—收缩率 10%、40% 时的温度;T_s、T_m—压差陡升温度及滴落开始温度;ΔT—软熔区间;Δp—压差;ΔH—变形量;R—还原度。

通常测定时，将规定粒度和质量的矿石试样，经预还原60%（或不经预还原）后，放入底部有孔的石墨坩埚内，试样上下各铺有一定厚度的焦炭，焦炭除起直接还原和渗碳作用外，下层焦炭还起气体交换、调整试样高度和保持渣、铁滴落的作用；然后上面荷重50～100 kPa，并从下部通入还原气体（CO/N_2=30/70）。还原气体自下而上穿过试样层，按一定的升温速度升温至1400～1500℃。以试样在加热过程中某一收缩值的温度，表示开始软化温度和软化终了温度；以还原气体压差陡升的拐点温度表示熔化开始温度，第一滴液滴落下时温度表示滴落温度；以气体通过料层的压差变化表示软熔带对透气性的影响；滴落在下部接收试样盒内的熔化产物，冷却后，经破碎分离出初渣和铁，测定相应的回收率和化学成分，作为评价熔滴特性指标。过程中的有关测定参数（测定温度、料层收缩率及还原气体通过料层的压差）和还原气体成分都可自动记录和分析显示出来。

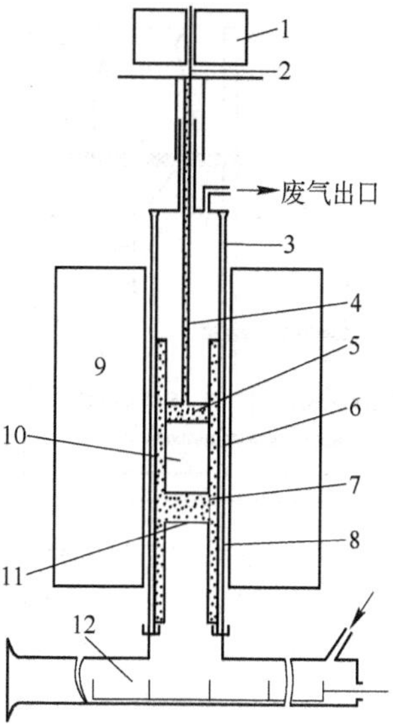

图 7-7　铁矿石熔化特性试验装置

1—荷重块；2—热电偶；氧化铝管；4—石墨棒；5—石墨盘；6—石墨坩埚，ϕ48 mm；7—焦炭（10～15 mm）；8—石墨架；9—熔滴炉；10—试样；11—孔（ϕ8 mm×5）；12—试样盒

宝钢已将还原度和低温度还原粉化率作为烧结矿的日常考核指标。铁矿石的高温冶金性能均只用于实验研究，尚无统一指标。大量研究认为，在今后一定时期内，铁矿石的高温性能应努力达到：3h900℃的还原度应大于或等于65%；低温还原粉化率 $RDI_{-3.0}$应低于30%；烧结矿、球团矿的开始软化温度高于1100℃，开始熔滴和滴落温度分别高于1350℃和低于1500℃。

7.2　生球和球团矿质量的鉴定

7.2.1　生球质量的检验

生球质量的好坏对成品球团矿质量有着重要意义。质量良好的生球是获得高产、优质球团矿的先决条件。优质的生球必须具有适宜而均匀的粒度，足够的抗压强度和落下强度以及良好的抗热冲击性。

7.2.1.1　生球粒度组成

生球的粒度组成用筛分方法测定。我国所用方孔筛尺寸（mm）为25×25、16×16、10×10、6.3×6.3，筛底的有效面积有400 mm×600 mm和500 mm×800 mm两种。可采用人工筛分和机械筛分。筛分后，用不同粒度（mm）>25.0、25.0～16.0、16.0～10.0、10.0～6.3和<6.3的各粒级的质量百分数表示。

生球粒度组成一般为：10～16 mm粒级的含量不少于85%，>16 mm粒级和<6.3 mm粒级的含量均不超过5%，球团的平均直径以不大于12.5 mm为宜。国外控制在10～12.7 mm。这样可使干燥温度降低，提高球团的焙烧质量和生产能力。同时，在高炉中由于球团粒度均匀，孔隙度大，气流阻力小，透气性好，还原速度快，为高炉高产低耗提供有利条件。若粒度过大，不仅降低球团在高炉内的还原速度，而且使造球机产量降低，也限制生球干燥和焙烧过程的强化。

7.2.1.2　生球的抗压强度

生球的抗压强度是指其在焙烧设备上所能承受料层负荷作用的强度，以生球在受压条件下

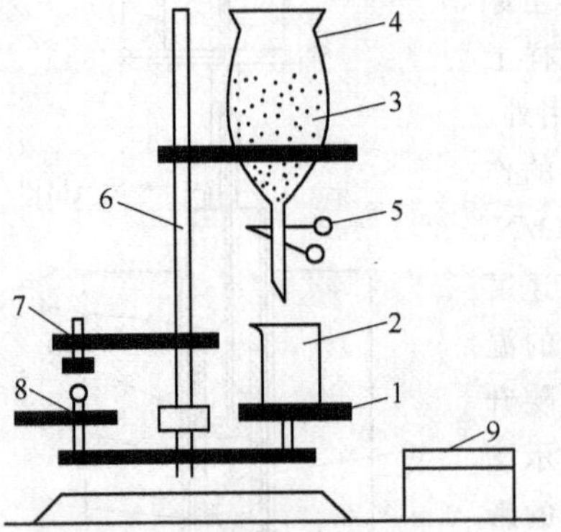

图 7-8　生球抗压强度的检验装置
1—天平；2—烧杯；3—铸铁屑；
4—容器；5—夹头；6—支架；
7—压头；8—试样；9—砝码

开始龟裂变形时所对应的压力大小表示。抗压强度的检验装置大多使用利用杠杆原理制成的压力机，如图 7-8 所示装置。

选取 10 个粒度均匀的生球（一般直径为 11.8～13.2 mm 或 12.5 mm 左右），逐个置于天平盘的一边，另一边放置一个烧杯，通过调节夹头，让容器中的铁屑不断流于烧杯中，使生球上升与压头接触，承受压力。至生球开始破裂时中止加铁屑，称量此时烧杯及铁屑的总质量，即为这个生球的抗压强度。以被测定的 10 个生球的算术平均值作为生球的抗压强度指标。

生球的抗压强度指标：湿球不小于 90 N/个，干球不小于 450 N/个。

德国鲁奇公司研究所除了检验生球平均强度外，还检验生球的残余抗压强度，其方法是：选取 10 个粒度均匀的生球，在事先选择好的高度上（生球自此高度落下既不破裂也不变形）自由落下三次，然后做抗压试验，破裂时的压力作为残余抗压强度，残余抗压强度应大于原有强度的 60%。该所认为残余抗压强度更能真实反映抗压能力。

7.2.1.3　生球的落下强度

生球由造球系统到焙烧系统过程中，要经过筛分和数次转运后才能均匀地布在台车上进行焙烧，因此，必须要有足够的落下强度以保证生球在运输过程中既不破裂又很少变形。其测定的方法是：取直径为接近平均直径的生球 10 个，将单个生球自 0.5 m 的高度自由落到 10 mm 厚的钢板上，反复进行，直至生球破裂时为止的落下次数，求出 10 个生球的算术平均值作为落下强度指标，单位为“次/个球”。

生球落下强度指标的要求与球团生产过程的运转次数有关，当运转次数小于 3 次时，落下强度最少应定为 3 次，超过 3 次的最少应定为 4 次。

由于生球的抗压强度和落下强度分别与生球直径的平方成正比和反比，因此，作为两种强度试验的生球，都应取同等大小的直径，并接近生球的平均直径，以更具代表性。

7.2.1.4　生球的破裂温度

在焙烧过程中，生球从冷、湿状态被加热到焙烧温度的过程是很快的。生球在干燥时便会受到两种强烈的应力作用——水分强烈蒸发和快速加热所产生的应力，从而使生球产生破裂或剥落，结果影响了球团的质量。生球的破裂温度就是反映生球热稳定性的重要指标，是指生球在急热的条件下产生开裂和爆裂的最低温度。要求生球的破裂温度越高越好。

检验生球破裂温度的方法依据干燥介质的状态可分为动态法和静态法。动态法更接近生产实际，故普遍采用。目前测定方法还未统一，我国现采用电炉装置测定，如图 7-9 所示。方法为：取直径为 10～16 mm 的生球 10 个或 20 个，放入用电加热的耐火管中。每次升温 25℃，恒温 5 min，并用风机鼓风，气流速度控制为 1.8 m/s（工业条件时的气流速度）。以 10% 的生球呈现破裂时的温度值，作为生球的破裂温度指标。一般要求破裂温度不低于 375℃。

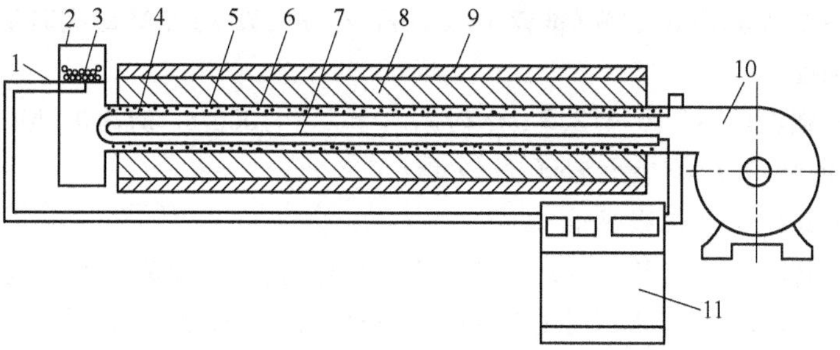

图 7-9 生球破裂温度的测定装置

1—热电偶；2—耐火管；3—试样；4—耐火纤维；5—氧化铝管；
6—2×4 kW·h 铁铬铝电炉丝；7—刚玉管；8—耐火材料；
9—钢壳；10—鼓风机；11—可控硅温控装置

7.2.2 球团矿质量指标与检验

球团矿质量评价内容包括化学成分及其稳定性、常温机械性质(转鼓强度、抗压强度、粒度组成)和高温冶金性能(还原性、低温还原粉化性、软熔性及还原膨胀性能等)。目前，虽然国内外球团矿冶金特性的检验方法很多，有的也已列入国际标准，但还没有完整统一的检测方法和标准，仅是各企业根据各自的原料特性、生产方式和用途规定了各自的指标并进行测定。现将 2000 年国内外典型球团矿质量指标列于表 7-7。

表 7-7 2000 年国内外典型球团矿质量指标

生产工艺	竖炉焙烧			带式焙烧		链箅机－回转窑		巴西	秘鲁	印度		瑞典
生产企业	济钢	新疆八一	杭钢	鞍钢	包钢	承钢	首钢矿业	CVRD	马尔康纳	KIOLC	MANDOV	LKAB
$w(TFe)/\%$	64.18	62.35	58.26	63.19	62.59	56.05	64.56	65.87	65.40	65.00	64.00	67.50
$w(FeO)/\%$	0.61	1.29	0.79	0.58	2.11	—	—	0.57	1.30	0.50	0.5	0.40
$w(SiO_2)/\%$	4.98	6.52	7.02	8.13	7.87	7.26	5.50	2.46	3.83	3.50	2.20	0.95
$w(CaO/SiO_2)$	0.19	0.37	0.26	0.05	0.10	0.11	0.05	1.04	0.12	0.03	1.18	1.10
抗压强度 N/个球	3410	2170	3021	2412	—	1546	1809	3339	2275	2246	2387	2283
$RSI/\%$							17.64	13.0	15.68			14.9
$RI/\%$			71.9				63.99	70.0	61.78			66.7
$RDI_{-3.15}/\%$							22.21	10.0	9.33			

球团矿化学成分、转鼓强度、落下强度、筛分指数以及还原性、低温还原粉化性、软熔性等项要求和检测方法可参见烧结矿质量鉴定(7.1 节)的内容。此外，球团矿的检测还包括抗压强度、还原膨胀性能。

7.2.2.1 球团矿的抗压强度

抗压强度是检验球团矿的抗压能力的指标。一般采用压力机测定。我国现执行的检验方法是按照 ISO4700 标准制订的 GB/T14201—93 标准。方法是：随机取样 1 kg，每一次试验应取直径 10.0～12.5 mm 成品球团矿 60 个，逐个在压力机上加压，压力机的荷重能力不小于 10 kN，压下速度恒定在10～20 mm/min之间(推荐15±1 mm/min),以60个球破裂时最大压力值的算术平均值作为抗压强度。

球团矿的抗压强度(直径10～12.5 mm时),对于大于1000 m^3 的高炉,应不小于2000 N/个球;小于1000 m^3 的高炉,应不小于1500 N/个球。

7.2.2.2 球团矿还原膨胀性能

球团矿的还原膨胀性能以其相对自由还原膨胀指数(简称还原膨胀指数)表示。所谓还原膨胀指数,是指球团矿在900℃等温还原过程中自由膨胀,还原前后体积增长的相对值,用体积百分数表示。

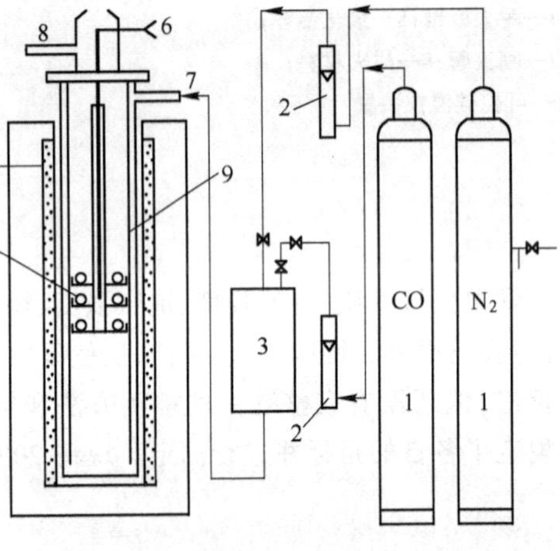

图7-10 还原膨胀试验装置示意图

1—气体瓶;2—流量计;3—混合器;4—还原炉;5—试样;6—热电偶;7—煤气进口;8—煤气出口;9—试样容器

GB/T13240—91标准规定:通过筛分得到粒度为10～12.5 mm的球团矿1 kg,从中随机取出18个无裂纹的球作为试样,用水浸法先在球团矿表面上形成疏水的油酸钠水溶液薄膜,测定试样的总体积,然后烘干进行还原膨胀试验。试验装置如图7-10所示。

球团矿分三层放置在容器中,每层6个,再将容器放入还原管($\phi_{内}$ 75 mm)内,关闭还原管顶部。将惰性气体按标态流量5 L/min通入还原管,接着将还原管放入电炉中(炉内温度不高于200℃)。然后以不大于10℃/min的升温速度加热。当试样温度接近900℃时,增大惰性气体的标态流量到15 L/min。在900±10℃下恒温30 min。然后以等流量的还原气体(成分要求与还原性测定标准相同:30%CO和70%N_2)代替惰性气体,连续还原1 h。切断还原气,向还原管内通入标态流量为5 L/min的惰性气体,而后将还原管连接同试样一起提出炉外冷却至100℃以下。再把试样从还原管中取出,用水浸法测定其总体积。用还原前后体积变化计算出还原膨胀指数 RSI,用体积百分数表示(精确到小数点后一位):

$$RSI = \frac{V_1 - V_0}{V_0} \times 100\% \tag{7-10}$$

式中 V_0——还原前试样的体积,mL;

V_1——还原后试样的体积,mL。

球团矿理想的还原膨胀率应低于20%,高质量的球团不大于12%。

对于铁矿石还原性、低温还原粉化性和还原膨胀性的测定,每一次试验至少要进行两次。两次测定结果的差值应在规定的范围内,才允许按平均值报告出结果,否则,应重新测定。因为单一试验无法考察其结果是否存在着大的误差或过失,难以保证检验信息的可靠性。

7.3 烧结与球团生产的环境保护

烧结与球团生产(即铁矿粉造块生产)过程中,不可避免地产生大量灰尘和有害气体(主要是SO_2),成为钢铁冶金工业中造成大气污染最严重的环节之一。据调查统计,烧结厂粉尘排放量约占整个钢铁企业总排尘量的13%左右,每生产1 t烧结矿约产生6000～15000 m^3 废气和20～40 kg粉尘。此外还有噪声污染、水污染和热污染等。为了保护环境,走可持续发展的道路,烧结与球团生产中的废物治理与综合利用已引起普遍重视。

7.3.1 烧结与球团生产废气及其对环境的影响

含尘废气是烧结与球团生产中产生的主要污染。

带式抽风烧结工艺流程产生的废气来源主要有:混合料在烧结机上烧结时,从烧结机下部抽风箱排出的含有粉尘、烟尘、SO_2 和 NO_x 的高温废气(100～200℃),通常称为机头废气;烧结矿在卸矿、破碎、筛分、冷却、贮存和转运过程中产生的具有一定温度(80～150℃)的含尘废气,通常称为机尾废气;此外,各种烧结原料在卸落、加工处理、贮运过程中产生的常温含尘废气,以及混合料系统中产生的具有一定温度的水汽-粉尘共生的废气。

球团生产中,不同设备的生产工艺产生废气情况有所不同。其中竖炉球团工艺主要是焙烧时产生的含尘烟气(竖炉内球团相互挤压、摩擦和少量生球爆裂,产生粉尘,随上升的烟气逸出炉顶),以及竖炉下部排料点等所产生的含尘废气。带式焙烧机废气类似于带式烧结机,但因料层透气性好、固体燃料使用较烧结少,所以废气含尘量及 SO_2 和 NO_x 含量较烧结少。

烧结与球团生产废气的特性:

(1) 废气量大,含尘浓度高,粉尘量大,对大气的污染严重。烧结机机头废气量约为机尾废气量的三倍。机头废气含尘浓度约为 0.5～6 g/m³(标态),机尾、整粒废气含尘浓度约为 5～15 g/m³(标态)。而竖炉每生产 1 t 球团矿,大约排出烟气 3000～4000 m³,粉尘量约 10～30 kg/t。

(2) 废气中 SO_2 含量高。生产使用的各种原料(铁矿粉,燃料,熔剂)都含有硫分,在烧结或焙烧过程中,物料中的绝大部分硫被燃烧,生成 SO_2,通过烟囱排入大气。钢铁企业的 SO_2 主要是从烧结厂排出的。每生产 1 t 烧结矿,排出含 SO_2 的烟气 3600～4300 m³,浓度一般为$(500～1000)\times10^{-6}$。

(3) 粉尘含铁高,具有回收利用价值。粉尘含有全铁量一般在 50%左右,回收后可以作为原料,重新使用。

(4) 含湿量高,露点温度高。混合料(或生球)的水分蒸发后,进入烟气,使烟气的含湿量高;因烟气中含有 SO_2,其露点较高。

生产废气所造成的污染面广,粉尘危害大。鞍钢东鞍山烧结厂测定资料显示:三台 75 m² 烧结机,在室外风速为 1.0～2.6 m/s,机尾除尘系统未使用时,其排出粉尘的污染,距尘源 100 m 处,大气中平均浓度为 1.12 mg/m³,距尘源 2000 m 处,平均浓度为 0.5 mg/m³,均超过国家卫生标准的要求。大量的含尘废气未经处理直接排入大气,必然使大气环境质量下降,给人类带来健康危害和经济损失,对生态环境产生破坏。

排放的粉尘、烟尘、SO_2、NO_x 等污染大气,经呼吸道侵入人体,从而对细胞、组织、器官产生影响。烧结粉尘中小于 10 μm 的飘尘占 30%～40%,游离 SiO_2 含量约为 5%～7%。由于尘粒细小,具有很强的吸附力,很多有害气体,如 SO_2,能以尘微粒为载体被带入人的肺部,沉积于肺泡中或被吸收到血液、淋巴液中,促成各种慢性疾病的发生,常见的如"矽肺",慢性支气管炎,肺气肿等。此外,进入大气中的 SO_2 形成酸沉降后,危害更大,如使建筑物、各种机器和设备受到腐蚀,缩短其使用寿命。

7.3.2 生产废气的治理与综合利用

随着环保要求的不断提高,我国烧结厂废气治理技术通过实验研究、生产实践和国外先进技术的引进也有普遍提高,粉尘污染源的治理面迅速扩大。在不断改进原料条件、生产工艺使废气原始含尘量减少的同时,除尘技术装备水平和效果也在逐步提高,生产废气治理取得了很大进展。但对石灰系统粉尘污染的有效治理、阵发性尘源(如翻车机卸矿)和开放性尘源(如原料场的堆、取料机)的控制、烧结机烟气有害气体(SO_2、NO_x)的净化回收等有待进一步解决。

生产废气排放前的治理主要是进行除尘。由于烧结机废气(机头废气)量大,含尘浓度较高,且含有一定数量细尘,因而必须采用高效除尘装置。目前,国外烧结厂广泛采用电除尘器。实践表明,电除尘器除尘效果好、除尘效率高。除尘后废气的含尘浓度可降至 100 mg/m^3(标态)以下,除尘效率一般保持在95%左右,高的达99%。而国内烧结厂基本上都采用旋风或多管除尘器,其效率最高只有80%~90%。烧结机废气除尘后,含尘浓度一般为400~1000 mg/m^3(标态),最低达300 mg/m^3(标态),含尘浓度仍然较高,超出国家排放标准(150 mg/m^3)。宝钢、唐钢设置有电除尘器。宝钢引进日本技术,450 m^2 烧结机配用两台 ESCS 型 260 m^2 宽极距超高压电除尘器,自投产以来,其排除口含尘浓度均低于 80 mg/m^3(标态)。唐钢 24 m^2 烧结机采用我国自行设计制造的 HSTD 型 36 m^2 电除尘器,除尘效率达到98.28%,排放浓度为22.9 mg/m^3(标态),有效地保证了废气排放达到国家标准。电除尘器虽然具有效率高、阻力低的优点,但造价也高。可根据具体情况,逐步推广使用。

发达国家机尾废气除尘普遍采用电除尘器,我国大中型烧结机采用大型集中除尘系统,并较多采用电除尘器以达到排放标准,小型烧结机多采用多管除尘器。此外,各烧结厂对原料系统、混料系统、整粒系统的废气进行了不同程度的治理,根据含尘废气的特性采用相应的除尘系统和除尘设备。除尘后得到的粉尘含铁量高,经回收系统送入配料室,作烧结原料使用,提高效益。唐钢2台24 m^2 烧结机采用电除尘器治理烧结废气,每年多回收粉尘 884 t,年回收达 2895 t,折合价值18.75万元,同时减少大气污染,改善车间操作条件和附近居民的环境质量。

烧结球团生产排放的有害气体以 SO_2 为主。为了控制污染所采取的措施有:

(1) 采用低硫燃料,或采取燃料脱硫;

(2) 建高烟囱排放,进行高空扩散稀释;

(3) 烧结烟气脱硫,同时可回收 SO_2。

目前国内外大都以高烟囱扩散为主。这种方法简单易行,比较经济,一般高度在100 m以上,烟囱越高 SO_2 的落地浓度越低。日本一些钢铁企业在20世纪70年代研究并投入采用了几种烟气脱硫方法,如石灰石膏法,氨硫铵法,钢渣石膏法等,治理效果明显,但投资大,经济效益低,目前尚未广泛应用。

7.3.3 其他污染

除废气污染外,废水污染和噪声污染也应加以重视。废水一般来自湿式除尘设备排水,冲洗地坪排水,设备冷却排水。设备冷却水经降温处理后可循环使用减少外排水量;除尘与冲洗地坪排水的水质较差,主要含有大量悬浮物和大颗粒物,若不经过适当处理直排外排,有较大危害:在直流系统中,过多的悬浮物常使排水管道堵塞,使接纳水体的水质浑浊,产生淤积,恶化水环境。因此,排放前,必须经过浓缩沉淀处理。国内目前对烧结厂废水进行全面治理较好的工艺是集中浓缩综合处理工艺。它不仅可以达到废水的大部分或全部回收利用,而且废水中污泥也可得到综合利用,是实现生产废水近于零排放的可行方案。首钢二烧、鞍钢三烧等都采用这种处理方式。

浓缩综合处理工艺的特点是按水质的不同,分别采取相应的措施:

(1) 烧结厂的设备低温冷却水经冷却处理后即可循环使用,对于循环冷却水系统蒸发损失的水量,则需补充新水。

(2) 水温升温较大并被部分污染的设备冷却水(如点火器),可不经冷却处理,直接供给混合室、配料室以及除尘设备与冲洗地坪用水。

(3) 除尘及冲洗地坪用水先进入调节池，加入适当的絮凝剂(如聚合铝和聚丙烯酰胺)混合后，进入浓缩池进行沉淀处理。澄清后的溢流水可作为除尘与冲洗地坪的循环供水，剩余部分可供钢铁厂其他车间使用或外排；浓缩后的污泥，具有较高的回收价值，脱水后可参与烧结配料。

烧结厂、球团厂内的噪声污染主要来自高速运转的设备，如抽风机、鼓风机、混合机、造球机、破碎机、筛分设备等，声功率级一般在 105～115 dB(A)，对现场操作人员产生较大危害。因此，应改进设备结构，减少噪声的产生，并加强人员的防护工作。

复习思考题

1. 评价烧结矿、球团矿质量的指标主要有哪些，是怎样测定的，如何表示？
2. 生球质量检验的主要项目有哪些，是怎样测定的，如何表示？
3. 烧结球团生产主要对环境产生哪些影响？

8 实　验

烧结与球团生产是目前粉矿造块的两种主要方法，其烧结矿、球团矿的质量优劣，对高炉炼铁的产量、质量、成本、生产率、优质率都有着极大的影响。烧结球团实验的目的与意义如下：

(1) 通过实验，掌握筛分指数、转鼓指数、密度、气孔度以及粒度组成的测定方法。

(2) 加深对烧结矿、球团矿强度和还原性的了解，为生产中制定相应措施提供可靠的依据。

(3) 初步具有写实验报告的能力和分析整理数据的能力。

8.1 筛分指数、粒度组成的测定

筛分指数是表示烧结矿在转运和贮存过程中烧结矿粉碎程度的指标。筛分指数愈低，表明烧结矿粉化率低，贮存强度好。

8.1.1 实验方法

实验时，首先取 100 kg 烧结矿试样（取样时注意代表性），然后用筛孔（mm）为 40、25、10、5 的正方孔筛配套筛分，分五次筛完，每次 20 kg，往复摇动 10 次。利用每粒级质量算出每次筛分的粒度组成，五次筛分的平均值即为烧结矿的粒度组成。

筛下物 5～0 mm 的粒级质量与原始试样质量的百分比，称为筛分指数。如果试样中大于 5 mm 的重量为 A，则：

$$\text{筛分指数} = \frac{100 - A}{100} \times 100\% \tag{8-1}$$

8.1.2 实验设备

为了便于比较，除固定筛孔外，筛子的尺寸也规定一致。

筛子长×宽×高＝800 mm×500 mm×100 mm

8.1.3 实验记录与数据整理

将实验过程中观察的现象与测试数据通过列表法与图示法进行记录，并整理出来综合分析，有利于判明结果的正确性和可靠程度并掌握现象发生的基本规律，为相关部门和进一步研究直接服务。筛分指数、粒度组成测定的实验记录见表 8-1。

表 8-1　筛分指数、粒度组成的测定记录表

试　样	试样 1	试样 2	试样 3	试样 4	试样 5	平　均
＞40/mm						
25～40/mm						
5～25/mm						

8.2 转鼓强度的测定

转鼓强度反映的是烧结矿和球团矿的常温机械性质。它是造块产品质量鉴定的主要手段之一。目前,世界各国测定转鼓指数的方法不统一,我国烧结矿转鼓指数的测定方法按 YB/T5166 执行,它用来衡量铁矿石在常温状态下抗摩擦、抗冲击的能力,并用转鼓指数 T 与抗磨指数 A 表示,分别为大于 6.3 mm 和小于 0.5 mm 粒级占试样总量的百分数。

8.2.1 实验方法

测定时,取烧结矿(或球团矿)试样 15 kg,以 40.0～25.0 mm、25.0～16.0 mm、16.0～10.0 mm三级按筛分比例配制而成,装入转鼓内,关好鼓筒门,以每分钟 25±1 转的转速,转 8 min,即 200 转后停止转动,卸出试样,用筛孔为 6.3 mm 和 0.5 mm 的方孔筛筛分,各粒级质量进行称量,并按式(7-1)和式(7-2)计算转鼓指数与抗磨指数。

T 和 A 均取两位小数值。

8.2.2 实验设备

转鼓强度用转鼓试验机测定。转鼓机的圆筒内径为 1000 mm,内宽为 500 mm,用 5 mm 厚的钢板焊制而成。在圆筒内装有两个对称布置的提升板,用 50 mm×50 mm×5 mm,长 500 mm 的等边角钢焊接在转鼓壁上,如图 7-1 所示。

同时,还规定转鼓测定必须在原试样采取后半小时内完成。这项规定对含有游离 CaO 的熔剂性烧结矿和焙烧产品,具有重要意义。

8.3 密度和气孔度的测定

球团矿的密度和气孔度无论对其机械强度还是还原性均有明显的影响,它也是一项重要的质量指标。

8.3.1 实验方法

试样的真密度(γ_0)的测定,是将试样磨细成粒度小于 0.1 mm,取重 50 g,并放入盛水的比重瓶中(用酒精代替水则更好,因更易润湿物料)。试样的质量与排出水量之比即为试样的真密度。其计算为:

$$\gamma_0 = \frac{q}{V} \tag{8-2}$$

式中 γ_0——试样真密度,g/m^3;

q——试样细粉(<0.1 mm)质量,g;

V——试样排除水的体积,m^3。

试样的假密度(γ_1)的测定,按图 8-1 中①—②—③—④程序操作即可。即取块状(或球团矿)试样 100～150 g,3～4 块(球团矿 4～5 个),以绳系吊,称重后即为原试样重。然后放入石蜡浴锅内浸蜡 1～2 s,使试样表面完全涂上一层薄蜡后再行称量,此即为涂有石蜡表面层的试样重。随即置于量筒内测定所排出水的体积,则

$$\gamma_1 = \frac{q_1}{V_0 - V_n} \tag{8-3}$$

$$V_n = \frac{q_2 - q_1}{\gamma_n} \tag{8-4}$$

式中 γ_1——试样的假密度,g/m^3;

q_1——未涂石蜡时原试样的质量,g;

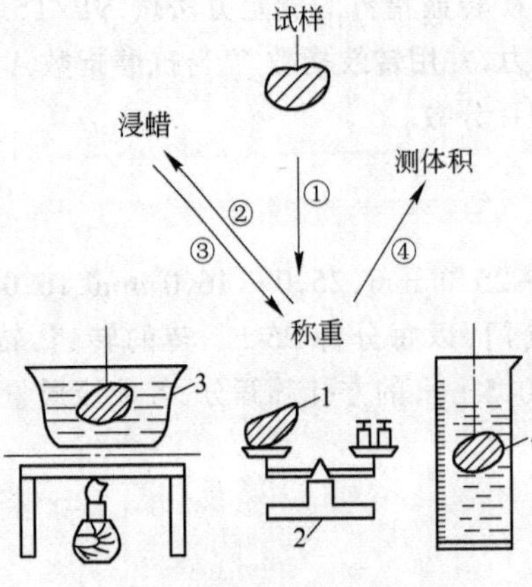

图 8-1　假密度测定程序

1—试样；2—天平称重；3—石蜡浴锅；4—1000 mL 量筒

q_2——涂石蜡后试样的质量，g；

V_0——涂石蜡后试样的体积，m^3；

V_n——石蜡涂层占有的体积，m^3；

γ_n——石蜡密度，g/m^3。

获得试样的真密度和假密度后，即可计算试样的气孔度 p(%)。这里计算出的气孔度包括与外界相通的气孔和包含在试样内部的闭口气孔。显然，有利于还原的是开口气孔，它愈多愈有利于还原。

$$试样气孔度\ p = \frac{\gamma_0 - \gamma_1}{\gamma_0} \times 100 = \left(1 - \frac{\gamma_1}{\gamma_0}\right) \times 100 \tag{8-5}$$

8.3.2　实验设备

进行密度、气孔度测定的主要实验设备有天平、比重瓶、量筒、石蜡浴锅、酒精灯等。

复习思考题

1. 烧结球团实验的目的与意义是什么？
2. 什么是筛分指数？
3. 烧结矿、球团矿的物理性能和冶金性能的含义是什么？
4. 烧结球团的实验要求有哪些？

9 实　训

铁矿粉造块是实践性很强的生产活动。其实训部分主要包括原料的准备处理、配料、烧结与球团操作四个方面的内容。

9.1　原料的准备处理操作

铁矿粉的造块过程对原料的物理、化学性质都有一定的质量要求，而造块工厂所处理的原料来源广、数量大、品种多，物理化学性质差异悬殊，为了获得预定的优质产品和保证生产过程的持续进行，通常在造块前要对原料进行准备处理。

9.1.1　原料的验收、贮存与管理

原料的验收工作是造块厂提高产品质量、降低成本的关键环节。它主要包括原燃料的质量检查、数量验收工作并保证原料供应的连续性。

原料入厂前应接受预报，按品种、车号、数量和物理化学性能记录在预报登记台上，并根据生产的需要量合理地调入厂内。入厂的车辆要严格检查是否与预报的品种、车号、数量、质量相符合，对那些相符的车辆对准货位进行卸料，如有不符，必须检查核实，取样化验、目测和过筛合乎验收标准后方可卸车。情况不明的不予卸车。

原料贮存的目的不仅是储备原料以保证生产的正常进行，更重要的是为了满足生产工艺的要求而进行多种原料的搭配、中和，减少其化学成分的波动，为配料自动化和提高配料的精确度做准备。

接受进厂的造块原料通常是在原料场(贮料厂)或原料仓库贮存。当原料种类多、数量大，仓库容纳不下，或来料零散、成分复杂，需贮存到一定数量集中使用，或原料基地远，受运输条件的限制，不能按时运来，需要有连续生产的备用料时，应设置原料场。不过，为提高投资效益，应考虑烧结厂原料场与整个钢铁厂原料场合用。原料场大小与多种条件有关，一般应保证1～3个月的原料储备。

在不设原料场的情况下，应设原料仓库，原料仓库的贮料时间按以下情况考虑：①用专用铁路线运输原料时，要3～5天；②非专用铁路线运输时，为5～7天；③有原料场时，2～3天。

原料管理的好坏，直接影响到烧结矿的产量、质量、成本以及各项技术经济指标，因此原料管理必须严格按照有关规定执行。各种原料要按规定的地点、仓位进行存放，进入料场后应进行中和混匀。分堆存放的原料要做到不混料，并保证有化学成分记录。进行平铺切取、中和混匀后的原料在使用前要重新取样化验其化学成分，为配料计算提供准确数据。

各种原料做好进厂记录。品种、产地、数量、成分、卸车、存放、倒运，使用都要记载清楚，并进行必要的统计分类。

原料在验收、贮存与管理过程中需要注意以下问题：

(1) 原料验收工须注意每天盘点估算各种原料库存，发现误差及时纠正。当烧结原燃料库存低于规定下限，或进料系统发生故障时，要与有关部门及时联系，不得拖延。

(2) 所有入厂的原料必须干净，不混有杂物，也不能有两种原料混在一起的现象。

9.1.2 原料卸车

原料的卸车包括翻车机、桥式抓斗、螺旋卸车机等设备的卸车。

9.1.2.1 翻车机卸车

(1) 开机前按“设备点检表”对有关设备进行认真检查；

(2) 接到外控翻车的通知后，车皮进入翻车机；

(3) 对好货位，等其他车皮退出翻车机厂房，一切准备就绪，方可启动翻车机；

(4) 翻完的空车皮回到零位后，推车装置动作，将车皮推出，进入溜车线；

(5) 停车后要切断事故开关。

9.1.2.2 桥式抓斗卸车

(1) 开机前对照“设备点检表”进行认真检查；

(2) 合上操作室的电源开关，发出开车信号；

(3) 把抓斗对准抓料点后停稳；

(4) 张开的抓斗保持垂直状态，落在取料位置上；

(5) 进行抓料操作；

(6) 把抓斗提升到需要的高度，使抓斗对准指定的料槽上部停稳；

(7) 抓斗缓慢张开，把料放入料槽。

9.1.2.3 螺旋桥式卸车机卸车

(1) 开车前要认真检查大车行走机构、提升机构及螺旋旋转机构是否运行正常；液压制动器是否安装正确；油路是否畅通和灵活可靠；料仓内是否有料；来料中是否夹有杂物等。

(2) 接到开车信号后，螺旋旋转机构需要运转时，按螺旋启动按钮；卸料时要控制螺旋下降高度和下降速度，不准旋料太深；停车后必须将控制器打在“零”位。螺旋上升碰住极限开关，立即停机，不准再强制上升。

9.1.2.4 卸车时的注意事项

(1) 翻车机在试空车时锁钩必须锁死；

(2) 车皮运到翻车机平台上时，必须将车皮打到合适位置，否则严禁翻车；

(3) 只有接到允许翻车信号后方可操作，否则严禁翻车；

(4) 翻车机在运转过程中突然掉闸，应及时切断电源，检查问题，经修理后再翻车；

(5) 桥式抓斗的闭合卷扬机在操作时，应缓慢地放松提升卷扬的钢丝绳，在抓斗闭合好后，应保持四根钢绳同时受力；

(6) 吊车停止运行时，必须停靠指定的地点，抓斗应平稳地放在料堆或平台上，抓斗闭合起来不准放在地上。

9.1.3 原料中和

为了使原料成分稳定、配料准确，要在原料贮存时进行中和工作。目前用得较多的中和方法是分堆存放、平铺直取。

在料场进行中和是将先后运来的原料按顺序铺成很多平行的条堆(第一层)，然后在原来的(第一层)条堆之上铺第二层，再第三、第四层、一层一层铺上去，直到铺好一大堆为止，矿堆可高到10 m。用时，从矿堆上沿垂直方向切取。原料的平铺切取工作通常用抓斗起重机或电铲等来完成,在大型原料场上(例如宝钢等)则采用堆取料机完成。

显然,至少应有两个工作场面才能保证连续生产,一个平铺堆矿,一个供使用。

也有一些工厂采用栈桥皮带混匀法。即在高出地面的栈桥上由皮带运输机往复运动把原料撒在桥下的料堆上。当原料堆到一定高度后,用电铲沿横断面切取送往车间。但这种方法只能沿栈桥方向进行铺料,容易产生粒度偏析,切取时应有意识地按一定的顺序从堆角、堆顶和中部切取装车来克服这一缺点。

在仓库中进行中和通常是将来料通过移动皮带漏矿车或抓斗吊车,往复逐层铺放,然后沿料堆断面垂直切取使用。

原料中和较先进的办法是从矿山开始就为混匀创造条件,并充分利用原料从矿山运到造块厂过程中的每一次机会,不断地增加原料成分的均匀程度,使原料的成分波动限制在较小的范围之内,从而获得良好的混匀效果。例如,原料需要在矿场或料槽堆放一次时,就可按一定顺序堆放和卸出,以增加其均匀度;充分利用破碎筛分设备进行中和;以及使用往复运动的卸料车装入配料槽。

原料在混匀时应注意以下几点:

(1) 平铺料时,必须均匀地从一端到另一端整齐地条铺;

(2) 抓取料时,必须按指定的料堆从一端到另一端切取使用,不得平抓或乱抓。

9.1.4 原料破碎

原燃料具有适宜的粒度是保证造块生产高产、优质、低耗的重要因素之一。原料破碎、筛分、磨碎的目的就在于从粒度上满足铁矿粉造块生产对原燃料粒度方面的要求。

9.1.4.1 破碎筛分工艺流程的选择

矿石在破碎、筛分过程中通过皮带运输将破碎机械与筛分机械联系起来构成破碎筛分流程。破碎筛分流程的种类很多,均可归纳为以下几个要素:破碎的段数、筛分机械与破碎机械间的配置关系、筛上物是否返回。

在选择破碎、筛分流程时主要应考虑破碎物料的总破碎比(即给料粒度和最终产品粒度的比例),原料的物理性质,水分大小等因素。破碎比大时应经过二次或二次以上的多段破碎。破碎后不经筛分的被称为开路破碎,此流程简单,但产品粒度不稳定。破碎后需要筛分的称为闭路破碎,参见图 4-1。闭路破碎流程按筛分在破碎前或后,分为预先筛分和检查筛分两种。预先筛分是在原料破碎前先经筛分,筛去细粒,防止过分破碎并提高破碎机的生产能力,减少能耗。当矿石水分大而含泥多时,预先筛分还可以防止和减轻破碎机被堵塞的程度。检查筛分是原料先破碎、后筛分,目的是保证破碎产品的粒度和充分发挥破碎机的能力。

对于熔剂的破碎筛分来说,由于烧结所用的石灰石一般要求 3～0 mm 的含量应大于 90%(球团则要求更细),而入厂的石灰石粒度上限为 40 mm,有的甚至达 80 mm 之上,所以必须将入厂的石灰石进行破碎,使其粒度达到生产上的要求。为了保证产品的质量和提高破碎机的能力,目前烧结厂破碎熔剂普遍采用图 4-2a 的流程。

烧结造块所用的固体燃料有碎焦和无烟煤。由于入厂的燃料粒度通常为 25～0 mm,而生产上则要求在 3～0 mm,为此,需要对固体燃料进行破碎与筛分。四辊破碎机破碎时,一般采用一段破碎流程就可以使小于 3 mm 的部分达到 90% 以上,不需进行筛分。用锤式破碎机破碎时,要进行检查筛分。但采用四辊破碎机破碎时,如果进厂燃料中混杂有较多的大于 25 mm 的大块,可以考虑在进入破碎机前用振动筛筛除大块,或采用两段破碎,第一段可采用对辊机、锤式破碎机或反击式破碎机破碎。

四辊破碎机可以破碎焦炭,也可以破碎无烟煤。锤式破碎机破碎无烟煤比较好,破碎焦炭时往往由于焦炭含水量较高,使筛分发生困难。此外,锤头的磨损也快,其寿命只有破碎石灰石时的59%。

球团厂对原料粒度的要求更严格,小于200目的精矿粉含量应占70%～80%以上,其他添加物(熔剂、固体燃料、黏结剂)的粒度也要求尽可能细些。当入厂原料的粒度比较粗时(如粒度较粗的精矿粉,天然富矿粉和硅酸渣等),就需要在造球前把它磨碎。

球团厂原料的磨碎多采用球磨机干磨。如果原料含水较多,磨碎前还得进行干燥。当球团厂设在选矿厂附近时,从选矿厂送来的粗矿浆先在球磨机的开路系统或闭路系统中进行磨碎,然后再进行浓缩和过滤。如精矿中水分仍过高时,还需要进行干燥脱水。

其他添加物的磨碎,常采用球磨机、棒磨机或环磨机进行干磨。

球团厂的返矿,如不能送往烧结厂使用时,也需要进行磨碎,一般采用球磨机或棒磨机开路干磨。球团厂的配料中添加磨碎的返矿可以使过湿的原料水分有所降低,有利于造球。

9.1.4.2　几种破碎设备的主要操作步骤

(1) 单辊可逆式锤式破碎机:

1) 开机前对照"设备点检表"进行逐一检查;

2) 检查完毕,情况正常后,先送上电磁铁电源,待运输皮带启动后,开动除尘风机;

3) 开启破碎机;

4) 破碎机运转正常后,开动皮带机均匀给料;

5) 停机时,应先停止给料,待锤式破碎机内的物料转空后,方可停锤式破碎机;

6) 电磁铁上杂物应及时处理,严禁将碎铁等物带进破碎机内。

(2) 反击式破碎机:

1) 开机前对各连接部位、传动皮带等有关设备进行点检,并进行人工盘车数次;

2) 检查完毕,情况正常,关好机体的各个小门,由电工将配电盘上的选择开关转至手动位置,将机旁操作箱上的事故开关合上,即可按操作箱上的启动按钮,破碎机随之启动,待机器运转正常后可开始均匀加料,停机时按停止按钮,并切断事故开关;

3) 反击式破碎机启动前,先联系启动除尘风机;

4) 停机前首先停止给料,把机内物料转空后,方可停机;

(3) 四辊破碎机:

1) 开车前对照点检表对设备进行逐一检查,启动前应先盘车;

2) 检查合格,将除尘风机门关死,待运转正常后,再将风机门慢慢打开;

3) 合上事故开关,启动生产;

4) 四辊破碎机启动之后,调整丝杆弹簧,确认压力一致、上下辊间隙适当时,开动皮带机给料进行破碎;

5) 停止生产时,应立即切断事故开关,保证安全停机;

6) 非联锁工作制时,可使用机旁的"启动"、"停止"按钮,进行单机开停车操作。

9.1.4.3　破碎时的注意事项

(1) 破碎物料时,不允许杂物尤其是金属块进入破碎机内;

(2) 运转中发现有杂音和振动时应立即停机检查、处理;

(3) 在清除筛条间的堵塞料杂物时,要切断事故开关;

(4) 注意破碎粒度的变化。及时调整折转板、箅条与锤头间隙,一般折转板与锤头间隙为3 mm,箅条与锤头间隙为5 mm。如有锤头磨损、筛条折断等应及时更换;

(5) 反击式破碎机破碎粒度要控制在0～50 mm范围内;要根据情况调整反击板与锤头之间

的间隙,一般它们之间的间隙不要超过 30 mm;

(6) 四辊破碎机启动时,应先启动下主动辊,待运转正常后,再启动上主动辊,四辊破碎机运转正常后再给料,给料要均匀。未正常启动前,不得向机内给料;

(7) 四辊给料粒度 0～25 mm,大于 25 mm 不得超过 5%,含水量小于 12%,出料粒度小于 3 mm;

(8) 四辊间隙要经常调整,调整间隙时应缓慢,并保证两辊中心线平行,上辊间隙 8～10 mm,下辊间隙 3 mm;

(9) 要均匀给料,保证转子或辊子整个长度上有料,给料量要适当。

9.1.5 原料的筛分

通过单层或多层筛面,将颗粒大小不同的混合料分成若干个不同粒度级别的过程,称为筛分。对合格块度的物料分出粒度级别即为分级。目前常用的筛分设备有固定筛、圆筒筛、振动筛。筛分设备的工作效率用筛分效率表示。

筛分效率指的是实际筛出的产品(筛下物)质量占原筛分物料中所含筛下物总量的百分率。例如,在 100 t 矿石中,10 mm 的占 40%,用筛孔为 10 mm 的机械筛筛分后,得到筛下物 30 t,则筛分效率 = (30/40) × 100% = 75%。

筛子的生产能力常用筛分生产率来表示。筛分生产率是指每平方米筛面每小时所能处理的原料量[$t/(m^2 \cdot h)$]。

筛子的大小常用筛网的长度和宽度表示,筛孔尺寸大小常用 mm 表示。而细粉物料则常用网目(简称"目")表示。网目数是在 1 英寸(相当于 25.4 mm)长度上所具有的大小相同的方孔数。根据国际标准筛制:200 目为 0.074 mm;150 目为 0.1 mm;100 目为 0.15 mm;65 目为 0.2 mm;48 目为 0.3 mm;32 目为 0.5 mm;16 目为 1 mm。

振动筛是工业上应用最广泛的筛分设备,它的操作步骤如下:

(1) 开机前检查弹簧与各部位螺丝是否有松动;各轴承之间的油量是否符合要求;筛体与弹簧是否有裂痕;三角带是否有磨损或断裂的现象;筛网口是否干净,有无破网或堵塞现象,设备启动前应将除尘机风门关死;

(2) 一切准备工作完毕,在接到"预启动"信号后,即可合上事故开关,按启动按钮启动设备;

(3) 非联锁工作时,设备可单个启动,常在设备检修和处理事故时用;

(4) 振动筛运转正常后,将风机风门打开;

(5) 正常停机由操作盘统一进行;

(6) 非联锁工作制时,待筛内料走完,即可按机旁停机按钮,进行停机;

(7) 注意筛网的使用情况,保证熔剂小于 3 mm 的粒级达 90% 以上,合格率在 95% 以上。

振动筛工作时,正常情况下,不准带负荷启动,正常停机时筛子上不准压料。

筛子经过长期使用后容易出现磨损,从而影响其筛分效率,因此,应经常检查振动筛上的料是否均匀,筛网有没有堵塞现象,发现振动筛有异常现象时应及时检查调整;从而保持较高的筛分效率。

9.1.6 破碎筛分系统的巡回检查

在原料的加工处理过程中,为了保证安全高效地进行生产、维护好设备并及时处理生产中遇到的问题,要对破碎筛分系统进行巡回检查。

锤式破碎机巡回检查路线:操作箱→电动机→减速机→皮带机托辊→皮带→电磁分离器→

破碎机→上下料嘴

反击式破碎机巡回检查路线：操作箱→电流表→电机→三角带→转子→箅子→前后反击板→各部衬板→上下料嘴

四辊破碎机巡回检查路线：操作箱→上辊电机→上辊减速机→上辊→下辊电机→下辊减速机→下辊→润滑油路

圆筒给矿机检查路线：操作箱→闸板机构→电机→联轴器→减速机→开式齿轮→滑动轴承→圆筒

悬挂振动筛筛分系统巡回检查路线：操作箱→电机→减速机→圆筒→料仓闸门→吊簧→筛体

巡回检查中要注意破碎机在运转中的振动是否正常，有无卡辊、堵料嘴、调整丝带断裂以及传动带的脱落现象，当发现破碎机工作不正常或破碎机内发出金属碰击声时，应立即停机检查；要经常保持振动筛各轴承润滑良好，经常检查振动筛各部弹簧工作是否正常，筛网是否破损，发现故障及时排除。破碎筛分系统常见故障的类型、产生的原因与处理方法见表 9-1 与表 9-2。

表 9-1　四辊破碎机常见故障与排除

序　号	故　障	原　因	处理方法
1	卡　辊	对辊太紧、压力不一致、辊子不平行； 给料量太大、太湿； 电磁铁失效	停止给料并切断电机电源，攀动上下减速机转动一周，检查有无夹料现象 松动调整丝杆，启动电机带尽余料，再启动另一电机
2	调整丝杆断裂	南北丝杆受力不一致，辊子一头紧一头松，调整丝杆松紧不一	检查修理
3	推力环脱出	辊皮螺丝松动和断裂	立即停车处理
4	传动带脱落	传动带胶接口不正； 辊子调整南北不一致，辊子不平行；主动辊被动辊径向窜动	检查修理

表 9-2　反击式破碎机常见故障与处理方法

序　号	故　障	原　因	处理方法
1	转子不动 与机内卡料	机内有大块与积料； 转子发生窜动； 板锤螺丝松动； 锤体移位产生无间隙磨损	切断事故开关； 打开封闭门清除； 杂物积料及检查调整； 进行盘车使转子有回转自身惯性力
2	堵料嘴	有大块或杂物	清理
3	皮带脱落	三角带松或轮盘不正	停机调整

9.2　配料

精心配料是获得优质烧结矿的前提。适宜的原料配比可以生产出足够的、性能良好的液相，适宜的燃料用量可以获得强度高、还原性良好的烧结矿，搞好配料是高炉高产、优质、低耗的先决条件。

9.2.1　配料操作要点

9.2.1.1　配料操作要点

(1) 严格按配料单准确配料，根据配料单的比例在计算机上进行设置，使配合料的化学成分合乎规定标准；

(2) 配碳量要达到最佳值,保证烧结燃耗低,烧结矿中 FeO 含量低;

(3) 密切注意各种原料的配比量,发现短缺等异常情况时应及时查明原因并处理;

(4) 配料比变更时,应在短时间内调整完成;

(5) 同一种原料的配料仓必须轮流使用,以防堵料、水分波动等现象发生;

(6) 某一种原料因设备故障或其他原因造成断料或下料不正常时,必须立即用同类原料代替并及时汇报,变更配料比;

(7) 生石灰消化器的加水原则是:进料端进水多,沿生石灰加水方向逐渐递减。

9.2.1.2　烧结现场简易配料计算的主要公式

(1) 干料配比 = 湿料配比 ×(100 − 水分),%

(2) 残存量 = 干料配比 ×(100 − 烧损),%

(3) 焦粉残存:焦粉干料配比 ×(100 − 烧损)= 焦粉干料配比 × 灰分,%

(4) 烧结残存率 =(总残存/总干料)×100,%

(5) 进入配合料中 $w(TFe)$ = 该原料含铁量 × 干料配比,%

进入配合料中 $w(SiO_2)$ = 该原料含 SiO_2 量 × 干料配比,%

进入配合料中 $w(CaO)$ = 该原料含 CaO 量 × 干料配比,%

(6) 烧结矿碱度 R 的工业计算:

$$R=\frac{w(CaO)_{矿}\times 矿石量+w(CaO)_{灰}\times 灰石量+\cdots}{w(SiO_2)_{矿}\times 矿石量+w(SiO_2)_{灰}\times 灰石量+\cdots+S} \tag{9-1}$$

式中　矿石量、灰石量——该物料的干料量,kg;

$w(CaO)_{矿}$、$w(SiO_2)_{灰}$——该物料的化学成分,%;

S——考虑生产过程的理化损失与燃料的影响引入的修正系数,其数值由试验决定,随着碱度的升高而升高,其值在 0.5~1.5 之间。

(7) 配合料及烧结矿的化学成分:

$w(TFe)_{料}$ = 各种料带入的 TFe 之和/各种干原料之和;

$w(TFe)_{矿}$ = 各种料带入的 TFe 之和/总残存量;

$w(SiO_2)_{料}$ = 各种料带入的 SiO_2 之和/各种干原料之和;

$w(SiO_2)_{矿}$ = 各种料带入的 SiO_2 之和/总残存量;

$w(CaO)_{料}$ = 各种料带入的 CaO 之和/各种干原料之和;

$w(CaO)_{矿}$ = 各种料带入的 CaO 之和/总残存量。

(8) 配用石灰石的计算公式(阿尔希波夫公式)

$$石灰石加入量=\frac{100(k\cdot a-b)}{k\cdot(a-c)+(d-b)} \tag{9-2}$$

式中　k——规定的碱度;

a——除石灰石以外,料中($SiO_2+Al_2O_3$)的含量,%;

b——除石灰石以外,料中($CaO+MgO$)的含量,%;

c——石灰石中($SiO_2+Al_2O_3$)的含量,%;

d——石灰石中($CaO+MgO$)的含量,%。

(9) 白云石配加量的计算公式

$$白云石配比=\frac{w(MgO_A-MgO_B)A}{[1-w(H_2O)_{白}]w(MgO)_{白}} \tag{9-3}$$

式中　$w(MgO)_A$——烧结矿要求的 MgO,%;

$w(MgO)_B$——未加白云石时，烧结矿的 MgO，%；

$w(H_2O)_{白}$——白云石中的含水量，%；

A——混合料的残存量，%；

$w(MgO)_{白}$——白云石中含 MgO 的量，%。

9.2.1.3　烧结矿成分波动的调整措施

生产过程中，由于各种原因，烧结矿成分难免会发生波动。烧结矿成分的波动类型以及调整措施见表 9-3。

表 9-3　烧结矿成分的波动类型及调整措施

类型	烧结矿成分波动				原因分析	调整措施
	TFe	CaO	SiO_2	$\frac{CaO}{SiO_2}$		
Ⅰ	+	0	−	+	铁料品位升高	高铁料与低铁料对调或减少高品位精矿粉或增加低铁矿
Ⅱ	−	0	+	−	铁料品位下降	高铁料与低铁料对调或增加高品位精矿粉或减少低品位精矿粉
Ⅲ	+	−	+	−	铁料下料量增加或铁料水分减少或熔剂下料量减少	减少含铁料或增加熔剂
Ⅳ	0	+	−	+	熔剂 CaO 升高	减少熔剂配比
Ⅴ	−	+	−	+	熔剂下料量增加	减少熔剂配比
Ⅵ	0	−	0	−	熔剂 CaO 降低	增加熔剂配比

9.2.1.4　配料系统主要操作程序

(1) 开机前的准备工作：

检查各圆盘给料机、配料皮带秤、皮带机等所属设备，以及各安全装置是否完好；检查矿槽存料是否在 2/3 左右。

(2) 开机操作：

集中联锁控制时，接到开机信号，合上事故开关，由集中控制集中启动。

非联锁控制时，接到开机信号，合上事故开关，即可按顺序启动有关皮带机，再开启所用原料的配料皮带秤，最后开启相应的圆盘给料机。

(3) 停机操作：

集中联锁控制时，正常情况下由集中控制正常停机，有紧急事故时，应立即切断事故开关。

非联锁控制时，接到停机信号，按逆开机方向逐一停机。

(4) 微机操作部分：

1) 按正常程序启动计算机；

2) 正常情况下由计算机集中控制；

3) 需要手动时，把操作台上的转换开关打到手动位置即可进行手动操作。

9.2.1.5　配料操作的注意事项

(1) 随时检查下料量是否符合要求，根据原料粒度、水分及时调整；

(2) 运转中随时注意圆盘料槽的粘料、卡料情况，保证下料畅通均匀；

(3) 及时向备料组反映各种原料的水分、粒度杂物等的变化；

(4) 运转中应经常注意设备声音，如有不正常音响及时检修处理；

(5) 应注意检查电机轴承的温度，不得超过 55℃；

(6) 圆盘在运转中突然停止,应详细检查,确无问题或故障排除后,方可重新启动,如再次启动不了,不得再继续启动,应查出原因后进行处理。

9.2.2 配料系统的巡回检查

配料系统的巡回检查主要包括圆盘给料机与皮带电子秤两个系统的检查。

圆盘给料机检查路线:操作箱→电机→联轴节→减速机→圆盘

电子秤检查路线:操作箱→电机→联轴节→减速机→传感器→上、下托辊→皮带

在配料系统的巡回检查过程中应注意以下几个问题:

(1) 圆盘的闸门开口处,严禁有大块堵塞,如果发现应立即处理,以免烧坏电机;

(2) 处理圆盘内粘料时必须在停机时进行;

(3) 经常注意皮带秤皮带是否跑偏,发现跑偏时应及时调整;

(4) 经常注意皮带秤称量杆部分是否有块料、铁丝或其他东西卡住,保持传感部分清洁、灵活;

(5) 不要敲击秤体以及在秤体上放置重物,如需在秤体上作业时,应将传感器旁的保护螺丝支起,使称量压头脱离传感器;

(6) 漏斗必须经常清理以免堵塞。

配料系统在生产中容易出现矿槽堵料,皮带打滑跑偏等故障,这些配料常见故障与处理措施见表 9-4。

表 9-4　配料常见故障的原因与处理方法

序　号	故障性质	原　　因	处理方法
1	矿槽堵料	物料水分过大	矿槽存料不宜过多,开动振动器处理
2	圆盘爬行、横轴断裂、闸门坏	料中有大块杂物卡住	检查排除异物、更换闸门
3	电机声响不正常,开不起来	负荷大;选择开关、事故开关位置不对或接触不良	找电工检查处理
4	减速机轴承温度高、有杂音	齿轮啮合不正,缺油;轴承间隙小,横轴缺油	检查加油、调整间隙
5	皮带打滑跑偏	拉紧失灵,皮带松;皮带有水,下料偏	检查处理

9.3 烧结

烧结作业是烧结生产的中心环节,其操作的好坏直接影响烧结矿的产量与质量。烧结生产中要坚持"精心备料、稳定水、碳、减少漏风、低碳厚料、烧透筛尽"的技术操作方针,严控"三点"温度(即点火温度、终点温度、总管废气温度),搞好五勤操作(勤检查、勤分析判断、勤联系、勤调整、勤清理),执行巡回检查。

9.3.1 混料

一次混合的目的是将配料室配制的各种原料混匀、预热,并达到造球水分,为二次混合打下基础,为达到上述目的,其具体操作要求是:

(1) 混合料的水分一般要根据原料的品种、粒度、温度、混合原料的含水量、料批重、返矿量及除尘放灰量的大小来决定。例如太钢要求混合料的水分夏天为 6.9%,冬天 6.8%,波动范围≤±0.2%。

(2) 目测判断水分的标准:水分适宜时的混合料经手握成团有指痕,但不粘手,料球均匀,表

面反光；水分过低时有较多的干料；若水分过大，料面有光亮，发黏，烧结过程点不好火。

(3) 注意观察信号灯指示以及混料机音响情况，严防跑“干料、湿料”。

(4) 严守岗位勤捅料嘴，确保畅通无阻。

二次混合的主要目的是：“第一，进行造球，改善混合料的透气性；第二，补加一定的水并通入蒸汽，预热混合料，使混合料的水分和温度满足烧结工艺的要求。”为达到上述目的，其操作要求如下：

(1) 准确控制机内的加水量和蒸汽量，使之符合规定的指标。

(2) 要经常取样、观察来料的水分和数量，及时调整蒸汽量与加水量，以防混合料水分与温度的波动。

9.3.1.1 圆筒混料机的操作步骤

(1) 对照“点检设备表”进行逐一检查，并确认传动部分是否有障碍物，混料机上、下料嘴是否顺畅无阻，做好启动前的准备工作。

(2) 检查均无问题时，合上事故开关，通知内控启动。

(3) 正常与事故停车：

在正常情况下停车时，岗位工人切掉事故开关即可关机。

在非联锁或事故情况下，按机旁操作箱上的停止按钮或切断事故开关即可关机。

(4) 不论联锁、非联锁，停车后，必须将事故开关切断，以免下次启动时联系失误，造成重大事故。

带料操作时，接到下料通知后，逐渐调整圆盘转速开始下料，同时打开高压蒸汽，并根据料流适当加水，待小仓料存到1/3以上，通知开烧结机。接到停料通知时，将圆盘给料机调速箱指针打到“0”位，停止供料。并随混合料的减少而逐渐关闭水门、关闭蒸汽门，当料仓的料少于1/3时，通知烧结停机。

9.3.1.2 混料系统巡回检查路线

一次混合巡检路线：进料嘴→翻板→操作箱→电机→减速机→传动轴→托挡轮→皮带→下料嘴

二次混合巡检路线：操作箱→电机→减速机→传动轴→托轮挡轮→梭式布料器

巡回检查时发现故障与隐患要及时汇报与处理。圆筒混料机与梭式布料器在生产过程中容易出现的故障及处理方法见表9-5与表9-6。

表 9-5 圆筒混料机常见故障与处理

序 号	故障性质	原 因	处理方法
1	筒体振动	四个托轮位置不正；托轮或滑道磨损；齿圈或滑道螺丝松动；齿轮咬合不良	检查处理
2	筒体移位	挡轮磨损； 挡轮底座活动	把筒体用千斤顶顶回后加固挡轮底座
3	电器跳闸	负荷重； 衬板翘起碰刮料刀；电器故障	检查衬板，然后处理
4	喷水管水眼堵死	水质不好，泥沙较多； 水蒸气将料粘在管上	查明原因，清理疏通或更换
5	机尾撒料	喇叭口磨损； 机尾集料多而厚，来料量大	焊补或更换清除机尾积料

表 9-6　梭式布料器常见故障与处理方法

序　号	故障性质	产生原因	处理方法
1	梭式布料器停走或超行程	电器控制不良 行走齿轮磨损固定螺丝松动	检查处理 拧紧固定螺丝
2	梭式小皮带扯坏	掉下来衬板或杂物 皮带磨损	打好接头卡子或更换
3	转不起来	主动轮有料卡住 电器线路有故障 带重荷启动，主动轮有水打滑	消除卡料 电工修理 不带负荷启动

混料操作过程中的注意事项是：

(1) 应经常注意混合料水分，其上下波动不得大于规定指标的 ±0.5%，料温要求在露点温度以上；

(2) 要经常用小铲取样，观察其水分大小，进行料温测定和粒度组成测定，并做好记录，以此作为操作的依据；

(3) 圆筒内壁不应挂料过多，应在停机时抽空进行清理，以保持良好的混合效果和造球能力；

(4) 变料与缓料时水分的开停必须掌握适当，避免发生上"干料"和上"湿料"的现象；

(5) 小矿槽存料应保持在 1/2～2/3 范围内，严禁出现空槽现象。

9.3.2　点火器操作

目前，烧结生产常用的是气体燃料点火器，它的主要操作步骤是：

(1) 点火前的准备：

1) 把煤气、空气闸阀关严，检查所有闸阀是否灵活好用；

2) 检查冷却水流是否畅通；

3) 由内控与仪表工联系，做好点火前的仪表准备工作。关闭煤气和空气仪表的阀门；

4) 向煤气管道通蒸汽，打开放散，并进行放水，同时准备好点火工具；

5) 关闭 1、2 号风箱，然后启动助燃风机；

6) 由内控工与煤气混合站联系，做好送煤气的准备，并通知调度叫煤气防护站做爆发试验。

(2) 点火程序：

1) 点火准备完毕后，发现点火器末端排水管处冒出大量蒸汽时，即可打开头道阀门；

2) 打开煤气管道的调节阀和切断阀，调节阀开到适当位置，随即关闭蒸汽，放完水后关闭放水门，并通知仪表工把煤气、空气仪表阀门打开；

3) 在点火器煤气管道末端取样做爆发试验，合格后即可关闭放散管，否则要继续放散，重做爆发试验，直至合格为止；

4) 打开空气调节阀和烧嘴空气阀门吹扫 1～2 min，然后关闭空气调节阀和烧嘴空气阀门；

5) 将煤气点火管点着后，放进点火器内需要点火的烧嘴下方，开启该烧嘴的煤气阀门，把烧嘴点着，再慢慢开大，同时把该烧嘴的空气阀门打开，使煤气达到完全燃烧，然后按照先开煤气后开空气的原则把其他烧嘴点着；

6) 若煤气点火不着，或点燃后又熄灭时，应关闭该烧嘴的煤气和空气阀门，5 min 后再行点火，若仍点不着，应详细检查煤气管道翻板角度是否合适，打开放水阀放净残存积水，并打开末端放散阀门再行放散，依前步骤重新作煤气爆发试验，合格后再行点火；

7) 在烧嘴泄漏煤气不能确认的情况下，可用明火进行检查，即在机头台车上将引火物燃着后，开动烧结机，转至点火器内，然后再用煤气点火管点火。

(3) 灭火程序：

1) 关小煤气管道流量调节阀，使之达到最小流量，然后关闭点火器烧嘴的空气和煤气阀门；

2) 关闭煤气管道头道阀门后，打开末端放散阀进行放散，通知仪表工关闭仪表阀门，然后打开蒸汽阀门通入蒸汽驱赶残余煤气，残余煤气驱赶完后，关闭蒸汽阀、调节阀和切断阀；

3) 关闭空气管道上的空气调节阀，停止助燃风机送风；

4) 若检查点火器或处理点火器的其他设备需要动火时，应事先办动火手续及堵好盲板。

5) 堵盲板顺序：关好水封；通入蒸汽，打开总管放散，待总管放散吹出大量蒸汽后，把残余煤气赶尽，在煤气水封室堵盲板；堵盲板后，关闭总管放散，打开头道阀、调节阀、切断阀、点火器煤气管道末端放散门，从水封室通蒸汽吹扫，吹通以后，通知煤气防护站取气化验，化验合格方可施工。

国内点火温度常控制在1050～1250℃，点火温度及煤气空气比例合适时，火焰呈黄白亮色，空气不足时，火焰呈蓝色，空气过多或温度过低时，火焰呈暗红色。点火温度的调节可通过调节煤气与空气的大小来实现。操作煤气调节器可以使点火温度升高或降低，操作空气调节器可以使煤气达到完全燃烧。使用煤气或空气调节器时，调节流量大小可用操纵把柄停留时间的长短来控制，操作调节器不要过猛、过快，应一边操作一边观察流量表的数字，最后将点火温度调到要求数值。通过上述方法仍然达不到生产需要时，必须查明原因，比如，混合料水分是否偏大，料层是否偏薄，煤气发热值是否偏低等。生产中点火温度的控制常采取固定空气量，调节煤气量的方法。

烧结点火应注意：

(1) 点火时应保证沿台车宽度的料面要均匀一致。当燃料配比低、烧结料水分高、料温低或转速快时，点火温度应掌握在上限；反之则掌握在下限。点火时间最低不得低于1 min。

(2) 点火面要均匀，不得有发黑的地方，如有发黑，应调整对应位置的火焰。一般情况下，台车边缘的各火嘴煤气量应大于中部各火嘴煤气量。若台车两边仍点不着火，可适当关小1号、2号风箱的闸门，点火后料面应有适当的熔化，一般熔化面应占1/3左右，不允许料面有生料及浮灰。对于90 m^2烧结机来说，台车出点火器后3～4 m，料面仍应保持红色，以后变黑；如达不到时，应提高点火温度或减慢机速；如超过6 m应降低点火温度或加快机速，保证在6号、7号风箱处结成坚硬烧结矿。

(3) 为充分利用点火热量，增加点火深度，既保证台车边缘点着火，又不能使火焰外喷，就必须合理控制点火器下部的风箱负压，其负压大小通过调节风箱闸门实现。

(4) 混合料点火时间与混合料的温度、湿度有关。混合料温度低、湿度大时，点火时间要长一些，可把烧结机机速减慢。点火时间＝点火器长/机速。

(5) 点火器停水后送水，应慢慢开水门，防止水箱炸裂。

(6) 点火器灭火后，务必将烧嘴的煤气与空气闸门关严，以防点火时发生爆炸。

9.3.3　布料

原料在烧结机台车上的分布是否均匀，直接关系到烧结过程料层透气性的好坏与烧结矿的产量、质量，它是烧结生产中的主要问题之一。烧结生产中对圆筒布料器的要求是：

(1) 烧结料沿台车宽度上要均匀分布，台车中间要平整，两边稍高，以克服台车边缘气流透气性过好、烧结过程不能均匀进行的缺陷，发现拉沟及压料要及时调整。

(2) 料层厚度应根据烧结料的透气性加以调整,一般精粉率高时,料层低些,富矿粉多时,料层高些。料层厚度通过调整泥辊转速来控制。比如某厂 90 m^2 烧结机,泥辊转速的线速度与烧结机的机速等于或接近于 3:1。调整幅度大时,可调节泥辊闸门。

(3) 压料辊吊挂的高低或轻重,应根据混合料的性质进行调整,若压料辊变形应及时更换。

(4) 反射板的合适角度要根据混合料的性质来选择。角度小时,混合料的冲力小,铺料松散,料层透气性好,上下部粒度均匀,但易粘料,操作费劲,照顾不到即出现拉沟现象。角度大时,混合料的冲力大,料易砸实,影响透气性。

布料是否合理可以从点火、机尾断面反映出来,压料严重则点火器火焰往外扑,机尾断面烧不透。拉沟或局部压料时,将使机尾烧结矿断面不整齐。

9.3.4 带式抽风烧结机操作

目前,烧结厂广泛采用带式烧结机进行抽风烧结。做好烧结机开车前的准备工作,严格按照开机、停机程序进行操作,并控制好烧结风箱的负压与烧结终点是烧结生产顺利进行的必要保证。

9.3.4.1 开车前的准备

(1) 机头、机尾的弯道内及台车运行轨道上应无障碍物;

(2) 台车上应无杂物,以免给下道工序造成堵塞料嘴或扯断皮带事故;

(3) 各轴承及减速机内油量要合乎标准,油路畅通;

(4) 各电器开关及操作手柄要良好,位置要正确;

(5) 检查完毕后,合上事故开关,通知内控可以启动。

9.3.4.2 开停车手动与联锁的几项规定

(1) 正常时烧结机及其他设备均参加系统联锁,一般不单独采取手动操作,只有在检修后试车或处理事故时,才单独手动操作。

(2) 高压鼓风机不参加联锁,需要时可单独开车、停车。

9.3.4.3 开车、停车程序

(1) 烧结机手动开、停程序:

开车:通知电工将电磁站的选择开关选到手动位置后,合上事故开关,按动开车按钮,电动机就开始运转。

停车:先将转差离合器,调节器打到零位,然后按动停车按钮或切断事故开关,电动机停止运转。

(2) 烧结机参加系统联锁的开、停程序:

1) 开车及停车均由内控操作掌握,但遇到事故紧急停车时,可切断机旁操作箱上的事故开关。若不是紧急事故,未经内控或组长许可不能停车,矿槽空料例外。

2) 设备运转正常时,再逐渐调速。

9.3.4.4 带料生产

(1) 点火及各项工作准备好后,通知内控联系有关岗位带料生产。

(2) 当混合料经过点火器下面时应开大煤气,调节空气与煤气的比例,使点火温度满足要求。

(3) 当混合料到达各风箱上部时,从 1 号风箱开始,根据要求,依次开启各风箱闸门,进行生产。

9.3.4.5　负压的控制(以太钢烧结厂 90 m^2 烧结机为例)

(1) 为了保证点火顺利和不破坏混合料的原始透气性,应关小 1 号风箱阀门,使负压一般保持在 6000 Pa 左右,2 号风箱阀门稍关,3 号风箱及其以后各风箱阀门均全部打开,机尾风箱负压应依次下降。下降过多说明过烧或机尾密封板跑风严重,可适当控制最后一个风箱的负压。

(2) 当总管负压降低时,说明抽风系统漏风增加或风机叶片磨损严重。短时急剧下降,说明过烧、布料不良、烧结机漏风或除尘系统漏风严重,应及时检查处理。

(3) 多管除尘器前后压差随风量变化而变化,风量大,压差大,一般在 700～1500 Pa 之间。当多管堵塞时,压差增大;多管磨透窜风时,压差减小。如果个别风箱有堵塞现象,一旦压差超过规定值时,也应结合主管废气温度或其他一些影响因素综合分析判断,通过适当调整料层、机速或水、碳等措施解决。

(4) 正常情况下负压上升受混合料过细、水分过大或过小、料层增厚或压料、配碳量过高、没烧透等因素的影响。负压降低时则受混合料粒度、料层过薄或拉沟、过烧的影响,应及时查明原因进行调整。

9.3.4.6　烧结终点的控制(温度制度)

烧结终点即烧结结束或风箱温度最高之点,正确的烧结终点应该在机尾倒数第二个风箱的位置上。在混合料透气性波动不大的情况下,应采取稳定料层厚度,调整机速的办法来调整控制烧结终点。如料层透气性波动较大时,应先根据不同情况稳定影响料层透气性的各种因素,并适当的调整料层厚度,然后再通过调整机速来正确控制烧结终点。

9.3.4.7　烧结机操作的注意事项

(1) 必须保证沿台车宽度上的点火均匀、沿烧结机宽度和长度的料层厚度一致,从而保证混合料的透气性和质量均匀。

(2) 烧结机机速的调整应缓慢,不得过急。

(3) 随时注意烧结过程各主要参数(点火温度、废气负压、温度等)的仪表反映是否正常,发现问题及时处理。

(4) 每班必须活动风箱闸门一次,特别是点火器下的风箱闸门。

(5) 临时停车时,煤气、空气关到最小值,保持点火温度在 700℃ 左右,关闭时先关空气阀,待风量指针开始下降,立即关煤气,以免放炮。

(6) 经常检查烧结机运行情况。比如,台车上箅条是否完整,如有短缺应及时补齐;台车有无挂料现象,如有应及时清理;风箱闸门开闭是否灵活,风箱堵塞要及时处理等。

9.3.5　烧结机烘炉操作

为了防止新建或检修后的点火器因急剧升温而损坏炉衬,必须进行烘炉操作。烘炉操作的好坏直接影响点火器的寿命。

9.3.5.1　烘炉操作的主要步骤

(1) 对点火器的炉衬、烧嘴及冷却器等设备进行详细全面检查;

(2) 烘炉前做好准备:

1) 准备足够的片材;

2) 用煤气烘炉前应先引煤气(方法和步骤按点火操作规定进行);

3) 通知仪表工做好点火前的仪表准备工作;

(3) 低温区用片材烘炉,高温区用点火器烧嘴烘炉;

(4) 按照烘炉升温时间表和烘炉升温曲线进行烘炉操作。

9.3.5.2 烘炉注意事项

(1) 烘炉升温的原则是升温速度要缓慢,保温时间要长;

(2) 烘炉温度波动范围在±20℃;

(3) 烘炉温度上升到800℃以上的高温区时,为防止烧坏台车,要继续向前移动台车或低速运转烧结机。

9.3.6 烧结抽烟机操作

抽烟机是带式烧结机的心脏,因此,要做好抽烟机的开、停操作及启动前和运转过程中的检查、维护工作。

9.3.6.1 抽烟机的主要操作步骤

(1) 对照抽烟机点检设备内容进行点检(询问和检查百叶窗调节门、烧结各风箱、大烟道、除尘器的人孔是否关闭,检查电动机与抽烟机的旋转方向是否符合规定;检查油箱中的油位是否符合要求,抽烟机启动前,油箱中的油位应不少于油箱容积的2/3;检查冷却水流动是否畅通及冷却系统是否完好;检查所有仪表的灵敏性;启动电动油泵,检查油泵运转方向,润滑管道安装的正确性及回流情况,并校正安全阀;对抽烟机转子进行手盘车检查等)。

(2) 关闭进口阀门,打开出口阀门。

(3) 设备正常时进行开机操作:提前启动润滑油泵;复查废气阀门是否微开,防止风机进入飞动区运转;发出启动信号启动风机;启动完毕,一一复核有关仪表数据;当风机达到额定转速,油压达到额定油压时,应停电动油泵;油温达到35℃时,接通冷却水;最后逐渐打开抽烟机进口阀门。

(4) 停机操作:关闭抽烟机进口阀门;启动电动油泵,油压达到规定值后,按抽烟机停止按钮;待其停稳后,再经20 min可停电动油泵。

9.3.6.2 抽烟机运转注意事项

(1) 启动抽烟机时,必须两人配合,一人操作,一人观察,发现问题立即停止启动操作、向上汇报并进行处理。

(2) 抽烟机启动的时间必须在烧结机开车前一段时间进行。

(3) 电机进出口风温差不超过20℃。

(4) 抽烟机与电动机遇有下列情况时应立即采取紧急停车措施:

1) 风机与电动机强烈振动,机壳内部有金属撞击声与摩擦声;

2) 轴承温度大于65℃,打开冷却水后,仍有升高趋势;

3) 油压太低,电动油泵启动仍不能满足要求;

4) 轴承或密封处出现冒烟;

5) 发动机温度突然升高;

6) 发生停电。

9.3.7 烧结矿处理

烧结矿处理就是对烧结矿进行破碎、筛分和冷却,其目的是保证烧结矿粒度均匀并除去未烧好的部分,避免大块烧结矿在料槽内卡塞和损坏运输皮带,为烧结矿的冷却与高炉冶炼创造条件。

9.3.7.1　单辊破碎机的主要操作步骤

(1) 开机前检查单辊破碎机的安全装置、各部连接螺丝、轴承润滑情况是否正常；各漏斗是否堵塞，齿冠、箅板的磨损情况如何。

(2) 联锁工作制时，检查合格后接到开车信号，将操作箱上的转换开关转向"通"的位置，稍后设备按料流方向依次启动。

(3) 联锁工作制停机时，烧结机停机后，单辊破碎机方可停机；系统停机后，将转换开关置于"断位"。

9.3.7.2　热矿振动筛的主要操作步骤

(1) 开机前检查安全装置、电机、筛面、油路、冷却水、漏斗、振动设备等是否符合要求。

(2) 接到开车信号，认为一切正常将操作箱上的转换开关转向"通"的位置，按启动按钮，热振筛即可启动。

(3) 按停机按钮时设备停转，停机后，将转换开关置于"断位"。

9.3.7.3　冷却机的主要操作程序

(1) 带式冷却机的操作(非联锁工作制时)：

1) 开机前对冷却机和各部分设备进行检查；

2) 启动成品皮带机；

3) 启动冷却风机；

4) 将工作制转换开关打到联锁位置，按"启动"按钮启动带式冷却机；带冷机运转速度的快慢由变频调速器来控制；

5) 停机时，首先旋动变频调速器至零位，设备停转后，将转换开关置于"断位"。

(2) 环式冷却机的操作：

1) 做好开车前的准备工作；

2) 联锁操作时接到启动信号后，立即打开水冷系统的冷却小闸门，把转差离合器调速器旋钮打到零位；将该设备的选择开关打到自动位置，并将机旁事故开关合上，当转差离合器传动电机启动后，再将转差离合器电源开关合上，然后将调速器旋钮向加速方向旋转，但转动旋钮不能过猛，应根据生产要求调到适当位置；

3) 系统停车后，将事故开关与调速器的电源切断。

9.3.7.4　烧结矿破碎、筛分、冷却操作的注意事项

(1) 经常检查单辊破碎机的工作情况和齿冠磨损情况，保持下料通畅、不堵料；经常观察烧结矿质量与烧结台车运转情况；如果烧结机堵塞严重，要停机处理。

(2) 经常检查筛面上烧结矿分布是否均匀，筛眼有没有堵塞现象，要保持较高的筛分效率；要经常紧固装置螺丝，防止筛板脱落；热振筛卸矿时要均匀地将烧结矿分布在冷却机上；发现烧结矿未烧透，要及时报告并进行调整；热振筛部件开裂或设备不正常时，要及时分析原因并处理。

(3) 冷却机的启动必须等风机启动完毕后进行；风机停转，冷却机应立即停止生产；冷却机后面的设备发生故障时，冷却机应立即停转，而风机可继续运行，直至冷却机内热烧结矿温度降低到150℃为止；冷却机前面的设备发生故障时，冷却机可继续运转直到机内物料全部运完为止；冷却机短期停机，一般不停风机，需长时间停机，可按正常停机处理。

(4) 冷却机的机速应根据烧结机机速快慢变化，及时作相应调整，尽量避免跑空台车或台车布料过厚，影响冷却效果。当冷却机的来料过小时，应减慢冷却机的运行速度；反之则应增加，以充分利用冷风，提高冷却效果，避免烧坏皮带；当透气不好时，则应加快冷却机运行速度；

(5) 当运行皮带严重损坏时,必须停冷却机进行检查处理。

9.3.8 事故的预防及处理

烧结生产中如果出现点火器停水、停电或煤气低压、停风事故时,应按照规定的操作程序进行处理。

9.3.8.1 点火器停水

(1) 发现点火器冷却水出口冒汽,应立即检查水截门是否全部打开和水压大小,如水压不低应敲打水管,敲打无效或水压低时,立即通知组长和内控。查明停水原因后,可将事故水门打开补水,若仍无水则应切断煤气,把未点燃的原料推到点火器下,再把烧结机停下。

(2) 断水后关闭各进水阀门,送水时要缓慢打开进水阀门,不得急速送水。

(3) 高压鼓风机继续送风,抽烟机关住闸门,待水压恢复正常后,按点火步骤重新点火。

9.3.8.2 停电

人工切断煤气,关闭头道闸门及点火器的烧嘴闸门,关闭仪表的煤气管阀门,同时通入蒸汽,开启点火器旁的放散阀。

9.3.8.3 煤气低压、停风

煤气压力低于规定值时,管道上切断阀自动切断,信号响。如短时不能上升,反而继续下降,则应:

(1) 停止烧结机系统运转,关闭抽烟机闸门;

(2) 关闭点火器的煤气和空气开闭器,关闭煤气管道上的头道阀门;

(3) 通知仪表工关闭仪表煤气管阀门,打开切断阀,通入蒸汽,同时打开点火器旁的放散管;

(4) 关闭空气管道的风门和停止高压鼓风机;

(5) 停空气时则应开动备用风机,若备用风机开不起来或管道有问题则应按停煤气的方法进行处理;

(6) 煤气空气恢复正常后,通知计器人员进行检查,并按点火步骤重新点火进行生产。

9.4 球团

球团生产是连续性很强的工艺过程,各生产环节密切相关。只有操作好每个环节,才能获得高炉冶炼的优质原料。

9.4.1 圆盘造球机的操作

圆盘造球机是我国常用的生球制造设备。为了生产出数量适当、粒度均匀并具有一定强度和热稳定性的生球,生产中应注意以下几个问题:

(1) 造球机在运转正常后方可加料;

(2) 根据布料工的要求,及时调节圆盘给料机的给料量,尽量保持生球流量稳定;

(3) 根据原料的干燥程度,及时调节外加水或增减造球盘的数量,力求生产出合格粒度的生球;

(4) 注意来料水分情况,发现过湿或过干应及时与干燥机或值班室联系;

(5) 遇停电时,应将事故开关关上;遇断水时,应及时报告,并根据造球情况决定是否立即停止造球;

(6) 生球质量应符合标准;

(7) 圆盘内的刮板有损坏应及时更换。

圆盘造球机的主要操作步骤是:

(1) 做好开机前的准备工作。比如检查有关设备是否正常,加水装置是否灵活可靠,倾角、刮刀是否调整到位,润滑油料是否充足等,并进行盘车。

(2) 接到开机信号后即可启动;运转过程中注意倾听齿轮运转的声音是否正常,注意观察轴承温度不应超过60℃。

(3) 接到停机讯号后,及时切断电源,停圆盘给料机,待造球盘中的全部料抛出后,按停机按钮停机。

9.4.2 竖炉球团布料车操作

球团布料的首要任务是掌握烘床料面的情况,在加入一定数量生球的前提下,及时排矿和调节料面,使整个料面做到下料均匀、排矿均匀,料面在导风墙两侧平衡、不亏料。

竖炉球团布料车的主要操作步骤是:

(1) 接到有关通知后,开布料车皮带;

(2) 开启布料车及车后皮带;

(3) 根据炉况,连续均匀地向炉内布料,在不空炉箅的情况下,实行薄料层操作,做到料层均匀;

(4) 及时通知链板机、油泵开启,而后操作电振机连续均匀排矿,使排出的料量与布料量基本平衡,做到少排、勤排。

(5) 停机的操作顺序:停布料车车后皮带→布料车行走(开出炉外)→停布料车皮带

布料车在布料过程中应注意以下问题:

(1) 炉箅下有1/3的干球才排料,不允许生球直接入炉;

(2) 当遇到炉箅粘料时,要经常疏通;布料车停止布料时要退出炉外,防止布料皮带烧坏;

(3) 及时调整布料车,防止皮带跑偏,及时更换布料车损坏的上下托辊;

(4) 在炉口捅炉或更换箅条时,要穿戴好劳保用品;

(5) 设备检修时,要切断电源。

9.4.3 竖炉开炉操作

竖炉开炉是一代炉程的开始,开炉工作的好坏直接影响炉程的长短与人身安全。为了保证安全并及早转入正常生产,要做好竖炉的开炉操作。

9.4.3.1 开炉前的准备工作

(1) 安装完毕后的设备(或大、中修后的设备)必须进行全面试车,并调整正常。有条件的设备,还应带负荷试车。如圆盘给料机、造球机齿辊筛、布料机、鼓风机、烘干机,皮带机等设备,都应负荷试车。特别是鼓风机、冷却、助燃风机的试车时间不得少于24 h。

(2) 检查生产所需要的原料、添加料、燃料的准备和供应情况。

(3) 检查供电、供水和供气计器仪表、通讯、照明,给排水、蒸汽管道阀门等设施是否正常,并进行有关设备的单体试车和联合试车。

9.4.3.2 烘炉

烘炉工作应按烘炉曲线和制订的烘炉方法进行操作。以8 m^2 竖炉为例,烘炉可按下面三个阶段进行:

(1) 低温烘炉:烘炉温度在0～400℃,主要是蒸发炉体砌砖中的物理水,升温要求缓慢

(10℃/h),时间约为 60 h,以防止耐火砖及砖缝开裂,这个阶段为木柴烘炉。方法是:用木柴填满两燃烧室(但必须留出火道及烧嘴部位)并在人孔木柴底部放上带有柴油的破布及棉纱以便点火。当事先填好的木柴烧完后,还未达到所需的温度和烘炉时间,可以从燃烧室的人孔继续填加木柴。烘炉一次用 6~8 t 木柴,柴油或煤油 25 kg,棉纱若干。

(2) 中温烘炉:烘炉温度在 400~800℃,主要是脱去砌体泥浆中结晶水。600℃时需有一定的保温时间,大约为 15 h,升到 800℃时,砌体泥浆发生相变使其有一定的强度,因此也需要有一定的保温时间,约为 10 h,这阶段的升温速度可保持在 15℃/h,一般用低压煤气烘炉。方法是:引煤气前必须先封闭燃烧室人孔,开启竖炉除尘风机、关闭竖炉烟罩门和顶盖。同时用蒸气吹扫各煤气管道,依次打开各烧嘴阀门并点火。先打开烧嘴窥孔自然通风,必要时开启助燃风机,温度高低用煤气量和助燃风量的大小来控制。

(3) 高温烘炉:烘炉温度在 800~1040℃,主要是加热炉体,升温速度可以快些为 20~30℃/h,为了使砌体温度均匀,也需要有一定的保温时间,一般为 8 h,这个阶段用高压煤气烘炉。方法是:不停放风,直接开启加压机送高压煤气。也可先放风,然后再按送风操作,烘烤温度再往上升就可提高升温速度(30℃/h),一直烘到生产所需温度(约为 1100℃)。

9.4.3.3　开炉操作

(1) 装开炉料:

1) 开炉料前必须封闭竖炉人孔和铺好烘干床干燥箅条。

2) 通知布料工开启布料机,布料机行走开关置自动位置进行均匀装炉。

3) 如果烘炉尚未结束,开炉料可先装到火道口以下,如果烘炉已结束可把开炉料直接装到炉口。

4) 装火道口以上的炉料时,燃烧室应停煤气灭火。

5) 往补充球矿仓装料。

(2) 活动料柱:

1) 先开竖炉两头齿辊活动料柱和进行排料,一面观察料面的下料情况,一面继续用开炉料补充。

2) 及时采取措施调整料面下料,待使烘床整个料面基本一致后,可停止加开炉料。

3) 引高压煤气点火,使燃烧室继续升温到生产所需的温度,加热开炉料提高烘床温度(此时冷却风需暂时关闭)。

4) 引高压煤气点火后进行倒料操作(即一面加开炉料,一面排矿,这样既用熟料来烘烤竖炉炉体砌砖,又使炉内料柱处于不间断的运动状态)。

(3) 首次开炉:

1) 当烘床温度上升到 300℃左右时,停止倒料操作。开启造球机,加入第一批生球;

2) 当烘床加满第一批生球后,就停止布料和造球;

3) 待烘床下的生球干燥后(至少有 1/3 干燥),就可排料;

4) 当烘床上排下 1/3 生球后,停止排料,并再加入一批生球进行干燥;

5) 就这样烘床上干燥一批生球,排一批料,再加一批生球进行干燥后,再排一次料如此循环往复;

6) 烘床温度上升到正常温度(600℃左右)时,可连续往炉内加生球与排料;

7) 当热球下到冷却带时,即可开启冷却风机适当送冷却风,随冷却带温度达到 500~700℃时,冷却风量达到正常;

8) 当竖炉开炉时,要适当控制生球料量,待炉内已形成合理的焙烧制度后,才能转入正常生产。

(4) 一般开炉：

在竖炉生产过程中，发生临时性停炉后的重新开炉，称为一般开炉：

1) 当燃烧室温度在 700℃以上时，可直接送助燃风和煤气点火，高压煤气点火，燃烧室温度应高于 800℃。

2) 不能直接点火时，可在烧嘴窥视孔处捅入点燃的油布，在明火下点火(注意：先有明火，再开煤气)。

3) 烧嘴点燃后即可送助燃风和适量冷却风，以装熟球活动料柱的办法升温，烘床温度达到 300℃以上时，便可加生球生产。

4) 待炉内合理焙烧制度形成后，方可转入正常生产。

9.4.4　竖炉热工制度的控制和调节

制定合理的竖炉热工制度并进行适当的控制和调节，是确保炉况正常，使竖炉优质高产的关键性环节。

9.4.4.1　竖炉正常炉况的特征

(1) 下料顺利，东西南北四面下料均匀，快慢基本一致，排矿均匀；

(2) 燃烧室温度稳定，压力适宜稳定，炉内透气性好；

(3) 煤气助燃风，冷却风的流量和压力稳定；

(4) 烘干床气流分布均匀、稳定，生球不爆裂，干球均匀入炉；

(5) 炉身各点温度稳定，竖炉同一平面两端的炉墙温度差小于 60℃；

(6) 链板机排出的球中大块少，成品球发瓦蓝色，排出球温度较低且稳定；

(7) 成品球强度高、返矿量少，FeO 含量低且稳定。

9.4.4.2　竖炉热工制度的控制和调节

以 8 m^2 竖炉为例

(1) 煤气量：考虑不必要的损失，设计煤气量为 7000～8000 m^3/h。

当竖炉产量高时，热耗低。产量低时，热耗就升高。因此，竖炉产量提高或煤气热质降低时，应增加煤气用量，反之应减少煤气用量。

(2) 助燃风量：一般助燃风量为煤气流量的 1.2～1.4 倍。

(3) 煤气压力与助燃风压力：在操作中煤气压力和助燃风压力，必须高于燃烧室压力，一般应高出 3000～5000 Pa，助燃风压力比煤气压力应略低一些。

(4) 冷却风流量：冷却风应控制在 20000～27000 m^3/h。

(5) 燃烧室的温度：燃烧室的温度由球团的焙烧温度来决定，球团的焙烧温度为 1150～1300℃，燃烧室温度应低于焙烧温度 100～200℃，可为 1050 ～1200℃，在竖炉生产正常时，燃烧室温度应基本保持恒定，温度波动范围一般应≤±10℃。

(6) 燃烧室压力：在竖炉生产中，燃烧室的压力是炉内料柱透气性的一面镜子，燃烧室压力升高，说明炉内料柱透气性变坏，应进行调节。燃烧室压力不允许超过 18000 Pa。

9.4.5　竖炉事故与处理

9.4.5.1　炉况失常的判断及处理：

(1) 球团矿呈暗红色，强度低、粉末多：

判断:供热不足,焙烧温度低或矿粉粒度太粗,下料过快,生球质量差。

处理办法:根据焙烧球团的热耗量,计算煤气量,为球团焙烧提供充足的热量;并根据矿石性质适当调整燃烧室温度,提高生球质量,减少生球爆裂和入炉粉末;以改善料层透气性。

(2) 成品球团矿生熟混杂,强度相差悬殊:

判断:下料不均,炉内温度相差较大。

处理办法:根本办法是提高生球强度,减少粉末入炉,以改善透气性;其次改变炉料的运动状态,调整排矿齿辊运行速度及采取"坐料"等手段,以松散炉内物料,使炉料均匀下降,并检查竖炉喷火口是否堵塞。

(3) 成品球温差较大:

判断:炉料产生偏析;排矿量不均,料球温度相差较大。排矿温度高而球团强度低,炉膛两侧温度明显不同。

处理办法:调整两溜槽的下料量,多开下料慢一侧的齿辊,提高下料快一端的煤气烧嘴温度(增大废气量);必要时采取坐料操作(即停止排矿一定时间后,再突然大排矿,亏料以熟料补充)。

(4) 下料不匀:炉口下料不匀,局部过快,干燥速度相差较大,局部气流过大,炉膛温度变化无规律。

判断:炉内发生窜料,(形成管道)或悬料;如不及时处理,在下料快处湿球入炉,就会产生粉末,更加恶化炉况,形成堆积粘结现象,造成结大块的事故。

处理办法:往下料处补熟球,采取坐料操作,大排矿一次(排矿高度 1 m 左右),再补熟球,以消除炉内管道,恢复炉料正常运行。

(5) 燃烧室压力升高:煤气和空气量没变,而燃烧室压力突然升高,两燃烧室压差大,炉顶烘干速度减慢。

判断:湿球入炉,粉末增加,喷火口上部位产生湿堆积粘连现象。

处理办法:适当降低燃烧室温度和废气量,停止加生球补加熟球,继续正常排矿,待这批物料下降到喷火口下,燃烧室压力正常后,再恢复正常生产。严重时可大排矿至喷火口以下,将这种轻度粘结物捅掉,重新补熟球,再行开炉。

(6) 各项指标失常:仪表的各项指标失常,偏料严重,甚至形成管道,按上述处理办法无效,另外,在排矿处可见到过熔块。

判断:炉内结块。

原因:

1) 焙烧温度超过球团软化温度,当原配料比改变后,而焙烧温度未加调整,以至高于软化温度,产生熔块。若原料特性未变,则往往是由于操作失误,煤气热值增大以及仪表指标偏差而引起的燃烧室温度过高。

2) 燃烧室出现还原气氛,使焙烧带的球团产生硅酸铁等低熔化物而造成炉内结块。

3) 因设备故障或停电造成停炉,没有松动料柱(无法排矿与补加熟球),物料在高温区停留时间过长,有时也因停炉后没能及时切断煤气,或因阀门不严,煤气窜进炉内所致。

4) 湿球入炉,造成生球严重爆裂,产生大量粉末,而使生球粘连。如果出现在交接班时没有及时处理,或者再发生突然停炉,粘结物料逐渐堆积,便形成大熔块,造成严重后果。

5) 配料错误,如果球团使用的原料中混入含碳物质,也可导致炉内结块。

6) 违反操作规程,交接班制度不严,交班掩盖矛盾,甚至为交出好炉况,而在交班前停止排矿,造成假象,接班后见炉况良好,加快排料,提高产量,而造成炉况失常。

7) 炉内结块也往往出现在竖炉经常开、停的过程中。因此为竖炉创造良好的连续生产条件，是避免炉内结块的有效办法。

处理办法：如果在大排料中发现炉内确实存在熔化结块，只好及时停炉处理。打开竖炉人孔，用人工处理与齿辊破碎相结合的办法排除熔结块。

9.4.5.2 塌料处理

竖炉由于排矿不当（过多）或炉况不顺而引起生球突然排到炉箅以下称为塌料。

处理方法：

(1) 减风、减煤气或竖炉暂时停烧；

(2) 迅速用熟球补充，直加到烘床炉顶；

(3) 加风、加煤气转入正常生产。

9.4.5.3 管道处理

炉内局部气流过分发展称为管道。

处理方法：慢风或暂时放风停烧，必要时可采取“坐料”操作，待管道破坏后用熟球补充亏料部分，然后恢复正常生产。

9.4.5.4 结瘤处理

结瘤主要是由于操作不当引起湿球大量下行，热工制度失调等引起的。

(1) 征兆：下料不顺，严重时整个料面不下料，燃烧室压力升高，排出熔结大块多，而且料量偏少，油泵压力升高，甚至造成齿辊转不动。

(2) 处理方法：可减风、减煤气进行慢风操作，并减少生球料量。严格控制湿球下行，在炉箅达到1/3干球后才排料，结瘤严重时，要停炉把料排空，把大块捅到齿辊上，人工或齿辊破碎，处理干净后再重新装炉恢复生产。

复习思考题

1. 原料贮存的方法、检验方法及验收标准是什么？
2. 原料管理的基本要求是什么？
3. 各种卸车设备的操作步骤有哪些？
4. 原料混匀的原则和方法是什么？
5. 使用各种破碎设备的操作步骤有哪些？
6. 如何合理选用筛分设备和破碎筛分流程？
7. 破碎筛分系统易出现的故障如何进行处理？
8. 配料操作要点是什么？
9. 使用微机进行配料调整操作有哪些步骤？
10. 配料常见故障与处理方法是什么？
11. 一次混料与二次混料的操作步骤有哪些？
12. 混料常见故障以及处理方法是什么？
13. 简述烧结生产的工艺流程。
14. 点火作业与点火温度的调节应如何进行？
15. 怎样正确控制烧结终点？
16. 烧结机点火器如何使用维护？

17. 烘炉操作的步骤有哪些?
18. 如何确认抽风机运行是否正常?抽风机在什么情况下应采取紧急停车措施?
19. 烧结矿的破碎,筛分和冷却设备的操作步骤有哪些?操作过程中应注意哪些问题?
20. 烧结过程中负压与真空度如何控制?
21. 烧结生产中常见的事故有哪些?其处理方法是什么?
22. 简述球团生产工艺流程。
23. 造球机的操作步骤有哪些?
24. 布料机如何进行操作?
25. 竖炉正常炉况的特征是什么?
26. 竖炉热工制度包括哪些方面?
27. 常见的竖炉事故有哪些?如何进行处理?
28. 生产球团矿对精矿粉、熔剂、皂土有哪些特殊要求,如何实现?
29. 圆盘造球机为什么要安装刮板?对布置刮板有哪些要求?

参考文献

1. 罗吉敖主编. 炼铁学. 北京:冶金工业出版社,1994
2. 任贵义主编. 炼铁学. 北京:冶金工业出版社,1996
3. 傅菊英主编. 烧结球团学. 长沙:中南工业大学出版社,1996
4. 张玉柱,胡长庆编. 炼铁节能与工艺计算. 北京:冶金工业出版社,2002
5. 唐贤容,王笃阳,张清岑编著. 烧结理论与工艺. 长沙:中南工业大学出版社,1992
6.《国外铁矿粉造块》编写组编. 国外铁矿粉造块. 北京:冶金工业出版社,1981
7. 国家环境保护局. 钢铁工业废水治理. 北京:中国环境科学出版社,1992
8. 周传典主编. 高炉炼铁生产技术手册. 北京:冶金工业出版社,2002

冶金工业出版社部分图书推荐